国家出版基金项目
NATIONAL PUBLICATION FOUNDATION

"十二五"国家重点出版规划项目

高性能纤维技术丛书

碳纤维在烧蚀防热复合材料中的应用

冯志海　李同起　著

国防工业出版社

·北京·

内 容 简 介

本书针对航天飞行器用碳纤维增强烧蚀防热复合材料,系统阐述了通用模量聚丙烯腈基碳纤维在碳/酚醛复合材料和碳/碳复合材料成型过程中其表面特征、成分、结构和性能的演变过程及对复合材料性能的影响,并对碳纤维及其复合材料的性能测试方法给予了系统介绍。

本书适用于碳纤维复合材料相关专业的学者、科学技术人员和工程技术人员,也可为碳纤维复合材料领域的分析测试人员提供借鉴。

图书在版编目(CIP)数据

碳纤维在烧蚀防热复合材料中的应用/冯志海,李同起著.
—北京:国防工业出版社,2017.7
(高性能纤维技术丛书)
ISBN 978 – 7 – 118 – 11304 – 4

Ⅰ.①碳… Ⅱ.①冯… ②李… Ⅲ.①航空器—烧蚀
—防热—碳纤维增强复合材料 Ⅳ.①V229

中国版本图书馆 CIP 数据核字(2017)第 116440 号

※

国防工业出版社出版发行

(北京市海淀区紫竹院南路 23 号 邮政编码 100048)
国防工业出版社印刷厂印刷
新华书店经售

*

开本 710×1000 1/16 印张 19¾ 字数 376 千字
2017 年 7 月第 1 版第 1 次印刷 印数 1—2000 册 定价 88.00 元

(本书如有印装错误,我社负责调换)

国防书店:(010)88540777 发行邮购:(010)88540776
发行传真:(010)88540755 发行业务:(010)88540717

序

Foreword

从 2000 年起,我开始关注和推动碳纤维国产化研究工作。究其原因是,高性能碳纤维对于国防和经济建设必不可缺,且其基础研究、工程建设、工艺控制和质量管理等过程所涉及的科学技术、工程研究与应用开发难度非常大。当时,我国高性能碳纤维久攻不破,令人担忧,碳纤维国产化研究工作迫在眉睫。作为材料工作者,我认为我有责任来抓一下。

国家从 20 世纪 70 年代中期就开始支持碳纤维国产化技术研发,投入了大量的资源,但效果并不明显,以至于科技界对能否实现碳纤维国产化形成了一些悲观情绪。我意识到,要发展好中国的碳纤维技术,必须首先克服这些悲观情绪。于是,我请老三委(原国家科学技术委员会、原国家计划委员会、原国家国防科学技术工业委员会)的同志们共同研讨碳纤维国产化工作的经验教训和发展设想,并以此为基础,请中国科学院化学所徐坚副所长、北京化工大学徐樑华教授和国家新材料产业战略咨询委员会李克建副秘书长等同志,提出了重启碳纤维国产化技术研究的具体设想。2000 年,我向当时的国家领导人建议要加强碳纤维国产化工作,中央前后两任总书记均对此予以高度重视。由此,开启了碳纤维国产化技术研究的一个新阶段。

此后,国家发改委、科技部、国防科工局和解放军总装备部等相关部门相继立项支持国产碳纤维研发。伴随着改革开放后我国经济腾飞带来的科技实力的积累,到"十一五"初期,我国碳纤维技术和产业取得突破性进展。一批有情怀、有闯劲儿的企业家加入到这支队伍中来,他们不断投入巨资开展碳纤维工程技术的产业化研究,成为国产碳纤维产业建设的主力军;来自大专院校、科研院所的众多科研人员,不仅在实验室中专心研究相关基础科学问题,更乐于将所获得的研究成果转化为工程技术应用。正是在国家、企业和科技人员的共同努力下,历经近十五年的奋斗,碳纤维国产化技术研究取得了令人瞩目的成就。其标志:一是我国先进武器用 T300 碳纤维已经实现了国产化;二是我国碳纤维技术研究已经向最高端产品技术方向迈进并取得关键性突破;三是国产碳纤维的产业化制备与应用基础已初具规模;四是形成了多个知识基础坚实、视野开阔、分工协作、拼搏进取的"产学研用"一体化科研团队。因此,可以说,我国的碳纤维工程技术和产业化建设已经取得了决定性的突破!

同一时期,由于有着与碳纤维国产化取得突破相同的背景与缘由,芳纶、芳杂环纤维、高强高模聚乙烯纤维、聚酰亚胺纤维和聚对苯撑苯并二噁唑(PBO)纤维等高性能纤维的国产化工程技术研究和产业化建设均取得了突破,不仅满足了国防军工急需,而且在民用市场上开始占有一席之地,令人十分欣慰。

在国产高性能纤维基础科学研究、工程技术开发、产业化建设和推广应用等实践活动取得阶段性成就的时候,学者专家们总结他们所积累的研究成果、著书立说、共享知识、教诲后人,这是对我国高性能纤维国产化工作做出的又一项贡献,对此,我非常支持!

感谢国防工业出版社的领导和本套丛书的编辑,正是他们对国产高性能纤维技术的高度关心和对总结我国该领域发展历程中经验教训的执着热忱,才使得丛书的编著能够得到国内本领域最知名学者专家们的支持,才使得他们能从百忙之中静下心来总结著述,才使得全体参与人员和出版社有信心去争取国家出版基金的资助。

最后,我期望我国高性能纤维领域的全体同志们,能够更加努力地去攻克科学技术、工程建设和实际应用中的一个个难关,不断地总结经验、汲取教训,不断地取得突破、积累知识,不断地提高性能、扩大应用,使国产高性能纤维达到世界先进水平。我坚信中国的高性能纤维技术一定能在世界强手的行列中占有一席之地。

师昌绪

2014 年 6 月 8 日于北京

师昌绪先生因病于 2014 年 11 月 10 日逝世。师先生生前对本丛书的立项给予了极大支持,并欣然做此序。时隔三年,丛书的陆续出版也是对先生的最好纪念和感谢。——编者注

前 言

Preface

　　航天飞行器在大气层中高速、超高速飞行时,表面受到严重的气动加热,温度可达 4000 ~ 10000℃,烧蚀防热复合材料是实现航天飞行器超高温部位热防护的关键。烧蚀防热复合材料主要包括碳/酚醛复合材料和碳/碳复合材料两类,均为碳纤维增强的复合材料。烧蚀防热复合材料用碳纤维增强体通常采用聚丙烯腈碳纤维,目前广泛应用的聚丙烯腈碳纤维为通用的标准模量碳纤维(T300 级碳纤维),碳纤维的性能对烧蚀防热复合材料的性能起到了决定性作用。在烧蚀防热复合材料成型过程中,碳纤维要经过表面处理、高温、高压、与基体反应等过程,碳纤维的表面特性、结构、成分及性能都将发生一系列的变化,监测碳纤维本征特性的变化,并对其进行有效调控是实现烧蚀防热性能有效提高的有效途径。

　　本书系统阐述了碳纤维的表面特征、成分、结构和性能在烧蚀防热复合材料成型过程中的演变过程,并对烧蚀防热复合材料受碳纤维性能影响的规律给予介绍。本书同时对碳纤维及其复合材料的性能测试方法给予了系统阐述。全书共 7 章。第 1 章介绍了烧蚀防热复合材料相关的基本概念、碳纤维在烧蚀防热复合材料上的应用情况及进展和烧蚀防热复合材料的科学内涵。第 2 章系统论述了碳纤维及复合材料的评价表征技术,包括碳纤维的表面特征、成分、结构、性能和烧蚀防热复合材料的性能(如力学性能、烧蚀性能、界面性能)等的评价表征方法。第 3 章介绍了碳纤维在碳/酚醛和碳/碳烧蚀防热复合材料中的应用情况,详细论述了两种复合材料的成型过程及碳纤维在此过程中受到的影响或作用。第 4 章阐述了碳纤维表面特征在烧蚀防热复合材料成型中的演变情况,分析了碳纤维表面特征在高温作用后及在碳/酚醛复合材料、碳/碳复合材料成型过程中的演变规律。第 5 章论述了碳纤维成分特征在烧蚀防热复合材料成型中的演变情况,从碳纤维的结构型元素和非结构型元素角度系统介绍了碳纤维成分的高温演变规律。第 6 章论述了碳纤维结构特征在烧蚀防热复合材料成型中的演变情况,从碳纤维的晶态结构、孔隙结构和皮芯结构三个方面介绍了碳纤维结构特征的高温演变规律。第 7 章介绍了碳纤维性能及其对烧蚀防热复合材料性能的影响,主要介绍了碳纤维表面特征对碳/酚醛复合材料和碳/碳复合材料的影响,对碳/碳复合材料的界面性能演变情况给出了重点关注。最后对碳纤维烧蚀防热复合材料在风洞烧蚀状态下的烧蚀行为和烧蚀机理进行了阐述。

本书是对碳纤维烧蚀防热复合材料研究(973计划支持项目)和碳纤维及复合材料性能评价表征等研究的总结,是相关研究团队的劳动和智慧结晶。相关参研单位除了航天材料及工艺研究所外,还包括北京化工大学、中国科学院山西煤炭化学研究所、复旦大学、哈尔滨工业大学、北京航天长征飞行器研究所等单位。出版本书的宗旨是为相关专业的学者、科学技术人员和工程技术人员提供参考和借鉴,并希望在此基础上推动相关学科的发展和工程技术的进步。

在本书编写过程中得到了航天材料及工艺研究所的余瑞莲研究员、杨云华研究员、何凤梅研究员、郑斌博士、李新涛博士,北京化工大学的徐樑华教授,中国科学院山西煤炭化学研究所的吕春祥研究员等的大力支持。此外,航天材料及工艺研究所的颜雪、朱世鹏、焦星剑、王晓叶、刘亮等在本书的编写过程中也给予了大力支持,在此表示感谢!

由于水平所限,书中不尽完善之处在所难免,恳求广大读者、同行不吝赐教。

作者

2016 年 10 月

目录

Contents

第 1 章

绪 论

1.1 基本概念

碳纤维是一类以人造纤维或有机纤维为前驱体,经过 1000℃ 以上高温处理制得碳含量在 90% 以上的无机纤维。碳纤维起源于 19 世纪 60 年代,而碳纤维的工业化则起步于 20 世纪五六十年代,是应航天工业对耐烧蚀和轻质高强材料的迫切需求而发展起来的。目前,碳纤维已形成了黏胶基、沥青基和聚丙烯腈基三大原料体系,即黏胶基碳纤维、沥青基碳纤维和聚丙烯腈基碳纤维[1-3]。其中,聚丙烯腈基碳纤维具有良好的综合性能,是碳纤维发展和应用的主要品种。

聚丙烯腈基碳纤维是由特殊组分聚合体系聚合、按特定纺丝条件纺丝得到性能优异的专用聚丙烯腈有机纤维原丝,聚丙烯腈原丝再经氧化、碳化和表面处理等复杂工艺转化而成的一类碳纤维。聚丙烯腈基碳纤维具有高比强度、高比模量、耐烧蚀、耐高温等优异性能,主要用作先进复合材料的增强体,在航空、航天、兵器、船舶、核等国防领域和广泛的民用领域均具有不可替代的作用,是世界各国高度重视的战略性基础材料[4,5]。本书将重点针对标准模量聚丙烯腈碳纤维及其烧蚀防热复合材料进行系统阐述。

聚丙烯腈基碳纤维兼具结构和烧蚀两方面优异性能,可作为增强体在结构复合材料和烧蚀防热复合材料上实现不同的应用。碳纤维烧蚀防热复合材料是以碳纤维为增强体、以碳或酚醛为基体,经过特殊的复合成型工艺制成的一类具有烧蚀防热功能的复合材料。与碳纤维结构复合材料不同,碳纤维烧蚀防热复合材料在基体材料、制备工艺和服役环境条件等方面具有独特性。作为碳纤维烧蚀防热复合材料中两种最为重要的材料,碳/碳和碳/酚醛复合材料分别选择碳和酚醛树脂为基体材料与碳纤维复合。碳/碳复合材料的复合成型过程需要完成复杂的气、液、固相基体碳形成和碳形态转化,液相工艺中多次采用高压浸渍/碳化(最高压力达 100MPa)、高温热处理(近 3000℃)工艺,工序多、周期长,工艺过程中碳纤维和基体发生复杂的物理化学变化[6-8]。碳/酚醛复合材料复合成型过程包括加压浸渍、固化等,纤维与基体材料的界面相容性要求较高。现代航天飞行器高超声速服役过程中,烧蚀防热碳/碳复合材料要承受 10000℃以上超高温、25MPa 以上驻点压力和雨滴、冰晶、沙尘等多种粒子高速冲刷的服役环境,烧蚀防热碳/酚醛复合材料要承受 4000℃以上高温、高压和高温高速粒子冲刷的服役环境[9-11]。

烧蚀防热复合材料的基体材料、复合制备工艺和服役环境,对碳纤维的基本内在特征和性能提出了特殊要求。碳纤维的内在特征和性能直接决定了碳纤维在烧蚀防热复合材料中的应用。烧蚀型防热是碳纤维防热复合材料的基本防热方式,即防热材料在热流作用下能发生分解、熔化、蒸发、升华等多种吸收热能的过程,借材料自身的质量消耗带走大量热能,达到阻止热量传入结构内部的目的。碳纤维作为材料的主体,一方面为烧蚀层、热影响区和整体热部件结构提供强度,另一方面自身也是质量损失消耗热量的重要因素。碳纤维在高温、高速热/力耦合作用的烧蚀条件下发生的氧化、升华和机械剥蚀等物理/化学变化过程称为碳纤维的烧蚀行为,直接影响防热复合材料的烧蚀性能。

碳纤维的内在特征包括表面、成分、结构等特征。碳纤维表面特征是碳纤维制备过程中形成的,存在于纤维表面的物理/化学特性,一般分为两类:一类为碳纤维的表面本征特性,主要指未上浆碳纤维的表面物理特征(如表面沟槽、表面孔隙、表面凸起等特征)和表面化学特征(如官能团、表面非碳杂质等特征);另一类为碳纤维的表面覆层特性,主要指上浆后碳纤维表面的上述物理、化学特征及与上浆相关的一些特征,如上浆剂类型、上浆量、上浆剂的均匀性等。碳纤维的成分构成中碳元素含量通常达到 92% 以上,其余组分统称为微成分。碳纤维成分包括结构型成分和非结构型成分,其中结构型成分指纤维中由前驱体遗传下来的参与结构构成的碳、氮、氢等元素,而非结构型成分则主要指在纤维制备过程中引入的杂质,包括碱金属、碱土金属、硅、铁等。聚丙烯腈碳纤维结构基本属于三维多晶乱层石墨结构(图 1-1),表现出各向异性。碳纤维结构包括晶态结构和缺陷。晶态结构是指碳纤维的乱层石墨有序程度、微晶尺寸、微晶取向、微晶结构参数、无定型碳结构等;碳纤维中的缺陷包括孔洞、裂纹、碳黑等。

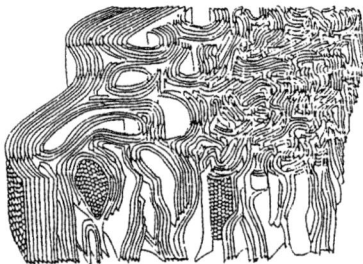

图 1-1　碳纤维内部结构
的三维示意图[12]

碳纤维的性能与表面特征、成分、结构特征密切相关。碳纤维结构型成分很大程度上决定了碳纤维结构和碳纤维的宏观性能,而非结构型成分虽然含量很少,但其组成、含量、分布对结构缺陷的类型和数量具有重要的影响,从而影响碳纤维的使用性能。碳纤维的结构与纤维力学性能、热物理、耐烧蚀性能等宏观性能具有密切的关联关系。碳纤维结构的形成和发展除了与碳纤维的成分有关外,还与制备过程中和后续的热处理过程经历的各种作用(如拉伸、氧化、碳化、石墨化等处理)有关。复合材料中碳纤维通过表面与基体材料作用形成界面,其表面特征是关系到碳纤维与基体材料结合强弱的重要因素。碳纤维的表面特征参数包括纤维表面的沟槽和表面缺陷等影响物理结合能力的物理参数和纤维表面官能团、非碳杂质等决定化学结合能力的化学参数。碳纤维的表面特征是其成分、结构在纤维表面的特殊反映,对碳纤维和碳纤维复合材料的性能具有重要的影响。碳纤维内在特征的高温演变是指其表面、成分和结构等特征在温度作用下发生重构、分解、集聚和遗传等一系列复杂的特性变化。碳纤维的表面特性、成分和结构在高温环境下的演变及其与基体之间相互作用是影响碳纤维在烧蚀防热复合材料中使用效能发挥的主要原因。

1.2 碳纤维在烧蚀防热复合材料上的应用

碳纤维具有极其优异的耐烧蚀、耐高温、高比强度、高比模量等性能,作为烧蚀防热复合材料的增强体,特别适合于在航天再入飞行器防热部件应用,对航天飞行器的热防护发挥着不可替代的作用[13-15]。碳纤维的诞生和发展与烧蚀防热材料有着密切的联系,20 世纪 50 年代末美国为满足航天飞行器防热系统应用而发明了黏胶基碳纤维,随后日本开发出可连续化生产的聚丙烯腈基碳纤维,美国随即将聚丙烯腈基碳纤维用于防热复合材料,支撑了其航天飞行器拓展和性能水平提升。聚丙烯腈基碳纤维品种与性能不断发展,如高强或高强中模 T 系列更高性能等级、高模 M 系列、高模高强 MJ 系列等,而不同种类碳纤维在烧蚀防热复合材料上的基础研究和应用研究也从来没有停止过,把碳纤维性能的提升与烧蚀防热复合材料的发展紧密联系起来,努力通过提高碳纤维的使用效能来进一步提高烧蚀防热复合材料的性能水平。

飞行器头部和固体火箭发动机喷管是航天再入飞行器服役热环境最为恶劣的部位,作为有效载荷的防热头锥和提供动力的固体火箭发动机无疑是航天再入飞行器最为关键的两大系统,其性能水平和可靠性直接决定了整个飞行器系统的先进水平。长程高速航天飞行器再入过程中头部要经受近万摄氏度的高温、Ma 为 20 以上的高速气流的冲刷,雨滴、冰晶、尘埃等高速粒子流的撞击和几十兆帕复杂应力的服役条件;固体火箭发动机喷管处受到 3000℃ 以上高温及高压、高速且含侵蚀性粒子的热流冲刷烧蚀。在这样极度恶劣的服役环境下,烧蚀防热复合材料是航天再入飞行器安全、精准再入和发动机系统发挥正常效能的首要保证。

航天飞行器系统对材料部件一直都有降低结构重量的要求,碳纤维烧蚀防热复合材料以其轻质高效的优势成为飞行器头部、固体火箭发动机防热系统的首选材料。例如:长程再入航天飞行器最前端、烧蚀环境最为苛刻的部位采用了碳/碳复合材料端头帽,后段采用了碳/酚醛复合材料防热套;固体火箭发动机喷管工况环境最为恶劣的部位采用了碳/碳复合材料喉衬,喷管后段采用了碳/酚醛复合材料扩散段。

世界各国再入航天飞行器的关键防热系统均采用了碳纤维防热复合材料部件[16-18],如:美国多种航天器采用碳/碳复合材料端头和碳/酚醛复合材料防热套;俄罗斯的多种航天飞行器采用多维编织碳/碳复合材料端头帽;美、俄、法等国的高性能惯性顶级固体发动机几乎全部采用3D、4D碳/碳复合材料喉衬。先进碳纤维防热复合材料的应用使再入航天飞行器实现了头锥小型化和固体动力系统先进化,提高了远程和机动发射、全天候飞行、高命中精度和强生存能力。

1.3　碳纤维及其烧蚀防热复合材料的研究进展

1.3.1　碳纤维研究进展

碳纤维起源于19世纪60年代,而碳纤维的工业化则起步于20世纪五六十年代,是应航天工业对耐烧蚀和轻质高强材料的迫切需求而发展起来的。世界聚丙烯腈基碳纤维从20世纪60年代研制成功至今,大致经历了四个阶段的发展[19-23]:

第一阶段,20世纪60年代,突破了聚丙烯腈基碳纤维的连续制备技术路线,为碳纤维从实验室走向工业化奠定了技术基础。

第二阶段,20世纪70年代,实现了以T300、M40为代表的高性能聚丙烯腈基碳纤维工业化规模生产,推动了碳纤维在国防和工业领域的实用化。

第三阶段,20世纪80年代,日本、美国等不断推出高性能聚丙烯腈基碳纤维产品,包括高强型、高强中模型和高模中强型碳纤维,碳纤维应用不断扩大。

第四阶段,20世纪90年代至今,继续高性能产品的研发,并发展出多功能、低成本化碳纤维产品,碳纤维的应用研究更加深入。

高性能聚丙烯腈基碳纤维制备过程中单元技术难度高、工艺参数多、工艺流程长,其中原丝技术是前提,预氧化、碳化技术是关键,成套技术是保证。20世纪七八十年代,日本和美国相继突破了这三方面的关键技术,其聚丙烯腈基碳纤维产业开始步入快速发展阶段。在当今世界碳纤维工业格局中:日本占据世界领先地位,是最大的碳纤维生产国和输出国,左右着国际碳纤维市场的供求关系;美国碳纤维消耗量最大,其航天用碳纤维从技术到产能基本都依靠自主保障,民用碳纤维则依靠全球市场;俄罗斯的碳纤维工业主要面向国防,其航天飞行器用聚丙烯腈基和黏胶基碳纤维全部依靠自主保障;欧洲各国碳纤维均主要依赖于日本、美国等国家。

经过近半个世纪的发展,碳纤维已经形成了系列化和功能化,碳纤维种类和状态多样。以日本东丽公司为例,其碳纤维涵盖了高强或高强中模 T 系列、高模 M 系列和高强高模 MJ 系列,不同系列碳纤维采用不同的工艺路线,致使表面特征、成分、结构等内在特征存在差异,带来了碳纤维性能的不同。而同性能等级的碳纤维通过控制碳纤维具有确定的表面特征、成分、结构等内在特征,使同一牌号碳纤维固定在同一性能等级上,并具有良好的性能稳定性。表 1 - 1 给出了日本东丽公司的主要碳纤维产品的成分含量情况,表 1 - 2 给出了碳纤维结构参数与力学性能数据,图 1 - 2 给出了不同碳纤维的表面特征和内部结构特征情况。

表 1 - 1　碳纤维成分含量情况

纤维种类		T300,T700	M30,T800	M40J,M50J
主要成分/%	C	93 ~ 96	95 ~ 98	99.7
	N	4 ~ 7	2 ~ 5	—
	H	—	—	—
碱金属含量/10⁻⁶		20 ~ 40	20 ~ 30	10 ~ 20

表 1 - 2　碳纤维结构参数与力学性能对应表

纤维种类	结构参数			力学性能		
	d_{002}/nm	$L_{a\perp}$/nm	$L_{a//}$/nm	σ_b/GPa	E_b/GPa	ε/%
T300	0.347	4.98	2.98	3.53	230	1.5
T700S	0.347	5.37	3.14	4.90	230	2.1
T800H	0.347	5.67	3.05	5.49	290	1.8
T1000	0.347	5.34	3.16	6.37	294	2.2
M40J	0.342	6.41	5.11	4.41	377	1.2
M50J	0.340	7.49	7.02	4.12	475	0.8
M60J	0.339	8.38	8.06	3.92	588	0.7

注:d_{002}—微晶中的碳层间距;$L_{a\perp}$—碳纤维垂直轴向方向测试获得的微晶尺寸;$L_{a//}$—碳纤维平行轴向方向测试获得的微晶尺寸;σ_b—碳纤维的拉伸强度;E_b—碳纤维的拉伸模量;ε—碳纤维断裂应变。

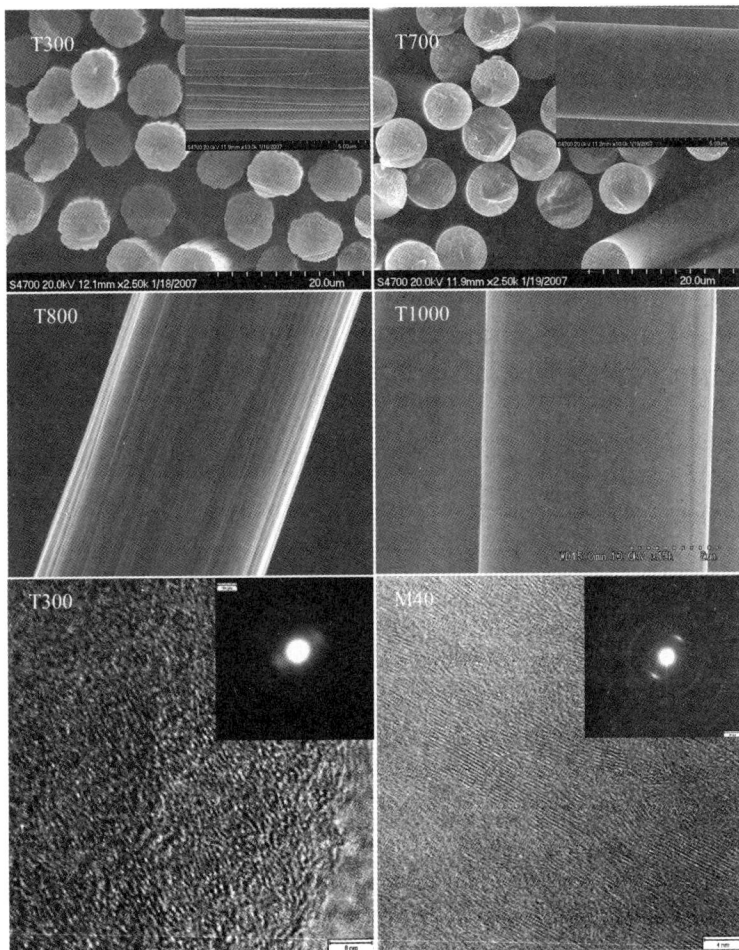

图 1-2 不同碳纤维的表面特征和内部结构特征情况

1.3.2 碳纤维烧蚀行为及其对烧蚀防热复合材料性能的影响

在 20 世纪 60 年代,美国、法国等国制定并执行了一系列以碳/碳复合材料为重要研究内容的开发计划,如"运载火箭材料计划""为碳/碳喷管寻找机会计划"等。在这些研究中,增强体碳纤维的性质及控制因素、碳纤维对复合材料烧蚀性能的影响因素是其重要的研究内容,对碳纤维在复合材料中应用的基础问题进行了比较系统的研究。此时,所采用的碳纤维为羊毛基和黏胶基等低性能的碳纤维。

进入 70 年代后,以聚丙烯腈基碳纤维为代表的新一代高性能碳纤维成为碳/碳复合材料的主要增强体,提高了材料的性能,从而进入了实用阶段。美国实施了"再入飞行器材料技术计划(REVMAT)",碳/碳复合材料技术研制工作是该计划的重要组成部分。在此计划中,系统开展了碳(石墨)纤维的特性和组分对碳/碳复合材料烧蚀性能、侵蚀性能、机械强度、热结构性能等的影响规律及其控制因素研究。美国防热材料研制计划"高级拦截器材料工艺研制计划"中也开展了不同类型碳纤维对碳/碳复合材料性能影响的研究工作,针对性能不同的碳纤维进行了选择。同时,美国军用材料和力学研究中心开展了"鼻锥碳/碳复合材料的评价研究"项目,针对 14 种被动端头候选碳/碳复合材料开展了试验、评价和分析工作,系统研究了不同类型的碳纤维对复合材料强度性能和烧蚀性能的影响规律,获得了大量基础数据。研究发现,碳/碳复合材料的烧蚀性能取决于碳纤维的常温、高温性能及其与基体的匹配协同性等因素,而碳/碳复合材料的拉伸强度则依赖于碳纤维本身的力学性能以及与基体的结合度和纤维在编织中损伤程度等因素。

80 年代以后,针对不同类型碳纤维所制备的碳/酚醛、碳/碳防热复合材料烧蚀机理方面也开展了大量的研究工作。桑迪亚实验室的 I. Auerbach 等[24]认为碳/碳复合材料烧蚀性能取决于材料的孔洞、纤维含量、纤维中的缺陷和纤维与基体间的界面间隙等因素;L. Paglia 等[25]通过等离子体风洞试验研究了碳/酚醛复合材料的高温烧蚀行为,并建立有限元模型进行了系统的理论计算,阐述了材料微结构、高温裂解行为等与材料的烧蚀性能和防隔热性能的关系。俄罗斯 I. D. Dimitrienko 等[26]从不同类型碳纤维、基体种类、碳纤维与基体的界面入手,分别研究了温度、压力对烧蚀防热材料构成相氧化烧蚀速率的影响,建立了材料烧蚀速率与驻点压力、热流之间的数理模型,预测结果与试验值相吻合,并发现在烧蚀过程中存在多因素相互耦合的现象。

1.3.3 碳纤维内在特征及其对其烧蚀防热复合材料性能的影响

碳纤维表面官能团的种类、数量决定碳纤维表面能,影响碳纤维与基体的结合方式、基体材料在碳纤维表面的取向形式和碳纤维自身结构的演变等,而这些因素又在很大程度上决定了碳纤维复合材料的高温性能和烧蚀防热性能。T. Ramanathan 等[27]研究了碳纤维的不同表面处理方式对碳纤维与基体的界面结合性能的影响,对界面结合行为和表面氧含量进行了分析,试验结果表明碳纤维的表面活化作用可以对界面结合性能产生重要的影响。V. Bianchi 等[28]通过改变碳纤维表面能大小,研究了高温过程复合材料中碳纤维结构的受影响程度,发现碳纤维表面能不同时碳纤维与基体材料之间作用力不同,造成了碳纤维表层结构和内部结构的不同演变形式(图 1 - 3);发现适宜的碳纤维表面能可以改变复合材料中碳纤维的高温结构,并对碳纤维复合材料的高温性能产生重要的影响。T. H. Ko 等[29]研究了碳纤维/酚醛树脂复合材料热解过程中界面处气孔的形成和演变过程,认为碳纤维表面存在的大量含氧官能团物质的脱落和气化是造成界面处气孔形成的原因,因此在一定程度上碳纤维表面的官能团特征会造成碳纤维/基体结合强度的降低,从而造成复合材料整体性能的下降。

S. R. Dhakate 等[30]研究了不同表面特征的三种碳纤维(ST－3、IM－500 和 HM－45)与酚醛树脂形成的复合材料在高温过程中的力学性能变化情况,研究发现碳纤维的表面特征对复合材料力学性能的影响很大,层间剪切强度最大相差近 50%。

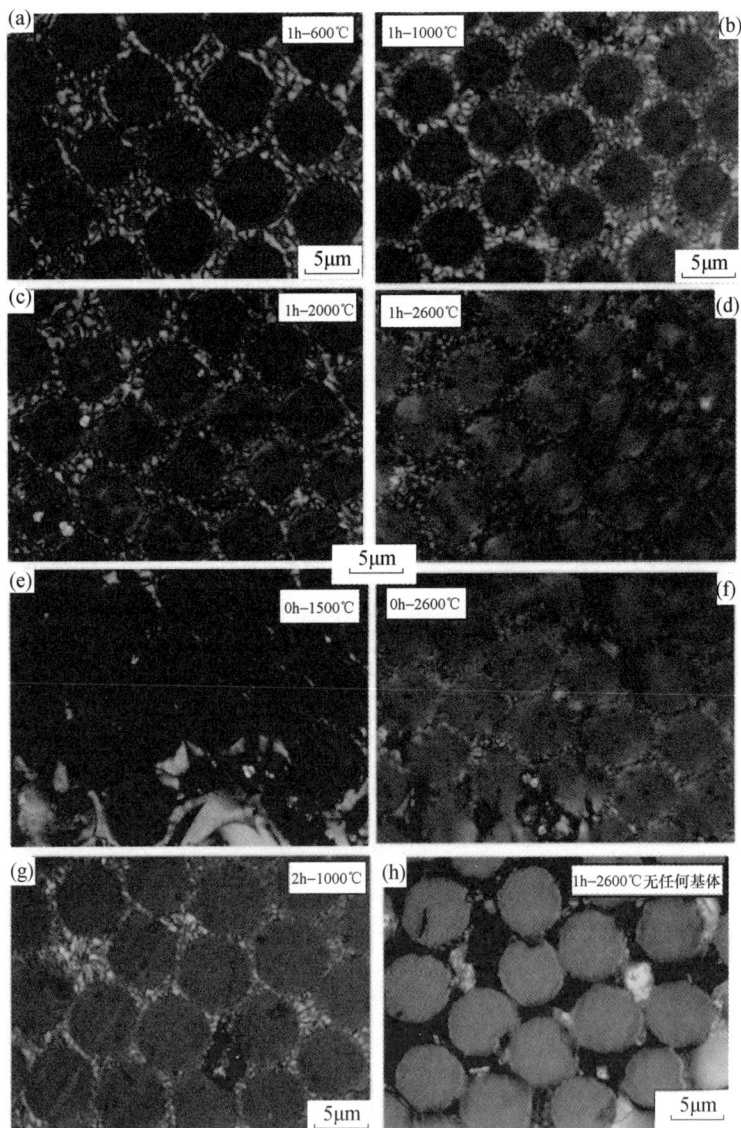

图 1－3　碳/酚醛复合材料中不同表面特征碳纤维的高温演变

　　为探讨碳纤维对碳/碳复合材料成型工艺影响和对防热复合材料高温性能影响,对碳纤维成分、结构的高温演变机制及对碳纤维高温力学、热物理等性能的影响开展了深入的研究。J. V. Sharp 等[31]研究了 1500～3000℃高温下聚丙烯腈(PAN)基碳纤维的缺陷演变,提出了碳纤维力学性能的内部缺陷和表面缺陷的作用机理。碳纤维的另一个显著特点是在高温下发生塑性蠕变。K. Kogure 等[32]研究了 PAN 基碳纤维在 770MPa、2310℃下的高温蠕变行为,研究发现伴随碳纤维的高温蠕变,纤维的晶态结构发生了改变,石墨片层间距降低,择优取向度提高。M. Trinquecoste 等[33]研究了具有不同微成分和微结构的碳纤维长度以及直径方向的高温热膨胀系数和高温力学性能,研究结果表明,不同结构的碳纤维具有不同的高温物理和力学性能,碳纤维中氮的脱出和相应的结构重组决定了其高温响应机制。

　　表 1 - 3 为几种碳纤维成分的高温演变,表 1 - 4 给出了 PAN 基碳纤维的高温力学性能。

表 1 - 3　碳纤维成分的高温演变

碳纤维类型	T300	T300	高强	高强
2000℃高温处理	未处理	处理	未处理	处理
氮含量/%	6.3	0.0	5.4	0.0
氧含量/%	0.9	0.4	0.8	0.4
氢含量/%	<1	<1	<1	<1
总量/%	8.0	1.0	6.5	1.0

表 1 - 4　碳纤维的高温力学性能

处理温度/℃	PAN 基碳纤维	
	拉伸强度/MPa	断裂延伸率/%
24	2107	0.71
1000	2292	0.80
1200	2401	0.86
1400	2386	0.85
1600	2359	0.91
1800	2857	1.53
2000	2348	3.71

1.4　碳纤维烧蚀防热复合材料的科学内涵

　　在碳/碳、碳/酚醛两类烧蚀防热复合材料中,碳纤维以增强体形式存在,是复合材料的主要组成部分。烧蚀防热复合材料发挥防热作用的本质是在热流作用下通过自身的质量消耗带走大量热量,碳纤维是防热复合材料烧蚀质量损耗的重要主体。典型烧蚀环境下,除热物理化学作用造成碳纤维发生氧化、升华外,高速气流对碳纤维产生的剪切作用、温度梯度造成的内部应力以及基体(如酚醛树脂)分解产物释放产生的内部压力等因素往往会引起碳纤维的机械剥蚀和断裂,两方面的协同作用决定碳纤维质量损失行为规律,即烧蚀行为规律,直接影响烧蚀防热复合材料的烧蚀性能。就碳纤维本身而言,烧蚀行为影响因素包括碳纤维表面特征、成分、结构等;就碳纤维外部条件而言,烧蚀行为影响因素包括烧蚀环境、复合材料基体、界面状态等。

碳纤维成分、结构、表面特征在烧蚀防热复合材料制备工艺和使用过程中发生极为复杂的物理、化学变化或转化。烧蚀防热复合材料中碳纤维表面与基体材料在工艺过程中所形成的界面特征,包括界面相厚度、界面结构、界面裂纹、界面孔洞等决定了碳纤维和基体的结合形式和结合强度;碳纤维在高温作用下发生成分分解、迁移和逸出等现象,影响到碳纤维结构的改变并产生新的缺陷;碳纤维高温复合和烧蚀过程中内部紊乱的乱层石墨结构进一步重排,晶态结构和缺陷发生一系列的演化。碳纤维表面、结构、成分特征在烧蚀防热复合材料中发生的演变结果必将引起碳纤维高温力学、物理等性能的改变,最终影响烧蚀防热复合材料力学、热物理和烧蚀性能。因此,掌握碳纤维表面特征、成分、结构特征在高温条件下遗传演变规律及其对烧蚀防热复合材料综合性能的影响是认清碳纤维烧蚀行为的前提和必要条件。

在碳纤维烧蚀防热复合材料的研究过程中,碳纤维及其复合材料的分析评价表征方法的建立是实现各因素影响分析的重要组成部分。目前碳纤维的分析评价通常集中在常温性能评价方面,而且性能的评价通常以纤维集束性能测试为主,性能数据为统计平均结果。烧蚀防热复合材料性能的评价也基本是对材料常温性能的评价。碳纤维和复合材料的高温性能评价、单丝性能评价及界面性能评价分析等尚未完全建立。本书将在系统分析研究相关测试方法基础上对碳纤维常温和高温单丝的力学性能、热物理性能、成分分析方法和结构分析方法及烧蚀防热复合材料的高温性能、界面性能等的测试表征方法给予详细阐述,为相关科学研究提供必要的借鉴。同时,系统阐述碳纤维的表面特性、结构、成分等在碳/碳和碳/酚醛两类烧蚀防热复合材料的成型过程中的演变规律,并对碳纤维的特性引起的材料界面性能、宏观力学性能、烧蚀性能等给予系统分析。

应当指出,本书中不同图表中所涉及的碳纤维来源、规格和批次、后处理条件、制样及分析测试条件等可能存在差异,相关数据不具有绝对值的可比性,仅以特定样品的测试结果所代表的统计性规律进行相关观点的阐述,请读者阅读和引用时注意相关条件。

参考文献

［1］ John D Buckley. Carbon – carbon materials and composites［M］. New Jersey：Noyes Publications，1993.

［2］ Morgan P. Carbon fibers and their composites［M］. Boca Raton：Taylor & Francis Group，2005.

［3］ Fitzer E，Manocha L M. Carbon reinforcements and carbon/carbon composites［M］. Berlin：Springer – Verlag，1998.

［4］ Chand S. Review carbon fibers for composites［J］. Jour – nal of Materials Science，2000，35（6）：1303 – 1313.

［5］ Tran H，Johnson C，Rasky D，et al. Phenolic impregnated carbon ablator（PICA）as thermal protection systems for discovery missions［R］. NASA Technical Memorandum – 110440，1997.

［6］ Klucáková M. Rheological properties of phenolic resin as a liquid matrix precursor for impregnation of carbon – carbon compositeswith respect to conditions of the densification process［J］. Composites Science and Technology，2004，64：1041 – 1047.

［7］ 王俊山，许正辉，石晓斌，等. 影响碳/碳复合材料常压碳化致密效果因素研究［J］. 宇航材料工艺，2001，6：40 – 43.

［8］ Chen Jian – Xun，Xiong X，et al. Densification mechanism of chemical vapor infiltration technology for carbon/carbon composites［J］. Transactions of nonferrous metals society of china，2007，17：519 – 522.

［9］ Hugh L N McManus，George S Springer. High temperature thermomechanical behavior of carbon – phenolic and carbon carbon composites，I. Analysis［J］. Journal of Composite Materials，1992，26：206 – 229.

［10］ Tae J K，Seung J S，Kyunho J. Mechanical thermal and ablative properties of interply continuous spun hybrid carbon composites［J］. Carbon，2006，44：833 – 839.

［11］ Pulci G，Tirilla J，Marra F. Carbon – phenolic ablative materials for reentry space vehicles Manufacturing and properties［J］. Compisites（Part A），2010，41：1483 – 1490.

［12］ Johnson D J. Structure – Property Relationships in Carbon Fibres［J］. J. Phys. D：Appl. Phys. ，1987，20（3）：286 – 291.

［13］ Meng S，Xie Huimin. Special subject on the mechanical behavior of thermal protection materials and structures［J］. Theoretical & Applied Mechanics Letterds，2014（2）：37 – 39.

［14］ Vignoles G L，Lachaud J，Aspa Y，et al. Ablation of carbon – based materials：multiscale roughness modeling［J］. Composites Science and Technology，2009，69（9）：1470 – 1477.

［15］ Opeka M M，Talmy I G，Zaykoski A. Oxidation – based materials selectiono for 2000℃ + hypersonicaero surfaces：theoretical considerations and historical experience［J］. Journal of Materials Science，2004，39（190）：5887 – 5904.

［16］ Ren F，Sun H S. Theoretical analysis for mechnical erosion of carbon – based materials in ablation［J］. Journal of Thermo Physics Heat Transfer，1996，10（4）：587 – 593.

［17］ 王俊山. 防热复合材料抗粒子侵蚀特性研究［J］. 宇航材料工艺，2000，5：32 – 35.

［18］ 李仲平. 防热复合材料发展与展望［J］. 复合材料学报，2011，2：1 – 9.

［19］ 贺福. 碳纤维及其应用技术［M］. 北京：化学工业出版社，2004.

［20］ 张晓明，刘雄亚. 纤维增强热塑性复合材料及其应用［M］. 北京：化学工业出版社，2007.

［21］ 黎小平，张小平，王红伟. 碳纤维的发展及其应用现状［J］. 高科技纤维与应用，2005，30（5）：24 – 30.

［22］ 李书乡，马全胜，刘清田. 国产碳纤维现状及 CCF300 质量稳定性提高［J］. 材料工程，2009（S2）：207 – 210.

［23］ 郭玉明，冯志海，王金明. 高性能 PAN 基碳纤维及其复合材料在航天领域的应用［J］. 高科技纤维

与应用,2007,32(5):1-8.

[24] Auerbach I, Bader B E, Mcbride D D, et al. Recent graphite nosetip developments[M]. AIAA,1971.

[25] Paglia L,Tirillò J,Marra F,et al. Carbon-phenolic ablative materials for re-entry space vehicles: plasma wind tunnel test and finite element modeling[J]. Materials & Design,2016,90:1170-1180.

[26] Dushin V R, Dimitrienko I D, Kiselev A B,et al. Computational damage model for layered composite materials: numerical modeling of dynamical deforming of damageable thermoviscoelastic composite shell in internal loading[R]. ADA319758, 1996.

[27] Ramanathan T,Bismarck E,Schulz E,et al. Investigation of the infuence of surface-activated carbon fibres on debonding energy and frictional stress in polymer-matrix composites by the micro-indentation technique[J]. Composties Science and Technology,2001,61(16):2511-2518.

[28] Bianchi V, Goursat P, Sinkler W, et al. Carbon fiber-reinforced (YMAS) glass-ceramic matrix composites. III. Interfacial aspects[J]. Journal of the European Ceramic Society,1999,19(3): 317-327.

[29] Ko T H, Kuo W S, Chang Y H. Influence of carbon-fiber felts on the development of carbon-carbon composites[J]. Composites Part A: Applied Science and Manufacturing,2003, 34(5): 393-401.

[30] Dhakate S R, Bahl O P. Effect of carbon fiber surface functional groups on the mechanical properties of carbon-carbon composites with HTT[J]. Carbon,2003, 41(6): 1193-1203.

[31] Reynolds W N, Sharp J V. Crystal shear limit to carbon fibre strength[J]. Carbon,1974,12(2):103-110.

[32] Kogure K, Sines G Gerard, L J. Structural studies of postcreep, PAN-based, carbon filaments[J]. Carbon, 1994,32(4):715-726.

[33] Trinquecoste M, Carlier J L, Derré A, et al. High temperature thermal and mechanical properties of high tensile carbon single filaments[J]. Carbon,1996,34(7): 923-929.

第2章

碳纤维及复合材料的评价表征方法

2.1 碳纤维表面特征表征方法

碳纤维的表面特征在与基体复合形成复合材料过程中将逐步转换,并有一部分特征转变为复合材料的纤维/基体界面特征。通常,碳纤维的表面特征在一定程度上决定了复合材料的界面特征,进而对复合材料的界面性能,甚至宏观性能都产生一定的影响。碳纤维的表面特征产生于其纺丝成型、表面处理和后续的表面上浆等过程[1]。碳纤维的表面特征可以分为本征特性和覆层特性,其中:本征特性为碳纤维在纺丝成型和表面处理后形成的与碳纤维本身相关的表面特性,包括表面沟槽、表面孔隙、表面凸起、表面微结构、表面元素构成、表面官能团等;碳纤维的表面覆层特性主要为碳纤维表面上浆后的上述表面特性及上浆均匀性、上浆量。由于上浆剂种类和上浆量的差异,不同碳纤维的表面上浆特性存在较大差异。对碳纤维的表面特性进行定量表征可以对定量控制碳纤维的表面性能,进而合理设计和优化碳纤维/基体界面性能有积极的作用。碳纤维的表面本征特性和覆层特性由于通常耦合到一起,不容易获得各自的精确信息,本书将以碳纤维的表面物理特性、化学特性和覆层特性来分别进行介绍。

2.1.1 碳纤维表面物理特性表征方法

碳纤维的表面物理本征特性主要包括表面沟槽、表面孔隙、表面凸起、表面微结构等特征参量的特性。在碳纤维复合材料(尤其是碳/碳复合材料)中,碳纤维的表面物理特性对碳纤维与基体之间的物理结合力起着关键的作用,直接影响复合材料的力学性能及烧蚀防热性能。扫描电子显微镜(SEM)、原子力显微镜(AFM)、比表面积及孔隙分析仪、拉曼(Raman)光谱、高分辨透射电子显微镜(HRTEM)等分析手段都可以用来表征碳纤维表面的物理特性。

通用模量聚丙烯腈基碳纤维的比表面积很小,一般在 $1m^2/g$ 以下,不能采用常见的氮(N_2)吸附法测得,可借助真空脱气后在液氮温度下吸附氪(Kr)来求得。而氪吸附比表面积分析仪较少见,故该方法在科研生产实践中难以广泛应用。下面介绍可广泛应用的碳纤维表面物理特性表征方法。

1. 扫描电镜观察定性分析法

扫描电子显微镜是比较常用的一种表征碳纤维表面特征的分析手段,可以获得包含碳纤维表面沟槽、凸起等物理特征的显微图像[2,3]。图 2 - 1 是几种聚丙烯腈基碳纤维的表面和横断面扫描电镜照片。可以看出,不同碳纤维样品的直径、形状及表面沟槽的大小和数量都存在差异:通用模量聚丙烯腈基碳纤维(T300、GCF - 1 和 GCF - 2)表面存在较明显的沟槽,直径尺寸相当(在 7μm 左右);T700 碳纤维直径虽然也在 7μm 左右,但其表面光滑,几乎看不到沟槽。这与 T700 碳纤维的制备工艺和 T300 等通用模量聚丙烯腈基碳纤维不同有关。T800 碳纤维表面具有明显的沟槽特征,但其直径仅有 5μm 左右。从碳纤维断面形状来看,除了 T700 和 GCF - 2 碳纤维更接近圆形外,其他碳纤维的都偏离圆形较远,大多呈现为"腰子"形。

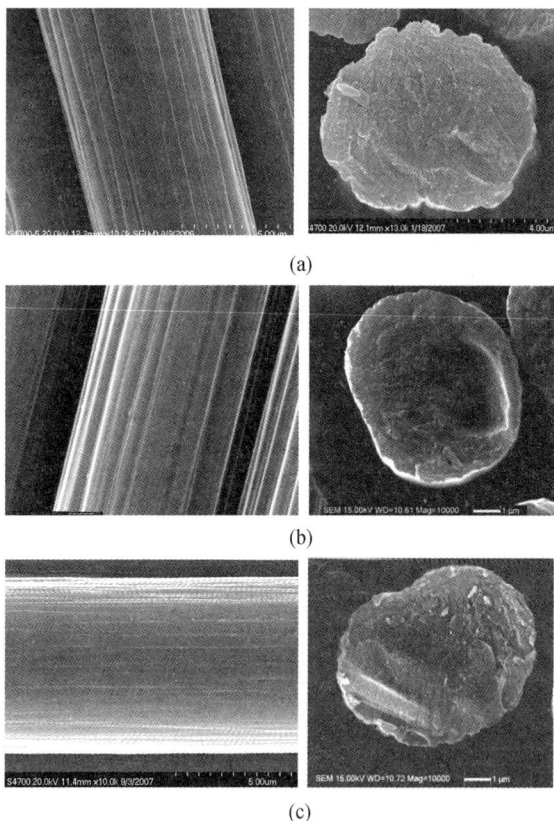

(a)

(b)

(c)

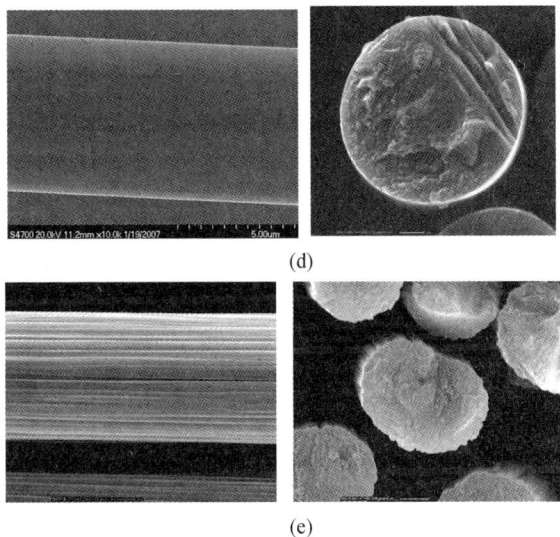

(d)

(e)

图 2 - 1　几种聚丙烯腈基碳纤维的表面与横断面扫描电镜照片

（a）T300 碳纤维；（b）GCF - 1 碳纤维；（c）GCF - 2 碳纤维；（d）T700 碳纤维；（e）T800 碳纤维。

扫描电子显微镜观察方法往往局限在定性的水平上，从扫描电镜的图像上给出一个关于碳纤维表面沟槽、形状等直观的结论，不能定量化表征碳纤维表面的物理特征。

2. 扫描电镜图像的定量化表征方法

由前面给出的碳纤维横断面照片可知，碳纤维的断面一般都不是完美的圆形，表面沟槽的存在导致其边缘是一个近似于圆的不规则封闭曲线。不同碳纤维表面沟槽的数量及尺寸存在差异，当沟槽及凸起多时，其断面接近于圆的程度就更小；反之，沟槽较少时，其断面就更接近于圆形。可以通过引入圆度概念来表征碳纤维的表面物理特征，如直径、周长等[4]。

圆度 α 由下式定义：

$$\alpha = \frac{4 \times \pi \times S}{C^2} \qquad (2 - 1)$$

式中　S——扫描电镜照片上碳纤维图像的截面积；

　　　C——周长。

碳纤维表面沟槽的数量、深度及宽度等对于碳纤维复合材料的界面物理结合强度有重要的影响，可采用直线方程切线法寻找并计算。碳纤维表面所有点的坐标均可由 Matlab 程序计算获得。从其中一点出发，与其余任意一点以直线方程 $Y = aX + b$ 进行连接。然后将图像边缘上其余每一个点的坐标代入此直线方程，如果结果均大于 0 或均小于 0，说明其他所有点都在直线的一侧，则此直线为切线(如图2-2(a)中L_1直线),该点为切点。如果不满足此条件,即代入直线方程的计算结果既有大于0的,也有小于0的,说明该直线不是切线。继续寻找,直到将所有的点都计算完成。重复以上过程,即可找到所有的切点。相邻两个切点之间的距离即为沟槽的宽度(图2-2(b)中A、B两个切点之间的距离)。两点之间的所有点与该切线的最大距离即为沟槽的深度(图2-2(b)中C、D两点之间的距离)。

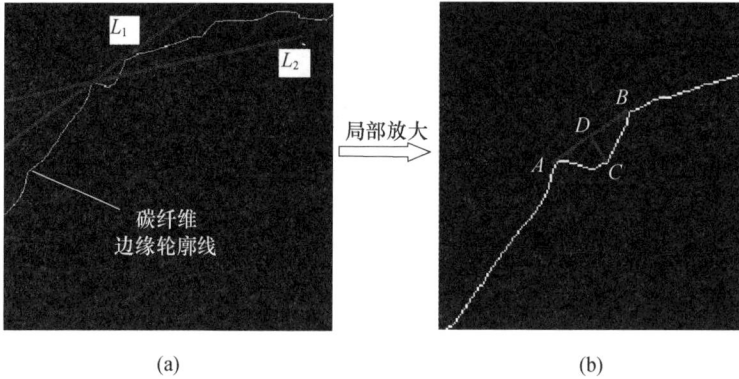

图2-2 切线法统计计算碳纤维表面沟槽示意图

使用图像处理软件把碳纤维扫描电镜照片的灰度图形转变成二值图形后,通过Matlab软件编程,采用二值图像标签算法计算出碳纤维横断面及边缘所包含的像素数量,并提取出碳纤维边缘的每一个点的坐标。利用扫描电镜照片上的标尺所代表的长度及其所包含的像素数可以计算出每个像素的尺度,并进而计算得到碳纤维横断面的面积、周长和直径。由于碳纤维单丝表面特性存在波动性,需要对多根碳纤维(统计数量应不少于50根)进行表面特性的获取,然后进行平均,以获得具有典型意义的碳纤维表面物理特性。

综上可知,碳纤维表面物理特征的图像及数据定量表征处理方法流程图如图2-3所示。但应当指出,利用该方法获取碳纤维的表面物理特征时对碳纤维样品的制样和扫描电镜分析提出了较严格的要求,如碳纤维断面获取过程中不应当对纤维有挤压、拉伸等明显破坏其断面形貌的行为,而且在扫描电镜分析时应当尽量将碳纤维垂直于观察方向,即碳纤维断面基本平行于屏幕方向。

对于GCF-1、GCF-2及T300、T700、T800几种碳纤维的扫描电镜照片进行了图像处理及计算,得到的碳纤维样品直径及圆度值α如表2-1所列。其中T800碳纤维的直径约5μm,其他碳纤维的直径均在7μm左右。GCF-1和GCF-2碳纤维的圆度值比较接近,分别是0.883和0.862,与T300碳纤维的圆度值存在一定差异。

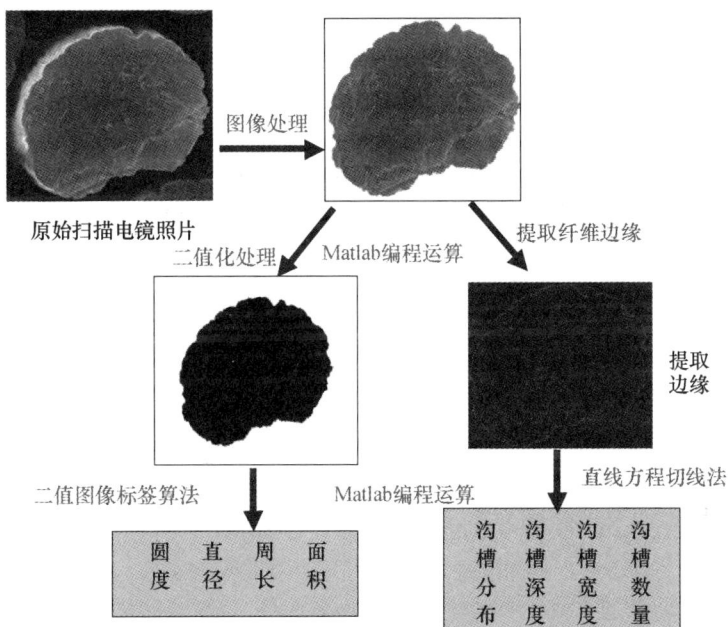

图 2 - 3　碳纤维表面物理特征的
图像及数据定量表征处理方法流程图

表 2 - 1　几种碳纤维样品图像数据定量处理结果对比

样品编号	面积像素	周长像素	平均面积 /μm²	平均周长 /μm	平均直径 /μm	圆度 α
T300	480419	2720	38.54	24.75	7.30	0.802
T700	446090	2429	38.96	22.70	7.50	0.981
T800	230193	1909	20.11	17.84	5.23	0.861
GCF - 1	444347	2495	38.81	23.32	7.04	0.883
GCF - 2	445381	2529	38.90	23.63	7.04	0.862

图 2 - 4 所示为 T300 碳纤维典型样品的扫描电镜照片及边缘沟槽统计计算处理结果。在此图中碳纤维边缘经过 Matlab 程序计算出的每一个沟槽均以红点标记,并标明了该沟槽的宽度与深度,单位是像素点。

T300 碳纤维的沟槽深度及宽度分布符合威布尔(Weibull)分布的特征,如图 2 - 5 中的曲线所示。威布尔概率分布函数的公式如下:

$$f(x \mid a, b) = ba^{-b} x^{b-1} \mathrm{e}^{-\left(\frac{x}{a}\right)^b} I_{(0, \infty)}(x) \tag{2 - 2}$$

式中　a、b——拟合参数;

x——测试数据,即碳纤维表面沟槽深度或宽度的计算结果。

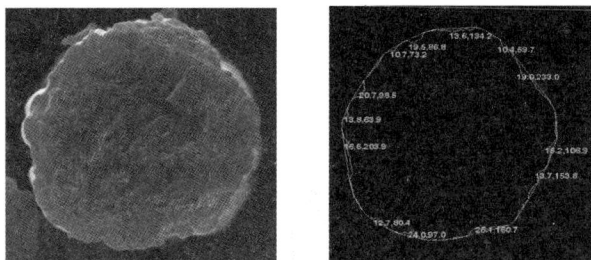

图 2 - 4　典型 T300 碳纤维边缘沟槽处理结果图

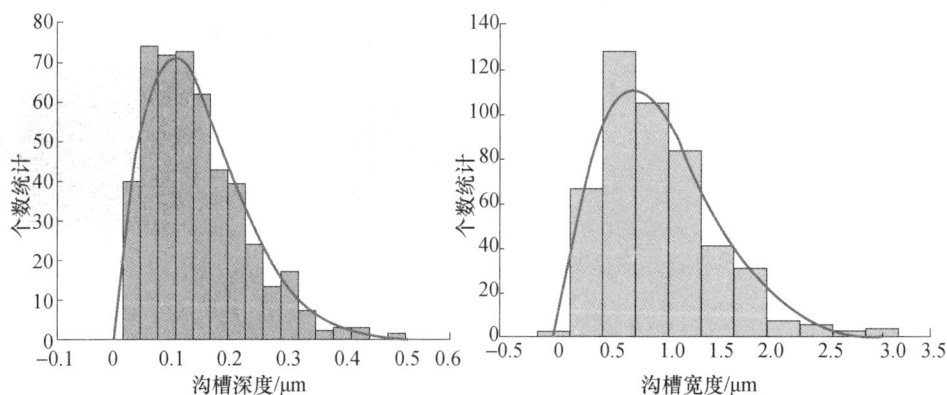

图 2 - 5　T300 碳纤维表面沟槽深度及宽度分布

GCF - 1 与 GCF - 2 碳纤维表面沟槽深度及宽度的计算结果及分布拟合曲线也符合威布尔分布特征(图 2 - 6),与 T300 碳纤维类似。

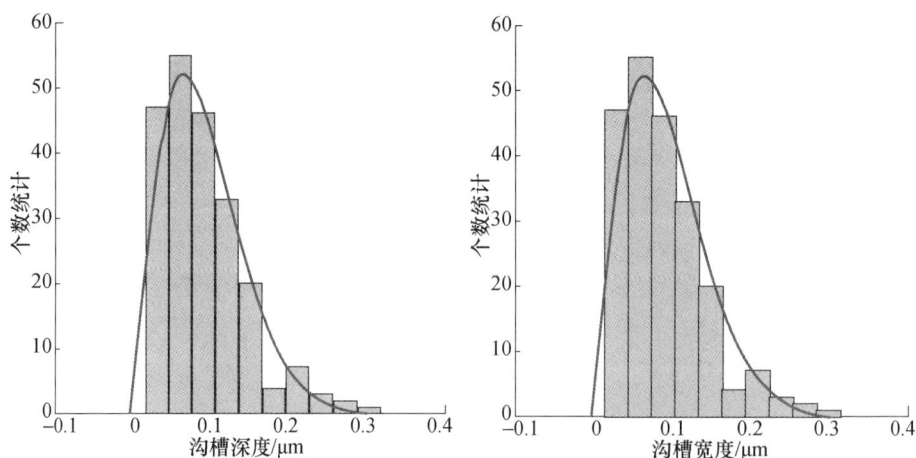

图 2 - 6　GCF - 1 碳纤维表面沟槽深度及宽度分布

综上可知,扫描电镜照片图像的定量化表征方法提供了一种碳纤维表面物理特性定量表征的新方法,可以通过量化指标来更精确地分析评价碳纤维在不同状态下的表面物理特性变化情况。

3. 原子力显微镜分析方法

原子力显微镜(AFM)也可实现对碳纤维表面物理特性的分析。图 2－7 给出了 AFM 获得的碳纤维表面沟槽图像和分析数据。可知,AFM 能够对局部沟槽的深度进行有效解析,图中两点对应的沟槽深度约为 200 nm。

AFM 的空间分辨力能够达到纳米尺度,能够用于观察碳纤维表面微观形貌的变化。王成忠等[5]利用 AFM 方法表征了碳纤维在电化学氧化过程中在纳米尺度上表面形貌的变化。但由于 AFM 扫描的范围十分有限(扫描范围约为 $5\mu m \times 5\mu m$),对于获取具有统计意义的碳纤维表面沟槽特性存在一定局限。

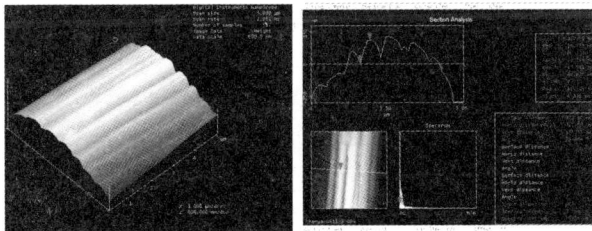

图 2－7　碳纤维表面沟槽在 AFM 下显示的三维图像和沟槽特征

4. 显微拉曼光谱分析方法

激光拉曼光谱在研究碳材料(包括石墨、石墨层间化合物等)的结构方面得到了广泛的应用和关注[6-10]。碳材料拉曼光谱一级序区的频率范围为 $1100 \sim 1800cm^{-1}$。在此范围内,单晶石墨仅在 $1580cm^{-1}$ 附近有一特征谱线(图 2－8(a))。该谱线是天然石墨所固有的,属于石墨晶格面内 C—C 键的伸缩振动,振

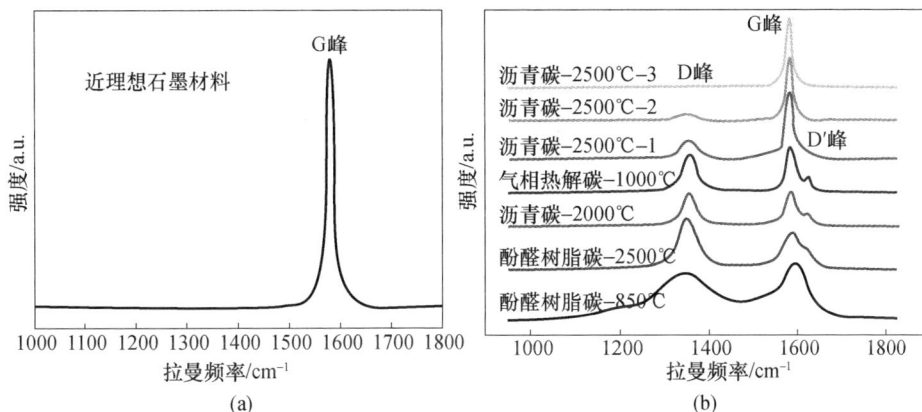

图 2－8　近理想石墨材料和不同结构发育碳材料的拉曼光谱图

动模式为 E_{2g}，通常被命名为 G 谱峰。通常碳材料的一级拉曼光谱中,除了 G 谱线外,随着石墨晶格缺陷、边缘无序排列和低对称碳结构的增加,在 1360 cm^{-1} 附近还有另外一个谱线,属于石墨微晶的 A_{1g} 振动模式。该谱线被命名为 D 谱峰,对应无序或缺陷结构。随着碳材料结构有序程度的减小和石墨化程度的降低,D 谱峰的强度逐渐增大,G 谱峰的强度逐渐减小。在一些碳材料的拉曼光谱图中 G 峰的高波数位置(1615cm^{-1} 附近)上会出现一个倍频峰,即 D′峰,如图 2-8(b)所示。碳材料结构的结构发育程度(结晶度或石墨化度)通常用代表无序或缺陷结构的 D 峰与石墨结构的 G 峰的积分强度比 I_D/I_G 来进行表征,用拉曼特征参数或拉曼特征因子 $R(R=I_D/I_G)$ 表示。

对于通用模量聚丙烯腈基碳纤维而言,其直径在 7μm 左右,拉曼光谱的测定需要将探测光聚焦到纤维直径内的微米附近。激光显微拉曼光谱可以将探测光束聚焦到 1μm 左右,可以有效实现碳纤维不同位置的微结构分析,同时显微拉曼光谱探测由于深度仅在纳米范围内,可以有效评价碳纤维的表层结构特征。

图 2-9 给出了通用模量聚丙烯腈基碳纤维的拉曼光谱图和根据谱图中 D 峰和 G 峰积分后计算得到的 R 数据。可以看出,碳纤维的 D 峰和 G 峰的宽度都较大,且两峰有交叠。从表中 R 值与 L_a 的计算结果来看,GCF 系列碳纤维的表面微结构发育水平与 T300 碳纤维比较接近。其中 L_a 是根据经验公式 $L_a=44/R$ 计算得到的碳纤维中碳微晶的晶粒宽度。

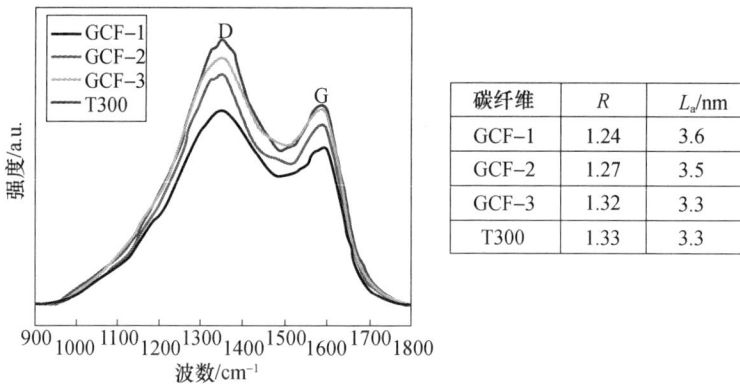

碳纤维	R	L_a/nm
GCF-1	1.24	3.6
GCF-2	1.27	3.5
GCF-3	1.32	3.3
T300	1.33	3.3

图 2-9 碳纤维的拉曼光谱图和表面微结构参数

2.1.2 碳纤维表面化学特性表征方法

碳纤维的表面化学特性从其表面具有的元素构成、表面官能团等特性看,包括元素及官能团的种类、含量等。在形成复合材料时碳纤维的化学特性将与基体或其前驱体发生化学作用,形成具有强结合状态的化学键合界面。可用于化学特性表征的方法主要有 X 射线光电子能谱(XPS)法和红外光谱法,具体介绍如下。

1. X 射线光电子能谱分析方法

XPS 方法是定量表征碳纤维表面元素及其官能团的有效分析手段,XPS 的谱峰辨识明晰,可以同时获取样品表面纳米深度范围内的元素种类、含量及其化学结合状态等信息。图 2 – 10 给出了 GCF – 1 碳纤维样品的 XPS 全扫描谱图。由图可知,该碳纤维表面主要存在 C 和 O 元素,没有 N 元素的信号峰。

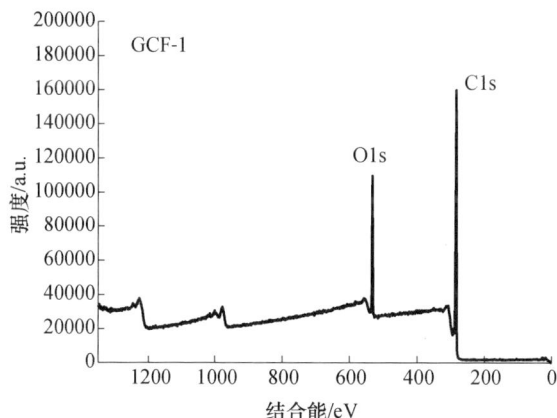

图 2 – 10　碳纤维 GCF – 1 样品 XPS 全扫描谱图

表 2 – 2 为 GCF – 1 碳纤维样品与 T300 碳纤维样品 XPS 分析的定量分析结果。可以看出,两种碳纤维样品的 C、O 及 N 等元素种类和含量均存在差异。其中 GCF – 1 碳纤维表面未检出 N 元素,而 T300 碳纤维的 N 元素含量为 3% ～ 4%。对于 O/C 元素比,碳纤维 GCF – 1 样品大约为 0.18,低于 T300 碳纤维的约 0.25。不同来源通用模量聚丙烯腈基碳纤维的表面元素及其 O/C 比的差异说明了不同碳纤维形成过程中表面处理存在差异。

表 2 – 2　碳纤维样品不同元素 XPS 定量分析结果

样品编号	C1s/%	O1s/%	N1s/%	O/C
GCF – 1 – 1	84	16	0	0.19
GCF – 1 – 2	85	15	0	0.18
GCF – 1 – 3	85	14	0	0.17
T300 – 1	75	21	3	0.27
T300 – 2	77	19	4	0.24

为了进一步定量研究碳纤维样品中碳元素的化学结合状态,对 T300 碳纤维样品和 GCF – 1 碳纤维样品的 XPS 谱图中 C1s 谱峰进行了分峰拟合处理[11 – 14],结果如图 2 – 11 所示。可以看出,碳纤维样品的 C1s 峰可以明确地分为 4 个峰,

分别标以 C1、C2、C3 及 C4。经过与 XPS 标准谱图手册进行比对确认,这几个峰分别归属于 C—C、C—OH/C≡N/C—O—C、C≡O/O—C—O 及 C—OOH/C—OOR 化学键或官能团。同时,根据分峰获得的峰面积比例可以计算得到碳纤维样品表面不同化学态碳元素的定量数据,这一结果可以定量化地表征不同碳纤维及碳纤维不同表面状态样品表面存在的官能团含量差异。表 2 - 3 给出了 T300 碳纤维样品和 GCF - 1 碳纤维样品的碳归属的定量分析结果,由表可知,GCF - 1 与 T300 碳纤维样品表面的 C 化学态也存在一定差异:GCF - 1 碳纤维样品表面的 C1(C—C)峰比例较高,C3(C≡O/O—C—O)和 C4(C—OOH/C—OOR)峰比例较低,说明 GCF - 1 碳纤维表面存在的活性官能团的比例低于 T300 碳纤维。

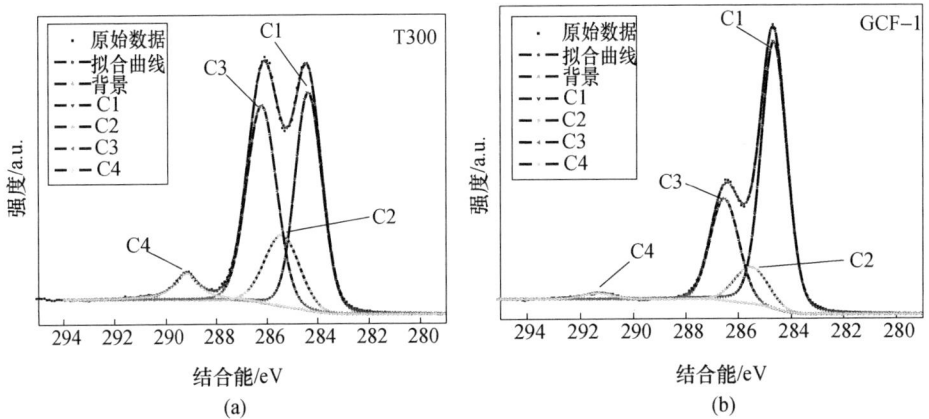

图 2 - 11 不同碳纤维样品 XPS 谱图的 C1s 峰分峰结果

表 2 - 3 碳纤维样品表面碳元素的不同化学态定量分析结果

样品编号	C1/%	C2/%	C3/%	C4/%
GCF - 1 - 1	58.7	13.7	27.4	0.2
GCF - 1 - 2	58.6	11.1	30.3	0.0
GCF - 1 - 3	63.5	10.4	24.7	1.4
T300 - 1	39.2	15.9	39.1	5.7
T300 - 2	48.0	7.2	41.1	3.7

应当指出,XPS 分析探测的样品深度在 1～10nm 范围内,利用其进行碳纤维表面化学特性的分析时,应当确保碳纤维表面无污染,或利用离子束轰击法去除表面的污染后再进行测定。通常碳纤维的表面存在一层上浆剂,这层上浆剂将掩盖碳纤维本身的表面特性,通过离子束轰击法也可以将碳纤维表面的上浆

剂去掉,实现表面本征化学特性的分析。

2. 傅里叶红外光谱(FT - IR)分析方法

FT - IR 法被广泛应用于有机物甚至一些无机物的官能团确定或成分分析,测试试样采用压片法制备,即将碳纤维经过充分粉碎磨细形成粉末,然后与光谱纯 KBr 混合压片,形成测试试样[15]。由于碳纤维内部形成了 C—C 键,基本不含有其他官能团(如含氮、含氧官能团),可以认为 FT - IR 法获得的官能团主要来源于碳纤维表面。但应当指出,碳纤维表面的官能团含量相对于碳纤维来说非常少,在测试试样制备过程中应当遵循一个原则,即应保证在光线透过率较高时,碳纤维粉末含量尽量高,以获得谱峰强度足够的有效红外谱图。

图 2 - 12 给出了 T300 碳纤维的 FT - IR 谱图。图中 2967 ~ 2858cm^{-1} 范围内的吸收峰为饱和碳氢伸缩振动吸收峰,其中 2967cm^{-1} 处的吸收峰说明存在 —CH$_3$ 饱和碳氢键,2929cm^{-1} 处的吸收峰说明存在 —CH$_2$— 饱和碳氢键,2876cm^{-1} 处的吸收峰说明存在 —CH 饱和碳氢键,而 1269cm^{-1} 处的吸收峰说明存在 C—O 键。

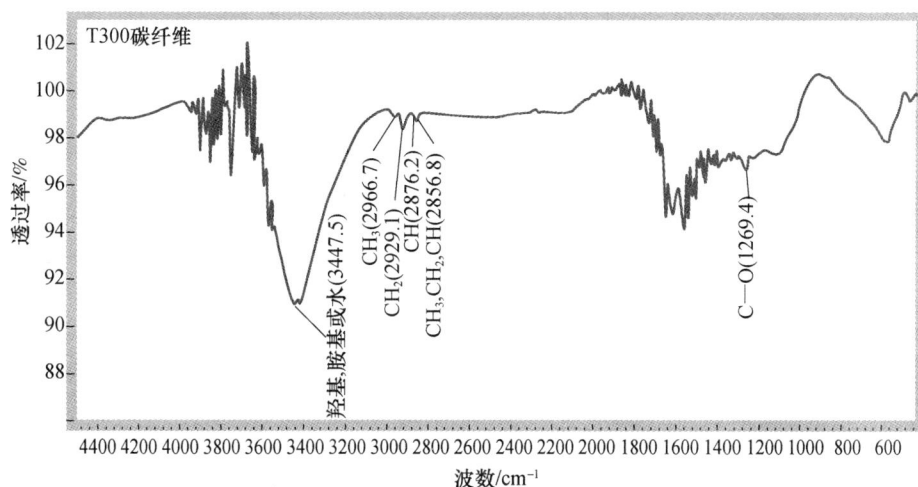

图 2 - 12　T300 碳纤维的 FT - IR 谱图

与 XPS 分析方法相比,FT - IR 法获得的碳纤维信号比较弱,制样过程也比较复杂,并且一般只能用来进行化合物官能团的定性分析。当用来定量分析时,需要制备相同碳纤维含量的 KBr 压片,然后在同一分析测试设备上对其进行测试比对,并且也只能通过峰位置的相对高低半定量地评价碳纤维表面官能团的多少。从前述的分析来看,FT - IR 法也较难确定表面的含氧官能团状态,因此 XPS 方法更适宜于碳纤维表面化学特性的表征。

2.1.3 碳纤维表面覆层特性表征方法

碳纤维的表面覆层特性为碳纤维表面的上浆特性,与上浆剂的种类、上浆量、上浆均匀性密切相关。碳纤维的上浆一般在碳纤维收卷前进行,上浆剂能够在碳纤维丝束表面形成一层极薄的保护膜,减少在加工及使用过程中的磨损。碳纤维表面的上浆剂一般为环氧树脂,含有大量的含氧官能团,对树脂类基体具有较好的相容性,能够起到强化碳纤维与基体复合的作用。环氧树脂的种类很多,作为碳纤维上浆剂多用双酚 A 型环氧树脂。双酚 A 型环氧树脂是由二酚基丙烷与环氧氯丙烷在氢氧化钠催化作用下合成的,在树脂的结构中,环氧基和羟基提供了反应性和粘接性,醚键则提供了柔软性。碳纤维表面覆层特性的表征主要包括表面上浆剂含量的测定和上浆剂类型的定性分析,下面详细介绍。

1. 碳纤维表面上浆剂含量测定方法

碳纤维表面的上浆剂含量通常用百分数表示,含量在 1 % 左右,一般不超过 1.2 %,上浆量过大,会导致碳纤维丝束僵硬,不利于碳纤维制品的后续使用。碳纤维表面上浆剂含量一般通过热溶剂萃取法或热解清除法进行测定:中国 GJB 1982—94 和美国 ASTM C613[16] 采用的是索氏萃取法,即利用索氏提取器选用适当溶剂对碳纤维进行多次热洗浆,通过称量洗浆前后碳纤维的质量变化计算上浆量。为获得准确上浆量数据,热溶剂萃取法的关键是要选择一种能除去全部上浆剂而不损坏纤维的溶剂,一般使用丙酮、丁酮、二氯甲烷或四氢呋喃;先进复合材料供应商协会(Suppliers of Advanced Composite Materials Association, SACMA)推荐的试验方法"碳纤维上浆剂含量的测定"说明了碳纤维热解去除上浆剂的方法,其关键是必须先确定时间、温度和气氛,以确保脱除上浆剂而不严重影响碳纤维。该方法中上浆剂分解残余物的存在和纤维由于氧化作用产生的失重均会对试验结果产生影响。下面分别介绍碳纤维表面上浆剂含量测定的两种方法的具体要求和过程:

1) 热溶剂索氏萃取法

(1) 试剂与仪器。

① 溶剂:能够除去全部上浆剂而不损坏纤维,建议选择丙酮,分析纯。

② 分析天平:感量 0.1mg。

③ 烘箱:上限温度 >150℃,控温精度 < ±2℃。

④ 索氏提取器:容量 >250mL。

⑤ 陶瓷细孔坩埚:容量 >25mL,能够放入索氏提取器中。

⑥ 干燥器:填有干燥剂。

⑦ 加热套:尺寸与索氏提取器配套,加热电压可调。

⑧ 高温炉:空气气氛,上限温度≥1000℃。

（2）试验步骤。

① 陶瓷细孔坩埚使用前应在空气气氛的高温炉中,于 900℃下灼烧 4～6h 至陶瓷细孔坩埚质量恒重,取出后置于干燥器内冷却至室温备用;

② 平行称取两个 3～5g 碳纤维试样,分别缠绕成蓬松的线团状放入托盘后,在烘箱中 110℃加热 1h 去除水分,取出后置于干燥器内冷却至室温;

③ 将处理后的陶瓷细孔坩埚编号后称重(W_0),精确至 0.1mg;

④ 将处理后的碳纤维试样放入陶瓷细孔坩埚中进行称重(W_1),精确至 0.1mg;

⑤ 将装有试样的陶瓷细孔坩埚放入索氏提取器中,在其附属的平底烧瓶中倒入约 2/3 体积的溶剂,然后放置在加热套中加热,调节加热套的加热电压,以保持溶剂呈轻微沸腾状态,直至碳纤维表面上浆剂被溶剂完全萃取(视纤维型号规格不同,一般需要 2～6h);

⑥ 将装有充分萃取后试样的陶瓷细孔坩埚在 110℃烘箱中恒温 1h,取出后置于干燥器内冷却至室温;

⑦ 将冷却后装有试样的陶瓷细孔坩埚称重(W_2),精确至 0.1mg。

（3）结果计算。

每个试样的表面上浆剂含量按下式计算,结果精确到小数点后两位,最终结果取两个平行结果的算术平均值,即

$$S_i = \frac{W_1 - W_2}{W_1 - W_0} \times 100 \qquad (2-3)$$

2）热解清除法

（1）试剂与仪器。

① 分析天平:感量 0.1mg;

② 陶瓷坩埚:40mL;

③ 烘箱:上限温度 >150℃,控温精度 < ±2℃;

④ 干燥器:填有干燥剂;

⑤ 高温炉:氮气气氛,上限温度≥1000℃;

⑥ 氮气:标准纯度。

（2）试验步骤。

① 陶瓷坩埚使用前应在空气气氛的高温炉中,于 900℃下灼烧 4～6h 至陶瓷坩埚质量恒重,取出后置于干燥器内冷却至室温备用;

② 平行称取两个 3～5g 碳纤维试样,分别缠绕成蓬松的线团状放入托盘后,在烘箱中 110℃加热 1h 去除水分,取出后置于干燥器内冷却至室温;

③ 将处理后的样品称重(W_1),精确至 0.1mg;

④ 将处理后的碳纤维试样,放入陶瓷坩埚中进行称重(W_2),精确至 0.1mg;

⑤ 将装有试样的陶瓷坩埚放入氮气气氛高温炉中,并使用氮气冲洗炉内至少 45min;

⑥ 将高温炉温度控制设定为450℃,启动升温,当炉温到达450℃时,开始计时,保温 1h,保持炉体在试验的整个加热和冷却阶段持续用氮气保护;

⑦ 加热 1h 后,自然冷却至200℃左右,从高温炉中取出坩埚并放入干燥器中冷却至室温后称重(W_3),精确至 0.1mg。

(3)结果计算。

每个试样的表面上浆剂含量按下式计算,结果精确到小数点后两位,最终结果取两个平行结果的算术平均值。

$$S_i = \frac{W_2 - W_3}{W_1} \times 100 \qquad (2-4)$$

碳纤维表面上浆剂的平均厚度为

$$h = \frac{ar\rho_1}{2 \times (1-a)\rho_2} \qquad (2-5)$$

式中　ρ_1——纤维的密度(g/cm^3);

　　　ρ_2——上浆剂的密度(g/cm^3);

　　　a——纤维表面上浆剂的质量分数;

　　　r——纤维的半径;

　　　h——纤维表面上浆剂的厚度。

2. 碳纤维上浆剂类型定性研究

对于上浆剂类型的定性研究采用溶剂分离与上浆剂成分分析相结合的方法,即将通过索氏萃取法洗胶后得到的胶液,在真空烘箱中进行烘干浓缩后,采用红外光谱法进行定性分析来确定上浆剂的种类及化学组成。该方法也同样适用于分析不同批次间碳纤维上浆剂构成的一致性。T300、T500 和 T700 三种聚丙烯腈基碳纤维上浆剂的红外光谱图如图 2-13 所示,其中图(b)为指纹区放大图。从红外光谱图可以确认三种碳纤维上浆剂的主成分均为双酚 A 型环氧树脂。

2.2　碳纤维成分表征方法

碳纤维构成成分包括结构型成分和非结构型成分,其中结构型成分是指纤维中由前驱体遗传下来的碳、氮、氢等元素,这些元素构成了碳纤维的主要结构单元,其中碳元素为主元素,其含量通常在93%以上。非结构型成分则

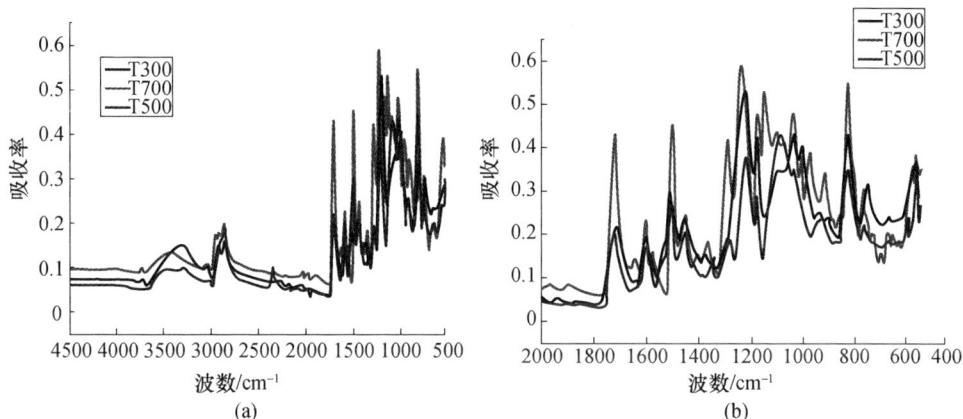

图 2-13　碳纤维上浆剂的红外光谱图

(a)红外光谱图;(b)红外光谱指纹区放大图。

主要指在纤维制备过程中引入的杂质,包括碱金属、碱土金属、硅、铁等。这些元素的存在会对碳纤维结构的发育造成影响,进而对碳纤维的力学性能、热物理性能及氧化烧蚀性能等产生影响。对碳纤维成分进行准确定量分析,有助于碳纤维质量的控制,也为烧蚀防热复合材料选用高性能碳纤维提供必要的参考。

2.2.1　碳纤维结构型成分表征方法

　　碳纤维的结构型成分主要为碳、氮、氢等元素,美国的 ASTM D3178[17] 和中国的 GJB 1982—94 等方法均使用传统的化学法对其进行测定,即通过在一个封闭系统中燃烧一定质量的碳纤维,经过充分氧化和去除干扰物质之后,通过测定吸收塔中的固定燃烧产物来测定碳和氢的含量。该方法操作步骤复杂,设备搭建繁琐,试验周期较长,现已基本淘汰。目前通常使用全自动有机元素分析仪,利用动态燃烧法对产物进行测试,测试原理为:碳纤维样品进入填有催化剂的燃烧管内,在高浓度的氧气流中氧化分解,反应生成的混合气在载气的推动下进入还原管;还原管中的高纯铜颗粒吸收反应中过量的氧气,并将氮元素的氧化物全部还原成为氮气;载气再将经过还原后的混合产物推入温控解析柱或气相色谱柱进行分离,最后由热导池检测器分别对氮元素燃烧产物氮气、碳元素燃烧产物二氧化碳以及氢元素燃烧产物水汽进行检测。根据各组分的信号值对应的元素灵敏度(或校正)因子 K 值,分别计算样品中各元素的含量。

　　在进行碳纤维样品的结构型成分测试时,为精确获得较小含量成分(氮、氢)元素的含量,需要对测试过程中选用的试剂和载体的纯度进行严格规范,通常需要使用纯度 $\geqslant 99.996\%$、水分含量 $\leqslant 10^{-6}$ g/L 的载气(氮或氩气)和纯度

≥99.995%、水分含量≤10^{-6}g/L 的氧气。测试中使用的标准物质为乙酰苯胺（碳含量 71.09%）。

通常，碳纤维产品都经过上浆处理，即碳纤维表面存在上浆剂。这些上浆剂的存在会影响碳纤维中碳、氮、氢等含量的准确表征。为此，在进行碳纤维结构型成分测试时，需要对其表面的上浆剂预先去除。上浆剂的去除可以采用2.1.3 小节中所述的热溶剂索氏萃取法或热解清除法进行。

碳纤维本身制备过程中经历过较高温度的碳化处理，存在氧化灼烧困难的问题。碳纤维结构型成分测定过程中如果碳纤维氧化燃烧不充分，则测试结果将存在较大误差，甚至错误。因此，需要严格控制氧化炉温度、氧的用量等参数。下面以德国 Elementar 公司 Vario EL Ⅲ型全自动有机元素分析仪为例，给出了碳纤维碳、氢、氮元素的测试参数和测试过程。

1. 仪器参数设定

按仪器操作规程开机。检查整机操作条件及电子天平的性能。让整机逐步达到以下条件：氧气减压阀预置压力为 0.25MPa，氦气预置压力为 0.2MPa。入口压力表将显示 0.12 ~ 0.125MPa。

气体流量：测量气体（He）出口的流量为 200mL/min；

参考气体（He）出口的流量为 50 ~ 200mL/min。

在 C、H、N 模式下分析样品：氧化炉温度为 950℃；还原炉温度为 500℃。CO_2 柱的解附温度为 100℃；吹扫时间为 5s；氧气流速为 2.5cm^3/min，加氧时间为 107s。

2. 仪器校正

按样品测定程序，连续测定系统空白值两次以上，直到其峰面积满足 $P_N <$ 100、$P_C < 100$、$P_H < 1000$ 时进行后续过程。

3. 灵敏度（或校正）因子 K 值

校准曲线的制作：称取一系列不同量的乙酰苯胺标样，使其碳绝对量在0.03 ~ 20mg、氮绝对量在 0.03 ~ 6mg 范围内，按照仪器操作规程制作校准曲线。

校准曲线的验证：称取乙酰苯胺 3 ~ 3.5mg，精确至 0.002mg，按样品测定程序连续测定两个或两个以上的乙酰苯胺标样，若测得的校正因子 K 值在 0.9 ~ 1.1 之间，则证明校准曲线在工作范围内，可以进行正常样品分析，否则需重新制作校准曲线。

K 值计算：乙酰苯胺中 C、H、N 元素的 K 值按下式计算：

$$K = \frac{V}{M \times W} \qquad (2-6)$$

式中　　V——乙酰苯胺 C、H、N 元素单位质量的信号值（μV）；

　　　　M——乙酰苯胺质量（g）；

　　　　W——乙酰苯胺 C、H、N 元素真值百分数（%）。

4. 样品测定

截取不同位置上的几段去胶碳纤维样品,称取 3~3.5mg,精确至 0.001mg,按样品测定程序连续测定 2 个以上的样品,直到结果达到分析误差的要求为止。

5. 测定后仪器的检查

样品测定后,检查仪器的操作条件。有疑问时,应再次测定乙酰苯胺的 K 值。若结果偏离仪器操作规程的规定值,样品应重新测定。

6. 结果计算与表述

样品 C、H、N 元素的质量百分数按下式计算:

$$W = \frac{V}{m \times K} \times 100\% \qquad (2-7)$$

式中　V——C、H、N 元素的单位质量信号值(μV);

　　　m——样品质量(g);

　　　K——C、H、N 元素校正因子。

碳纤维中碳、氮、氢含量以质量分数表示,取两次平行测定结果的算术平均值为测定结果。测试的精确度以方法绝对偏差表述,两次平行测定碳、氮含量的绝对偏差≤0.5%。碳纤维中氢元素由于含量低于分析准确度,因此测试值仅为半定量测试结果。

采用上述结构型成分的元素分析方法,对不同碳纤维样品进行测试,结果如表 2-4 所列。每个样品平行测定绝对偏差均小于 0.5%,其中 N 元素绝对偏差均小于 0.08%,C 元素绝对偏差均低于 0.04%,而 H 元素绝对偏差均低于 0.03%。

表 2-4　碳纤维元素分析结果

样品	N/%			C/%			H/%		
	测定值	平均值	绝对偏差	测定值	平均值	绝对偏差	测定值	平均值	绝对偏差
T300-1K	5.547	5.564	0.017	93.99	93.97	0.02	0.328	0.321	0.008
	5.581			93.94			0.313		
T300-3K	6.558	6.507	0.051	93.08	93.12	0.04	0.321	0.325	0.003
	6.456			93.16			0.328		
GCF-1-1K	5.787	5.745	0.042	93.60	93.60	0.01	0.334	0.314	0.021
	5.703			93.59			0.293		
GCF-1-3K	5.794	5.861	0.066	93.74	93.71	0.03	0.326	0.299	0.028
	5.927			93.68			0.272		
GCF-2-1K	4.355	4.324	0.031	93.96	94.00	0.04	0.265	0.285	0.020
	4.293			94.03			0.305		
GCF-2-3K	4.300	4.224	0.076	94.84	94.85	0.01	0.253	0.254	0.001
	4.147			94.86			0.254		

2.2.2 碳纤维非结构型成分表征方法

碳纤维非结构型成分主要包括碱金属及碱土金属元素(如钾、钠、钙、镁、铁等)。碳纤维中的微量金属元素可能对纤维的氧化烧蚀速率、力学性能等有影响,对它们进行精确测定是十分必要的。通常碳纤维中金属元素通过分析灰分残余物来实现测定[18],获得的金属元素含量表示为碳纤维的百万分之几(即10^{-6}级或$\mu g/g$)。

可用电感耦合等离子体 – 原子发射光谱法(ICP – AES 法)测定碳纤维的非结构型成分[19]。ICP – AES 法是依据每种化学元素的原子或离子在激发下发射的电磁辐射,进行元素定性与定量分析的方法,这种方法选择性强,线性范围宽,精度高,无需特殊光源就可进行多元素同时测定,检出限达10^{-9}级。

ICP – AES 法分析原理为:以射频发生器提供的高频能量加到感应耦合线圈上,并将等离子体炬管置于该线圈中心,因而在炬管中产生高频电磁场,用微电火花引燃,使通入炬管中的氩气电离,产生电子和离子而导电,导电的气体受高频电磁场作用,形成与耦合线圈同心的涡流区,强大的电流产生高热,从而形成火炬形状的并可以自持的等离子体;由于高频电流的趋肤效应及内管载气的作用,使等离子体呈环状结构;样品由载气(氩)带入雾化系统进行雾化后,以气溶胶形式进入等离子体的轴向通道,在高温和惰性气氛中被充分蒸发、原子化、电离和激发,发射出所含元素的特征谱线;根据特征谱线的存在与否,鉴别样品中是否含有某种元素(定性分析);根据特征谱线强度确定样品中相应元素的含量(定量分析)。在进行定量分析时需要提前通过测试标准溶液形成标准曲线,然后将测试试样结果与标准曲线进行比对,获得定量数据。

利用 ICP – AES 法测定碳纤维中的非结构型成分含量的方法具体如下。

(1)试验准备。

碳纤维样品首先进行灰化处理,获得灰分。在称量碳纤维样品前,应对其进行脱水干燥处理,即将碳纤维试样放入110℃烘箱中恒温1h,取出后放入干燥器冷却至室温称重,精确至0.1mg。在进行灰化处理时需要在惰性极强的铂金坩埚中进行,以防止碳纤维及其非结构型成分与坩埚反应,或坩埚自身不恒重等造成的测试误差。首次使用的铂金坩埚应经过6h的浓硝酸浸泡后,用去离子水清洗,放入110℃烘箱烘干水分后,在马弗炉中600℃灼烧至恒重。

(2)灰化处理。

称取1g左右(精确至0.1mg)样品于铂金坩埚中,放入马弗炉内,快速升温,如检测 Na、K、Ca 元素则在600℃时保持6h,检测 Fe 元素则在650℃时保持8h,检测 Mg 元素则在600℃时保持10h。在灰化炉中待其冷却至200℃左右时,转移到干燥器中继续冷却至室温后称量,记录灰化现象。在转移灰化后的坩埚时应严防灰分的损失。

灰化过程容易因人为因素产生误差,灰化条件控制不当还会造成某些元素的损失,影响检测结果的准确性及重现性。

(3)挥硅处理。

滴加5mLHF和HNO_3混合稀酸,充分地溶解灰分,10min后用移液管加入5.0mL去离子水,并沿坩埚壁分多次清洗,然后放置于电磁炉上挥干。

(4)溶解和定容。

在经挥硅处理后的坩埚中加入5mL稀HCl,盖上坩埚盖,放置30min。用去离子水分多次清洗坩埚壁,将坩埚中的水溶液用吸管移入到50mL的容量瓶中,用去离子水淋洗多次,标定到刻度线。

需要制作试剂空白试样,以用于电感耦合高频等离子体原子发射光谱测试时的调零。空白试样的制备需要跟随以上各步骤同时进行。

(5)绘制校准曲线。

① 按规定方法配制各金属标准溶液和混合标准溶液,单金属标准溶液浓度为0.1mgM/mL,其中M代表K、Na、Ca、Mg、Fe。混合标准溶液为1mL溶液含有20μgK、20μgNa、20μgCa、20μgMg、20μg Fe的溶液,通过分别吸取20mL钾溶液、20mL钠溶液、20mL钙溶液、20mL镁溶液、20mL铁溶液,定容到100mL获得。

② 按照表2-5分别将6份标准溶液混合液移取至50mL容量瓶中,并各加入10mL盐酸溶液,用水稀释至刻度,混匀。

表2-5 校准曲线用标准溶液的配置表

编号	1	2	3	4	5	6
混合标准溶液移入量/mL	0	0.5	1.0	1.5	2.0	3.0

③ 保证仪器状态最优时,按照表2-6选择分析波长,测量标准溶液的发射强度。

④ 以Na、K、Ca、Mg、Fe发射强度为纵坐标,以其相应的浓度为横坐标,分别绘制校准曲线,并进行回归分析,得到最小二乘回归曲线方程。

表2-6 不同元素对应的分析线波长

元素	K	Na	Ca	Mg	Fe
波长/nm	766.491	589.592	422.673	285.213	238.204

(6)测量。

在选定的仪器工作参数和分析波长下依次测量空白溶液和试样中待测元素的发射强度,减去空白溶液信号强度即为净强度,由校准曲线查得待测元素在溶液中的质量浓度。

（7）结果计算。

按下式计算 Na、K、Ca、Mg 的含量：

$$M = \frac{C \times V}{m} \qquad (2-8)$$

式中　M——Na、K、Ca、Mg、Fe 的含量（μg/g）；

　　　C——自回归曲线方程上计算或校准曲线上查得的 Na、K、Ca、Mg、Fe 的含量（μg/mL）；

　　　V——试液体积（mL）；

　　　m——碳纤维试样质量（g）。

2.3　碳纤维结构表征方法

碳纤维的结构主要涉及其晶态结构、孔隙结构和皮芯结构等，其中晶态结构是指碳微晶的结构，包括微晶尺寸、取向等结构特征；孔隙结构是指碳微晶间孔隙的结构特征，包括孔隙尺寸、孔隙形状、孔隙表面粗糙程度等；皮芯结构是碳纤维在纺丝成型阶段形成的一种皮层和芯部结构不一致的结构特征，涉及其碳微晶和孔隙结构的差异性特征。碳纤维的诸结构特征对其力学性能、热物理性能影响显著，如碳纤维晶态结构越好（即碳微晶尺寸越大、沿纤维轴取向越好），通常其孔隙率越小，碳纤维的模量越高、热导率越高、电阻率越小（表 2-7）。本节将对碳纤维的结构特征表征方法进行介绍。

表 2-7　不同碳纤维的结构参数和性能指标

碳纤维牌号		T300	T800	T1000	M40J	M55J	M60J
微晶尺寸	L_c/nm	5.42	6.36	6.68	12.6	16.9	19.2
	L_a/nm	4.14	4.42	4.46	10.7	11.2	12.3
拉伸强度/GPa		3.54	5.49	6.37	4.41	4.02	3.92
拉伸模量/GPa		231	294	294	377	540	588
密度/（g/cm³）		1.76	1.81	1.80	1.77	1.91	1.93
热传导率/（cal/cm·s·℃）①		0.025	0.0839	0.0765	0.164	0.372	0.363
电阻/（$10^{-3}\Omega \cdot$ cm）		1.7	1.4	1.4	1.0	0.8	0.7
① cal 为非法定计量单位，1cal = 4.18J							

2.3.1　碳纤维晶态结构表征方法

碳纤维的碳微晶结构可以通过透射电子显微镜（TEM）分析法、X 射线衍射（XRD）法和显微拉曼光谱法等进行分析评价。其中显微拉曼光谱法分析测试过程和2.1.1小节中碳纤维表面微结构分析表征类似。

1. 透射电子显微镜分析法

TEM方法可以获得材料微晶的精细直观图像及选区电子衍射(SAD)图像,是对样品进行定位微区(通常在纳米尺度)分析的有效手段[20-22]。但TEM方法由于分析的微区性,其结果也具有单一性和具体性,需要对大量不同位置的微区进行统计分析后才能获得典型的碳纤维晶态结构特征。TEM分析方法自身的特点决定了其所分析的试样必须为超薄(纳米尺度)样品,以获得高分辨图像或选区电子衍射图用于微晶结构的分析。为此,采用TEM方法对碳纤维微晶结构进行分析时预先制备超薄样品是一个非常关键的步骤。

通常制备碳纤维超薄样品的方法有如下几种。

(1)超薄切片法:采用金刚石刀对树脂包埋的碳纤维进行切片。由于碳纤维硬度非常高,通常仅对其单丝进行切片。为获得不同方向的结构信息,切片需要从碳纤维的不同方向进行。超薄切片法对切片刀具的要求非常高,而且在切片过程中通常一把金刚石刀片只能获得几片有效试样,制样成本非常高。但超薄切片法也具有非常明显的优点,即可以获得不同方向的碳纤维样品,其样品在TEM分析过程中可以很好地确定不同方向和不同位置上的结构信息。

(2)离子减薄法:采用离子束轰击将树脂包埋的碳纤维薄片样品进行减薄,获得超薄样品。这种方法可以同时对较多的碳纤维进行减薄,但由于树脂的优先减薄性,这种方法制样也非常困难,但对于碳/碳复合材料中的碳纤维,该方法可以获得较佳的制样效果。

(3)粉碎法:对碳纤维进行研磨粉碎处理,获得超细碳纤维颗粒,然后针对超细颗粒的边缘进行TEM分析。这种方法简单易行,但无法判断分析颗粒在碳纤维中的位置和分析位置所处的方向,因此这种方法获得的碳微晶信息通常被用于统计碳纤维的结构特征,而不能用于判断不同部位、不同方向上碳微晶的结构特征。

图2-14给出了粉碎法获得的T300碳纤维样品经TEM分析得到碳微晶结构图像及其选区电子衍射(SAD)图。

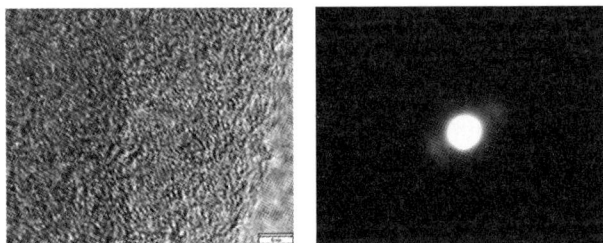

图2-14　T300碳纤维的TEM晶格图像及其SAD图

由上述可知,TEM分析方法虽然可以对碳纤维进行碳微晶的分析,但获得能够反映方向和位置的超薄样品是一个困难的过程,而且TEM分析对获得具有统计意义的晶态结构信息非常困难,需要进行大量的制样、测试与分析等工作。因此,对于简单分析碳纤维的晶态结构特征具有一定的作用,但用于评价碳纤维具有统计意义或具有方向、位置要求的结构特征时用途不大。

2. X 射线衍射分析法

XRD 方法是分析碳素材料晶态结构的一个常用有效方法[23-25]。通常采用粉末分析法进行碳纤维结构的统计分析,即将碳纤维研磨成粉末,然后将其填充在样品槽中进行 XRD 收谱,然后根据谱图上衍射峰的峰形、峰位等参数确定测试样品的微晶结构参数。反映碳质材料微晶结构的参数主要有碳层间距 d_{002}、碳层有序堆叠高度 L_c、微晶宽度 L_a 等,其中参数的获取需要先准确确定 XRD 谱图上衍射峰的峰位置、半高宽等信息,然后通过布拉格方程和谢尔乐方程计算获得。

布拉格方程: $$d_{002} = \lambda/2\sin\theta \tag{2-9}$$

谢尔乐方程: $$L_c = 0.89\lambda/(\beta_{002}\cos\theta_{002}) \tag{2-10}$$

$$L_a = 1.84\lambda/(\beta_{10l}\cos\theta_{10l}) \tag{2-11}$$

式中　$10l$——10 晶面的晶面指数,如 101 面对应 $l=1$;

　　　λ——为入射 X 射线的波长(nm),对于 Cu 靶,$\lambda=0.15418$nm;

　　　β——峰的半高宽;

　　　θ——布拉格衍射角。

在实际测试过程中,直接利用碳纤维粉末进行 XRD 测试,通常会受到样品槽深度、入射光宽度、狭缝、测角仪半径、单色器、过滤器等的影响,存在峰位的偏移、峰形的改变等。为精确获得碳纤维的微结构参数,需要在测试试样中添加单晶硅内标物,用硅的峰位校准碳纤维的峰位,以确定准确的峰位,也需要对获得的 XRD 谱图进行必要的校正,通常包括洛伦兹(Lorentz)因子(L)、偏光因子(P)、吸收因子(A)及原子散射因子(fc)等的修正,以确定准确的峰形。通用模量聚丙烯腈基碳纤维的结构发育程度不高,在进行其晶态结构参数确定时,精确获取 XRD 谱图十分必要,因此,在利用添加了内标物的碳纤维粉末进行收谱时,需要针对 002 峰和 110 峰分别进行收谱,并分别进行各种校正和计算。应当指出,内标物加入量的多少对最终获得的材料结构参数(如 d_{002})有影响,在给出结果时应当标明内标物的含量。

近些年来随着 XRD 分析技术的发展,全谱拟合法得到了关注并逐渐发展成为了一种实用的碳质材料晶态结构分析方法。全谱拟合是以一个晶体结构模型为基础,利用它的各种晶体结构参数与峰形参数计算与实测谱图一致的衍射谱图,在计算过程中不断修正结构模型、结构参数和峰形参数,以使计算谱与试验谱的差最小。过程中采用衍射谱上各实测衍射强度 Y 代替衍射线的积分强度 I 来进行精修。因为拟合目标是整个衍射谱的线形,拟合范围是整个衍射谱,不是个别衍射峰,故称为全谱拟合法。借助精修软件(如 GSAS、DBWS、Maud、Jade、Fullprof 或 TOPAS 等),可以更容易地把各种修正考虑到拟合过程中。这种方法不需要对测试样品添加内标物进行峰位的校正,但测试样品也同样有严格的要求,以防止造成较大的偏差。全谱拟合法可以把测试样品在 10°~80°范围内的谱图一次性进行解析,而不是通常的针对特定峰进行某个结构参数的获取。但在进行全谱拟合时,需要提前确定测试样品中的晶体结构信息(如晶系、空间群、晶胞参数等)或在拟合过程中进行不断修正,以保证拟合结果的可靠性。

全谱拟合法的计算理论如下。

1)2θ 位置的计算

从设定结构模型的晶胞参数出发,利用式(2-12)计算出与不同晶面(hkl)对应的一组 d 值,再通过布拉格方程式(2-9)计算出各衍射峰的位置$(2\theta)_k$。

$$\frac{1}{d^2} = \frac{1}{v^2}\left[H^2b^2c^2\sin^2\alpha + K^2a^2c^2\sin^2\beta + L^2a^2b^2\sin^2\gamma + 2HKabc^2\right.$$
$$(\cos\alpha\cos\beta - \cos\gamma) + 2KLa^2bc(\cos\beta\cos\gamma - \cos\alpha) + 2HLab^2c(\cos\gamma\cos\alpha - \cos\beta)\left.\right]$$

$$(2-12)$$

式中　$v = abc(1 + 2\cos\alpha\cos\beta\cos\gamma - \cos^2\alpha - \cos^2\beta - \cos^2\gamma)^{\frac{1}{2}}$。下标 k 为衍射指数(hkl)的缩写。$\boldsymbol{a}$、$\boldsymbol{b}$、$\boldsymbol{c}$ 为构成晶胞的三条棱的单位矢量,α、β、γ 为晶胞三条棱的夹角。

2)结构因子和强度分布的计算

从设定的结构模型的原子位置、原子散射因子等出发,利用式(2-13)计算出各(hkl)衍射的结构因子 F_k,然后利用式(2-14)计算得到积分强度 I_k。每个衍射峰均有一定的形状和宽度,可以用函数来模拟,设定面积归一化的峰形函数为 G_k。衍射峰上某测量点$(2\theta)_j$处的实测强度 Y_{jk} 表示为:$Y_{jk} = G_{jk}I_k$。计算各处的 Y_{jk},就得到了(hkl)峰衍射的强度分布。

$$F_k = \sum_{j=1}^{n}f_j\cos2\pi(Hx_j + Ky_j + Lz_j) + i\sum_{j=1}^{n}f_j\sin2\pi(Hx_j + Ky_j + Lz_j)$$

$$(2-13)$$

$$I_k = SM_kL_k|F_k|^2 \qquad (2-14)$$

式中　f_j——结构模型中原子的散射因子;

x_j、y_j、z_j——结构模型中原子在晶胞中的坐标;

M_k、L_k 及 $|F_k|$——衍射线 k 的多重因子、洛伦兹因子及包括温度因子的结构振幅;

S——比例因子。

3)衍射谱的计算

衍射谱是衍射峰强度分布的叠加,因此衍射谱上$(2\theta)_j$处的实测强度为

$$Y_{jo} = Y_{jb} + \sum_k Y_{jk} \qquad (2-15)$$

式中：Y_{jb} 为本底强度，下标 o 表示实测值。

4）谱线拟合

根据晶体结构模型及峰形函数，按照式（2-15）计算衍射谱上的衍射强度 Y_{jc}（下标 c 表示计算值）。用非线性最小二乘法使 Y_{jc} 符合实测的各 Y_{jo}，致下式中的 M 最小：

$$M = \sum_j W_j (Y_{jo} - Y_{jc})^2 \qquad (2-16)$$

式中　$W_j(=1/Y_j)$——基于计数统计的权重因子。

5）拟合优劣的判断

谱线精修中参数的调整是否合适可以通过判别因子 R 判断。常用的 R 因子有下列几种：

$$R_{wp} = \left[\sum W_j (Y_{jo} - Y_{jc})^2 \Big/ \sum W_j Y_{jo}^2 \right]^{\frac{1}{2}} \qquad (2-17)$$

$$R_B = R_I = \sum |I_{ko} - I_{kc}| \Big/ \sum I_{ko} \qquad (2-18)$$

$$R_F = \sum_k |\sqrt{I_{ko}} - \sqrt{I_{kc}}| \Big/ \sum_k I_{ko} \qquad (2-19)$$

$$\mathrm{GofF} = \sum W_j (Y_{jo} - Y_{jc})^2 \Big/ (N - P) \qquad (2-20)$$

式中：N 为衍射谱上数据点的数目；P 为拟合中被精修的参数数目；R_{WP} 和 GofF（Goodness of Fitting）两个因子是根据 Y_o 和 Y_c 计算的，反映的是计算值与实测值之间的差别，二者本质一样，可以用 R_{WP} 指示精修方向；R_B 和 R_F 由衍射峰的积分强度 I_{kc} 依据结构参数计算得到，所以可以用 R_B 和 R_F 判断结构模型是否正确。

图 2-15 为低温（750℃）碳化和高温（1360℃）碳化纤维的 XRD 谱图，图中右上角为 2θ 在 35°～60°范围内的放大图。从放大图可看出，（10）衍射峰和（004）衍射峰存在严重的交叠，而且峰的强度很低，如果不能实现有效的分峰，则不能准确判断峰位置和半峰宽。如果用谢尔乐方程计算晶粒尺寸，不能对交叠峰进行分峰处理，类石墨层状结构的乱层堆叠产生的严重晶格畸变对峰的展宽不能消除，会使晶粒尺寸计算结果偏小。

通过全谱拟合处理，可以得到碳纤维更准确的微观结构信息。计算中以六方石墨晶体为原始结构模型，晶胞参数为：$a = b = 0.2460\mathrm{nm}$，$c = 0.6704\mathrm{nm}$，$\alpha = \beta = 120°$，$\gamma = 90°$。通过对碳纤维的 XRD 图谱进行全谱拟合分析，拟合结果如图 2-16 所示。

全谱拟合法可以较好地获得碳纤维中微晶的晶胞尺寸参数及微晶层间距和尺寸等信息，得到的结构参数列于表 2-8 中。由结果可以知道，随着纤维碳化温度的提高，层间距减小，晶粒尺寸增大。

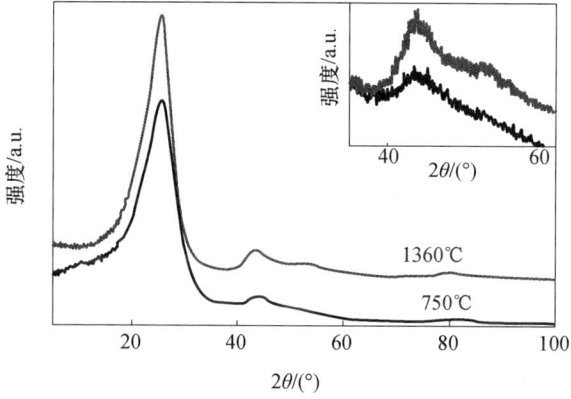

图 2-15 低温碳化和高温碳化纤维的 XRD 谱图

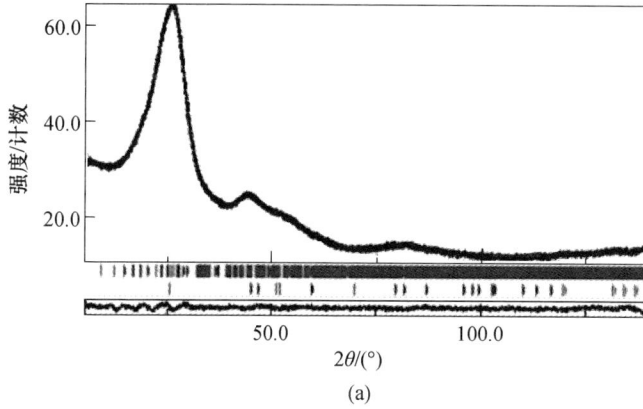

(a)

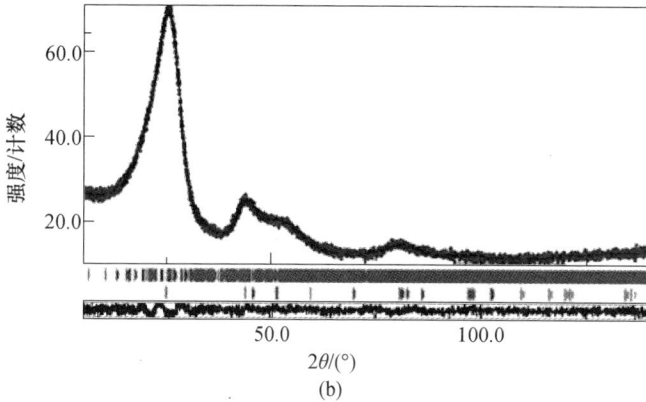

(b)

图 2-16 全谱拟合碳纤维的 X 射线衍射谱图

(a)750℃;(b)1360℃。

表 2－8 低温碳化和高温碳化纤维的微观结构参数

样品	$a = b / nm$	c / nm	d_{002} / nm	微晶尺寸/ nm
750℃	0.2373	0.7273	0.3640	7.01
1360℃	0.2373	0.7069	0.3530	9.78

2.3.2 碳纤维孔隙结构表征方法

碳纤维并非质地均匀的致密体,而是由晶态结构(含非晶物质)连接形成的具有孔隙的非均匀、非致密体。碳纤维的成型过程中,前驱体纺丝后受到非完全一致的固化、拉伸、碳化、预氧化等的影响,碳纤维表面也存在一些孔隙,这些孔隙在碳纤维上油剂和表面上浆剂过程中会被一定程度的封填。

通常用于孔隙测试的方法有 BET 吸附法、小角 X 射线散射法(SAXS 法)等。对于碳纤维而言,其孔隙结构大都为微晶间的闭孔。即使表面存在一些开孔结构,受到表面上浆剂的影响,孔隙也被覆盖到内部。因此,通过 BET 吸附法很难获得碳纤维的真实孔隙特征。另外,碳纤维的孔隙含量比较低,用 BET 吸附法测试存在非常大的误差。

SAXS 法可以用来表征碳纤维内部的孔隙特征[26-28],其原理为:单色 X 射线照射在样品表面并通过样品时,会受到内部孔壁的作用而产生散射,通过测量随散射角变化时的散射光强度,再经数据解析,能够得到碳纤维的孔隙结构信息。SAXS 法所需光源须为单色光,这对定量分析是十分必要的。通常 SAXS 法测试用的 X 射线波长 λ 在 0.25～2.5Å 范围内。波长太短,散射集中于较小角度区,分辨率低;波长较长时,将明显地将散射强度曲线向大角方向扩展,可以得到更高的分辨率。但随着波长增加,X 射线经过空气和试样时的吸收则越来越严重,减小了最佳试样厚度,对准确定量表征不利。

高强度、高准直同步辐射光源的应用,可大幅提高 SAXS 试验的效率和分辨率。图 2－17 给出了同步辐射小角 X 射线散射装置简图。

在采用 SAXS 法测试碳纤维的孔隙结构时,需要先去除碳纤维表面的上浆剂,防止上浆剂对表面孔隙的影响。上浆剂的去除可以采用前述的溶剂热萃取方法,也可以通过热解清除法(即惰性环境中高温处理的方法)使上浆剂热解后去除。碳纤维上浆剂的去除过程不应影响纤维自身的规整性,也不应对碳纤维造成明显的损伤,否则会对测试结果产生影响。测试过程中将碳纤维样品沿轴线方向排列整齐,使入射光束与纤维轴垂直。

不同碳纤维结构发育程度存在差异,会造成 SAXS 法测试过程中散射能力强弱的差异,曝光时间的调整需要由 CCD 上得到实际图样来决定。一般将 CCD 上采得的数据读数在 30000～50000 之间比较合适。如果曝光时间过短,读数过低,会使信噪比降低;而曝光时间过长,读数过高可能导致 CCD 读数过饱和,甚

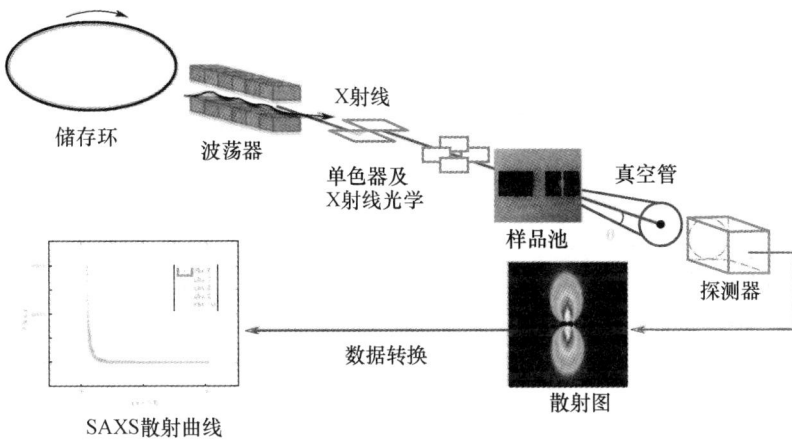

图 2 – 17　同步辐射小角 X 射线散射装置简图

至损坏 CCD。在利用 SAXS 法测试碳纤维样品之前需要对测试装置进行光路及狭缝的调节,并采用标准样品进行检验,确认仪器设备处于最佳工作状态。

同步辐射入射光束的强度非常高,直接透过样品可能损伤 CCD 探测器,因此应采用束流阻挡器吸收非散射光束。束流阻挡器的大小应该大到可挡住主光斑,但阻挡器过大时会在测试中损失掉有用的信息。在测试中,先把阻挡器放到中央位置来选择散射图样质量较好的一边,把阻挡器向另一边可以稍微移动一些,在不影响数据质量的情况下,可以获得更多的信息,也就是更小角度孔隙的信息。

在同步辐射光通过光路、样品后会逐渐衰减。为了准确地进行数据处理,必须对光强进行归一化。在样品的前后各安装一个电离室,分别测量光束经过样品之前和经过样品之后的光强度变化。电离室的输出信号经过电流放大器放大,可通过软件从计算机上读出。

对于从探测器得到的实测小角散射图(图 2 – 18(a)),首先利用软件(如 Fit2d)将二维散射图样转化为一维散射数据:利用 Fit2d 找到散射图样的中心,之后以这个点为对称中心选取数据进行转化,这一条数据的宽度一般取 10 ~ 15 个像素,将这 10 ~ 15 个像素的强度进行平均,从而减少转化所得的一维数据误差(图 2 – 18(b))。

通常很难保证遮挡器位于散射中心,应首先要找到散射信号的中心:在一维小角散射数据上,凹陷的两侧存在两峰,如两峰高度一样,它们的横坐标分别为 x_1 和 x_2,则散射中心 x_0 距任一峰值处的距离为 $|(x_1 - x_2)|/2$,但大多数情况下两峰高低不一(图 2 – 19),此时应先找到较矮的峰记下它的位置 x_L 以及峰高 I_L。在较高峰相对于凹陷的外侧寻找高度也等于 I_L 的点,记下该点的位置 x_H。

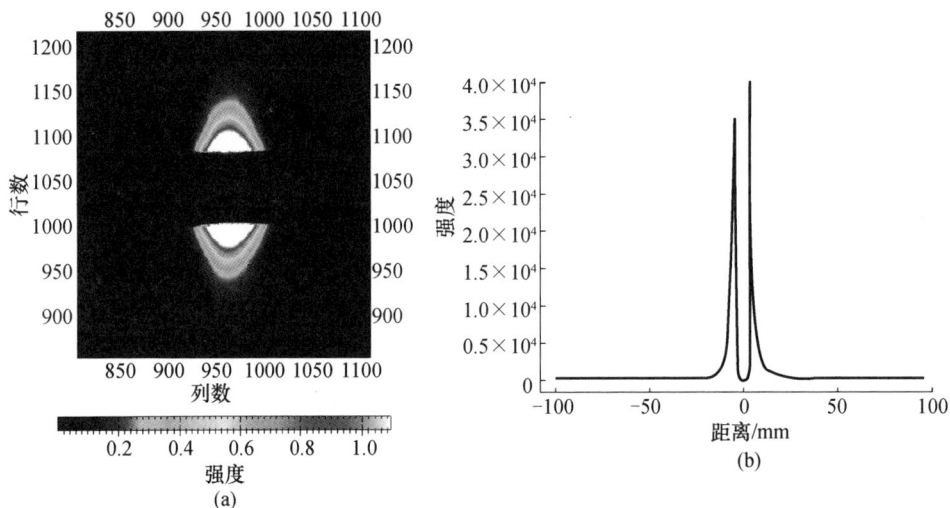

图 2 - 18　碳纤维的小角 X 射线散射结果

(a)散射图样;(b)由 Fit2d 得到的一维小角散射数据。

如无此点,则需采取插值的方法得到 x_H。散射中心 x_0 距较矮峰值处的距离为 $|(x_L - x_H)|/2$。在进行结构解析前需将图 2 - 20 所示的横坐标转换为相应的散射角度或散射矢量。由于散射图样相对于散射中心是对称的,所以在数据转换时仅需考虑散射中心任一侧的数据。

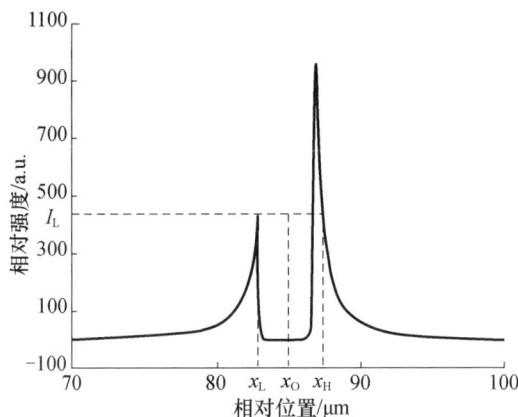

图 2 - 19　小角 X 射线散射中心的确定

由图 2 - 20 所示的几何关系可得

$$2\theta = \arctan \frac{|x - x_0|}{OS} \tag{2-21}$$

式中　OS——被测样品到成像板的距离单位;

x_0——散射中心位置；

x——任一相对强度 I 在成像板上的相对位置。

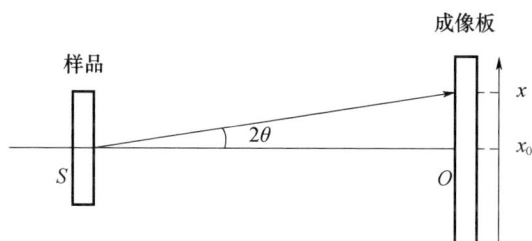

图 2－20　散射几何关系

散射矢量 q 可依据下式从散射角度 2θ 换算而得

$$q = \frac{4\pi\sin\theta}{\lambda} \tag{2－22}$$

式中　λ——入射 X 射线的波长。

这样就得到了散射角（或散射矢量）与散射强度的关系，如图 2－21 所示。

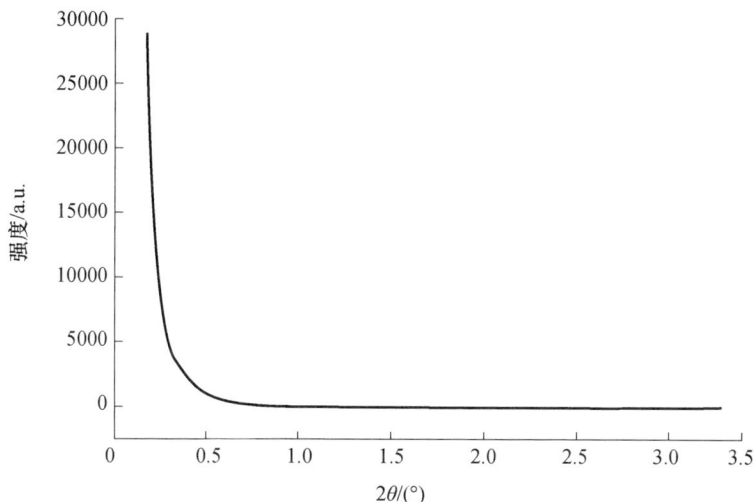

图 2－21　SAXS 散射解析曲线

同步辐射光具有高亮度和高准直性的特点，与普通 X 射线源不同的另一个特点是其强度随时间的变化总是缓慢衰减的，因此对入射光要进行强度的归一化处理。考虑同步辐射光的衰减性能，可由下式扣除散射背景：

$$I_{1s} = I_1 - \frac{K_2}{K_4}I_2 \tag{2－23}$$

式中　K_2——同步辐射光通过测试样品和背底后电离室读数；

K_4——同步辐射光仅通过背底后电离室的读数；

I_1——同步辐射光通过测试样品和背底后的强度;

I_2——同步辐射光通过背底后的强度。

碳纤维的固相部分存在电子密度不均匀区,因而其 Porod 曲线在高角区不趋于定值而是呈一正斜率的直线,称为 Porod 正偏离。首先应进行 Porod 曲线的修正才能进行下一步的数据解析。

假设由固相部分中电子密度不均匀形成的散射强度为 b,则可得到

$$J(q) = \frac{K}{q^3} + b$$

进一步变换得到

$$q^3 \cdot J(q) = K + b \cdot q^3 \qquad (2-24)$$

利用上式拟合大角度处的散射曲线,并扣除电子密度不均匀的影响,可修正 Porod 曲线。

接收器获得的强度信息反映的是散射体(主要为微孔洞)投影在点光源横截面上的平均信息,即纤维轴向与光源平行时的散射强度反映横截面微孔洞的平均信息,垂直时反映的则为轴截面孔洞的平均信息。因此,通过赤道散射强度 $I(h)$ 可以得到微孔洞投影在碳纤维轴截面上的平均回转半径 R_G 及其相关参数信息:

当散射角度趋于 0 时,散射体的散射强度服从 Guinier 近似律(图 2-22),由直线的斜率可以计算孔洞体系的回转半径 R_G,则

$$R_G = -2 \lim_{h \to 0} \frac{d[\ln I(h)]}{dh^2} \qquad (2-25)$$

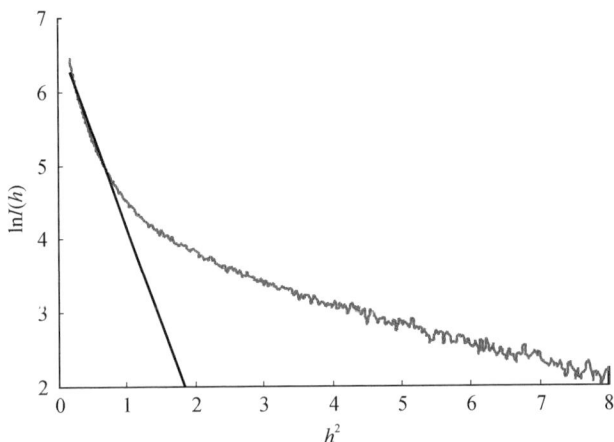

图 2-22　Guinier 曲线求取平均回转半径 R_G

微孔洞投影在纤维断面上的平均厚度由下式计算得到

$$L_X = 2 \lim_{h \to \infty} \left(\frac{\mathrm{d}[I(h)]^{-2/3}}{\mathrm{d}h^2} \right)^{3/2} \int_0^\infty I(h) h^2 \mathrm{d}h \qquad (2-26)$$

其中,积分项为

$$\int_0^\infty I(h) h^2 \mathrm{d}h = \int_0^{h_1} I(h) h^2 \mathrm{d}h + \int_{h_1}^{h_2} I(h) h^2 \mathrm{d}h + \int_{h_2}^\infty I(h) h^2 \mathrm{d}h$$

实际分析过程中只能测到 $h_1 \sim h_2$ 范围内的散射强度,$0 \sim h_1$ 范围内的散射强度可由 Guinier 图的低角直线部分外推得到,$h_2 \sim \infty$ 范围内的散射强度则由 Porod 图外推得到。

微孔洞投影在纤维轴向上的平均长度由下式计算得到

$$L_Y = \pi \frac{\int_0^\infty I(h) h \mathrm{d}h}{\int_0^\infty I(h) h^2 \mathrm{d}h} \qquad (2-27)$$

对于针孔准直的 SAXS 法,当体系表面电子密度变化不是连续的,对应于各 h 值的散射光强 $I(h)$ 服从下述关系:

$$I(h) \sim h^{-\alpha} \qquad (2-28)$$

即

$$\ln I(h) = \ln I_0 - \alpha \ln h \qquad (2-29)$$

其中,I_0 是常数,α 是与分形维数有关的一个参数,它介于 0 和 4 之间。当 $3 < \alpha < 4$ 时表明表面分形的存在,此时表面分形维数 $D_s = 6 - \alpha (D_s \neq 3)$,它表征了表面的不规则程度或粗糙程度,$D_s$ 越大表面越粗糙。

对 $\ln I(h)$ 和 $\ln h$ 作图即可求得体系的分形维数。$\ln I(h) - \ln h$ 图理论上可以分为三部分,即 Guinier 区、分形区和 Porod 区。分形区一般取 $h_R \gg 1 \gg h_{r_0}$,R 和 r_0 分别为分形体和分形单元的平均半径。如果此区域内的 $\ln I(h) - \ln h$ 图中有线性段的存在,则表明体系具备分形特征。从其斜率可判断其分形类型并得出其分形维数值。

可用麦克斯韦(MaxWellian)分布法拟合或分析碳纤维内部的孔隙尺寸分布。假定纤维体系中微孔的分布服从麦克斯韦分布时,可由下式得出孔径分布函数:

$$f(r) = \frac{\alpha}{\Gamma((\beta+1)/\alpha) r_0} \left(\frac{r}{r_0} \right)^\beta \exp\left[-\left(\frac{r}{r_0} \right)^\alpha \right], (\alpha > 0, \beta > -1) \quad (2-30)$$

当 $\alpha = 2$ 时,上式即成为麦克斯韦分布函数,此时 β 和 r_0 由下式得

$$R_G^2 = \frac{1}{4} r_0^2 (\beta + 5) \qquad (2-31)$$

$$S = \frac{\pi}{2} r_0^2 (\beta + 3) \qquad (2-32)$$

其中，R_G 是回转半径，S 为微孔洞投影在纤维轴向上的平均横截面积，可由下式得出

$$S = \frac{\pi^2}{2} \frac{\lim\limits_{h \to 0} I(h) h}{\int_0^\infty I(h) h^2 \mathrm{d}h} \qquad (2-33)$$

图 2-23 给出了利用麦克斯韦函数法得到的几种碳纤维的孔隙断面尺寸分布图，可以看出不同碳纤维的孔隙断面尺寸分布有的相似，而有的则存在较大差异。

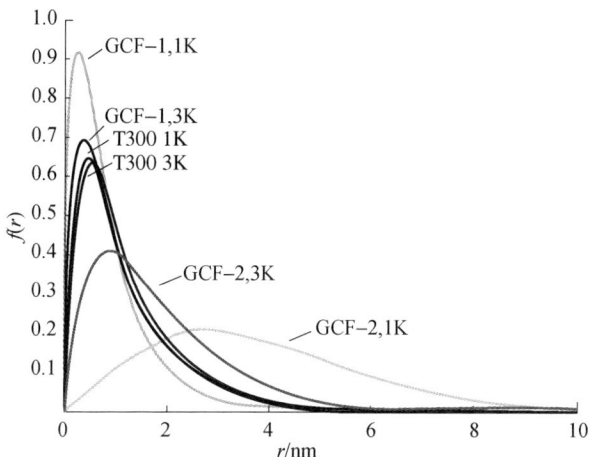

图 2-23　由麦克斯韦函数法得到的几种
碳纤维的孔隙断面尺寸分布图

表 2-9 给出了几种碳纤维经小角 X 射线散射测试获得的孔结构特征。可以看出，T300、GCF-1、GCF-2 碳纤维去掉上浆剂后，反映孔隙总量（同时也受吸收、散射等影响）的积分不变量基本在一个数量级上，但未去上浆剂的 GCF-2 碳纤维的积分不变量远低于其他碳纤维的；从反映碳纤维中固相电子密度不均匀程度的 b 值来看，去掉上浆剂的 T300 和 GCF-1、GCF-2 碳纤维内部电子密度基本接近，但带有上浆剂的 GCF-2 碳纤维的 b 值是其他碳纤维的 5~7 倍左右，这是因为上浆剂与固相碳本体的电子密度差异较大所致。从分形状态来看，去除上浆剂后碳纤维的分形状态为孔分形，表明分析获得的信息主要是碳纤维内部的孔洞信息，但未去除上浆剂的碳纤维的分形状态却是表面分形，说明检测到的主要为表面孔洞。这可能是因为上浆剂与碳纤维的电子密度差异远大于碳纤维与孔洞的电子密度差异，因而掩盖了内部孔洞的影响。这说明碳纤维表面的上浆剂对碳纤维内部孔洞特征的准确获取影响极大，也说明采用 SAXS 法对碳纤维样品进行孔隙分析前需要去除上浆剂是十分必要的。

表 2 - 9　小角 X 射线散射测试获得的碳纤维孔结构特征

碳纤维	规格	b 值	积分不变量	分形状态
T300 （去上浆剂）	1K	0.659	60.423	孔分形
	3K	0.534	55.651	孔分形
GCF - 1 （去上浆剂）	1K	0.521	91.243	孔分形
	3K	0.541	63.844	孔分形
GCF - 2 （去上浆剂）	1K	0.605	57.634	孔分形
	3K	0.713	73.811	孔分形
GCF - 2 （带上浆剂）	1K	3.220	2.860	表面分形
	3K	2.600	8.310	表面分形

2.3.3　碳纤维皮芯结构表征方法

碳纤维的皮芯结构特征是指其表层和芯部存在差异的现象，与碳纤维的成型过程密切相关。碳纤维的制备过程中经过纺丝、固化、拉伸、氧化、碳化、上浆等过程，在碳纤维形成过程中表面和芯部遭受不同的作用（如剪切力、氧化程度、摩擦等）造成了碳纤维的皮层和芯部存在较明显的差异。这种差异在光学显微镜下表现为碳纤维皮层和芯部具有不同的光学活性，如图 2 - 24 所示。光学显微镜下表现出的碳纤维皮芯不同的光学活性反映了皮层和芯部不同的结构特征，但光学分析只能给出碳纤维存在皮芯结构的现象，不能定量评价皮芯结构差异的程度。

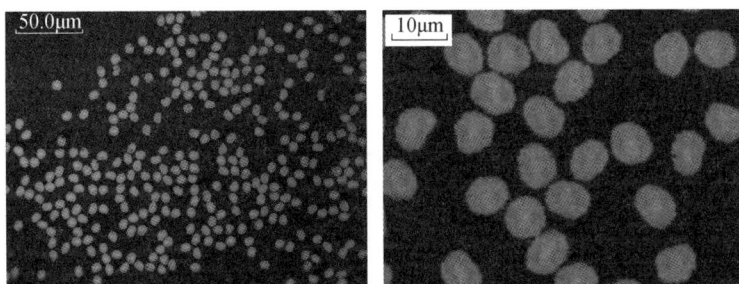

图 2 - 24　T300 碳纤维在光学显微镜下的皮芯差异特征

如前面（2.1.1 小节）所述，显微拉曼光谱法可以实现碳纤维的表层结构的分析表征，由于显微拉曼光谱可以将探测光聚焦到 1μm 以下，也可以用于皮芯结构的分析表征：对碳纤维的皮层和芯部不同区域分别进行测试，获得拉曼特征参数 R，用 R 的相对大小来评价皮芯结构的差异程度。

利用显微拉曼光谱技术对碳纤维的皮芯结构进行定量分析，首先需要获得能准确反应其结构特征的试样，即具有无损伤、无应力的碳纤维断面试样。通常的剪断、折断等都会造成碳纤维断面的损伤，如折断会造成碳纤维的一边受到压缩力而产生压溃区，而另一边则产生拉伸效应，造成疏松区(图2-25)。折断过程一方面造成了纤维断面的损伤，另一方面也容易产生额外应力。拉曼光谱分析能够探测的深度通常在纳米尺度，并且试样中的应力残余也会影响分析结果，因此，传统的剪断、折断等方法获得的碳纤维断口不能直接用于显微拉曼光谱的分析。

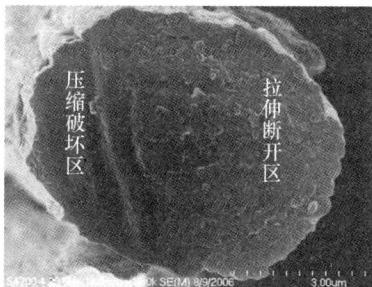

图2-25　折断法获得的碳纤维的断口显微照片

采用树脂包埋样品的研磨抛光技术能够避免碳纤维断口制样过程对试样的损伤，该方法先对碳纤维用树脂进行定向包埋，然后垂直于碳纤维轴向切开形成断口，再通过不同规格砂纸和不同规格的抛光剂(结合抛光布)进行磨抛，最后清洗干燥得到分析试样。在研磨抛光制备拉曼光谱分析试样过程中，砂纸和抛光剂的粒度均为从大到小进行依次处理，每一个工序都需要消除前一个工序产生和遗留的划痕，并且在磨抛过程中应尽量采用较小的压力，防止在试样中引入额外的应力。图2-24给出的光学显微镜照片就是T300碳纤维通过树脂包埋、断口研磨抛光等过程获得的分析样品，可以看出这种方法获得的碳纤维断口保持完整，没有损伤迹象，可以用于拉曼光谱分析。应当指出，研磨抛光法制备分析样品时，若未控制好工艺参数造成了碳纤维断面上有抛光剂污染、划痕等现象时，获得的试样不能用于拉曼光谱的分析测试。李同起等[29]研究发现，拉曼光谱测试试样制备过程中的压应力对测试结果有一定的影响，而且对于石墨化度较高的碳质材料，由于其硬度较低，更容易受到制样的影响。

在利用拉曼光谱进行皮芯结构的解析过程中，拉曼光谱仪的仪器参数(如激光波长、光路的准直及测定偏差、物镜、狭缝等)和测定参数等对测试结果有一定的影响。如不同波长的激光器获得的拉曼光谱图存在较大差异，如图2-26所示，514nm波长激光器产生的拉曼光谱图上碳材料的两个峰具有较好的分离性，适合定量分析。因此，采用拉曼光谱测试碳纤维时应当标明所采用的激光波长，并且所有对比数据应当在同一个激光器条件下进行。拉曼光谱仪由于自身基准容易存在偏差，在进行测试前需要用标准试样(如单晶硅片)进行校正；过长的收谱时间和激光辐照时间会造成试样测试部位的温度上升，对于耐温性差的物质容易造成质变。虽然对碳纤维而言，局部温度的上升不会造成质变，但可能会引入热应力造成分析误差。因此在利用显微拉曼光谱法进行碳纤维皮芯结构测定过程中需要严格控制各仪器参数和测试条件，以获得具有反映碳纤维皮芯结构特征的真实信息，并且需要在测试结果中给出关键测试参数，如激光器波长、物镜倍数(或聚焦直径)、狭缝宽度等。

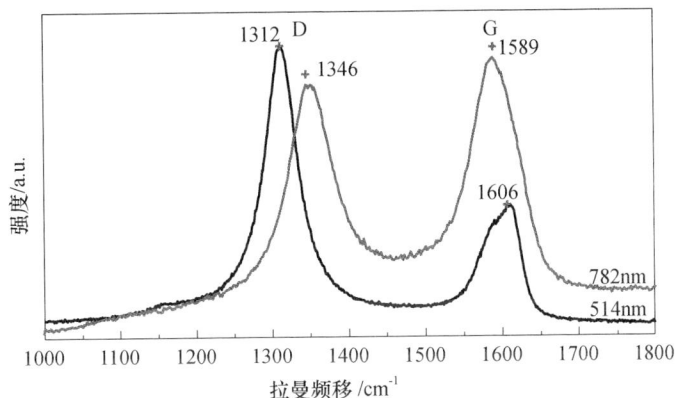

图 2-26　波长为 514nm 和 782nm
的激光器下碳材料的拉曼光谱图

利用显微拉曼光谱评价碳纤维的皮芯结构,需要分别测试碳纤维样品的皮层和芯部,获得反映不同部位的显微拉曼光谱图,然后根据拉曼光谱图,通过分峰拟合过程获得 $1350cm^{-1}$ 附近和 $1580cm^{-1}$ 附近两个峰的面积积分强度 I,然后获得对应碳纤维皮层和芯部的拉曼特征参数 $R_{皮}$ 和 $R_{芯}$,再计算得到反映皮芯结构的参数 $R_{芯}/R_{皮}$。在进行分峰拟合过程中应当将 D′峰也考虑在内,进行三峰拟合,扣除 D′峰对 G 峰积分强度的影响。为获得具有典型意义的皮芯结构特征,需要对多根(不少于 10 根)碳纤维进行皮层、芯部的测试和后处理,获得 $R_{芯}/R_{皮}$ 或 $(1/R_{皮})/(1/R_{芯})$,然后对获得的不同碳纤维参数进行平均,获得碳纤维的平均拉曼特征参数 $\overline{R_{芯}/R_{皮}}$ 或 $\overline{(1/R_{皮})/(1/R_{芯})}$,用 ω 表示。通常用 $1/R$ 表示碳纤维的结构发育程度,$1/R$ 越大就说明其晶态化程度越高或石墨化度越高。因此,ω 值接近 1 时说明碳纤维的皮芯结构不明显,该值偏离 1 越远,说明碳纤维的皮芯结构就越严重。当 ω 的值大于 1 时,意味着碳纤维的皮层具有比芯部更好的晶态化程度或石墨化度;反之,当 ω 的值小于 1 时,意味着碳纤维的皮层具有比芯部更差的晶态化程度或石墨化度。

碳纤维的皮芯结构具体获取过程中碳纤维的皮层和芯部位置的确定由于存在随机性,也通常采用碳纤维断面上的径向结构不均匀性来表征碳纤维的皮芯结构,即测试从碳纤维皮层至碳纤维芯部不同位置上的拉曼光谱,获得其拉曼特征参数 R,根据 R 的分布确定其径向结构的不均程度。

2.4　碳纤维性能表征方法

作为复合材料的增强体,碳纤维的性能对复合材料的性能发挥起到了关键作用。对于烧蚀防热复合材料,应用时不仅需要考虑其常温力学、热物理等性能,还要考虑其高温下的力学、热物理等性能,同时还应考虑材料的烧蚀防热性能。因此,作为烧蚀防热复合材料用的碳纤维增强体同样对其常温、高温力学性能、热物理性能、氧化烧蚀性能等提出了要求。本节将从力学性能、热物理性能、热氧化与烧蚀性能等几个方面分别介绍碳纤维的测试表征方法。

2.4.1 碳纤维力学性能测试方法

拉伸性能是碳纤维的关键力学性能,常用测试方法有束丝(复丝)拉伸测试法和单丝拉伸测试法。其中,复丝拉伸测试方法是先将处于蓬松状态的一束碳纤维经树脂完全浸渍后在一定张力下固化,然后对试样进行拉伸测试。单丝拉伸测试方法是先从纤维束中抽取单根碳纤维,粘结固定后利用单丝拉伸仪进行测试。碳纤维在形成复合材料的织物过程中通常需要经过编织、穿刺等过程,纤维的损伤是需要考虑的问题,勾接强力的测试能够在一定程度上反映碳纤维的耐损伤能力。本节将分别介绍碳纤维的复丝和单丝拉伸性能的测试方法和勾接强力测试方法。

2.4.1.1 碳纤维复丝拉伸性能测试方法

碳纤维复丝是在纺丝阶段由多孔喷丝板纺出细丝合并而成的丝束,该丝束一起经过后续的拉伸、碳化、上浆等过程。碳纤维复丝的拉伸性能主要包括拉伸强度、拉伸弹性模量和断裂伸长率以及对应的变异系数(或离散系数)等,通过测定浸渍树脂固化后纤维的拉伸加载破坏来确定。拉伸强度由破坏载荷除以碳纤维复丝的截面积得到,弹性模量由引伸计测定。碳纤维复丝的截面积用线密度除以体积密度得到,为此需要先行测试碳纤维的复丝线密度和体密度。

1. 碳纤维复丝线密度获取方法

碳纤维复丝线密度的获取采用纤维复丝质量除以其长度的方法来确定,具体为:把纤维复丝拉直,截取三根约 1m 长的样品,测量长度准确到 ±0.5mm;然后用万分之一天平称量样品,准确到 0.1mg。获得的重量除以长度即为该段碳纤维的线密度。取三根复丝样品测量结果的算术平均值(保留整数位)作为复丝线密度,单位为 g/km。

2. 碳纤维复丝体密度获取方法

碳纤维复丝体密度可以采用浮沉法或密度梯度法来测试获取,具体如下。

浮沉法测试原理:将 0.5~1mm 长的短碳纤维置于密度可调的混合液中,通过调控混合液的密度使其均匀分布于混合液中,此时混合液的密度即为碳纤维的体密度。具体测试过程中需要去除碳纤维复丝的表面上浆剂,干燥后用剪刀将纤维复丝剪成 0.5~1mm 长的短纤维粉末。将化学纯的正庚烷和二溴乙烷配成密度和所测纤维密度相近似的混合液,注入带盖的量筒内。将短纤维放入混合液中,用玻璃棒搅拌,使纤维粉末分散在混合液中,盖上磨口盖。将带盖量筒放在 25℃±1℃ 的恒温水浴中,带盖量筒的盖子及颈部要露出水面。如纤维在混合液里上浮或下沉,则需要相应加入正庚烷或二溴乙烷,以调节混合液密度,直至纤维在混合液内均匀分布。在 25℃±1℃ 的水浴中放置 4h,如纤维在混合液内仍均匀分布,即可认为混合液的密度与纤维的密度已经相同。用密度计测量该温度下混合液的密度,测得的混合液密度的数值就是纤维的密度值。

密度梯度法的测试原理为:配制梯度分布的混合溶液,通过标准密度小球对其进行校验后获得高度 – 密度曲线,然后将碳纤维置于混合液中,测试碳纤维的高度,用内插法按相对高度比值求得复丝的密度值。具体测试过程如下。

(1) 密度梯度液的配制:将四氯化碳(密度 1596kg/m³)与三溴甲烷(密度 2890kg/m³)两种液体,按比例配制成密度不同的混合液体。重液和轻液可以是纯的溶剂,也可以是两种液体的混合液,按容积法确定四氯化碳和三溴甲烷的体积,计算公式如下:

$$\rho_m V = \rho_1 a + \rho_2 (V - a) \tag{2-34}$$

式中 ρ_m、ρ_1 和 ρ_2——混合液、重液和轻液的密度(kg/m³);

  V——混合液的体积(m³);

  a——重液的体积(m³)。

不同密度的混合液体,用精度为 1kg/m³ 的密度计检查混合液的密度,如密度和所需密度有偏差,可以补加轻液或重液,直至达到所要求的密度为止。然后由轻到重依次将各组分的混合液,通过一个带漏斗的、直径为 0.8～1mm 的毛细管加入带刻度的带盖梯度管中。当加完最后一组混合液后,轻轻取出毛细管,将梯度管的盖子盖上,置于 25℃±0.5℃ 的恒温水浴中,静置 24h 稳定后即可。

(2)密度梯度管的校验:将特制标准密度小球 4～5 粒,按密度由大到小依次投入管中。经平衡 4h 后,通过测高仪求得各标准球的相对高度。借助已知标准球密度求得该梯度管的高度 – 密度曲线,在曲线中接近直线部分的高度要不小于 50mm,并且直线部分每 10mm 高液柱的密度相差在 2kg/m³ 以内方可使用。

(3)碳纤维测试试样的准备:先将复丝整理成束,然后抽出小束打成 4 只直径约为 5mm 的圆形小圈,要求圈形试样表面光滑,无毛丝。对各种上胶纤维用适当方法脱去表面上浆剂,一般可用丙酮浸泡 4h 左右,再在 110℃ 烘箱中烘干 2h,然后在干燥器中冷却 0.5h。将干燥纤维试样浸没在与纤维密度相近的混合液中,放在离心机的试管里,以 2000r/min 的速度离心脱泡 15min,排除试样中的空气。

(4)密度的测试:将离心脱泡后的试样,迅速移入梯度管,平衡 4h,用测高仪测出试样的高度及与之相对应的标准球的高度。根据标准球的已知密度,用内插法按相对高度比值求得复丝的密度值,计算公式如下:

$$\rho_f = \frac{X-b}{a-b}(\rho_a - \rho_b) + \rho_b \qquad (2-35)$$

式中　ρ_f、ρ_a 和 ρ_b——复丝、重球和轻球的密度(kg/m^3)；

$\qquad\qquad$ X——试样的高度(mm)；

$\qquad\qquad$ a 和 b——重球和轻球的高度(mm)。

如果采用自动密度测量仪,则将显微镜交叉线的中心点对准样品的中心位置,仪器可自动显示出密度值。

3. 碳纤维复丝拉伸试样制样方法

碳纤维复丝拉伸性能测试样品制备主要包括胶液选取配制、复丝浸胶、预浸丝固化和粘贴加强片等工艺流程。

(1)胶液选取及配制:所用树脂应与碳纤维及其表面的上浆剂相匹配,固化树脂的断裂伸长率应是碳纤维断裂伸长率的 2 倍以上。一般满足使用的树脂是双酚 A(或双酚 F)环氧和二乙烯二胺的混合物。GB/T 3362—2005 推荐采用下列配方及相应固化条件中的任何一种:

F – 48 酚醛型环氧树脂每 10g 加三氟化硼单乙胺固化剂 0.3g,以丙酮做溶剂。浸胶复丝晾干后,于 170℃ ±2℃ 固化不少于 30min。固化后树脂的断裂伸长率为 2.2%。

E – 44 环氧树脂每 10g 加三乙烯四胺固化剂 1g,以丙酮做溶剂。浸胶复丝晾干后,于 120℃ ±2℃ 固化不少于 30min。固化后树脂的断裂伸长率为 2.3%。

E – 51 环氧树脂每 10g 加三乙烯四胺固化剂 1g,以丙酮做溶剂。浸胶复丝晾干后,于 120℃ ±2℃ 固化不少于 30min。固化后树脂的断裂伸长率为 2.1%。

在配制过程中,为了使环氧树脂能充分浸润碳纤维复丝,需要加入一定溶剂(丙酮、四氢呋喃等)调节胶液黏度。

(2)复丝浸胶:碳纤维复丝可用手工法或机器法缠绕浸胶,手工法操作过程为:剪取一根约 500 mm 长的复丝,捏住两端浸入胶液中,根据复丝的粗细及上胶情况,使其在胶液中往返一次或数次,甚至浸泡几分钟;浸过胶的复丝,抖去多余胶液,在加一定张力的情况下固定在框架上,使复丝拉直绷紧在框架上,在室温下晾干。

(3)预浸丝固化:把固定着复丝的框架放在鼓风干燥箱内升温加热,按照采用胶液对应的固化条件进行加热固化,控制树脂含量在 35% ~50%。

(4)固化完成后,按图 2 -27 尺寸截取复丝。1K 和 3K 碳纤维复丝试样,按图 2 -27(a)贴加强片,加强片为 0.2 ~0.4mm 厚的纸板。6K 和 12K 及较大丝数碳纤维复丝试样,按图 2 -27(b)粘贴加强片,加强片为 1 ~1.5mm 厚的纸板或金属板。可用任何室温固化的胶粘剂粘贴加强片,粘合之后施加一定压力再固化。

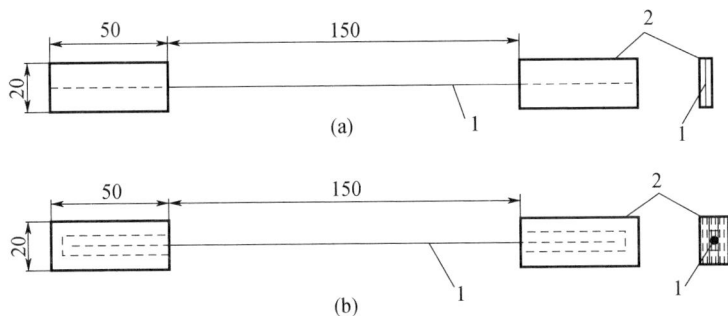

图 2 - 27　试样的形状及尺寸(单位:mm)示意图
1—碳纤维复丝试样;2—加强片。

4. 碳纤维复丝拉伸强度获取

选用光滑、平直、无缺陷的碳纤维复丝试样。采用材料拉力机,以加载速度为 1~20 mm/min 进行测试。装卡试样时要求丝束和加载轴线重合,丝束呈垂直状态,测试过程中需要保持一定温度和湿度环境,湿度较高对测试结果影响较大。统计测试结果要去除劈裂、夹断等异常值,保证每组试样不少于 6 个有效数据[30,31]。复丝拉伸强度计算公式如下:

$$\sigma_t = \frac{P \times \rho_f}{t} \qquad (2-36)$$

式中　σ_t——拉伸强度(MPa);

　　　P——破坏载荷(N);

　　　ρ_f——复丝的体密度(kg/m³);

　　　t——复丝的线密度(g/km)。

5. 碳纤维复丝拉伸模量获取

拉伸模量是拉伸测试过程中应变与应力的比值,可采用接触式引伸计(如夹持引伸计)和非接触式引伸计(如红外引伸计)来确定试样拉伸过程中的应变情况。红外引伸计是在丝束上标记两个点,通过红外线测定拉伸过程中这两点之间的距离来获得位移,进而确定应变的。夹持引伸计是将引伸计夹在试样的中部,并保持平衡状态,随着拉伸的进行获得位移或应变数据。试验结果表明,模量测试中使用的引伸计和测试参数选择不同,测试结果差异较大,夹持引伸计测得的拉伸模量高于红外引伸计的测试结果,目前普遍采用夹持引伸计。

拉伸弹性模量计算公式如下:

$$E_t = \frac{\Delta P \times \rho_f}{t} \times \frac{L}{\Delta L} \times 10^{-3} \qquad (2-37)$$

式中　E_t——拉伸模量(GPa);

　　　ΔP——由应力 - 应变曲线初始直线段上截取的载荷值(N);

ρ_f——复丝的体密度(kg/m^3);

t——复丝的线密度(g/km);

L——加强片之间的试样长度(mm);

ΔL——加强片之间的试样长度对应于 ΔP 的变形增量(mm)。

此外,拉伸弹性模量还可采用应力 – 应变曲线上直线段的斜率表示,确定直线斜率应根据纤维种类和规格的不同设置相应的负荷取值范围。

采用直接位移可以计算碳纤维的表观拉伸模量,即通过仪器自身的软件来选择位移松垂修正,虽然用此种方法测得的表观拉伸模量与引伸计测得拉伸模量有一定的偏差,但由于其实用、快速,在要求不高的工程化生产单位或批量测试碳纤维模量时也得到了广泛应用。

6. 碳纤维复丝断裂伸长率获取

断裂伸长率是纤维断裂时的伸长量与样品标准长度之间比值的百分率。断裂伸长率计算公式如下:

$$\varepsilon_t = \frac{\Delta L_b}{L} \times 100\% \qquad (2-38)$$

式中 ε_t——断裂伸长率(%);

L——加强片之间的试样长度(mm);

ΔL_b——断裂伸长(mm)。

2.4.1.2 碳纤维单丝拉伸性能测试方法

由于碳纤维单丝应变不易准确测量,无法获得准确的模量数据,碳纤维单丝拉伸性能测试主要是获取碳纤维单丝拉伸强度,也可以根据拉伸过程中载荷 – 位移曲线获得碳纤维单丝的表观拉伸模量。拉伸性能的获取需要将一定长度的单根碳纤维试样固定于能施加拉伸载荷的夹具上,以设定拉伸速率拉断,记录载荷 – 位移曲线,结合碳纤维单丝的截面积来计算拉伸强度及拉伸模量。单丝纤维的易损伤特点决定了其力学性能测试过程中拉伸试样的制样、样品的有效夹持、加载速率等都是获得有效拉伸性能的关键。

碳纤维单丝拉伸性能测试方法分室温拉伸性能测试方法和高温拉伸性能测试方法。室温拉伸性能测试方法相对较成熟,国内外均有成熟商用试验仪器可供选用,并有国家级标准作为试验依据[32]。高温拉伸性能测试方法的技术成熟度与室温的相比存在较大差异,主要表现在总体技术实现的难度显著增加:如单丝碳纤维更容易受到氧化和高温升华而造成性能下降,高温防氧化和防升化要求更为苛刻;高温下微米尺度纤维夹具的设计与实现更为困难;高温下微力载荷的低耗传递与准确测量更为困难,等等。因此,至今国内外尚无成熟仪器设备和方法标准可供选用,仅限处于少数试验室的探索性研究阶段。

公开报道文献[33]中,法国科学院热结构陶瓷试验室中的 Cédric Sauder 和

Jacques Lamon 利用碳纤维导电特性研制了一款采用冷夹直接通电加热方式的高温拉伸性能测试仪器。该仪器最高温度标称可达 3000℃，但也只获得了最高 2000℃的数据，试样温度是通过通电加热功率换算得到，且试验前试样必须经过 2200℃的高温热处理，以提高含碳量，大幅降低原始碳丝的电阻率。该方法在很大程度上不适宜用作通用模量聚丙烯腈基碳纤维单丝高温力学性能的测试。航天材料及工艺研究所采用辐射加热方式，设计了一种便于快速加热和冷却的小热容石墨发热体，并解决了试样温度准确测量和几微米直径单丝碳纤维的高温测试问题，获得了最高 2100℃的高温数据。

本节重点介绍碳纤维单丝常温拉伸性能测试方法和不同高温测试仪器的组成与结构，其中碳纤维单丝的高温拉伸性能计算可以参考常温拉伸性能测试方法进行。

1. 制样及测试方法

无论是常温性能测试还是高温性能测试，碳纤维单丝低损伤制样是准确获得其力学性能的关键之一。碳纤维原始试样一般都进行过上浆处理，表面上浆剂的存在会造成丝束内不同碳纤维发生一定程度的粘连，直接取样会造成碳纤维单丝的损伤、甚至断裂，还会影响单丝截面积的准确测量，需要预先将碳纤维表面的上浆剂去除。碳纤维表面上浆剂去除方法可以参考 2.1.3 小节中的相关方法。

在去除纤维束表面上浆剂后，截取一定长度的纤维束，进行分丝操作。常温试样有效长度一般取 25mm，并用胶黏剂将碳纤维单丝在不损伤纤维表面的前提下分离，并粘牢于坐标纸框（厚度为 0.07 ~ 0.3mm）中心线相距 25mm 处，如图 2 - 28 所示。

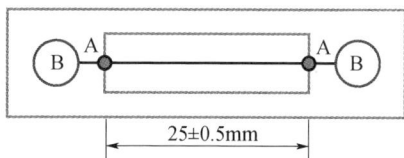

图 2 - 28　常温测试试样与纸框粘接示意图（A 为粘接处，B 为夹持处）

高温测试时，不同的测量设备要求的纤维单丝有效长度不等。其中法国科学院研制的直接通电加热高温单丝拉伸仪，其试样长度大约 50mm，两端用 C - 34、UCAR 石墨胶粘接于石墨片上。航天材料及工艺研究所研制的辐射加热高温单丝拉伸仪，其试样长度 40 ~ 60mm，采用压接的方法固定于两夹具之间。

拉伸测试前用夹具分别夹住待测试样的两端，使试样与夹具垂直（或平行），按一定速率拉伸直至断裂，记录载荷 - 位移曲线，并转换为应力 - 应变曲线。拉伸速度一般取 0.5 ~ 10mm/min，优选拉伸速度定为 5mm/min。图 2 - 29 为 T300 碳纤维和 T800 碳纤维单丝典型的拉伸应力 - 应变曲线，可以看出测试过程有效，不存在夹持不牢或纤维损伤提前破坏的情况。

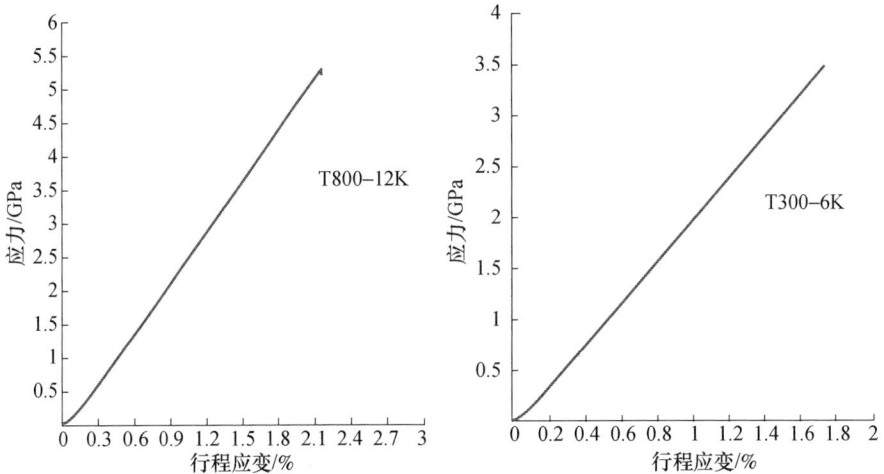

图 2 - 29　碳纤维单丝的应力 - 应变曲线

2. 试验次数的确定

当被测碳纤维拉伸强度的变异系数估计值已知时,在置信水平为 90%、精密度为 4% 的条件下,按下式估算试验次数:

$$n = t^2 \cdot v^2 / A^2 = 0.169 v^2 \qquad (2 - 39)$$

式中　n——试验次数,取整数;

　　　v——变异系数估计值;

　　　t——置信水平为 90% 的检验值,$t = 1.645$;

　　　A——精密度 4,$t^2 / A^2 = 0.169$。

当被测碳纤维拉伸强度的变异系数估计值未知时,不能直接用式(2 - 39)计算试验次数。则暂取 40 个试样测试其拉伸强度,并计算变异系数,再按式(2 - 39)计算试验次数,补做不足根数。

3. 数据处理方法

(1)碳纤维单丝拉伸强度。

碳纤维单丝拉伸强度计算公式如下:

$$\sigma = \frac{P}{A} \times 10^{-6} \qquad (2 - 40)$$

式中　σ——拉伸强度(MPa);

　　　P——断裂载荷(N);

　　　A——单丝纤维的平均截面积(m^2)。

(2)碳纤维单丝表观拉伸模量。

在单丝拉伸的应力 - 应变曲线上,沿断裂载荷 20% ~ 60% 的直线段作切线,如图 2 - 30 所示。

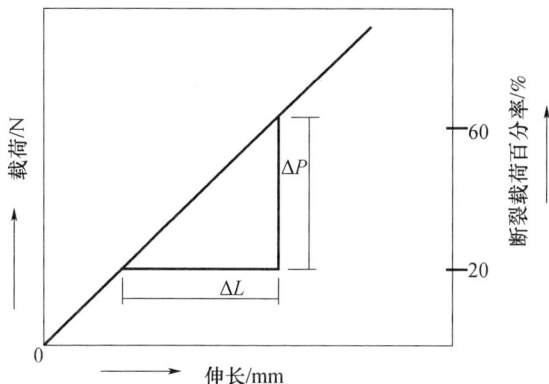

图 2 – 30　碳纤维单丝应力 – 应变曲线示意图

碳纤维单丝表观拉伸模量计算公式如下：

$$E_a = \frac{\Delta P}{A} \times \frac{L}{\Delta L} \times 10^{-6} \qquad (2-41)$$

式中　E_a——表观拉伸模量（MPa）；

ΔP——由应力 – 应变曲线初始直线段上截取的载荷值（N）；

A——单根纤维的平均截面积（m^2）；

L——试样长度（mm）；

ΔL——试样长度对应于 ΔP 的变形增量（mm）。

（3）碳纤维单丝拉伸模量修正。

碳纤维单丝拉伸模量修正计算方法如下：

制取试样长度为 10mm、15mm、20mm、25mm、30mm 的待测试样各 50 根，分别将试样拉断，得到应力 – 应变曲线。在应力 – 应变曲线上作切线截取载荷增量 ΔP 及对应的伸长值 ΔL，计算每组试样长度 $\Delta L/\Delta P$ 的平均值。把每组长度 L 对应的 $\Delta L/\Delta P$ 按公式 $\Delta L/\Delta P = aL + K$ 进行回归，见图 2 – 31。

回归后求出修正系数 K 值，代入下式：

$$E_t = \frac{E_a}{1 - \frac{\Delta P}{\Delta L} \times K} \qquad (2-42)$$

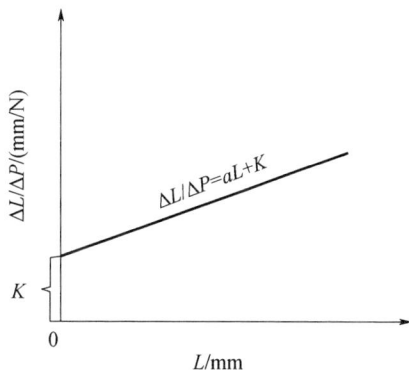

图 2 – 31　碳纤维单丝应力 – 应变曲线示意图

式中　E_t——纤维单丝拉伸模量（MPa）；

E_a——纤维单丝表观拉伸模量（MPa）；

ΔP——由应力 – 应变曲线初始直线段上截取的载荷值（N）；

ΔL——试样长度对应于 ΔP 的变形增量（mm）；

K——修正系数(mm/N)。

(4)算术平均值、标准差和变异系数。

算术平均值按下式计算,取三位有效数:

$$X = \frac{\sum_{i=1}^{n} X_i}{n} \qquad (2-43)$$

式中　X_i——每个有效试样测得的数值;

　　　n——有效试样个数。

标准差 S 按下式计算,取两位有效数:

$$S = \sqrt{\frac{\sum_{i=1}^{n}(X_i - X)^2}{n-1}} \qquad (2-44a)$$

变异系数 $Cv(\%)$ 按下式计算,取两位有效数:

$$Cv(\%) = \frac{S}{X} \times 100\% \qquad (2-44b)$$

以 T300 碳纤维为例,其高温单丝拉伸仪上常温单丝拉伸应力 - 应变曲线如图 2 - 32 所示。其中试样长度 59mm,单丝直径经扫描电镜测量为 7μm,采用式 (2 - 40)计算得其拉伸强度为 3.57GPa,表观拉伸模量为 215 GPa,断裂延伸率为 1.81%。图 2 - 33 为 T300 碳纤维 50 个试样的常温单丝拉伸强度分布图,由图可见大部分单丝拉伸强度集中于 3.5GPa ±0.5GPa 之内,与该碳纤维的标称拉伸强度一致。

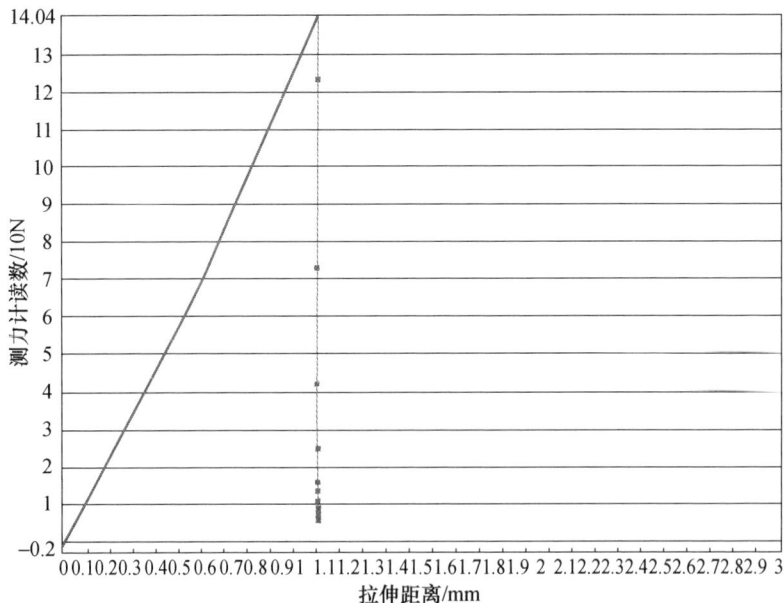

图 2 - 32　T300 碳纤维单丝典型拉伸应力 - 应变曲线

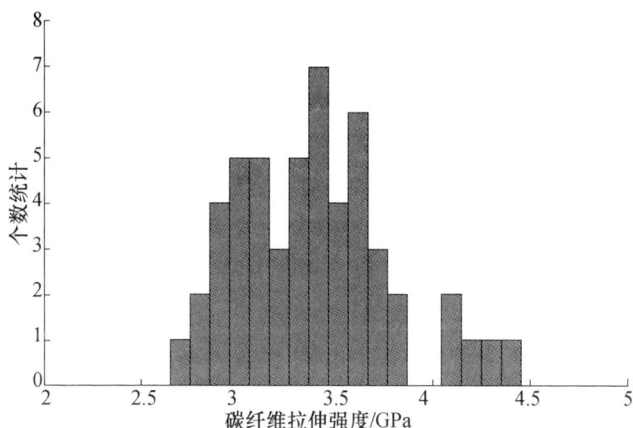

图 2 - 33　T300 碳纤维单丝拉伸强度分布图

4. 典型高温拉伸强度测试仪器和方法

图 2 - 34 为法国科学院研制的直接通电加热高温单丝拉伸仪的组成与结构图[33]。该仪器为立式结构,属多参数测量仪,可测量电导率、纵向热膨胀系数、拉伸模量和拉伸强度,标称最高温度可达 3000℃,实测最高温度为 2000℃。该仪器有如下特点:

（1）加热方式:碳纤维在真空下直接通电加热,即对碳纤维单丝纵向通入直流电流,使整根纤维温度基本均匀一致。环境需要抽真空至小于 10^{-3} Pa。

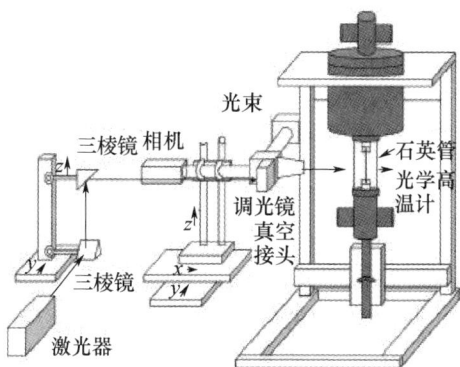

图 2 - 34　直接通电加热碳纤维单丝高温拉伸仪结构与组成图

（2）温度测量:在 1000 ~ 3000℃ 范围内,文献中样品的温度是通过碳纤维温度与通电功率成正比的关系,由通电功率推算得到的。

（3）夹持方式:采用冷夹持方式,夹具材料为石墨。样品是通过石墨粘结剂（C - 34）将碳纤维单丝粘在石墨夹具上,样品长度为 50mm。

（4）位移测量:借助视屏位移计 CCD 获得试样夹具位移的图像,通过图像处理得到位移量。该位移测量装置的分辨率为 0.1μm。

图 2 - 35 为采用该仪器测量获得的黏胶基和聚丙烯腈基两类典型碳纤维经过 2200℃ 处理后的拉伸强度和拉伸模量。由图可以看出:黏胶基和聚丙烯腈基碳纤维分别在 1600℃ 和 1800℃ 内拉伸强度随温度升高而升高,而拉伸模量随温度升高呈下降趋势。

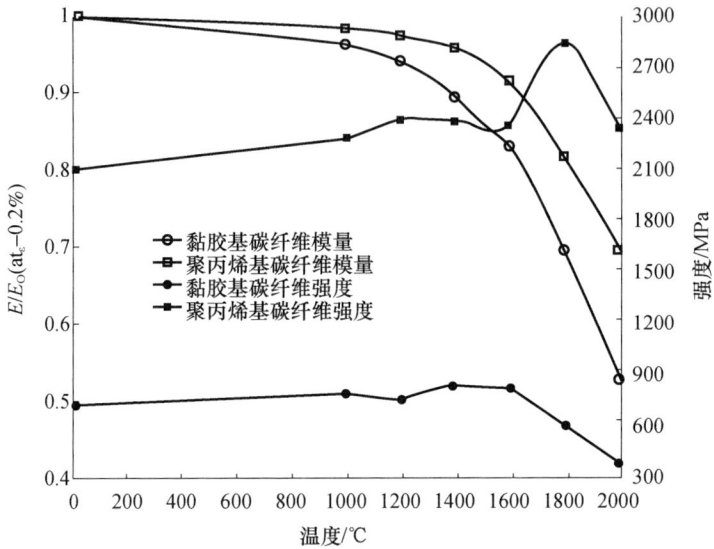

图 2-35 黏胶基和聚丙烯腈 T300 碳纤维不同温度下拉伸强度和拉伸模量

　　航天材料及工艺研究所研制的碳纤维单丝高温拉伸性能测试仪采用辐射加热方式,仪器为卧式结构,发热体为槽型石墨材料,测温通过光学比色计实现。由于碳纤维单丝易于高温氧化和高温升华,测试过程中需要用高纯氩气保护。通常的高纯氩气中含有 10^{-6} 量级的氧气和水气,但持续的气体通入,这些痕量的氧气和水气将显著降低其高温拉伸性能,因此对工业级高纯惰性气体需要进一步纯化,达到 99.999% 高纯氩气,且其中氧和水含量降低至不大于 0.2×10^{-6}。该碳纤维单丝高温测试仪器可以实现温度 2200℃ 下的性能测试。图 2-36 为用该仪器和方法获得的通用模量聚丙烯腈基碳纤维的高温拉伸强度和拉伸断裂延伸率,表现出了碳纤维力学性能随温度升高先增高而后减小的变化趋势。

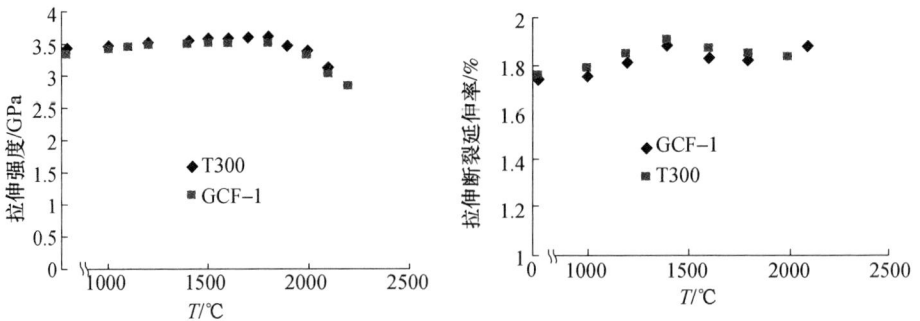

图 2-36 两种 T300 级碳纤维单丝原始状态下的拉伸性能

应当指出,当测试温度超过碳纤维制备工艺的碳化温度(1300～1500℃)时,纤维中的氮和氢元素将进一步脱除,分子结构中的碳原子排列有序化程度不断增大,碳纤维单丝截面积不断缩小,因此需要对不同温度下的纤维拉伸强度进行修正。

2.4.1.3 碳纤维勾接强力测试方法

碳纤维勾接强力的测试装置如图2-37所示。测试过程中,将碳纤维束丝穿入拉力板的钢丝套中,端部缠绕到纸板上并夹持到下夹具中,拉断得到的载荷值即为勾接强力。拉力板为不锈钢材质,长为20mm,宽为15mm,厚度为2～3mm;钢丝直径为0.5mm,拉伸速度为10 mm/min。

测试过程如下:

(1)启动拉力试验机,将拉力板装卡到拉力机的上夹具内,调节标距,使拉力板钢丝钩底部到下夹具距离为100mm;

(2)剪取500mm长整齐无毛丝的丝束试样,将试样穿入拉力板的钢丝套中;

(3)将试样两端用1～2mm厚的纸板缠绕后固定在下夹具内;

(4)运行拉伸机直至试样断裂,断裂载荷即为测试子样的勾接强力,每组试样不少于6个有效数据,取平均值作为碳纤维的勾接强力数据。

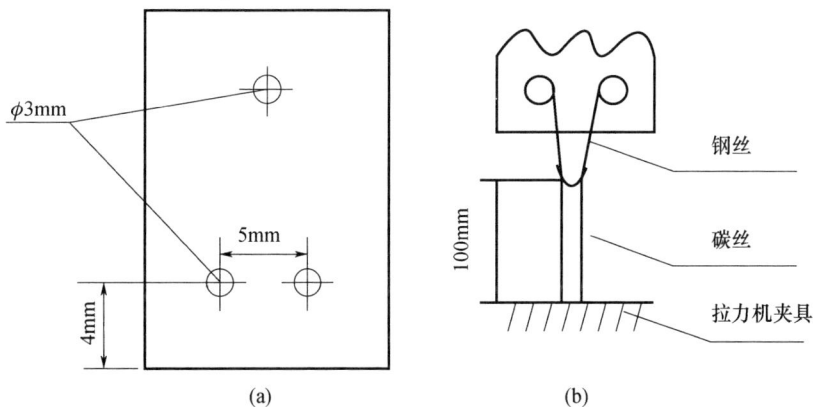

图2-37 碳纤维勾接强力测试装置示意图
(a)拉力板;(b)工作区。

2.4.2 碳纤维热物理性能测试方法

2.4.2.1 碳纤维单丝常温和高温热膨胀系数的测试方法

受结构各向异性的影响,碳纤维的热膨胀特性一般也存在各向异性。对通用模量聚丙烯腈基碳纤维而言,其径向(横向)热膨胀系数一般是轴向(纵向)的20～30倍,且随着模量的提高,碳原子排列的有序化程度不断增大,其各向异性程度进一步加剧。当碳原子排列接近于理想石墨结构时,其径向碳原子间以约束力较弱的范德瓦尔斯力为主,轴向碳原子间为平行六角环状排列,原子间以约束力很强的共价键结合。当碳纤维受热时,约束力较弱的径向首先受到热激发,快速膨胀导致尺寸迅速增大,约束力很强的轴向反应滞后。因此当纤维受热造成径向尺寸快速增大时,反而使轴向尺寸出现收缩,表现出负的热膨胀系数。随着温度的继续升高,在碳纤维轴向的振动也被激发,径向和轴向的各向异性的程度随之减小。但当温度超过碳纤维的制备温度后,碳纤维本身结构的调整也将造成轴向的明显收缩,表现出更大的负膨胀系数。

热膨胀系数通常分线膨胀系数和体膨胀系数,测量和文献报道的数据多数为线膨胀系数,且线膨胀系数一般分一定温度区间内的平均线膨胀系数和某一温度点的真实线膨胀系数,前者主要在工程中普遍使用,后者主要应用于理论计算中。

文献报道的碳纤维轴向和径向线膨胀系数数据相对较少。一些碳纤维的生产厂家对自己出厂的碳纤维给出了线膨胀系数数据,其中以日本东丽碳纤维数据较为全面,如表2-10所列。这些数据属碳纤维轴向线膨胀系数值,但不清楚相对应的具体温度。

表2-10 不同牌号碳纤维的典型线膨胀数据

碳纤维牌号	T300	T300J	T400H	T700S	T800H	T1000G
线膨胀系数/($10^{-6}/℃$)	-0.41	-0.43	-0.45	-0.38	-0.56	-0.55
碳纤维牌号	M35J	M40J	M46J	M50J	M55J	M60J
线膨胀系数/($10^{-6}/℃$)	-0.73	-0.83	-0.90	-1.00	-1.10	-1.10

碳纤维的径向和轴向线膨胀系数准确测量难度很大,对于径向线膨胀系数,因单丝碳纤维直径仅几微米,温度每升高100℃,直径仅变化10nm左右,这种变化必须依靠高倍放大并带热台的成像装置(如带热台的高分辨扫描电镜)才有可能分辨出。而纤维本身的圆度缺陷、截面的不平整、图像的失真、外表面的沟槽、制样及600℃以上热台对图像质量的干扰等因素(图2-38),将导致截面尺寸测试结果出现偏离,影响测量结果的准确性。

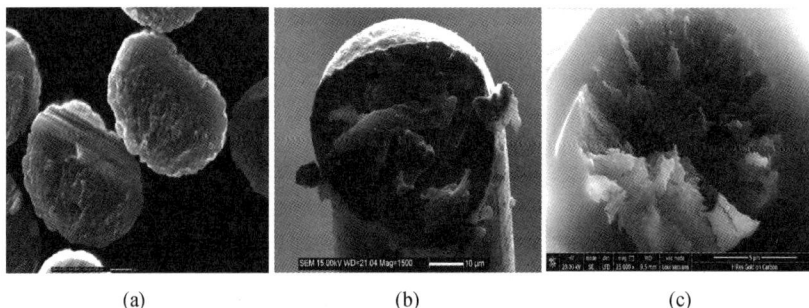

(a)　　　　　　　　　(b)　　　　　　　　　(c)

图2-38 单丝碳纤维径向线膨胀系数测量时径向尺寸变化测试的干扰因素
(a)非圆截面;(b)图像失真;(c)截面清晰度。

对于轴向线膨胀系数,因其线膨胀系数极低,500℃以下可能为负值,1000℃以下大多在 $10^{-7}/℃$ 量级,如此超低膨胀的刚性固体材料,准确测量都有难度。光干涉法是国内外同行公认的对刚性固体材料最为准确的测试方法,并有国家级的测试标准可参照使用,如 ASTM E289—2004[34] 为用干涉测量法测试刚性固体的线性热膨胀的标准试验方法,GB/T 10562—1989[35] 为光干涉法测定金属材料超低膨胀系数标准方法等。但光干涉法不具有普适性,对样品本身有较严格的要求,不适用于宏观质地柔软的碳纤维材料。

当今世界关于碳纤维的径向和轴向线膨胀系数直接测量的方法不多,仅有的一些报道也只停留于试验室水平。从这些报道的测试方法中,膨胀量测量方式可分为非接触式测量和接触式测量。非接触式测量是指位移传感器不接触被测样品,以印度国家物理试验室 V. P. Wason[36] 率先提出的下垂法为基础;接触式测量是指位移传感器直接或间接接触被测样品,以示差顶杆法最为典型。下面分别介绍。

1. 非接触式测量方法

非接触式测量方法以印度国家物理实验室 V. P. Wason 提出的标示物下垂法为基础,后来法国科学院研究中心 M. TRINQUECOSTE,J. L. CARLIER 等[37] 及法国科学院研究中心热结构复合材料试验室的 Cédric Sauder 和 Jacques Lamon 等和航天材料及工艺研究所的科研人员等,先后分别采用光学显微镜、CCD 相机和激光扫描分析方法,对 V. P. Wason 所提出的下垂法进行了改进与发展,并对碳纤维轴向线膨胀系数进行了温度达 2000℃ 的实际测量,获得了典型数据。

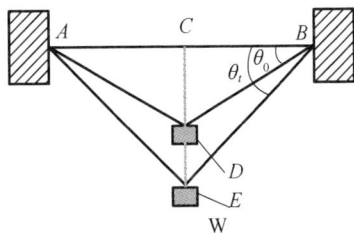

图 2 - 39　下垂法原理图

标示物下垂法的测试原理为:在两端固定的水平纤维中心悬挂一重物 W,如图 2 – 39 所示,随着温度的变化,W 在垂直方向上上下移动 ($D \to E$),测量 DE 之间的垂直位移量,通过三角形正切放大的原理,即可计算出纤维轴向位移量,进而计算出轴向线膨胀系数。

假设初始温度 T_0 时,$BD = l_0$,$\angle DBA = \theta_0$,$CD = S_0$,$CB = l$;当温度变为 T_t 时,$BD = l_t$,$\angle DBA = \theta_t$,$CE = s_t$,则 $T_0 \to T_t$ 之间的平均线膨胀系数的计算公式如下:

$$\alpha_{T_0 \to T_t} = \frac{l_t - l_0}{l_0(T_t - T_0)} = \frac{1}{\Delta T}\left\{\left[\frac{1 + s_t^2/l_t^2}{1 + s_0^2/l_0^2}\right]^{1/2} - 1\right\} = \frac{1}{\Delta T}\left(\frac{\sin\theta_t}{\sin\theta_0} - 1\right) \quad (2-45)$$

该方法原理虽然简单,但需要重点注意如下几点:

(1) 纤维的固定方法不致发生滑移、损伤和蠕变;

(2) 重物 W 的选择需遵循质量轻、线膨胀系数小、高温模量高的原则;

(3) 横向 AB 与纵向 CE 均需要处于相同温度下。

要同时兼顾上述要求,难以实现高温测试,因而未见采用该方法获得实测数据的报道。采用下述改进方法实现了碳纤维热膨胀系数的测试。

1）光学显微镜法

法国科学院研究中心 M. TRINQUECOSTE, J. L. CARLIER 等研究人员采用三角形正切放大原理,将水平放置单丝碳纤维两端用银浆粘接于一支撑板上,并对其进行直接通电加热,将微小弹性探针轻微顶住水平放置长度大约 30mm 的单丝碳纤维,使之出现微小下垂,当温度出现变化时,下垂量出现增大或缩小,并由光学显微镜观察记录。其系统组成与测量原理如图 2 - 40 所示。

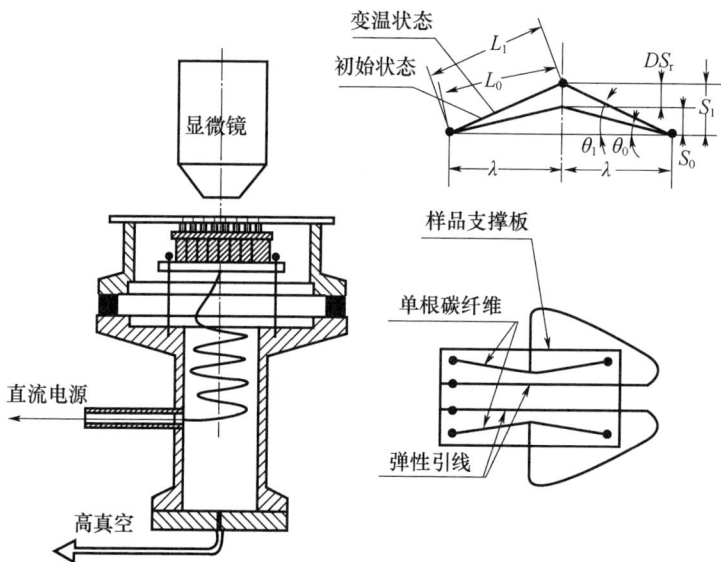

图 2 - 40　光学显微镜法测试装置组成及测量原理[37]

单丝碳纤维样品温度由光学高温计测得,且经黑体校准发现温度与加热功率成正比,并由此确定光学高温计测量单根碳纤维的发射率。该方法测量原理和计算公式形式与标示物下垂法基本相同。采用图 2 - 40 所示系统,获得了单丝碳纤维 T300、T700S 和 T900 室温 ~ 2000℃轴向线性热膨胀数据,如图 2 - 41

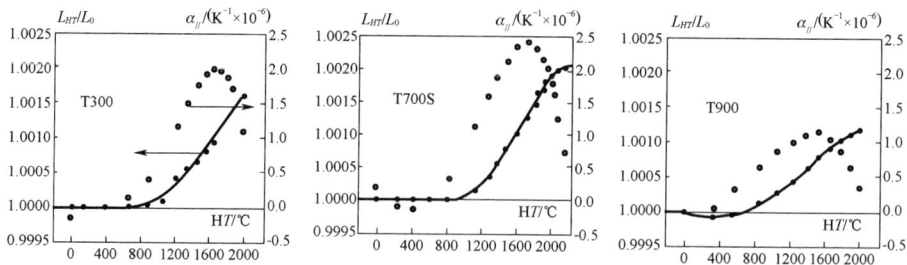

图 2 - 41　三种碳纤维线膨胀系数及样品长度相对变化值的测试结果[37]

所示,并由此得出:三种碳纤维轴向线性热膨胀数据随温度变化规律基本相同,
T300 碳纤维和 T700S 碳纤维数据相当,400℃之前为负值,之后快速增大,至
1600℃出现下降。T900 碳纤维线膨胀系数出现下降时的温度略低(1500℃左
右),且最大热膨胀系数数值也比 T300 和 T700S 小。

2) CCD 相机法

法国科学院研究中心热结构复合材料试验室的 Cédric Sauder 和 Jacques
Lamon 等[33]在所研制的直接通电加热高温单丝拉伸仪(前面单丝高温拉伸强度
部分已介绍过)上,由三维微调 CCD 相机观测获得单丝膨胀位移和应变位移,进
而获得碳纤维轴向线膨胀系数。采用该测试装置获得了两类典型黏胶基和聚丙
烯腈基碳纤维室温至 2000℃的线膨胀系数。样品分原始状态、1600℃高温处理
和 2200℃高温处理三种情况,其对应的最高测试温度分别为 1200℃、1600℃和
2200℃。这两类碳纤维的轴向线膨胀系数测试结果如图 2－42 所示。由图可
知,在相同温度下,聚丙烯腈基碳纤维线膨胀系数比粘胶基碳纤维明显偏低,且
前者出现负值,后者无负值。随热处理温度的升高,聚丙烯腈基碳纤维由负膨胀
转正膨胀的温度也随之升高。

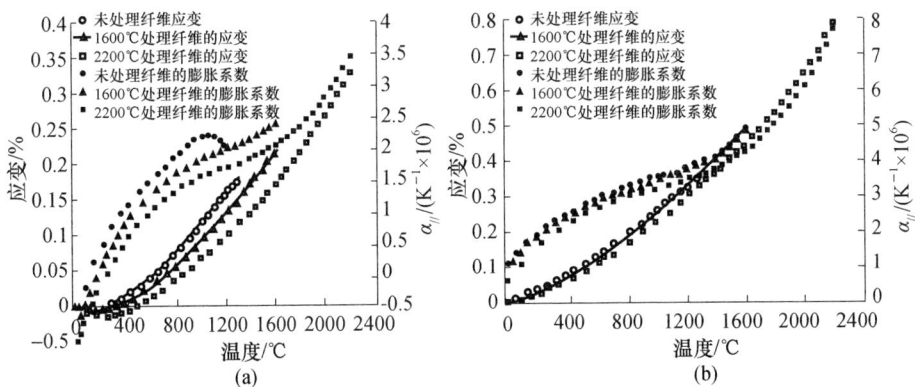

图 2－42　两类碳纤维单丝线膨胀系数测试结果[33]
(a)PAN 基碳纤维;(b)黏胶基碳纤维。

3) 激光扫描法

航天材料及工艺研究所为解决超低膨胀的碳纤维线轴向膨胀测试中光学显
微镜法和 CCD 相机法光学高温计无法准确测量单丝碳纤维表面温度及缺少可
耐 2000℃以上高温粘结剂等难题,提出了如图 2－43 所示的加长型(高温区
120~150mm)下垂法测量原理,图 2－44 为测试装置示意图。该测试方法采用
辐射加热方式,高温比色计测温位置为发热体中心区域,该温度代表样品温度。
利用激光扫描仪测量温度变化时平台高度的变化量即可获得碳纤维的近似轴向
膨胀量,以此计算得到碳纤维的轴向线膨胀系数。

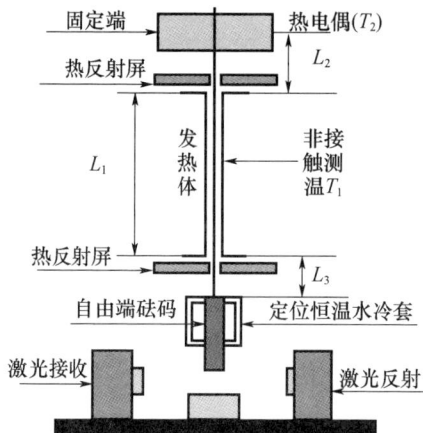

图 2 - 43　激光扫描法测量原理

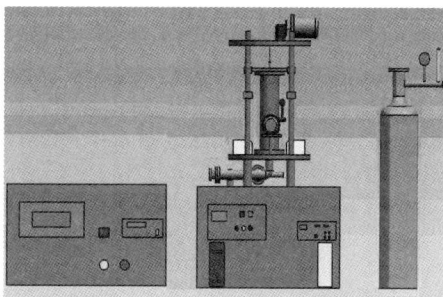

图 2 - 44　激光扫描法碳纤维单丝
热膨胀系数测试装置示意图

采用上述测试装置,首先对高纯钨丝进行了 650～1800℃ 的线膨胀系数测试,测试结果(图 2 - 45)与美国国家标准数据(NIST)和俄罗斯国家物理试验室数据进行了对比,测试误差可控制在 ±4% 以内。

分别采用 650～1800℃ 和 1000～3000℃ 两种规格的红外双比色高温计作为样品测控温传感器,测试了 T300 -1K 碳纤维的线膨胀系数,获得的高温测试结果与室温～600℃ 的测试结果有很好的衔接性(图 2 - 46),相对偏差小于 $1 \times 10^{-7}℃^{-1}$,间接表明数据具有可靠性,且 650～1800℃ 和 1000～3000℃ 两套高温区的试验结果在 1400℃ 之前数据重复性很好($\leqslant 1.5 \times$

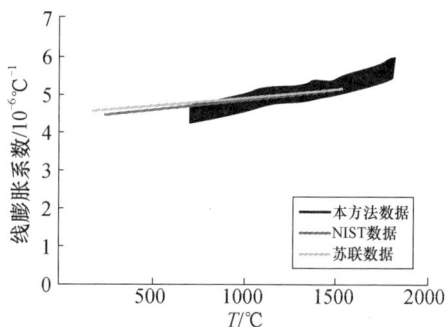

图 2 - 45　钨丝 650～1800℃ 线
膨胀系数验证性测试结果

$10^{-7}℃^{-1}$),1400℃ 之后由于样品存在深度碳化和内部结构调整造成的热收缩效应,所测得的线膨胀系数偏离高温热处理后的碳材料特性,其数值与升温速率和恒温时间均相关,不是碳纤维的本征物理特性。

2. 接触式测量方法

接触式测量方法以示差顶杆法为基础,该方法测量膨胀量的原理为:通过一根与样品支架材质相同,且膨胀系数很小的顶杆将被测样品与样品支架膨胀量的差值传递出来,并进行测量的一种方法。这种方法,仪器结构简单,操作方便,适用于绝大多数金属、非金属及复合材料块体材料,可在深低温(-160℃ 以下)至上千度的高温范围内适用。

当用于碳纤维轴向线膨胀系数测试时,需要对样品支架和顶杆的结构进行

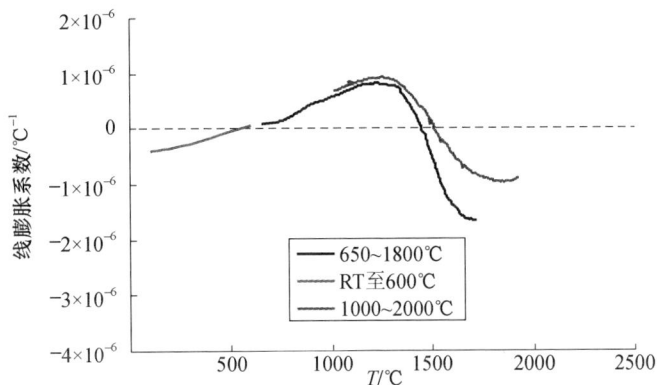

图 2-46　碳纤维不同温度线膨胀系数测试结果

必要改进,这其中有成熟的商用仪器公司(如美国的 P-E 公司、法国的 SETAR-AM 公司等)推出的热机械分析仪(TMA)法和航天材料及工艺研究所提出的一种改进示差顶杆法。

1) TMA 法

TMA 法属常规分析仪器之一。其用于测量材料线膨胀系数的原理与一般的示差顶杆法相同,有块体材料和丝状材料的线膨胀系数示差顶杆法测量组件(图 2-47),同时 TMA 方法也是美国军用手册 MIL-HDBK-17F 针对碳纤维线膨胀系数测量所推荐选用的方法。

当其用于纤维类丝状材料线膨胀系数测量时,需要对图 2-47(a)所示的块体样品支架和顶杆改进为类似于图 2-48(b)所示的结构,样品支架和顶杆均为石英材质。样品支架和顶杆下端各固定一个连接夹头,连接夹头的两端用于固定碳纤维。当碳纤维两端产生相对于样品支架盈余的示差膨胀时,该示差膨胀量通过顶杆传递给位移测量传感器。

TMA 分析仪器的特点为,电加热炉的炉体小,样品高度尺寸一般 10~15mm,并采用互感式差动变压器作为位移测量传感器。这种传感器易受电场和磁场的干扰,须采取有效的电、磁屏蔽措施。当该传感器用于纤维类材料轴向线膨胀测试时,需要进行系统的适用性研究,如连接夹头的设计,材质的选择,变温时连接夹头膨胀的精密校准,以及差动变压器零位基线稳定性研究等。否则,将导致严重的测试偏离,甚至数量级的差异。如某单位曾采用 TMA 分析仪器对 T300 系列碳纤

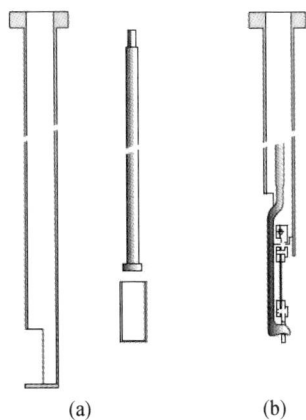

图 2-47　TMA 法的线膨胀测量组件

(a)块体样品支架和顶杆;

(b)丝材样品支架和顶杆。

维进行线膨胀系数测试,测试结果(表 2 – 11)就出现近两个量级的差异,因此该方法的适用性尚需深入研究。

表 2 – 11　TMA 测试得到的碳纤维线膨胀系数

碳纤维	线膨胀系数/(10^{-5}/℃)
GCF – 1 – 1K	– 3. 91
GCF – 1 – 3K	– 3. 96
GCF – 2 – 1K	– 4. 55
GCF – 2 – 3K	– 3. 22
T300 – 1K	– 4. 86
T300 – 3K	– 2. 44

2）改进的示差顶杆法

航天材料及工艺研究所针对碳纤维轴向超低线膨胀系数的特点,设计了一种加长型的改进示差顶杆法结构,并获发明专利授权(201410217002.6),其主体结构如图 2 – 48 所示。该结构中的样品支架和顶杆均采用脱羟处理的高纯熔融石英,顶杆比支架长 100 ~120mm。

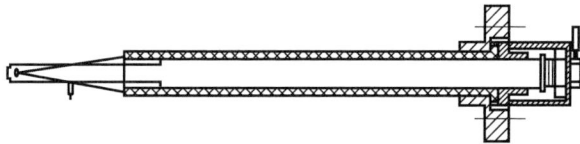

图 2 – 48　改进的示差顶杆法主体结构图

（1）测试物理模型。

图 2 – 49 为图 2 – 48 所示的改进示差顶杆法所抽象出的测试物理模型。假设样品支架的半径为 R,即 $OB = R$,一般选 $R = 9 ~9.5mm$ 的石英管;L_0 为顶杆与样品支架的长度差,即 $OC = L_0$,L_s 为纤维初始长度,即 $BC = L_s$,θ 为纤维与顶杆的夹角。

当温度由初始温度 T_0 升高至 T_t 时,位移传感器探头所测膨胀量可用如下式来表示:

$$\Delta L_M = - \Delta L_C - \Delta L_S \cos\theta + \Delta L_D - \Delta L_N$$

$$(2 – 46)$$

式中:ΔL 为膨胀量。脚标含义:C 为样品支架;D 为顶杆;S 为试样;M 为位移传感器测量值;N 为位移传感器探头固定支架。

由于 $L_D = L_C + L_0$,L_0 为超出样品支架的那段

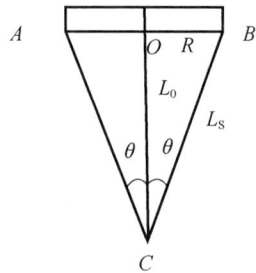

图 2 – 49　测试物理模型

顶杆长度,因此 $\Delta L_D = \Delta L'_C + \Delta L_0$,其中 $\Delta L'_C$ 为相当于 L_C 长度的那部分顶杆的

膨胀量。则由式（2 - 46）得

$$\Delta L_s \cos\theta = -\Delta L_M - (\Delta L_C - \Delta L'_C) + \Delta L_0 - \Delta L_N \qquad (2 - 47)$$

令

$$\Delta L'_N = (\Delta L_C - \Delta L'_C) + \Delta L_N \qquad (2 - 48)$$

则

$$\Delta L_s \cos\theta = -\Delta L_M - \Delta L'_N + \Delta L_0 \qquad (2 - 49)$$

纤维的线膨胀系数为

$$\alpha_s = \frac{\Delta L_S}{L_S \Delta T} = \left(\frac{\Delta L_0}{L_S \Delta T \cos\theta} - \frac{\Delta L_M + \Delta L'_N}{L_S \Delta T \cos\theta} \right) \qquad (2 - 50)$$

因为 $\alpha_D = \dfrac{\Delta L_0}{L_0 \Delta T} = \dfrac{\Delta L_0}{L_S \Delta T \cos\theta}$，其中：$\alpha_D$ 为石英的线膨胀系数（℃$^{-1}$），ΔT 为温度由 T_0 升高到 T_t 的温度差（℃），即 $\Delta T = T_0 - T_t$。有

$$\alpha_s = \alpha_D - \frac{\Delta L_M + \Delta L'_N}{L_S \Delta T \cos\theta} \qquad (2 - 51)$$

式（2 - 51）即为碳纤维平均线膨胀系数计算公式。其中，α_D 为已知量，可采用 NIST 推荐的光干涉法测量数据，L_S、ΔT、ΔL_M 为测量值，$\Delta L'_N$ 可以通过空白试验得到，它受样品支架位移 ΔL_N、样品支架和顶杆材质膨胀的差异（$\Delta L_C - \Delta L'_C$）、试验室温湿度以及位移测量仪器的漂移等综合因素的影响。

（2）位移测量仪器。

位移测量仪器为光栅式数字位移计，该光栅数字位移计主要组成如图 2 - 50 所示，由于组成中无电磁铁，与 TMA 法中互感式差动变压器型位移测量传感器相比，光栅式数字位移计不受电磁场干扰，工作期间有很好的零位基线稳定性，一般 4h 内总漂移量小于 0.5μm。

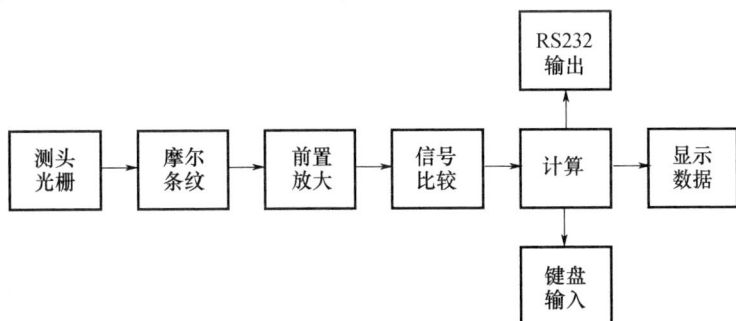

图 2 - 50　光栅数字位移计组成图

（3）测试装置与标定。

航天材料及工艺研究所研制的四样品室温至 600℃碳纤维轴向线膨胀系数测试装置的实物如图 2 - 51 所示。

系统标定分为空白试验和用具有标准数据的准标准样品进行比对测试。空白试验是为了获得 $\Delta L'_N$。采用高纯石英丝对图 2-51 中的四样品测试仪进行了空白试验。为了便于测控温和通气保护,将这四样品的编号固定为 1#样品、2#样品、3#样品和 4#样品,采用定点升温方式,每个温度点恒温 5min,测试结果见图 2-52 所示。由图 2-52 可见,室温至 600℃ 范围内 $\Delta L'_N$ 总的变化大约为 1μm,

图 2-51 四样品室温 ~600℃ 碳纤维轴向线膨胀系数 测试装置实物

通过修正可满足低膨胀系数的碳纤维测试要求,当温度升至 600℃ 以上时,$\Delta L'_N$ 快速增大,表明低膨胀系数的碳纤维测试时该因素影响不可忽略,且 1#样品 ~4# 样品之间差距也逐渐增大,即使是修正也难满足低膨胀系数的碳纤维测试要求,因此将该测试仪器的温度范围定位为室温至 600℃。

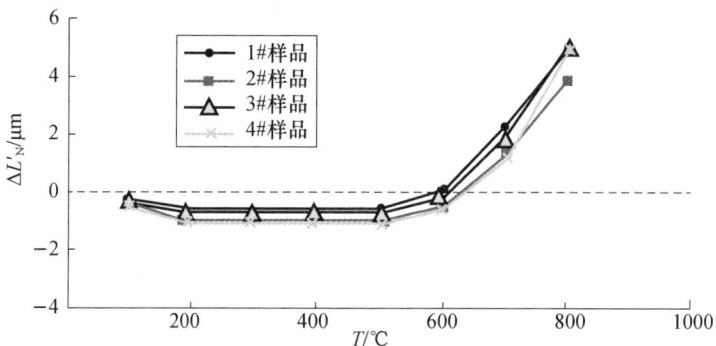

图 2-52 空白试验测试结果

选用纯度为 99.95% 直径为 0.1mm 的钨丝作为标准样品,分别测试了 1#样品 ~4#样品在室温至 600℃ 范围内的轴向线膨胀系数,测试结果与 NIST 推荐数据进行了比对,如图 2-53 所示。结果表明:四个钨丝样品的测试误差均可控制在 5% 以内(图中的误差线为 ±5%),说明测试结果具有较高准确性。

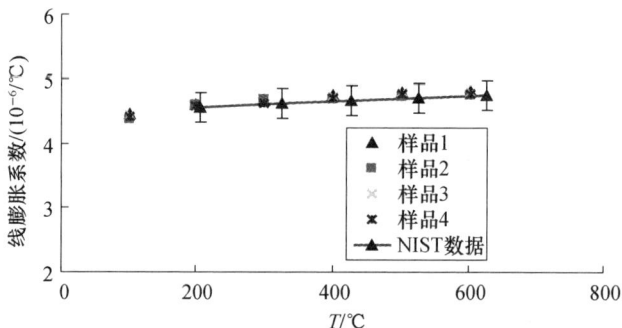

图 2-53 钨丝室温至 600℃ 线膨胀系数对比测试结果

（4）碳纤维测试结果。

表 2 – 12 是东丽公司的 T300 – 3K、T700 – 12K、T800 – 12K 碳纤维及东邦公司的 UT500 – 12K 碳纤维样品，在室温 ~ 600℃ 范围内的轴向线膨胀系数测试结果及原厂家数据手册给出的相关数据。由表中数据可见，T300 – 3K、T700 – 12K、T800 – 12K 碳纤维在室温 ~ 100℃ 的实测数据与厂家给出的数据非常接近。

表 2 – 12　几种碳纤维轴向线膨胀系数测试结果

温度/℃	平均线膨胀系数/(10^{-7}/℃)							
	T300 – 3K		T700 – 12K		T800 – 12K		UT500 – 12K	
	测试结果	厂家数据	测试结果	厂家数据	测试结果	厂家数据	测试结果	厂家数据
室温 ~ 100	– 4.2		– 3.9		– 5.6		– 5.2	
室温 ~ 200	– 3.6		– 3.7		– 4.7		– 4.3	
室温 ~ 300	– 2.4	– 4.1	2.9	– 3.8	– 4.4	– 5.6	– 3.8	—
室温 ~ 400	– 1.2		– 2.3		– 3.4		– 2.9	
室温 ~ 500	– 2.7		– 1.3		– 2.3		– 1.5	
室温 ~ 600	0.9		0.99		– 0.41		0.82	

图 2 – 54 是 GCF – 1 – 3K 碳纤维 21 个批次共计 64 个样品在室温至 600℃ 范围内轴向线膨胀系数的汇总数据及最大值、最小值的可能结果。由图可知，不同批次总的结果具有很好的重复性，且相同温度下其最大值、最小值和平均值相对偏差不大于 1×10^{-7}℃$^{-1}$。

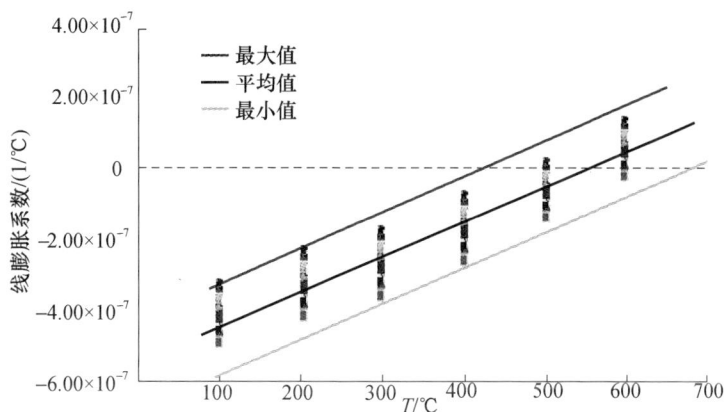

图 2 – 54　不同批次 GCF – 1 – 3K 碳纤维测试结果

2.4.2.2 碳纤维常温和高温热导率测试方法

物质的热传导过程是其内部热量的输运过程,是热能传递的一种形式。物质的热传导能力可用物理量热导率(又称导热系数)及热扩散率来表征[38]。材料的热传导性能研究对工程设计和学术研究有重要价值,对航天工程尤其重要。碳纤维作为重要的基础原材料,其热传导性能研究同样至关重要。

材料的热传导性能测试方法很多,主要分为稳态方法和非稳态方法两类,这两类方法各自又有十余种的细分方法。但无论采用哪种测试方法,其测试物理模型一般都是建立在具有一定固定形状的块体材料基础上。而碳纤维的自由状态一般为无固定形状的松散卷曲状态,直接借用成熟的块体材料测试方法显然不适用。因此,碳纤维热传导性能直接测试至今还停留于实验室探索水平,尚无一种得到普遍认可的测试方法可以推向市场,也没有制定过相关测试标准可供使用。

碳纤维热传导性能测试从单丝和复丝两方面开展了直接或间接性的探索性试验,并且仅限于轴向的热导率测试,下面分别给予介绍。

1. 碳纤维单丝热导率测试方法

碳纤维单丝热导率测试方法包括 3ω 方法[39,40]、T 型法[41]等。3ω 方法用于可熔焊的金属丝导体热导率的测试,德国的林赛斯公司已推出了相对成熟的商用仪器可供选购,中国科学院工程热物理所以唐大伟研究员领导的团队,将其拓展应用于不可熔焊的碳纤维单丝,做了大量尝试性的研究工作。清华大学的张兴教授在日本九州大学期间与 S. Fujiwara 教授等提出了一种 T 型法的原理用于轴向热传导性能测试。以下分别进行介绍。

1) 3ω 方法

3ω 方法用于单丝碳纤维热扩散率和热导率测试,其测量原理为:将单丝碳纤维同时作为加热器和探测器,给纤维施加角频率为 ω 的交流电流,由于焦耳效应产生沿碳纤维轴向 2ω 热播信号,该热播信号加热碳纤维使其温度升高,该温升也是 2ω 信号,探测纤维两端 1ω 和 2ω 合成的三次(3ω)谐波信号,通过传热理论分析与计算可获得其热导率、比热容和热扩散率数据,见式(2-52)和式(2-53),相关原理图见图 2-55,测试装置主要组成见图 2-56。

$$U_{3\omega} = \frac{4I_1^3 R_0^2 \alpha_{CR} \frac{l}{\lambda S}}{\pi^2 [\pi^2 + (\eta + \beta)\tau] \sqrt{1 + \tan^2\varphi}} \frac{1}{} \qquad (2-52)$$

$$\tan\varphi = \frac{2\omega\tau}{\pi^2 + (\eta + \beta)\tau} \qquad (2-53)$$

式中　$U_{3\omega}$——三次谐波分量的幅值;

　　　φ——三次谐波分量的相位;

　　　I_1——施加于单丝碳纤维轴向两端的交流电流(A);

R_0——单丝碳纤维轴向两端的室温电阻(Ω);

α_{CR}——单丝碳纤维轴向热扩散率(m^2/s);

λ——单丝碳纤维轴向热导率($W/(m \cdot K)$);

S——单丝碳纤维的截面积(m^2);

β——与空气换热系数有关的参数;

η——与碳纤维热辐射有关的参数;

τ——测试时间(s);

π——圆周率。

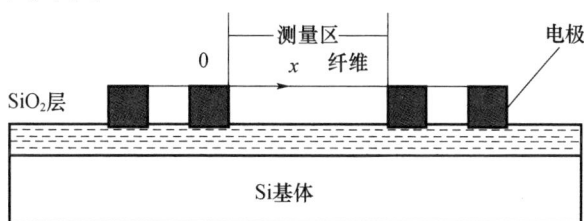

图 2-55　3ω 谐波测量原理图

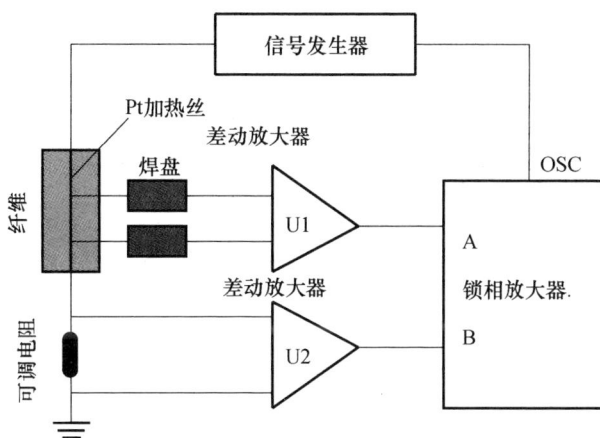

图 2-56　3ω 谐波热物性测试装置主要组成图

采用该测试方法,对七种碳纤维单丝热导率进行了探索性测试,测试结果见表 2-13,由表中数据与参考值相比可说明该方法基本可靠。

表 2-13　七种碳纤维单丝热导率测试结果

样品型号	热导率测试值/($W/(m \cdot K)$)	热导率参考值/($W/(m \cdot K)$)
M40JB	65.0	68.7
GCF-1(2000℃)	64.1	—
UT500	19.9	—
TORAY-T300-3K	7.6	≈10

（续）

样品型号	热导率测试值/(W/(m·K))	热导率参考值/(W/(m·K))
GCF-1-3K	8.2	约10
T700-12K	13.2	约10

该测试方法主要困难在于制备合格的样品及重复性控制,主要表现在:①对于直径仅几微米的不可熔焊的碳纤维单丝要粘接四个电极;②由于单丝单位长度电阻大,样品长度只能取几毫米,否则信号太弱,因此粘接点的大小对样品长度影响显著,而样品长度对测试结果又是平方的影响关系;③单丝的电阻率及随温度的变化很难准确测量,间接影响测试结果的准确性;④高温实现难度更大。

2）T型法

T型法测试原理为:半径为r_h、长度为l_h的热线,其两端由导线固定,对其通恒定电流以产生恒定热流。半径为r_f、长度为l_f的被测碳纤维单丝样品,其一端搭接于热线中心处,另一端固定于导线上,物理模型见图2-57。假设用于固定热线两端的导线和用于固定样品的导线,其热容远大于热线和样品,即热线两端和样品固定端的温度在试验过程中始终不变,并假设热线和碳纤维样品径向温度都均匀一致,那么从搭接处至样品末端及从搭接处至热线两端均产生一维热流。

图2-58为T型法测试物理模型所对应的实物,直径为10.12μm,长度为9.44mm的铂丝热线焊接于直径为1.5mm的拱形铂线上,碳纤维单丝一端通过铂黑粘接于热线中心,另一端同样固定于直径为1.5mm的拱形铂线上,这些拱形铂线均固定于一矩形陶瓷绝缘板上,以固定热线的拱形铂线两端作为电极,通过一恒定电流,利用测量热线的平均温升,可计算得到样品的热导率。

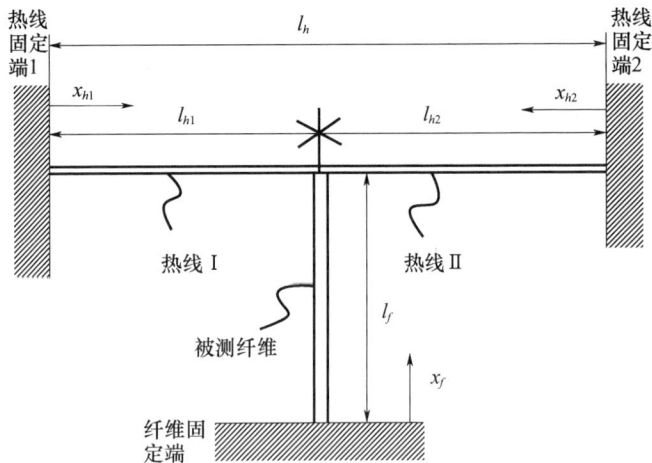

图2-57 T型法测试物理模型

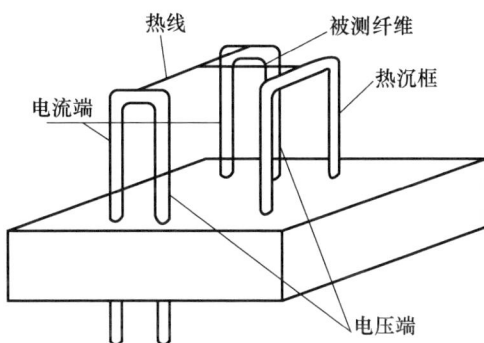

图 2-58 测试物理模型所对应的实物

表 2-14 为采用 T 型法获得的铂丝、紫铜丝和三种碳纤维单丝的测试结果及参考值。由表中数据可知,该方法对金属丝的测试准确性较高,而对碳纤维单丝,其测试准确性明显偏低,尤其是高导热碳纤维,测试误差近 50%。

表 2-14 几种被测样品热导率测试结果

样品		温度 /K	测量 /(W/(m·K))	参考 /(W/(m·K))	偏差/%
铂丝(纯度 99.98%)		298	67.7	71.4	-5.2
紫铜丝(纯度 99.99%)		298	410	398	3.0
碳纤维单丝	(A-1)	293	593	800	34.9
	(A-2)	297	534	800	49.8
	(A-3)	300	506	800	58.1
	(B-1)	295	369	505	36.9
	(B-2)	296	438	505	15.3
	(B-3)	299	373	505	35.4
	(C-1)	296	277	261	-5.8
	(C-2)	296	211	261	23.7
	(D-1)	296	116	133	14.7
	(D-2)	296	130	133	2.3

2. 碳纤维复丝热导率测试方法

碳纤维复丝热导率测试方法包括周期热流法[42]、闪光法[43]和稳态纵向热流法。以下分别进行介绍。

1) 周期热流法

周期热流法是在样品的一端施加有一定周期性变化的热流,当样品的横向尺寸相比纵向尺寸无限小时,且横向为恒定热流密度时,样品纵向产生一维热流,且任一点的温度也同样产生周期变化(图2-59)。周期热流法是根据热流传递方向上样品任意两点温度波的幅值或相位的变化来确定热扩散率和热导率。该方法较适用于薄膜类、丝材类等横向尺度较小材料的热扩散率和热导率测试。

航天材料及工艺研究所卫锦先研究员团队[44],曾开发过室温至1200℃周期热流法测试装置(图2-60)。该测试装置采用激光器作为加热光源,该加热光源通过聚焦、调制,再经透镜组成平行光照射到样品上,样品吸收光能变为周期变化的热流,热流沿样品x方向传递,分别到达测点B和A(图2-59)。将两对直径较小的低热容高响应热电偶(直径0.025mm)焊接或粘接于B、A两处上,用于样品温度波的信号测量。在满足上述假设条件下,由图2-60的测试装置,采用式(2-54)和式(2-55),可测试获得不同温度下样品纵向的热扩散率和热导率。

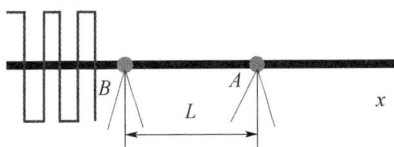

图2-59 调制激光周期
热流法测试原理

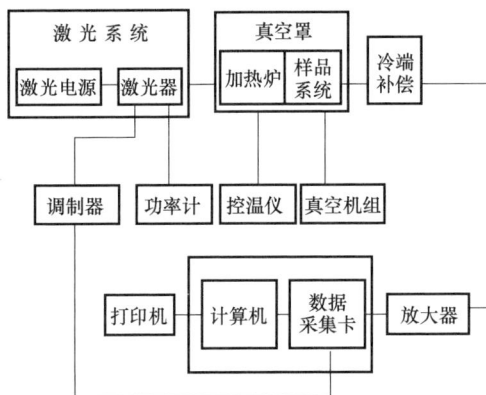

图2-60 调制激光周期热流法
热导率高温测试装置组成

$$|T(X)| = \frac{Q}{2\omega cd}e^{-D_X X} \tag{2-54}$$

其中

$$D_X = (\pi f/\alpha_X)^{1/2} \tag{2-55}$$

式中 $|T(X)|$——坐标 X 处的温度;

Q——激光源的热流;

ω——周期热流的角频率;

c——被测样品的比热容;

d——被测样品的厚度;

D_X——被测样品 X 方向的热衰减常数;

f——周期热流的频率；

α_X——被测样品 X 方向的热扩散率。

$$a_X = \frac{\pi f l^2}{\ln^2 |T_B/T_A|} \quad\quad (2-56)$$

式中　　l——B、A 两点之间的距离；

$|T_B/T_A|$——B、A 两点温度波的幅值比。

当其用于碳纤维纵向热扩散率和热导率测试时，因热电偶不能焊接于纤维表面，只能采用银浆粘接方式。

2）闪光法

闪光法（又称激光脉冲法）自 1961 年帕克（Parker）提出后立即成为世界各国应用最多的热扩散率和热导率测试方法。其测试原理：一个均质圆片状薄样品，前表面受瞬时热流加热，根据样品背表面温度随时间变化情况，可确定样品的热扩散率，如图 2-61 所示。

帕克的模型是建立在三个假设条件下的：其一，样品前表面受均匀热脉冲辐照，并在其表面极薄层内被吸收；其二，样品内只存在一维热流，无侧向热损；其三，热脉冲宽度无限短，且为矩形波。满足上述假设条件下的理想背温响应曲线见图 2-62，其解析解如式（2-57）所示，热扩散率 α 可按式（2-58）计算得到。

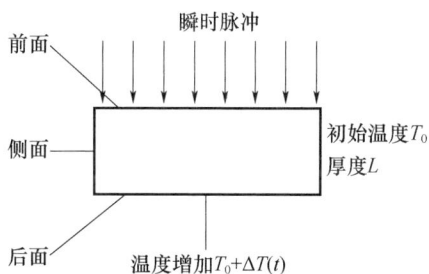

图 2-61　闪光法测试原理　　　　图 2-62　闪光法理想背温响应曲线

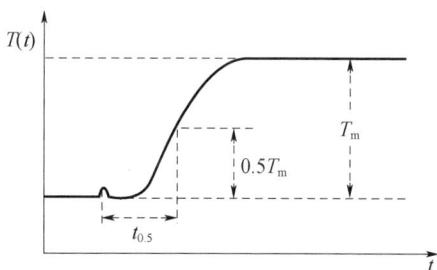

$$\frac{T(t)}{T_m} = 1 + 2\sum_{n=1}^{\infty}(-1)^n \exp(-n^2\pi^2\omega) \quad\quad (2-57)$$

$$\alpha = \omega L^2/t \qu\quad\quad (2-58)$$

式中　　α——热扩散率；

$T(t)$——不同时间下的试样背面温升；

T_m——试样最大背面温升；

t——时间；

L——试样厚度；

ω——傅里叶数。

当 $T(t)/T_m = 0.5$，且样品内只存在一维热流，无侧向热损时，$\omega_{0.5} = 0.1388$，则热扩散率 α 可按式（2-59）计算。

$$\alpha = 0.1388 \frac{L^2}{t_{0.5}} \qquad (2-59)$$

式中 $t_{0.5}$——试样背面温升达到最大背面温升 T_m 一半所需的时间。

激光由于单色和定向性好、易实现短脉冲，因此是在闪光法中被广泛采用的脉冲加热热源。因此，激光脉冲法从某种意义上讲就代表着闪光法。采用该方法测量碳纤维轴向热传输参数的关键技术问题是制备满足要求的薄片状样品。航天材料及工艺研究所总结出了一套制样流程如图2-63所示，可以制备出满足超高温（2700℃）试验用的测试样品[45]。

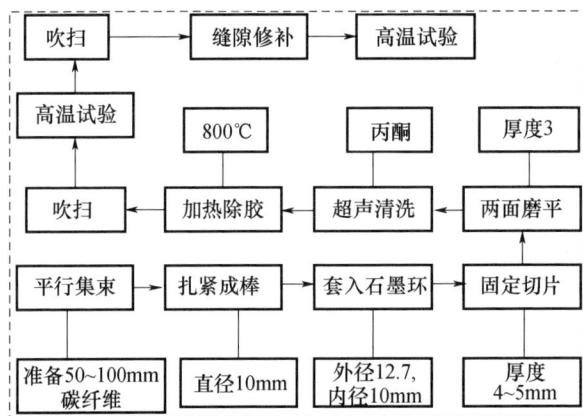

图2-63 闪光法试样制样流程图

采用上述制样方法流程分别制备了 T300 碳纤维和 GCF-1 碳纤维多个测试样品，表2-15和表2-16为采用 Anter-FL5000 型激光导热仪所获得的100~800℃多样品热扩散率重复性测试结果。由这些数据可知：该制样方法测试获得的热扩散率测试结果离散系数 Cv 值可以控制在 ±10% 以内，不同测试样品间的偏差受制样和纤维本身的性能离散两者共同影响。

表2-15 T300 碳纤维四个样品重复性测试结果

$T/℃$	热扩散率/(cm²/s)				平均值	Cv/%
	1#	2#	3#	4#		
100	0.0484	0.0479	0.0585	0.0486	0.0509	10.0
300	0.047	0.0468	0.0534	0.0487	0.0490	6.3
500	0.0457	0.0451	0.0525	0.0464	0.0474	7.2
800	0.0445	0.0438	0.0521	0.0455	0.0465	8.2

表 2-16　GCF-1 碳纤维样品热扩散率重复性测试结果

样品编号	热扩散率/(cm²/s)			
	100℃	300℃	500℃	800℃
1#	0.0433	0.0412	0.0402	—
2#	0.0429	0.0404	0.0397	—
3#	0.0402	0.0380	0.0371	—
4#	0.0386	0.0362	0.0351	—
5#	0.0409	0.0382	0.0372	—
6#	0.0423	0.0393	0.0391	0.0395
7#	0.0413	0.0389	0.0377	0.0373
8#	0.0408	0.0378	0.0365	0.0363
平均值	0.0413	0.0388	0.0378	—
Cv/%	5.6	6.1	4.6	

图 2-64 为 GCF-1 原始碳纤维和经过 800℃除胶后的碳纤维测试获得的不同温度下的热扩散率数据。可以看出,原始碳纤维和经过 800℃除胶处理的碳纤维具有几乎相同的热扩散率随温度变化趋势:1000℃之前热扩散率呈缓慢下降趋势,超过 1000℃热扩散率开始增加,1200℃以上热扩散率快速增大。原始碳纤维和经过 800℃除胶处理的碳纤维热扩散率随温度变化的几乎一致性说明:测试样品制备方法中的 800℃除胶处理并不影响碳纤维真实导热特性的获

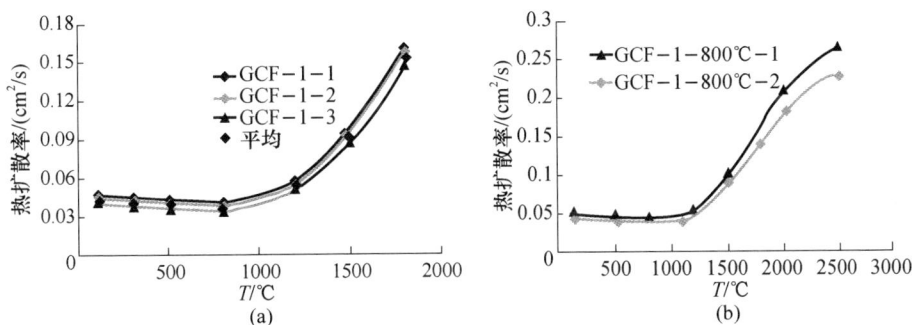

图 2-64　GCF-1 原始碳纤维和经过 800℃热处理的碳纤维热扩散率测试结果
(a)原始碳纤维;(b)800℃热处理碳纤维。

取,制样方法具有可行性。图 2-65 为 T300 碳纤维及其经过 800℃和 2500℃热处理后的碳纤维的热扩散率测试结果,可以看出:原始碳纤维和 800℃除胶后碳纤维的热扩散率变化趋势基本一致,都随温度增加而先略有降低,然后在超过 1000℃后开始增加。2500℃热处理后碳纤维的热扩散率却表现出了完全不同的

随温度变化规律,即其初始热扩散率较高,而随温度增加其迅速降低,在2500℃左右与原始碳纤维的热扩散率趋于相同。这与碳纤维在高温热处理过程中脱氮及内部结构调整造成的碳纤维传热特性变化有关,具体分析详见第7章相关内容。

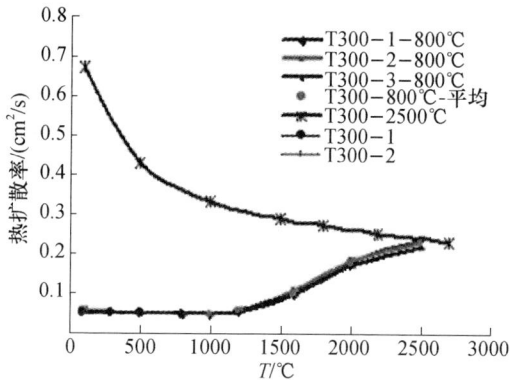

图 2 – 65   T300 碳纤维及其 800℃、2500℃
热处理碳纤维的热扩散率测试结果

3）稳态纵向热流法

稳态纵向热流法是稳态法中使用最多的一种测试方法,其又可细分为稳态纵向平板法和稳态纵向圆棒法,对碳纤维类材料,稳态纵向圆棒法较为适用。

稳态纵向圆棒法是用棒状样品测量热导率的一种方法。该法适用于热导率在 0.1～5000W/m·K 范围内的材料。一些高导热金属、陶瓷在低温下的热导率几乎都用该方法测量。自 1930 年以来英国国家物理实验室、美国国家标准局等都先后建立了稳态纵向圆棒法的低温热导率标准装置,中国也开展过许多研究。稳态纵向圆棒法的测试原理是当圆棒状样品内只存在一维热流,在没有径向热损失的边界条件下,稳态时根据傅里叶定律,样品的热导率和热流量有如下关系:

$$\lambda = \frac{\varphi \Delta L}{A(T_2 - T_1)} \qquad (2-60)$$

式中 λ——样品在温度 $T_1 \sim T_2$ 内的平均热导率;

T_1 和 T_2——样品两个测温点的温度;

ΔL——两测温点之间的距离;

φ——热流量;

A——垂直于热流方向样品的横截面积。

稳态纵向圆棒法当应用于碳纤维类样品轴向热导率测试时,需要解决如下关键技术问题:①碳纤维的制样问题,要制成紧密排列的细小长棒;②碳纤维的夹持与端面加热问题;③低温和高温测量时对流与辐射热损问题;④碳纤维的纵向准确测温问题;⑤温度梯度大小优化问题等。目前,还没有采用该方法测试碳纤维热导率的报道。

2.4.3　碳纤维热氧化性能测试方法

在烧蚀防热复合材料中,作为增强体的碳纤维对其烧蚀防热性能起到关键的作用,其热氧化与烧蚀性能在一定程度上也将对复合材料的氧化和烧蚀性能产生重要影响。碳纤维的热烧蚀行为主要表现为热氧化、升华及剥蚀等。其中,碳纤维的热升华在超高温度下出现,尤其在真空条件下更为严重;碳纤维的剥蚀行为与其复合的基体和服役环境的状态密切相关。本节主要介绍碳纤维的热氧化性能测试方法。

美国材料学会已制定了专用的碳纤维热氧化性能测试评价标准,即 ASTM D 4102—2008 碳纤维抗热氧化特性测试标准(Standard Test Method for Thermal Oxidative Resistance of Carbon Fibers)[46],该标准中规定,对碳纤维先进行 375℃ ±5℃、24h 的热氧化试验,再进行 315℃ ±5℃、500h 的长期考验,计算其失重率,以该条件下失重率的大小来评价碳纤维热氧化性能的优劣。国内尚没有制定国家级的碳纤维热氧化性能测试标准,但大多针对 300～600℃ 温度区间短时恒温开展热氧化行为、机理及热氧化性能影响因素研究[47,48]。更高温度将导致碳纤维剧烈氧化,质量损失快速增大。以 T300 碳纤维为例,图 2－66 给出了不同温度下质量损失与恒温时间的关系,图 2－67 给出了质量半衰期与温度的关系[49],均可说明碳纤维氧化温度与其质量损失的关系。

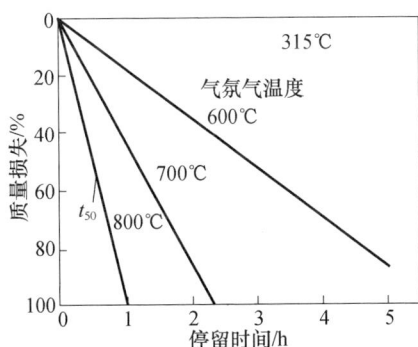

图 2－66　T300 碳纤维热氧化
质量损失与恒温时间的关系

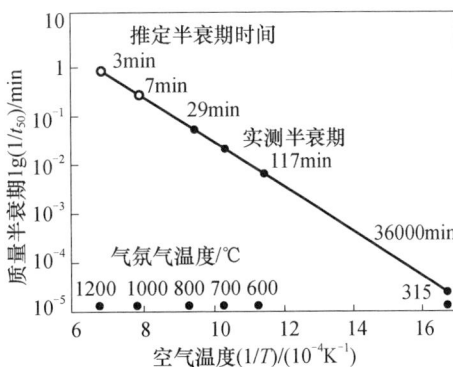

图 2－67　T300 碳纤维热氧化
温度与质量半衰期

借助热失重分析仪(TG)或多功能热分析仪(如 TG－DSC－DTA、TG－MS 等)的热失重分析方法,同样可直接、客观地评价碳纤维热氧化性能。该方法是在程序控制的温度下通过热天平获取样品质量与温度的实时在线关系,热氧化性能是依据在有氧空气气氛下,样品随温度升高的质量损失率。应当指出,在进行碳纤维的热氧化性能测试过程中,碳纤维的用量或存在状态(如堆放形式、纤维长短等)、环境中含氧气体的分压及流动程度等都对测试结果有一定的影响,在用于对比不同碳纤维、同一碳纤维不同批次的样品时需要严格保持测试条件的一致性。

2.5 复合材料性能表征方法

复合材料的力学性能、热物理性能分析测试是材料研发的重要环节之一,也是保证材料工艺质量的关键。通过大量材料性能测试分析才能确定最佳材料组成配比和最优工艺制度,同时测试获得准确、可靠的全套材料性能数据又是型号产品初步设计计算和理论分析的基础。在型号产品生产过程中,由于复合材料的不稳定性,性能测试工作又成为材料工艺质量监控和异常分析的重要手段。由此可以看出,复合材料性能分析测试工作在航天材料研究和应用中所起的作用非常重要。由于复合材料的种类繁多,到目前为止尚无统一的性能表征方法,只能根据具体的复合材料特点,研究确定适用的分析测试方法。本节将分别针对碳/酚醛复合材料和碳/碳复合材料两类烧蚀防热复合材料,介绍复合材料的性能表征方法。

2.5.1 碳/酚醛复合材料性能表征方法

碳/酚醛烧蚀防热复合材料的性能主要涉及力学性能、热物理性能和烧蚀隔热性能等三类,其中力学性能包括拉伸性能、压缩性能、弯曲性能和剪切性能,热物理性能主要包括膨胀系数、热导率、比热容参数的获取;烧蚀隔热性能的评价主要由氧乙炔烧蚀隔热性能测试、石英灯加热隔热性能测试和高温、高速气流烧蚀冲刷性能测试。各性能测试方法具体如下。

2.5.1.1 力学性能测试方法

1. 拉伸性能测试方法

材料的拉伸性能测试是在规定的温度、湿度和试验速度下,在试样上沿纵轴方向施加拉伸载荷使其破坏,从而确定试样材料的拉伸应力-应变特性的一种性能测试方法。在测试过程中,以拉伸应力为纵轴,以拉伸应变为横轴绘制的曲线称为拉伸应力-应变曲线。根据应力-应变曲线来定义以下各项重要性能指标[50]。

(1)拉伸应力:在试样的标距范围内,拉伸载荷与初始载荷面积之比,用 σ_t 表示,单位是 MPa。拉伸应力按下式计算:

$$\sigma_{t} = \frac{F}{b \cdot d} \tag{2-61}$$

式中　σ_{t}——拉伸应力、拉伸断裂应力或拉伸强度(MPa);

　　　F——破坏载荷或最大载荷(N);

　　　b——试样宽度(mm);

　　　d——试样厚度(mm)。

(2) 拉伸弹性模量:在弹性应变直线部分,应力与应变成正比,其比例常数 E_{t} 称为弹性模量。E_{t} 是反映材料刚性大小的一个物理量,单位是 MPa,按下式计算:

$$E_{t} = \frac{L_{0} \cdot \Delta F}{b \cdot d \cdot \Delta L} \tag{2-62}$$

式中　E_{t}——拉伸弹性模量(MPa);

　　　ΔF——载荷—变形曲线上初始直线段的载荷增量(N);

　　　ΔL——与载荷增量 ΔF 对应的标距 L_{0} 内的变形增量(mm)。

(3) 断裂延伸率:在拉力作用下,试样断裂时标距范围内所产生的相对拉伸率,用 ε_{t} 表示,单位为百分数。按照下式进行计算:

$$\varepsilon_{t} = \frac{\Delta L_{b}}{L_{0}} \times 100 \tag{2-63}$$

式中　ε_{t}——试样断裂延伸率(%);

　　　ΔL_{b}——试样拉伸断裂时标距 L_{0} 内伸长量(mm);

　　　L_{0}——测量的标距(mm)。

(4) 泊松比:在材料的比例极限范围内,由均匀分布的轴向应力引起的横向应变与相应的轴向应变之比的绝对值。泊松比按下式计算:

$$\mu = - \varepsilon_{1} / \varepsilon_{2} \tag{2-64}$$

式中　μ——泊松比;

　　　ε_{1}、ε_{2}——载荷增量 ΔF 对应的轴向应变和横向应变。

拉伸性能测试是复合材料力学性能测试中最重要的一项。在进行测试时,必须正确选择试验方法,并根据方法确定试样的尺寸形状、加工方式、测试设备、条件和试验步骤等。室温下,三维五向烧蚀防热碳/酚醛复合材料的拉伸测试中试样为直条体,截面为长方形,试样的长度为150mm,厚度为3~8mm,宽度为15~25mm。在试样两端分别粘贴有厚度为1mm 的铝合金加强片。待测试样在宽度和厚度方向不允许进行机加工,否则会破坏增强纤维的连续性,大大降低材料的力学性能。因此要求待测制品一次性净尺寸复合成型,其表面应平整、光滑,不允许有可见裂纹,不允许有掉棱及其他损伤情况。

2. 压缩性能测试方法

压缩性能测试是在规定的温度、湿度和试验速度下,将试样放在带球铰或导向杆的压缩变形测量机(或贴电阻应变片)上,在标准试样的两端施加轴向静压缩载荷,直至试样破坏(脆性材料)或者产生屈服现象(非脆性材料),从而求得材料压缩性能的一种试验方法。根据应力－应变曲线来定义以下各项重要性能指标[51]。

(1)压缩强度:在压缩试验中,加在试样上的最大压缩载荷除以试样原始截面积所得的值,单位为 MPa。压缩强度按照下式计算:

$$\sigma_C = \frac{P}{S} \tag{2-65}$$

式中　σ_C——压缩强度(MPa);

　　　P——屈服载荷、破坏载荷或最大载荷(N);

　　　S——试样横截面积(mm^2)。

(2)压缩弹性模量:压缩应力－应变曲线上初始直线段的斜率,即应力与应变之比值,单位为 MPa。压缩弹性模量按照下式计算:

$$E_C = \frac{L_0 \cdot \Delta P}{b \cdot d \cdot \Delta L} \tag{2-66}$$

式中　E_C——压缩弹性模量(MPa);

　　　ΔP——载荷－变形曲线上初始直线段的载荷增量(N);

　　　ΔL——与载荷增量 ΔF 对应的标距 L_0 内的变形增量(mm);

　　　b——试样宽度(mm);

　　　d——试样厚度(mm)。

若试样厚度在 4mm 以下,应该用侧向支撑夹板夹紧,再放在压缩平台上做试验。若受材料或产品几何尺寸所限,在能够获取的压缩试样中部很难安装压缩变形测量机,且不宜贴电阻应变片时,也可用压缩变形测量计测量试样高度的减小量来绘制应力－应变曲线,进而计算压缩弹性模量和断裂应变。但其值为表观压缩弹性模量和表观断裂应变。对于碳/酚醛烧蚀防热复合材料,压缩试样形状选用正方柱体,尺寸建议为 40mm(长)×12mm(宽)×12mm(厚)。

3. 弯曲性能测试方法

弯曲性能测试是为获取试样材料在静弯曲载荷下的各种力学参数。弯曲强度是在规定挠度之前或之时载荷达到最大值时的弯曲应力(MPa)。这里有三种情况:一种是试样在规定挠度前(或之时)脆性破坏,弯曲强度即为弯曲破坏时的弯曲应力值。第二种情况是,试样在规定挠度前(或之时)屈服,此时的弯曲强度即为屈服应力。第三种情况是,试样在规定挠度时既不破坏又不屈服,则此时的弯曲应力即为弯曲强度。根据应力－应变曲线来定义以下各项重要性能指标[52]。

(1)弯曲强度:试样在弯曲破坏下,破坏载荷或最大载荷时的弯曲应力。按下式计算:

$$\sigma_{\rm f} = \frac{3P \cdot l}{2b \cdot h^2} \qquad (2-67)$$

式中　$\sigma_{\rm f}$——弯曲强度(MPa);

　　　　P——破坏载荷(N);

　　　　l——跨距(mm);

　　　　h——试样厚度(mm);

　　　　b——试样宽度(mm)。

(2)弯曲弹性模量:材料在弹性范围内,弯曲应力与相应的弯曲应变之比。
按下式计算:

$$E_{\rm f} = \frac{l^3 \cdot \Delta P}{4b \cdot h^3 \cdot \Delta f} \qquad (2-68)$$

式中　$E_{\rm f}$——弯曲弹性模量(MPa);

　　　　ΔP——载荷 - 绕度曲线上初始直线段的载荷增量(N);

　　　　Δf——与载荷增量 ΔP 对应的跨距中点处的挠度增量(mm);

　　　l、b、h——同式(2-67)。

弯曲应变:跨距中试样外表面层的长度变化率。按下式计算:

$$\varepsilon = \frac{6fh}{l^2} \qquad (2-69)$$

式中　ε——应变(%);

　　　　f——试样跨距中点的挠度(mm);

　　　h、l——同式(2-67)。

弯曲试验有两种加载方式,即"三点加载"和"四点加载"方式。三点加载的中心点弯矩最大,并且剪力为零,除中心受力点外,其他部分均有剪切的影响,故不是纯弯曲。四点加载时,在两加载点间距内只有弯矩而无剪切力,因此这段成为纯弯曲段。但由于四点加载方式比较麻烦,一般测试中不使用,仅在仲裁试验时使用。

采用简支梁三点弯曲法测试试样的弯曲性能时,将试样放在弯曲试验夹具的支座上,在支座中间对准试样跨距中部的下表面安装挠度引伸计(或贴电阻应变片)。对试样跨距中间施加集中载荷,引起试样弯曲,记录载荷 - 挠度(或应变)曲线至试样破坏或明显屈服。估计破坏载荷或最大载荷计算弯曲强度;根据载荷 - 挠度(或应变)曲线上初始直线段的载荷和挠度(或应变)增量计算弯曲弹性模量。亦可以根据试验机的横梁位移,记录载荷 - 挠度曲线,并计算弯曲弹性模量,但该值是材料的表观弯曲弹性模量。

碳/酚醛烧蚀防热复合材料弯曲试样为矩形截面的梁。试样厚度 h 为材料厚度,一般限定在 10mm 内;试样宽度 b 一般为 10 ~ 15mm,若材料强度低,可增加到 25mm;试样长度 L 一般为 16 倍的试样厚度 h 再加长 15mm(即 $L = 16h +$

15,单位 mm)。推荐的尺寸为 95mm(长)×15mm(宽)×5mm(厚)。做高温测试时,先将环境箱固定在试验机上,弯曲测试夹具放在环境箱内,并与试验机相连。然后升温,待温度到达试验温度后,再将试样放在弯曲试验夹具的支座上,进行测试。

4. 剪切性能测试方法

树脂基复合材料的特点之一是层间剪切强度低,因此剪切性能的监测对于复合材料的质量控制特别重要。剪切性能测试方法有层间剪切强度测试方法、纵横剪切性能测试方法及反对称四点弯曲法等,具体如下。

1) 层间剪切强度测试方法

其测试原理为:对特定形状的试样匀速加载,载荷方向与试样层间方向一致,使其在规定的受剪面内剪切破坏,以实现层间剪切强度的测定。层间剪切强度的定义为层压复合材料沿层间单位面积上所能承受的最大剪切应力。纤维增强塑料复合材料的层间剪切强度测试试样如图 2 - 68 所示,其中 A、B、C 三面应相互平行,且与织物层垂直。D 面为加工面,且 D、E、F 面与织物层平行。受力面 A、C 应平整光滑。测试过程中加载速度为 5 ~ 15mm/min,仲裁试验加载速度为 10mm/min。试样有明显内部缺陷或不沿剪切面破坏时,测试结果无效。有效试样应满足不少于 5 个,取平均值。层间剪切强度按下式进行计算[53]:

$$\tau_s = \frac{P_b}{b \cdot h} \qquad (2-70)$$

式中　τ_s——层间剪切强度(MPa);

　　P_b——破坏载荷或最大载荷(N);

　　h——试样受剪面高度或厚度(mm);

　　b——试样受剪面宽度(mm)。

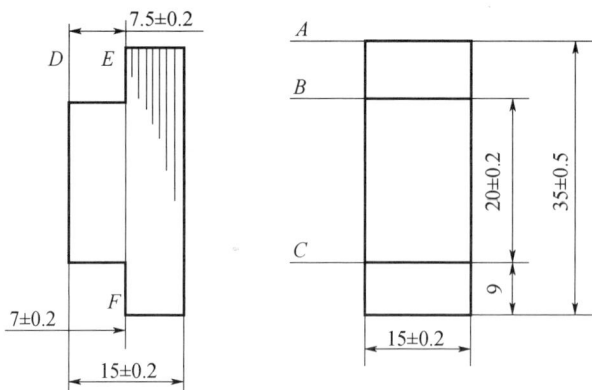

图 2 - 68　层间剪切强度试样形式和尺寸(单位为 mm)

2）纵横剪切性能测试方法

纵横剪切是剪切力方向与平板纵轴和横轴平行的剪切应力状态,通过对内部纤维 ±45°取向时的试样拉伸来实现,获得的剪切强度为面内剪切强度。对单向或正交纤维增强材料平板,试样形状和尺寸如图 2-69 所示,试样两端 50mm区域为试样夹持部位或为试样加强片粘接位置,100mm 区间为试样的工作段。试样的厚度为[45°/ -45°]ns,对单向层合板(16、20 或 24 层)和织物层合板(8、12或 16 层),层数 n 取值均为 4~6。s 代表镜面对称铺层,如 1s 为 [45°/ -45°/ -45°/ +45°]T铺层方式。测试纵横剪切强度过程中,加载速度为 1~6mm/min,对于碳纤维增强塑料,宜使用下限速度。测量纵横剪切弹性模量或绘制纵横剪切应力-应变曲线时,加载速度为 1~2mm/min。

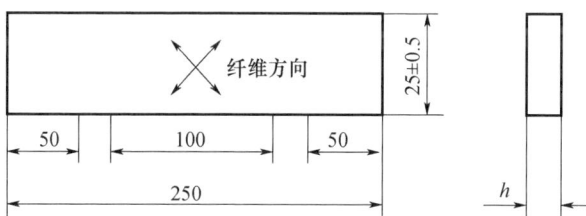

图 2-69　纵横剪切强度试样形式和尺寸(单位为 mm)

纵横剪切强度由下式计算得出[54]:

$$\tau_{LT}^{b} = \frac{P_{b}}{2bh}\qquad(2-71)$$

式中　τ_{LT}^{b}——纵横剪切强度(MPa);

P_{b}——试样破坏时最大载荷(N);

b——试样宽度(mm);

h——试样厚度(mm)。

纵横剪切弹性模量由下式计算:

$$G_{LT} = \frac{\Delta P}{2bh(\Delta\varepsilon_{x} - \Delta\varepsilon_{y})}\qquad(2-72)$$

式中　G_{LT}——纵横剪切弹性模量(MPa);

ΔP——载荷应变曲线直线段上选取的载荷增量(N);

$\Delta\varepsilon_{x}$——与 ΔP 相对应的试样轴向应变增量;

$\Delta\varepsilon_{y}$——与 ΔP 相对应的试样轴线垂直方向应变增量;

b——试样宽度(mm);

h——试样厚度(mm)。

3）反对称四点弯曲法

反对称四点弯曲法是另一种测试复合材料面内剪切性能的方法,该方法能够实现面内的纯剪切应力状态[55]。该测试方法操作简便,试样形状简单,易于加工,能够同时得到剪切强度和模量,结果重复性较好,因此广泛用于各种复合材料的剪切试验中,如层合板复合材料剪切强度测试。反对称四点弯曲法测试试样如图 2 - 70 所示,测试过程中反对称四点加载方式如图 2 - 71 所示。碳/酚醛烧蚀防热复合材料通常采用该方法测试其剪切强度,试样长度 L 为 80mm,试样宽度 D_1 为 20mm,V 形开口间距 W 为 12mm,试样厚度 δ 为 2 ~ 5mm。在试样两侧轴线与缺口中心线的交点处,对称地粘贴两片 ±45° 应变片,外力臂 a 为 180mm,内力臂 b 为 40mm,加载速度为 1 ~ 3mm/min,加载过程中记录载荷 - 剪应变曲线至试样破坏。

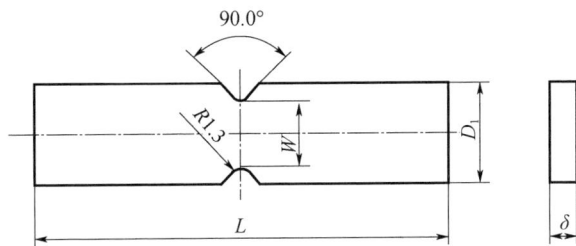

图 2 - 70　反对称四点弯曲法试样

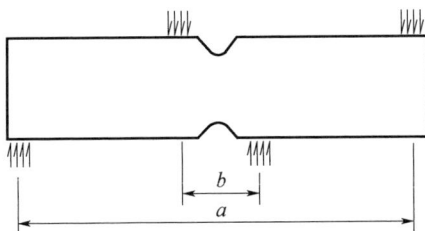

图 2 - 71　反对称四点加载示意图

　　根据载荷 - 剪应变曲线上第一个纤维开裂点对应的载荷或破坏载荷计算剪切强度,计算公式如下:

$$\tau_\mathrm{S} = \frac{(a-b)F}{(a+b)W\delta} \qquad (2-73)$$

式中　τ_S——平面剪切强度(MPa);

　　　　F——载荷 - 剪切应变曲线上第一个纤维开裂点(第一个平台)对应的
　　　　　　载荷或试样破坏载荷(N);

　　　　W——两个 V 形开口间的距离(mm);

　　　　δ——试样的平均厚度(mm);

　　　　a——外力臂长(mm);

b——内力臂长(mm)。

根据载荷 - 剪切应变曲线上初始直线段的载荷和应变增量计算剪切模量，计算公式如下：

$$G = \frac{(a-b)\Delta FK}{2(a+b)W\delta\Delta\gamma}$$ (2 - 74)

式中　G——剪切模量(MPa)；

　　　ΔF——载荷 - 剪切应变曲线上初始直线段的载荷增量(N)；

　　　K——电阻应变片的灵敏度系数；

　　　$\Delta\gamma$——载荷 - 剪切应变曲线上与 ΔP 对应的剪切应变增量；

　　　W、δ、a 和 b——同式(2 - 73)。

航天用树脂基复合材料力学性能测试研究工作的重点主要是解决高温和低温性能测试条件，温度范围为 300 ~ -196℃。为了获得均匀、稳定的高低温试验环境，须采用大工作室试验箱，试样和夹具都放在试验箱内。高温环境靠电阻丝加热获得，低温环境用液氮冷却得到，箱内装有风扇，促使热风或冷气循环，保持恒温箱内各点温度均匀。并根据高低温箱工作空间的容积和试样尺寸，设计便于在高低温环境下操作的各种试验夹具[56]。高低温下变形测试需设计各种应变传感器，以测量试样的纵向形变、横向形变和弯曲挠度。采用可多次使用的应变传感器测变形比直接贴应变片更简便、更经济。

2.5.1.2　热物理性能测试方法

1. 线膨胀系数测试方法

线膨胀系数的测试研究工作对航天复合材料研究和产品结构设计具有十分重要的意义，这不仅表现在产品的抗热震性能与材料的线膨胀系数大小有密切关系，而且表现在两种材料相匹配时，由于线膨胀系数不同而引起的结构应力往往造成产品破坏和报废。为了保证某些卫星构件在一定温度范围内的尺寸稳定性，需要设计和研制零膨胀系数的复合材料。通常用以下两种方式来表征材料的热膨胀特性。

(1)线性热膨胀：由于温度变化，试样在一定温度下某个方向上单位长度的尺寸变化称为该方向上的线性热膨胀，以 $\Delta L/L_0$ 表示，其中 L_0 是在基准温度 t_0(t_0 可取 0℃、20℃或室温)下测试方向上的试样长度，ΔL 是该方向上的尺寸变化。

(2)平均线膨胀系数：平均线膨胀系数表示温度在 t_1 与 t_2 之间变化 1℃时的线性热膨胀，其表达式如下：

$$\alpha = \frac{L_2 - L_1}{L_0(t_2 - t_1)}$$ (2 - 75)

式中　α——平均线膨胀系数(℃$^{-1}$)；

　　　L_1——试样在初始温度 t_1 时长度(mm)；

L_2——试样在温度 t_2 时的长度（mm）；

t_1——试样的初始温度（℃）；

t_2——测试温度（℃）。

在室温至1000℃温度范围内最常用的测试方法是石英示差法，该方法的优点是设备简单、操作方便、试样制作容易。按 GJB 332—1987 固体材料线膨胀系数测试方法[57]进行测试，试样长度大于 2mm，推荐试样长度为 15～70mm。试样长度方向上的横截面可以是圆形、矩形或正方形，且应是等截面，截面面积可在 10～100mm² 之间。

2. 热导率测试方法

热导率是烧蚀防热复合材料的重要热物理性能之一，在飞行器的防热隔热计算中，热导率是必不可少的参数。由于热导率对复合材料的结构、组分和制造工艺都很敏感，因此用理论计算方法求得的热导率与实际测量值往往有较大的差距，故至今热导率数据仍主要依靠试验来测定。目前测量热导率的方法很多，但应用最广的方法是稳态平板法，该方法适用于热导率较小的树脂基复合材料。该方法测试是依据热导率的定义进行的，即在稳态条件下，测试不同等温面方向单位温度梯度的热流密度即为热导率。测试方法参照 GB 10295—2008 绝热材料稳态热阻及有关特性的测定热流计法[58]。热导率计算公式如下：

$$\lambda = \frac{\varphi \cdot \delta}{A(t_2 - t_1)} \qquad (2-76)$$

式中　λ——热导率（W/(m·K)）；

φ——热流量（W）；

δ——热传递方向上的试样厚度（m）；

A——试样测试区面积，即热量流通截面积（m²）；

t_1, t_2——试样冷、热面温度（K）。

3. 比热容测试方法

复合材料的比热容也是防热、隔热计算必不可少的参数之一。航天飞行器上使用的复合材料都希望具有较高的比热容，以期在使用过程中吸收更多的热量。碳/酚醛复合材料的比热容测试参照 GJB 330A—2008 固体材料 60～2773K 比热容测试方法[59]进行。其中：60～373K 温度范围内材料比热容测试采用绝热量热法（简称绝热法）；373～2773K 温度范围的材料比热容测试采用铜卡计混合法（简称混合法）。

（1）绝热法原理：将质量为 m 的试样装入量热器内，并使其处在绝热环境中。当量热器稳定到所需温度后，通入直流电流加热量热体系，使之升高一定的温度。通过测量经过量热体系的电能 Q_e 和由此引起的温升 ΔT，可求出试样的比热容。比热容计算按下式进行：

$$c_p = \frac{\dfrac{Q_e}{\Delta T} - C}{m}$$ （2-77）

式中　c_p——试样的比热容（J/（kg·K））；

　　　ΔT——通电后量热计的升温（K）；

　　　m——试样质量（kg）；

　　　C——量热器的热容量（J/K）。

（2）混合法原理:将已知质量的试样悬挂于加热炉中进行加热,当试样的温度达到设定温度 T_1 且稳定后,使其落入置于自动绝热环境、初温为 T_c 的铜块量热计中。试样放热使量热计温度升高到末温 T_n,通过测量量热计的升温,可按下式求出试样的平均比热容:

$$\overline{c_p} = \frac{C(T_n - T_c)}{m(T_1 - T_n)}$$ （2-78）

式中　$\overline{c_p}$——试样的平均比热容（J/（kg·K））；

　　　C——量热计的热容量（J/K）；

　　　m——试样的质量（kg）；

　　　T_1——试样的试验温度（K）；

　　　T_c——量热计的初温（K）；

　　　T_n——量热计的末温（K）。

2.5.1.3　烧蚀隔热性能评价方法

碳/酚醛复合材料的烧蚀防热除了通过质量损失和自身热解消耗热量实现防热外,还通过自身低热导率来实现隔热,即在防热的同时也发挥隔热的作用,是防热–隔热一体化材料。在碳/酚醛烧蚀防热复合材料性能评价的过程中通常需要对其烧蚀性能和隔热性能进行综合评估,具体如下。

1. 氧乙炔烧蚀隔热性能评价

氧乙炔烧蚀试验是一种经济、方便的高温烧蚀和隔热试验方法。氧气与乙炔气借助流量控制装置调节到所需的流量而进入喷枪枪体,在喷枪枪体内混合后通过喷嘴高速喷出,点燃后的火焰作为热源,乙炔在标准状态下燃烧时每千克乙炔产生的热量为 5736×10^4J,其温度可达 3000℃以上。根据试验要求可以在相应的热流值和温度值下对被测样品表面进行烧蚀试验。由安装在试样背面的热电偶及记录装置记录试样背面温度随加热时间变化的曲线,从而测定样品的隔热性能。

2. 石英灯加热隔热性能评价

石英灯程序加热设备是一种可控热流的加热装置,其特点是可以模拟航天器在飞行过程中防热材料受到的气动加热或辐射加热的热流密度（W/m^2 或 kJ/（$m^2 \cdot s$））随时间变化的曲线,加热程序由计算机自动控制。

石英灯的最高加热温度不超过1500℃,通常在1300℃以下。选用石英灯作为发热元件,主要是因为石英灯的热效率高、惯性小、便于控制,通过灯组的排列,可以得到所需的热流场分布。

在模拟程序加热的同时,使用热电偶和相应的记录仪就可以测出试样背面温度随时间变化的曲线,以此评价材料的隔热性能。

随着材料应用温度的提高,石英灯加热逐渐不能满足测试要求,硅钼棒、石墨等发热体开始被采用,但由于这些发热体的加热惯性大,较难实现快速转变的多台阶状态连续评价。

3. 高温、高速气流烧蚀冲刷性能评价

高温、高速气流烧蚀冲刷试验是航天飞行器用防热材料设计和研究的主要试验手段,常用的方法有火箭小发动机燃气流烧蚀冲刷试验和电弧加热器烧蚀冲刷试验两种。小发动机燃气流烧蚀冲刷试验的模拟条件为:燃烧室压力(MPa)、燃气流温度(℃)、燃气流速度(m/s)、烧蚀时间(s)等;而烧蚀试验结果通常表达为:线烧蚀速率(mm/s)、质量损失(g)、试样背面温升(℃)及试件外表面情况等。电弧加热器烧蚀冲刷试验的模拟条件为:比焓(J/g)、热流密度(W/m^2或$kJ/(m^2 \cdot s)$)、热效率(J/g,对低密度烧蚀材料而言)及试件外表面情况等。

在评价防热材料的烧蚀冲刷性能时,必须考虑材料的使用环境参数。每种材料通常只能在一定的热环境参数下(温度、比焓、热流密度、压力等)才能显示出其优良的烧蚀性能。一般来说,用于弹道式再入的防热材料试验时采用的热环境是短时加热的高比焓、高热流密度、高驻点压力、高气动剪力条件;用于轨道式再入的防热材料(返回式卫星、飞船、航天飞机等用的材料)试验时则采用较长时间加热的高比焓、低热流密度、低驻点压力、低气动剪力环境条件。

2.5.1.4 界面性能表征方法

界面性能的研究一直是复合材料研究领域的热点问题。复合材料界面性能的表征方法主要有以下两类:宏观测试方法,如通过测试层间剪切性能间接评价界面性能;原位测试方法,如单丝纤维拔出法或纤维顶出法。具体如下。

1. 层间剪切法

按照前述给出的碳/酚醛复合材料的层间剪切强度测试方法获取层间剪切强度数据。正如前面所指出的那样,短梁弯曲法测试碳/酚醛复合材料的层间剪切强度时,会由于同时存在拉伸应力而发生非层间的优先破坏,这时测试结果不能用于复合材料界面性能的评判。因此,在试验后必须对断裂面进行仔细分析,以确定裂纹是沿着界面而不是沿着基体延伸。这种方法测得的层间剪切数值不是界面强度的真实值,仅可用于对界面结合程度的粗略估计和对比研究。

2. 单丝纤维拉出法

单丝纤维拔出法是最早出现的、较为直观的表征界面力学性能的方法[60]。

单纤维一端包埋于基体中,在另一端加一个拉伸负荷,将纤维从基体拉出,用于模拟复合材料的破坏过程。这种模拟可用于比较各种方法纤维表面处理和不同基体对复合材料性能的影响。纤维拉出试验能给出界面结合情况的最直接测量。这种直接表征的特点使之得到广泛应用。对于高温应用的碳/酚醛复合材料,拉出试验更具有吸引力。因为纤维和基体的分开和纤维从基体拉出两个过程都是控制这类材料宏观韧性的重要微观机制,而单丝纤维拉出试验恰恰能直接地予以表征。

3. 纤维顶出法

纤维顶出法是另一种用于测量复合材料中纤维界面性能的方法[61-65]。在顶出测试中,试样用真实复合材料制作,是一种原位测定界面力学性能的方法。将高纤维体积分数的真实复合材料沿与纤维轴向垂直的方向切割成片状后将截面抛光,选定合适形状的顶出头,在纤维端面沿纤维轴向施压,直到发生界面脱离和纤维滑移。记录纤维顶出过程中的负载与位移的函数关系,据此可计算出表征界面力学性能的各项参数(详细内容参考 2.5.2.5 小节)。

2.5.2　碳/碳复合材料性能表征方法

碳/碳复合材料是由碳纤维预制体与基体碳复合形成的非均相材料,由于碳纤维预制体和基体碳的种类繁多、结构波动大、孔隙率范围覆盖广、材料硬度差异大等,其性能具有多变性特点,因此在进行碳/碳复合材料性能表征时需根据材料的具体特点选择相应测试方法,并且需要明确材料性能的测试方向。受到碳/碳复合材料制备成型能力和具体应用需求的影响,碳/碳复合材料各个方向的性能并不是总具有可获取性。如在平板材料的厚度方向通常无法测试其拉伸性能和弯曲性能。这些因素决定了测试碳/碳复合材料性能时存在复杂性,测试试样不仅需要考虑碳/碳复合材料的结构特征(方向性)、尺寸大小和软硬程度,还需要对材料性能进行预判以确定试样的大小、形状和夹持方式等,并且对测试试样各表面的平行度、垂直度、试样内结构单元的个数及试样与内部纤维的平行度、垂直度等也需要严格控制,以便获得能代表材料真实性能的数据。

作为烧蚀防热复合材料,碳/碳复合材料的力学性能、热物理性能都是关键的性能。由于碳/碳复合材料的使用温度非常高,除了需要关注常温性能外,还需要对其高温性能进行测试。其中热物理性能测试部分与碳/酚醛复合材料类似,此处不再赘述。下面将针对烧蚀防热碳/碳复合材料,介绍其性能的测试方法。

2.5.2.1　碳/碳复合材料常温力学性能测试方法

1. 拉伸性能测试方法

碳/碳复合材料的性能受其织物结构形式和测试方法的影响较大,国内外各高校和研究院所对于拉伸性能测试方法也有所不同,所采用的拉伸试样也存在差异。目前普遍采用的碳/碳复合材料拉伸试样形状主要有单过渡板状哑铃型和双过渡板状哑铃型两种,如图2-72所示。双过渡板状哑铃型试样更适用于含有混杂基体的碳/碳复合材料(如添加了难熔金属的抗烧蚀碳/碳复合材料),可以减弱加工过程和应力集中对材料拉伸性能的影响。

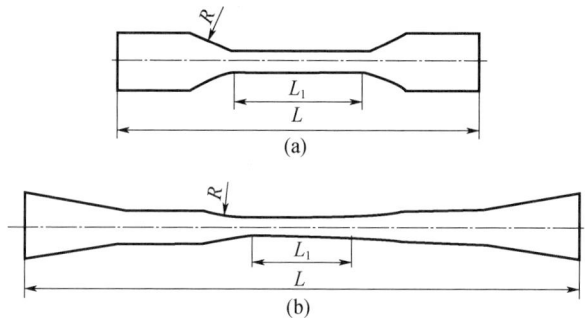

图2-72 两种类型的碳/碳复合材料拉伸试样
(a)单过渡拉伸试样;(b)双过渡拉伸试样。

　　碳/碳复合材料拉伸过程中主要为内部纤维承载,其性能受纤维束数量、完整性及取向的影响,因此在碳/碳复合材料拉伸试样加工过程中,要注意纤维取向和纤维束的完整性。对于三向编织结构碳/碳复合材料试样,在测试 XY 向拉伸性能时,需要保证在工作段宽度方向包含 $3\sim5$ 束完整纤维,在测试 Z 向拉伸性能时,要保证长度方向有 3×3 束完整纤维。表2-17给出了两种外形特征的拉伸试样的要求。试样加工过程中应当严格保证测试方向上纤维束与试样长轴的平行度,当试样内部纤维束与试样长轴存在夹角时,测得的拉伸性能将偏小,而且夹角越大,获得的数据偏差就越大。为避免在试验过程中出现纤维从试样端部拔出或加强片脱落现象,对于 XY 向拉伸性能测试试样,可适当增加加强片粘贴的材料面积;对于 Z 向拉伸性能测试试样,可在试样端部(夹持段)浸渍并固化树脂,形成加强端,但树脂不得进入工作段,以免影响材料性能。

表2-17 不同板状哑铃形试样要求　　　　　　　　　(mm)

试样形状	测试方向	总长 L	工作段长度 L_1	宽度方向	厚度方向	过渡段圆弧半径 R
单 R 试样	XY	130	35	3~5个整纤维束	3~5个整纤维束	30
	Z	100				
双 R 试样	XY	≥170	≥30			75
	Z					

　　拉伸强度按下式计算,取三位有效数字。

$$\sigma_t = \frac{F}{b\delta} \qquad (2-79)$$

式中　σ_t——拉伸强度(MPa);

　　　F——试样破坏时的最大载荷(N);

　　　b——试样工作段宽度(mm);

　　　δ——试样工作段厚度(mm)。

拉伸弹性模量按下式计算,取三位有效数字。

$$E_t = \frac{\Delta F L_0}{b \delta \Delta L} \times 10^{-3} \qquad (2-80)$$

式中　E_t——拉伸弹性模量(GPa);

　　　F——载荷 - 变形曲线上初始直线段的载荷增量(N);

　　　L_0——引伸计标距(mm);

　　　b、δ——同式(2-79);

　　　ΔL——载荷 - 变形曲线上与 F 相对应的变形增量(mm)。

断裂应变按下式计算,其结果保留二位有效数字。

$$\varepsilon_t = \frac{\Delta L_t}{L_0} \times 100 \qquad (2-81)$$

式中　ε_t——断裂应变(%);

　　　ΔL_t——载荷 - 变形曲线上与最大载荷相对应的总变形量(mm);

　　　L_0——同式(2-80)。

2. 压缩性能测试方法

压缩性能包括压缩强度和压缩模量,两者测试方法相似,但是试样尺寸有一定差异。压缩强度的测试一般按照 JB/T 8133.8—2013[66] 进行,碳/碳复合材料压缩性能测试时,压缩强度测试试样尺寸为 10mm × 10mm × 10mm,而压缩模量测试试样尺寸为 30mm × 10mm × 10mm。试样测试在万能材料试验件上进行,对试样连续加载直至破坏。其压缩强度按照下式进行计算:

$$\sigma = \frac{F}{S} \qquad (2-82)$$

式中　σ——抗压强度(MPa);

　　　F——试样破坏时总载荷(N);

　　　S——试样截面积(mm^2)。

压缩模量按照下式进行计算:

$$E_{cs} = \frac{\Delta F \cdot l_0}{S \cdot \Delta l} \times 10^{-3} \qquad (2-83)$$

式中　E_{cs}——引伸计法测定的压缩弹性模量(GPa);

　　　ΔF——载荷 - 应变曲线上初始直线段的载荷增量(N);

　　　l_0——试样工作段内测量压缩变形的标距(mm);

　　　S——试样截面积(mm^2);

Δl——载荷 – 变形曲线上与 ΔF 相对应的变形增量（mm）。

3. 弯曲性能测试方法

碳/碳复合材料弯曲性能采用三点弯曲试样，弯曲试样为长方体[67]。为减少测试过程中剪应力对试验结果的影响，要求试样跨距和厚度的比值不小于10，一般试样尺寸取为 $80mm \times 10mm \times 6mm$。同时为了保证能真实反应碳/碳复合材料的性能，试样加工过程中要尽量保证标距段内纤维平直完整，分布均匀。

弯曲强度 σ_f、弯曲模量 E_f 分别采用以下两式进行计算：

$$\sigma_f = \frac{3PL}{2bh^2} \tag{2-84}$$

$$E_f = \frac{\Delta P_f L^3}{4bh^3 \Delta f} \tag{2-85}$$

式中　σ_f——弯曲强度（MPa）；

　　　E_f——弯曲模量（GPa）；

　　　P——最大破坏载荷（N）；

　　　L——跨距（mm）；

　　　h——试样厚度（mm）；

　　　b——试样宽度（mm）；

　$\Delta P_f/\Delta f$——载荷与挠度关系曲线的斜率。

4. 剪切性能测试方法

1）面内剪切性能测试方法

和碳/酚醛复合材料类似，碳/碳复合材料的面内剪切测试也可采用 V 形开口板状试样的反对称四点加载方法来实现。对于正交三向碳/碳复合材料，剪切强度测试试样长度 L 为 80mm，试样宽度 D_1 为 20mm，V 形开口间距 W 为 12mm，试样厚度 δ 为 5～7mm。测试条件和剪切强度和剪切模量的计算参考 2.5.1.1 小节相关内容。

2）层间剪切性能测试

碳/碳复合材料由于层与层之间的界面不明显，且没有相应的测试标准，其层间剪切性能一般参考陶瓷基复合材料试验方法[68]，采用双切口试样进行测试，试样如图 2 – 73 所示。该试样只能测试碳/碳复合材料的层间剪切强度，而无法得到剪切模量。其中，试样长度 L 为 30mm，试样宽度 W 为 15mm，试样厚度 δ 为 5mm，双切口的宽度为 1mm，双切口间距为 6mm。为了得到材料的层间剪切模量，可以将三向碳/碳复合材料加工成 XZ/YZ 面内剪切试样，通

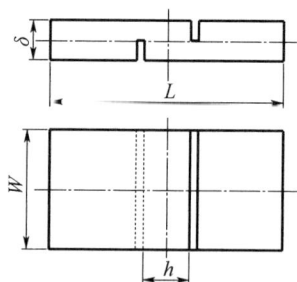

图 2 – 73　层间剪切强度测试试件

过面内剪切的测试得到层间剪切模量。

层间剪切强度可按下式计算得到：

$$\tau_S = \frac{P_{max}}{W \cdot h}$$

$$(2-86)$$

式中　τ_S——平面剪切强度(MPa)；

P_{max}——最大施加载荷(N)；

W——试样宽度(mm)；

h——双切口之间的距离(mm)。

2.5.2.2　碳/碳复合材料高温力学性能的测试方法

碳/碳复合材料的可服役温度很高,并且在一定温度范围内,随温度增加其力学性能有逐渐增加的趋势,获得碳/碳复合材料高温力学性能对于评估其高温承载能力有重要作用。测试碳/碳复合材料高温力学性能的关键是实现测试试样在高温下的加载,获得高温下试样的最大应力或应力-应变曲线。与常温力学性能测试系统相比,高温性能的测试系统复杂得多,不仅需要加热、测温等装置,还需要保证碳/碳复合材料在惰性环境中测试才能获得有效数据。通常由于测试样品的卡具为金属材质,其耐温有限,无法应用到其蠕变温度之上的环境中,需要设计并应用冷却装置(通常为水冷),这就进一步增加了高温力学性能测试系统的复杂性。此外,用于高温力学性能测试的试样长度通常比常温力学性能测试试样长,主要为了保证工作段处于高温均温区时,夹持端处于较低温度范围内。对于不需要考虑卡具耐温问题的情况下(如采用耐温卡具),高温力学性能的测试可以采用与常温力学性能测试相类似的试样和方法进行。

从高温力学性能测试系统的加热方式看,主要有通电加热和辐射加热两种形式。辐射加热受发热元件的影响,一般测试的温度在 2000℃ 以下;通电加热可以测试到最高达 3000℃ 的温度,但局限于惰性气氛中使用。碳/碳复合材料具有一定的导电能力,可以采用上述两种方法实现测试过程中的加热。

航天材料及工艺研究所在正交三向烧蚀防热碳/碳复合材料的高温力学性能测试方面进行了大量研究工作,形成了可行的通电加热拉伸性能测试方法。该方法采用圆柱形试样作为测试试样,如图 2-74 所示,其中试样总长度 L 为 130mm,直径 D 为 18mm,工作段长度 L_1 为 40mm,直径 d_w 为 8mm,过渡段直径 d_c 为 10mm。高温拉伸强度、模量和断裂应变的计算公式与常温拉伸强度相同,只是试样的工作段宽度和厚度乘积换为此处的工作段圆形截面积 $A(= \pi d_w^2/4)$。

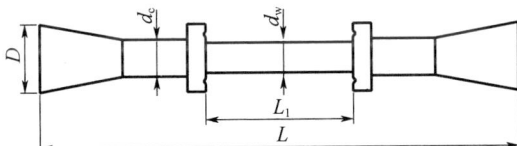

图 2-74　碳/碳复合材料高温拉伸性能测试试样

2.5.2.3 碳/碳复合材料的烧蚀性能评价方法

对于烧蚀防热复合材料而言,烧蚀性能是决定材料性能优劣的一个重要性能指标。在飞行器高声速飞行服役过程中,气动热将持续造成烧蚀防热复合材料的烧蚀。碳/碳复合材料的氧化烧蚀机理比碳/酚醛复合材料更为简单,主要包括氧化烧蚀、升华损失和外界气流的机械剥蚀,基本没有内压造成的材料剥蚀情况。其中氧化烧蚀主要为碳/碳复合材料中的碳纤维和基体碳与环境中的氧发生氧化反应生成一氧化碳和二氧化碳造成质量损失的过程;而升华损失主要为碳/碳复合材料遭受极高的环境温度(通常在2800℃以上)时碳质材料本体的升华行为,在真空下碳/碳复合材料的高温升华造成的质量损失更为严重;外界气流的机械剥蚀与烧蚀防热材料的气动环境有关,尤其是与气流造成的冲击压力有关,压力越大时碳纤维和基体碳遭受氧化后更易于被破碎而冲刷掉,造成质量的明显损失。

由于烧蚀防热碳/碳复合材料的烧蚀性能的表征参数不仅与环境因素(温度、压力、氧含量等)有关,而且与烧蚀面的大小、烧蚀时间等相关,因此,单纯采用失重率来表征碳/碳复合材料的烧蚀性能并不准确,应当加入烧蚀面信息和烧蚀时间信息。如采用单位时间、单位面积的质量烧蚀率($g \cdot m^{-2} \cdot s^{-1}$)或采用单位时间的表面后退率($mm \cdot s^{-1}$)作为评价指标更为科学合理,并且烧蚀性能数据必须严格与烧蚀条件匹配,即烧蚀性能数据表格中应当给出烧蚀条件。碳/碳复合材料的烧蚀性能评价方法可分为静态氧化方法和动态氧化烧蚀方法,其中前者主要是指在含氧的静止或弱流动环境中的氧化烧蚀行为评价方法,而后者则是在动态快速热流下的氧化烧蚀行为评价方法,具体如下。

1. 静态氧化性能评价方法

对于碳/碳复合材料单纯的氧化烧蚀行为,可以通过静态氧化烧蚀试验进行评价。静态氧化烧蚀试验评价方法是指通过一定氧含量的空气将碳/碳复合材料样品进行氧化烧蚀,评价材料在不同温度下的氧化烧蚀性能,空气是"准静止"(通常为弱流动状态)的。实际操作过程中,通常静态氧化试验在马弗炉中进行。应当指出,在进行氧化烧蚀试验时,需要保证碳/碳复合材料试样周围的环境始终处于一定氧含量的空气中,即需要新鲜空气的不断补充,以保持始终有足够氧气与碳/碳复合材料发生氧化烧蚀。在一些文献中,研究者将碳/碳复合材料置于封闭的氧化环境中进行氧化烧蚀,其获得的烧蚀性能存在很大误差,主要是由于碳/碳复合材料的氧化烧蚀行为是耗氧过程,在环境中氧得不到及时补充的情况下测得的烧蚀质量损失会随时间的延长而明显降低。因此,在采用静态氧化法测试碳/碳复合材料氧化烧蚀性能时,需要保证试样周围的空气得到不断更新,同时也带走反应产生的氧化产物。

静态氧化法碳/碳复合材料氧化烧蚀性能评价方法可参考如下过程进行:

（1）采用具有规则形状（如正方体、长方体、圆柱体）的碳/碳复合材料作为样品，计算其表面积，记作 S_1（单位 m^2）。建议样件每个方向上尺寸都在 $10 \sim 50mm$ 范围内。

（2）将碳/碳复合材料样品进行干燥处理，温度大于120℃，时间不少于1h，冷却过程在盛有变色硅胶的干燥器中进行，防止冷却过程中吸附环境中的水分，造成误差。

（3）对干燥后的试样进行称重，重量记作 W_1（单位 g）。称量过程避免时间过长，同时采用橡胶或塑料手套避免试样吸附手上的湿气造成样品重量误差。

（4）将氧化烧蚀设备（如带有样品快速送入系统的马弗炉）进行加热至预定温度，通入一定流速、一定氧浓度（通常为空气）的气体。待温度恒定后将试样放置于样品支架上，通过快速送入系统将其送入高温区域，恒温计时，时间记作 t，结束后将试样送出高温区，进入到惰性气体环境中冷却。待冷却至约150℃时，将试样置于盛有变色硅胶的干燥器中进行冷却。温度降至室温后，取出称重，重量记作 W_2（单位 g）。称量过程同样需要快速完成，并避免试样吸附手上的湿气造成样品重量误差。

（5）测量并计算试样氧化后的表面积，记作 S_2（单位 m^2）。

（6）碳/碳复合材料试样的氧化失重率 α_W（$g \cdot m^{-2} \cdot s^{-1}$）计算公式如下：

$$\alpha_W = \frac{W_1 - W_2}{t \cdot (S_1 + S_2)/2} \tag{2-87}$$

对于特定尺寸和外形特征的烧蚀试样，在氧化烧蚀过程中尺寸变化不大的情况下，也可以用单位时间的失重率来描述氧化失重率（$g \cdot s^{-1}$）。

应当指出，碳/碳复合材料试样进入高温氧化区后，自身升温还有一个过程，这个过程中的氧化行为并不能归入指定温度下的烧蚀行为，而且拟氧化烧蚀的温度越高，这个试样自升温过程就越长。因此，静态氧化烧蚀试验不适用于评价时间特别短（如几十秒）的氧化行为。通常上述方法适用于氧化时间在几百秒级，甚至更长时间的氧化评价中。对于氧化时间较短的场合，通过减小试样尺寸和采用大功率快速升温加热设备来减少试样升温时间是降低试验误差的一个有效方法，而且评价结果应当注明升温时间。另外，对于试样与支架接触面较大，并且较难发生氧化烧蚀的情况，上述的表面积计算应当扣除这部分的面积。当接触面发生了部分氧化时，应当适度进行扣除。为了避免这些误差，可以考虑将试样进行悬空，以保证各个面都能进行有效氧化烧蚀。

静态氧化烧蚀试验过程中，除了试样表面发生氧化烧蚀外，部分氧扩散进入试样孔隙中，在孔隙中同样发生氧化烧蚀。对于碳质材料而言，氧化烧蚀本身具有选择性，通常对于具有良好类石墨结构特征的碳质部分而言，其氧化烧蚀较难发生，而对于具有大量缺陷结构的碳质部分而言，氧化烧蚀行为极易在缺陷部位进行。因此,结构非均匀的碳/碳复合材料的静态氧化烧蚀在不同部位并不同步。由于基体碳具有明显的非致密性和多缺陷性,更容易发生氧化烧蚀。

2. 动态氧化烧蚀性能评价方法

飞行器服役过程中,烧蚀防热复合材料除了发生氧化烧蚀外,其升华和机械剥蚀造成的质量损失也不可忽视。对于升华而言,其质量损失率与复合材料的温度和环境压力有关,可以根据碳质材料的升华特性通过计算得到。而机械剥蚀行为与飞行器的服役环境密切相关,需要通过试验测试确定其烧蚀性能。碳/碳复合材料的动态氧化烧蚀性能评价通常采用动态的电弧风洞加热器或小发动机燃气冲刷试验进行。对于碳/碳复合材料试样,作用到其表面的热流密度、焓值和驻点压力是决定其烧蚀性能的关键。通常,在风洞烧蚀试验过程中,热流密度越高,碳/碳复合材料试样表面温度越高,造成的氧化和升华作用就越严重;焓值越低、压力越高,机械剥蚀作用就越大。因此,动态风洞氧化考核方法评价的是碳/碳复合材料的综合氧化烧蚀行为。用于碳/碳复合材料氧化评价的具体评价可参考如下方法进行:

(1) 首先采用模拟试样调试风洞的试验状态,达到目标状态(焓值、热流密度、压力等)。

(2) 干燥试样,测试并记录试样的重量 W_1(单位 g);测试并计算得到烧蚀面(热流迎风面)的面积 S(单位 m^2);测量试样沿来流方向的长度 l_1(单位 mm),精确到 0.01mm。

(3) 将试样在风洞中烧蚀一定时间 t(注:试样需要待风洞流场稳定后再进入)。

(4) 取出试样后,称量其重量 W_2(单位 g);测量试样沿来流方向的长度 l_2(单位 mm),精确到 0.01mm。通常由于试样表面烧蚀后不平整,l_2 会以多点测试的平均值作为计算依据。当采用最小值(即最大烧蚀点数据)作为计算依据时,应当在结果中注明。

(5) 按下式计算得到碳/碳复合材料试样的质量烧蚀率 α_W($g \cdot m^{-2} \cdot s^{-1}$):

$$\alpha_W = \frac{(W_1 - W_2)}{t \cdot S} \qquad (2-88)$$

应当指出,计算公式中的表面积 S 不是试样的总表面积,而是烧蚀面的面积。

(6) 按下式计算得到碳/碳复合材料试样的线烧蚀率 α_l($mm \cdot s^{-1}$):

$$\alpha_l = \frac{(l_1 - l_2)}{t} \qquad (2-89)$$

动态风洞氧化评价时通常采用球柱模型,在氧化评价时球头部分正对高温来流。在一些风洞条件下,烧蚀后试样形状发生变化,采用式(2-88)和式(2-89)表达烧蚀性能已经不准确,通常采用下式来表达,即用单位时间的质量损失率 α'_W 表示,此时结果应当标明试样尺寸信息。

$$\alpha'_W = \frac{W_1 - W_2}{t} \qquad (2-90)$$

2.5.2.4　碳/碳复合材料的结构分析方法

碳/碳复合材料的非均匀性特征造成了对其结构分析的复杂性。通常对于碳材料而言,分析其结构的分析表征方法有偏振光显微镜分析方法、扫描电子显微镜观察法、透射电子显微镜观察法、X 射线衍射分析技术、拉曼光谱分析技术等。对于碳/碳复合材料而言,这些表征技术方法都可以应用,但与纯碳质材料相比,获得碳/碳复合材料的结构信息更为复杂,其重点为针对由碳纤维和基体碳两部分构成的非均质材料测试样品的无损伤制样、数据的真实获取及有效结构信息的解析等。

1. 偏振光显微镜法

偏振光显微镜通常被用于分析碳质材料的结构取向性,如碳纤维周围气相热解碳的取向特征、中间相碳微球的结构特征等[69]。其结构解析依据为在偏振光下碳质材料表现的消光纹或干涉色特征。由于光学显微镜的景深较浅,需要在分析前进行样品的制样,保证分析面在一个平面上。通常采用树脂包埋样品进行磨抛的方法获得分析面。其中树脂包埋的目的主要为防止在磨抛过程中破坏碳质材料的结构特征,因此树脂需要进入碳质材料的孔隙中,固化后应具有一定的硬度。磨抛过程通常采用粗砂纸、细砂纸、粗抛光布、细抛光布和清洗的方法依次消除试样表面的加工损伤缺陷。

对碳/碳复合材料进行偏振光显微分析时,采用环氧树脂作为包埋剂,通过真空浸渍技术将树脂填充入孔隙中,充分保护内部纤维束在后续磨抛过程中不发生位移、破坏或基体碳的掉落。经过粗磨、细磨、粗抛、细抛和清洗过程获得的碳/碳复合材料在光学显微镜下的形貌如图 2-75 所示。在加入了补偿片的偏振光下其不同区域呈现了不同的干涉色图 2-76 和图 2-77,通过标准取向的碳材料进行标定可以判断不同颜色代表的取向特征,进而对不同位置的碳材料

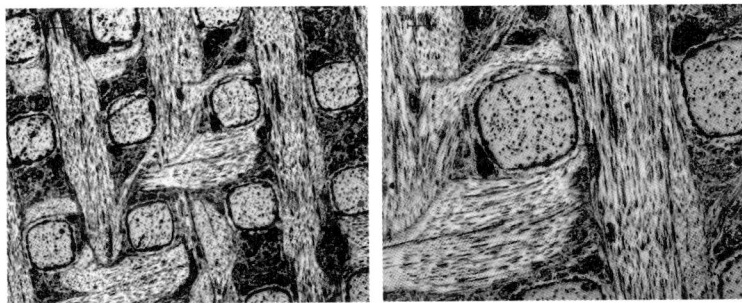

图 2-75　光学显微镜下三向碳/碳复合材料样品的显微照片

(包括碳纤维和基体碳)进行结构取向的解析。通常,基体碳围绕碳纤维呈环状取向,这与碳纤维对基体碳的取向诱导有关;而在纤维束间基体碳呈微区有序而长程无序状态。碳纤维的结构发育没有基体碳明显,但其取向性比较一致,基本为沿纤维轴的长程取向。

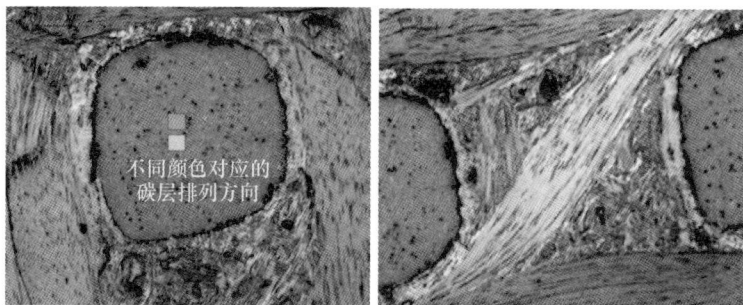

图 2-76 偏振光显微镜(加补偿片)下纤维束周围基体碳的取向特征

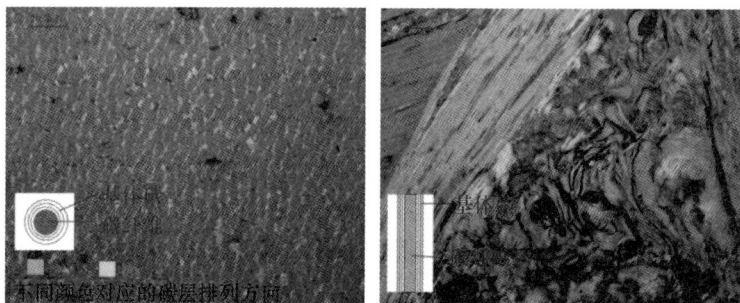

图 2-77 偏振光显微镜(加补偿片)下束内纤维对基体碳的诱导取向作用

2. X 射线衍射法

碳/碳复合材料中碳纤维和基体碳具有明显的结构差异,采用 X 射线进行结构分析时,对谱图的解析是分别获得碳纤维和基体碳结构参数的关键。首先对碳/碳复合材料样品(通常需要研磨成粉末)进行 X 射线衍射的收谱工作,获得包含碳纤维和基体碳两相结构信息的谱图,然后通过基线校正、分峰处理,分别获得衍射峰中代表碳纤维和基体碳的衍射峰,获取峰位、半高宽等信息,通过相关计算公式(式(2-9)～式(2-11))获得代表碳/碳复合材料中碳纤维和基体碳的结构参数 d_{002}、L_c 和 L_a。

下面给出了碳/碳复合材料 X 射线衍射技术分析内部碳纤维和基体碳结构的过程:

(1) 收谱获得碳/碳复合材料的谱图(图 2-78);

(2) 进行基线校正(图 2-79);

（3）选定范围分别对 002 峰和 10 峰，采用洛伦兹（Lorentz）函数或高斯（Tu-ass）函数进行多峰拟合分峰处理，得到各峰的位置、半高宽信息（图 2 – 80、图 2 – 81），确定归属后计算得到复合材料中基体碳和碳纤维的结构参数（表 2 – 18、表 2 – 19）。

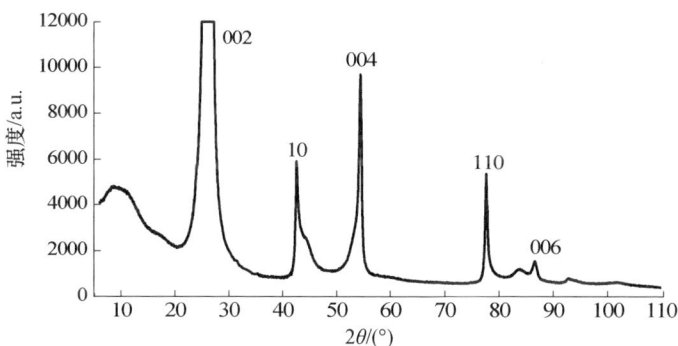

图 2 – 78　原始碳/碳复合材料的 XRD 谱图

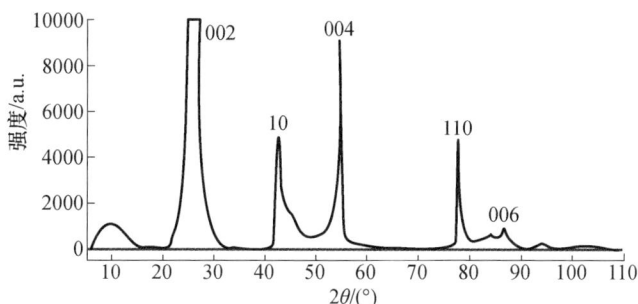

图 2 – 79　经过基线校正后的 XRD 谱图

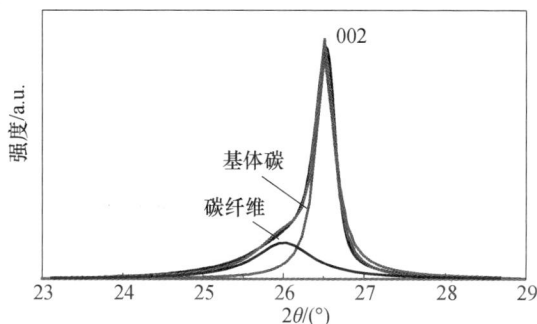

图 2 – 80　经分峰处理获得的碳纤维
和基体碳的 002 衍射峰

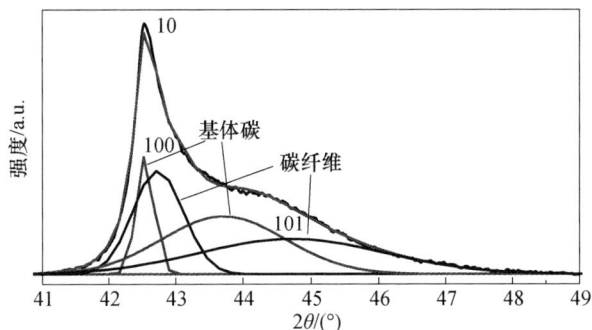

图 2-81 经分峰处理获得的碳纤维和
基体碳的 100 和 101 衍射峰

表 2-18 获得的碳/碳复合材料中碳纤维和基体碳 002
衍射峰的峰形参数和微结构参数

拟合度	峰归属	002 峰位置	FWHM	d_{002}	L_c/nm
洛伦兹函数 0.99252	基体碳	26.518	0.27994	0.3359	28.8
	碳纤维	25.994	0.90695	0.3425	8.9

表 2-19 获得的碳/碳复合材料中碳纤维和基体碳 100
衍射峰的峰形参数和微结构参数

拟合度	峰归属	100 峰位置	FWHM	L_a/nm
高斯函数 0.99877	基体碳	42.552	0.27104	31.1
	碳纤维	42.736	0.75352	11.2

采用 2.3.1 小节中介绍的内标法或全谱拟合法也可以精确化定量碳/碳复合材料中碳纤维和基体碳的结构参数,在此不再赘述。需要指出的是,当加入内标物后碳/碳复合材料的衍射峰将变得更加复杂,采用分峰拟合法在解析时更应注意分峰拟合的严谨性和数据处理的规范性。

3. 透射电子显微镜法

为实现透射电子显微镜(TEM)的分析,碳/碳复合材料需要进行预制样处理,以获得纳米尺度的可透过样品。通常 TEM 测试样品的制样方法有破碎法、超薄切片法、离子减薄法等几种。

对于碳/碳复合材料,采用破碎法虽然可以获得纳米尺度的样品,但分析部位所在的位置、来源(碳纤维、基体碳)无法判断,因此,该方法不适用。

采用超薄切片法可以获得一些碳材料的纳米样品,但对于碳/碳复合材料而言,其非均匀特性及内部的多孔隙、裂纹特点决定了很难获得包含碳纤维和基体碳的分析样品,以此样品进行 TEM 分析获得的结果同样存在破碎法的问题。

最有效评价碳/碳复合材料结构特征的 TEM 样品制备方法为离子减薄法，即通过对碳/碳复合材料机加工成毫米级薄片后，通过磨抛的方式进行减薄，然后再通过离子束定位轰击样品，获得纳米尺度的分析样品。

透射电子显微镜观察分析（尤其是高分辨图像分析），可以给出碳纤维、基体碳及界面处的微区结构特征，以直观的图像说明不同部位碳纤维或基体碳的结构特征，包括碳层的连续性、弯曲性、晶格的完整性等信息。结合选取电子衍射（SAD）分析，还可以获得微区的量化结构信息。但应当指出，透射电子显微分析技术仅能对结晶性较好的碳材料进行表征，对于无定形结构或结晶性较差（即石墨化度较低）的材料较难表征。图 2－82 给出了碳/碳复合材料的透射电子显微镜照片。

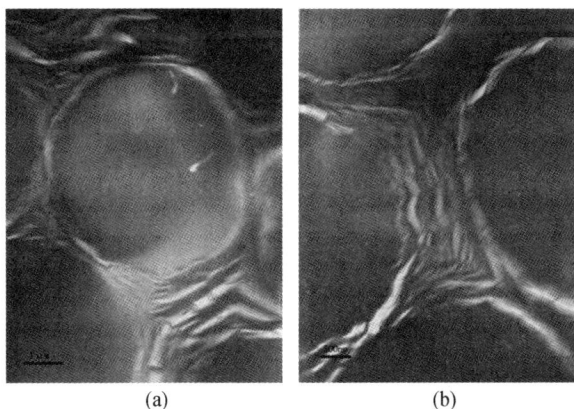

（a）　　　　　　　　　（b）

图 2－82　碳/碳复合材料等离子减薄样品的 TEM 照片

4. 显微拉曼光谱法

和碳纤维表层结构分析的显微拉曼光谱方法相似，碳/碳复合材料不同微区的定位分析也可以通过显微拉曼光谱来实现。如前所述，拉曼光谱分析仅能获得非常浅（纳米尺度）的表层范围内样品的结构信息，而碳/碳复合材料分析时，表层通常会受到机械加工损伤、表面污染等的影响而不能代表本体的结构特征，因此采用拉曼光谱分析时需要进行必要的制样处理，即采用前述的树脂包埋、磨抛的方法获得分析试样。在磨抛过程中应当严格控制磨抛条件，防止产生额外的损伤而造成分析误差，甚至错误。分析表明[70]磨抛过程中的压应力对分析结果有一定的影响，尤其是对于质地较软的材料影响更大。在保证能够获得磨抛分析表面的前提下，采用最小的压应力是获得低损伤分析样品的关键。显微拉曼光谱分析技术能够聚焦到微米范围进行分析，可以获得碳/碳复合材料中碳纤维、基体碳不同部位的结构信息，对于分析不同区域碳纤维、基体碳的结构特征及它们之间的相互影响具有重要作用。图 2－83 为通过树脂包埋、磨抛法获得的碳/碳复合材料样品在光学显微镜下的形貌。

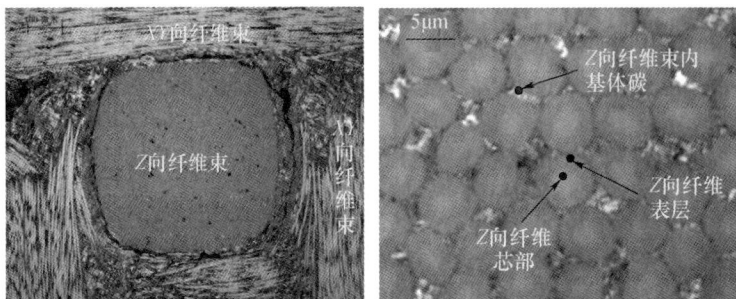

图 2-83　碳/碳复合材料的典型断面光学显微照片

在采用显微拉曼光谱分析碳/碳复合材料的结构特征时,也需要对测试条件(扫描方式、扫描次数、收谱时间、扫描范围)和仪器参数(激光波长、功率、狭缝宽度、物镜倍数等)进行标准化处理,防止因测试条件和仪器参数的不一致造成的结果差异。由于显微拉曼光谱测试的微区性,需要对多点进行测试分析,获得代表碳纤维或基体碳不同部位的具有代表性的结构信息。结构解析方法参见2.1.1 小节相关内容。

上述四种分析方法分别从碳/碳复合材料的碳层取向结构(偏振光显微镜法)、平均微结构(XRD 法)、微区结构(TEM 法)及定位微区结构(显微拉曼光谱法)等宏观、微观、定性、定量等不同角度进行分析,由于碳材料结构具有多变性特征,不同方法的联用可以更好、更全面地获取碳/碳复合材料的结构特征。

2.5.2.5　碳/碳复合材料界面力学性能测试方法

与其他复合材料一样,碳/碳复合材料的界面结合性能对其宏观影响具有显著的影响。在宏观意义上,碳/碳复合材料的界面结合性能可以通过层间剪切性能来表征,该部分的性能测试方法参见 2.5.2.1 小节。本节将重点针对碳/碳复合材料的微观界面性能进行讨论,详细阐述碳纤维单丝界面性能和纤维束界面性能的测试方法。

碳/碳复合材料的显微界面力学性能的测试采用顶出技术实现[71],测试仪器如图 2-84、图 2-85 所示。实际操作过程中利用对碳纤维单丝或纤维束顶出过程中的最大顶出力与界面面积计算得到界面剪切强度,即界面剪切强度为

$$\tau = \frac{f}{lh} \tag{2-91}$$

式中　τ——界面剪切强度(MPa);

　　　f——顶出时的最大脱粘力(N);

　　　l——顶出纤维或纤维束的横截面周长(m);

　　　h——试样厚度(m)。

图 2-84　纤维单丝界面力
学性能测试仪器

图 2-85　纤维束界面力
学性能测试仪器

利用顶出法测试碳/碳复合材料的显微界面力学性能时,顶出探针的直径应小于纤维单丝或纤维束的直径,防止产生探针与周围纤维或基体碳接触造成额外的阻力。同时,需要保证纤维单丝或纤维束顶出过程中平行于顶出探针,不应有明显夹角,否则会引入额外的摩擦阻力而造成测试误差。为此,制备界面性能测试用的试样是获得准确数据的关键。在制备试样过程中,需要先将碳/碳复合材料块体沿其垂直于待测纤维或纤维束的方向切取薄片试样,然后通过研磨抛光技术将试样减薄到需要的试样厚度。测试试样的厚度影响碳/碳复合材料的界面剪切强度测试,需要综合考虑设备的顶出能力、试样制备的难易和试样制备过程中可能引入的影响等各因素。通常碳/碳复合材料的界面强度越高,其测试试样的厚度就应当越薄;反之,测试试样的厚度就应当越厚。需要指出的是,在界面性能测试试样制备过程中,应当妥善处理,防止发生界面污染、界面损伤等情况。

顶出法测试正交三向结构烧蚀防热碳/碳复合材料中的碳纤维单丝界面剪切强度时,试样厚度、支撑狭缝宽度、加载速度等都对测试结果有影响,如表 2-20 所列。三个因素对测试结果的影响权重值依次为样品厚度、狭缝宽度和加载速度。测试结果的离散度受碳/碳复合材料本身界面性能、纤维单丝直径、试样厚度的一致性等各因素的影响。经过统计测试分析,确定纤维单丝界面剪切强度的测试条件:试样厚度选取在 $0.070 \pm 0.005\,mm$ 范围;加载负荷速度为 $0.05\,\mu m/s$;狭缝宽度为 $40\,\mu m$。但应当指出,当碳/碳复合材料的特性发生明显变化时,上述各参数应当重新优化确定。

图 2-86 所示为纤维顶出测试试样的 SEM 显微照片。

表 2-20　不同条件下各因素对测试结果的影响

序号	A/mm	$B/\mu m$	$C/(\mu m/s)$	M/MPa	S/MPa	$Cv/\%$
1	0.082	25	0.03	23.19	2.87	12.38
2	0.082	40	0.07	33.28	4.73	14.21

（续）

序号	A/mm	B/μm	C/(μm/s)	M/MPa	S/MPa	Cv/%
3	0.082	60	0.05	30.43	4.28	14.07
4	0.069	25	0.05	32.53	4.64	14.26
5	0.069	40	0.03	31.77	4.68	14.33
6	0.069	60	0.07	28.19	5.02	17.91
7	0.052	25	0.07	15.56	3.12	20.05

注:A—试样厚度;B—狭缝宽度;C—加载速度;M—剪切强度平均值;S—剪切强度标准偏差;Cv—分散系数

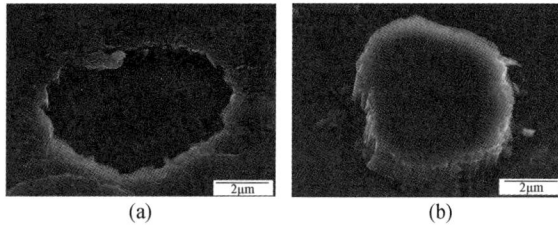

(a)　　　　　　　　　　　　　　　(b)

图 2 – 86　纤维顶出测试试样的 SEM 显微照片
(a)探针顶入面;(b)纤维顶出面。

碳/碳复合材料的纤维束界面与束内单丝界面的致密结合情况不同,其界面存在大量裂纹和孔隙,如图 2 – 87 所示,这种特征的界面在样品制备过程中很容易受到外界影响而造成界面的损伤。采用顶出法测试纤维束界面强度时,试样厚度、支撑狭缝宽度、加载速度等同样对测试结果有明显影响,如表 2 – 21所列。由于制样对纤维束周围区域会造成一定的影响,在进行测试时需要选取具有典型特征的纤维束作为测试对象。经过统计测试分析,正交

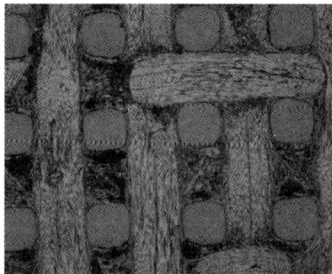

图 2 – 87　三向结构碳/碳复合材料
的断面光学显微照片

三向烧蚀防热碳/碳复合材料纤维束界面剪切强度的优化测试条件为:选取较为有代表性的束界面形态特征的纤维束作为对象,要求界面完整,纤维束分布区间均匀,试样厚度选取在 1.50~2.50mm 左右,加载负荷速度为0.2mm/min,狭缝宽度为1.50mm。顶出后的纤维束表面通常粘附大量基体碳(图2-88),可以根据粘附的基体碳上碳纤维的印痕来解析碳/碳复合材料中碳纤维的表面沟槽变化情况。

表2-21 不同条件下各因素对测试结果的影响

序号	A/mm	B/mm	C/(mm/min)	M/MPa	S/MPa	Cv/%
1	1.33	1.50	0.20	5.64	1.08	19.15
2	1.50	1.50	0.20	6.60	0.98	13.94
3	1.82	1.25	0.10	5.68	1.27	22.36
4	1.82	1.25	0.20	6.45	1.11	17.21
5	1.82	1.50	0.20	6.00	1.16	19.33
6	2.06	1.50	0.20	6.00	1.34	22.33
7	2.35	1.50	0.20	6.35	1.08	16.98
8	2.80	1.50	0.20	7.09	0.69	9.73

注:A—试样厚度;B—狭缝宽度;C—加载速度;M—剪切强度平均值;S—剪切强度标准偏差;Cv—分散系数

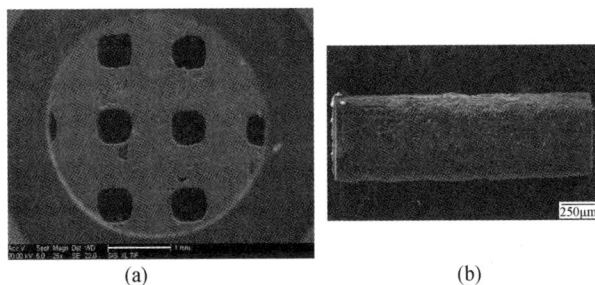

(a)　　　　　　　　　　(b)

图2-88 纤维束顶出后的试样SEM显微照片

(a)顶出后材料;(b)顶出的纤维束。

碳纤维顶出过程中,纤维/基体界面层受到先逐渐增强然后缓慢减小的剪切力作用,其破坏过程分为以下几个阶段:①初始阶段:为探针持续加载阶段,纤维没有滑移,这个过程中最大载荷为f_i;②部分破坏阶段:随着载荷继续增加,纤维与基体界面发生部分破坏,纤维产生滑移,摩擦造成载荷进一步增大,该阶段最大载荷为f_d;③完全破坏阶段:该阶段随着载荷持续增加,纤维/基体界面持续破坏,直至所有界面脱开,最大载荷为f_{max};④顶出阶段:该阶段纤维以较低的载荷脱出,纤维与基体间存在的摩擦阻力随着纤维脱出程度增加而逐渐减小,载荷呈逐渐下降趋势。具体过程如图 2-89 所示。

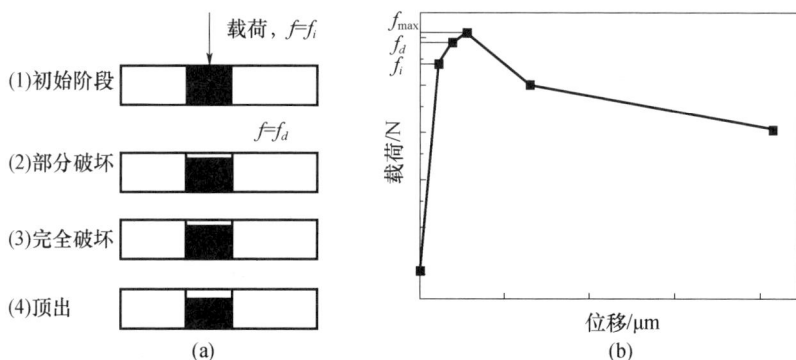

图 2-89　顶出法测纤维界面性能过程
(a)纤维界面破坏各阶段示意图;(b)顶出过程中载荷-位移曲线。

碳/碳复合材料中无论是纤维束界面还是单丝界面都存在非均匀特性,即受到碳/碳复合材料成型的影响,不同部位纤维间基体碳的填充程度存在差异,因此,测试其界面性能过程中应对大量不同位置的典型试样进行测试,对结果取平均,获得与材料界面特征相对应的界面性能数据。

参 考 文 献

[1] 蔡小平,等. 聚丙烯腈基碳纤维生产技术[M]. 北京:化学工艺出版社,2012.

[2] 贺福,杨永岗,王润娥. 用 SEM 研究 PAN 基碳纤维的表面缺陷[J]. 高科技纤维与应用, 2002,6: 25-29.

[3] 徐樑华. PAN 干湿法纺丝工艺中原丝的表面沟槽形态[J]. 高科技纤维与应用, 2001, 4: 21-249.

[4] 郑斌,黄娜,陈聪慧,等. 碳纤维表面物理特征图像处理方法[J]. 宇航材料工艺,2010,02:102-105.

[5] 王成忠,杨小平,于运花,等. XPS,AFM 研究沥青基碳纤维电化学表面处理过程的机制[J]. 复合材料学报,2002,05,19:28-32.

[6] 杨序刚,吴琪琳. 拉曼光谱的分析与应用[M]. 北京:国防工业社,2008.

[7] Tuinstra F,Koening J L. Characterization of graphite fiber surface with Raman spectroscopy[J]. J. Comp. Mater. , 1970,4;492.

[8] 孔令强,徐樑华,出振生,等. PAN 基碳纤维预氧结构形成过程中的纤维尺寸效应[J]. 纤维复合材料,2013,58(4):58-68.

[9] 李东风,王浩静,王心葵. PAN 基碳纤维在石墨化过程中的拉曼光谱[J]. 光谱学与光谱分析, 2007, 11:22249-22253.

[10] 孙银洁,胡胜泊,李秀涛. M40J 和 T300 碳纤维的微结构[J]. 宇航材料工艺,2010,02:97-101.

[11] Hema Viswanathan, Yu-Qing Wang, Ahmad Ali Audi. X-ray photoelectron spectroscopic studies of carbon fiber surface[J]. Chem. Mater. 2001, 13;1647-1655.

[12] Cara L Weitzsacker, Ming Xie, Lawrence T Drzal. Using XPS to investigate fiber/matrix chemical interac-

tions in carbon – fiber – reinforced composites[J]. Surface and Interface Analysis,1997,25：53 – 63.

[13] Lee W H,Lee J G,Reucroft. XPS study of carbon fiber surfaces treated by thermal oxidation in a gas mixture of $O_2/(O_2 + N_2)$[J]. Applied Surface Science,2001,171(1/2):136 – 142.

[14] 黄彬瑶,段跃新,杨喆,等. 上浆剂对国产碳纤维复合材料界面性能的影响[J]. 材料科学与工艺 2014(5),22:60 – 65.

[15] 蓝雁,童元建,李常清,等. PAN 基碳纤维中碳元素含量与纤维结构的关系[J]. 合成纤维工业, 2009, 32(5)：13 – 18.

[16] ASTM C613—2014. Standard test method for constituent content of composite prepreg by soxhletextraction [S].

[17] ASTM D3178. Standard test method for carbon and hydrogen in the analysis sample of coal and coke[S].

[18] 强杉杉,潘鼎. 国产炭纤维灰分现状及产生机理的分析[J]. 炭素,2008,134(2):36 – 39.

[19] 刘孟刚. ICP – AES 测定碳纤维材料的碱金属、碱土金属元素[J]. 现代仪器 , 2000,05:21 – 22.

[20] 章晓中. 电子显微分析[M]. 北京:清华大学出版社,2006.

[21] 孙银洁,胡胜泊,李秀涛. M40J 和 T300 碳纤维的微结构[J]. 宇航材料工艺,2010,02:97 – 101.

[22] Sharp J V, Burnay S G. High – voltage electron microscopy of internal defects in carbon fibres[J]. Carbon Fibers/Their Composites and Applications, London, 1971, 10: 68.

[23] 王英华. X 光衍射技术基础[M]. 北京:原子能出版社,1993.

[24] 李同起,王晓叶,冯志海,等. 测试样品状态对 XRD 法定量获取炭材料微结构参数的影响研究[J]. 炭素技术,2012,31(6)：A1 – A4.

[25] 李同起,杨晓光,许正辉,等. 样品位置对碳材料 XRD 测试结果的影响研究[J]. 宇航材料工艺, 2009,39(4):76 – 80.

[26] 肖瑛阁,徐樑华,史晓健,等. PAN 基碳纤维原丝长周期结构的二维 SAXS 研究[J]. 高分子通报, 2013, 05:65 – 70.

[27] 柴晓燕,朱才镇,何传新,等. 液态丙烯腈低聚物修复聚丙烯腈基碳纤维微孔缺陷[J]. 物理化学学报,2014,04:753 – 760.

[28] 盛毅,张彩红,徐耀,等. 二维小角 X 射线散射法研究 PAN 基炭纤维内部微孔结构[J]. 新型炭材料,2009, 03:270 – 276.

[29] 李同起,吴宁宁,高晶,等. 制样压应力对显微拉曼光谱法获取碳材料结构参数的影响[J]. 宇航材料工艺,2011,41(1):101 – 104.

[30] GB/T 3362—2005. 碳纤维复丝拉伸性能试验方法[S].

[31] ASTM D 4018—99. Standard test method for properties of continuous filament carbon and graphite fiber tows[S].

[32] ASTM D 3379—75. Standard test method for tensile strength and Young's modulus for high – modulus single – filament materials[S].

[33] Cédric Sauder, Jacques Lamon, Rene' Pailler. Thermomechanical Properties of Carbon Fibres at High Temperatures (up to 2000℃)[J]. Composites Science and Technology, 2002,62:499 – 504.

[34] ASTM E289—2004. Standard test method for linear thermal expansion of rigid solids with interferometry [S].

[35] GB/T 10562—1989. 金属测量超低膨胀系数测定方法光干涉法[S].

[36] Wasan V P. Sag Method for the Determination of Coefficient of Linear Thermal Expansion of Carbon Fiber. Carbon,1979,17:55 – 58.

[37] Trinquecoste M,Carlier J L,Derre A. High Temperature Thermal and Mechanical Properties of High Tensile

Carron Single Filaments[J]. Carbon,1996,34(7):923-929.

[38] 卫锦先. 航天材料热物性学[M]. 北京:宇航出版社,1997.

[39] 唐大伟,王照亮. 微纳米材料和结构热物理特性表征[M]. 北京:科技出版社,2010.

[40] 王照亮,唐大伟,郑兴华. 3ω法测量单根碳纤维导热系数和热容[J]. 工程热物理学报,2007,28(3):490-492.

[41] Zhang X,Fujiwara S,Fujii M. Measurements of Thermal Conductivity and Electrical Conductivity of a Single Carbon Fiber[J]. International Journal of Thermophysics, 2000, 21(4):965-980.

[42] Yu Qin Gu, Ichiro Hatta. Development of ac Calorimetric Method for Thermal Diffusivity Measurement - Films with Low Thermal Diffusivity and Very Thin Films[J]. J Appl Phys,1991,30(6):1295-1298.

[43] Parker W J. Flash Method of Determining Thermal Diffusivity,Specific Heat and Thermal Conductivity[J]. J Appl Phys,1961,32(9):1679.

[44] 何小瓦,何凤梅,卫锦先. 薄膜材料和纤维材料热扩散率测量[J]. 宇航材料工艺,1997,2:49-53.

[45] 何凤梅,李仲平,冯志海,等. PAN碳纤维高温热传输性能表征[J]. 中国材料进展,2013(4):236-241.

[46] ASTM D 4102—2008. Standard Test Method for Thermal Oxidative Resistance of Carbon Fibers[S].

[47] 刘钟铃,靳玉伟,苏华,等. 热氧化对PAN基碳纤维结构与性能的影响[J]. 北京化工大学学报,2010,37(3):78-82.

[48] 徐翊桃,靳玉伟,张海龙. 碳纤维热氧化行为及机理[J]. 合成纤维工业,2010,33(6):5-7.

[49] 贺福. 碳纤维及其应用技术[M]. 北京:化学工业出版社,2004.

[50] GB/T 1447—2005. 纤维增强塑料拉伸性能试验方法[S].

[51] GB/T 1448—2005. 纤维增强塑料压缩性能试验方法[S].

[52] GB/T 1449—2005. 纤维增强塑料弯曲性能试验方法[S].

[53] GB/T 1450.1—2005. 纤维增强塑料层间剪切试验方法[S].

[54] GB/T 3355—2005. 纤维增强塑料纵横剪切试验方法[S].

[55] 张瑞珠. 一种测定复合材料剪切性能的可靠方法[J]. 宇航材料工艺,1998,04:77-82.

[56] 郭正. 宇航复合材料[M]. 北京:宇航出版社,1999.

[57] GJB 332—1987. 固体材料线膨胀系数测试方法[S].

[58] GB 10295—2008. 绝热材料稳态热阻及有关特性的测定热流计法[S].

[59] GB/T 3356—1999. 单向纤维增强塑料弯曲性能试验方法[S].

[60] 蔡长庚,朱立新. 单纤维拔出实验的有关理论与应用[J]. 绝缘材料,2004,37(3):50-57.

[61] Chandra N,Ananth C R. Analysis of interfacial behavior in MMCs and IMCs by the use of thin slice push-out tests[J]. Comp. Sci. Tech. ,1995,54:87.

[62] Rollin M, Jouannigot S. Characterization of fiber/matrix interface in carbon/carbon composites[J]. Comp. Sci. Tech. ,2008,9:23.

[63] Marshall B D. Analysis of fiber debonding and sliding experiments in brittle matrix composites[J]. Acta Matall Mater. ,1992,40:427.

[64] Kallas M N, Koss D A. Interfacial stress state present in a thin-slice fiber push-out test[J]. J. Mater. Sci. ,1992,27:3821.

[65] Mital S K,Chamis C C. Fiber pushout test:a three dimensional finite element computational simulation[J]. J. Comp. Tech. Res. ,1991, 13:14.

[66] JB/T8133.8—2013. 电炭制品物理化学性能试验方法 第8部分:抗压强度[S].

[67] 李秀涛,许正辉,王俊山,等. 难熔化合物掺杂C/C复合材料的裂纹扩展及断裂模式分析[J]. 宇航

材料工艺, 2007, 06:99 - 104.

[68] 万玉慧,徐永东,潘文革,等. 反应熔体浸渗法制备 C/SiC 复合材料的结构与力学性能[J]. 玻璃钢/复合材料,2005, 05:20 - 24.

[69] 李同起,王成扬,刘秀军. 均相成核和非均相成核碳质中间相的异同[J]. 炭素技术,2008,05:5 - 9.

[70] 李同起,吴宁宁,高晶,等. 制样压应力对显微拉曼光谱法获取碳材料结构参数的影响[J]. 宇航材料工艺,2011,41(1):101 - 104.

[71] 景介辉,黄玉东,刘丽,等. 碳/碳复合材料纤维束/基体界面强度的表征[J]. 材料科学与工艺,2011,19(3):60 - 65.

第 3 章

碳纤维烧蚀防热复合材料的
成型过程及碳纤维应用

如前所述,目前较常使用的碳纤维烧蚀防热复合材料主要包括碳/酚醛复合材料和碳/碳复合材料。其中,碳/酚醛复合材料为碳纤维增强的酚醛树脂复合材料,其在烧蚀防热过程中通过自身裂解、氧化、气化、剥蚀等过程带走热量,同时依赖自身较低的热导率实现隔热的效能。与碳/碳复合材料相比,碳/酚醛烧蚀防热复合材料应用的温度较低,通常应用于飞行器的后段或火箭发动机喷管的后段。碳/碳复合材料是由碳纤维与基体碳复合形成的以碳元素为主的复合材料,其烧蚀防热过程中主要通过碳的氧化、升华、剥蚀等带走热量,由于其制备过程中基体碳经过了充分的高温热处理,其服役过程中不会再有自身的裂解过程。碳/碳烧蚀复合材料可服役的温度非常高,可以应用于飞行器的大部分防热部位,但由于其价格往往比碳/酚醛复合材料贵很多,通常只应用于飞行器的端头、火箭发动机的高温喉衬等部位。本章将对两种碳纤维烧蚀防热复合材料的成型过程及碳纤维的应用情况进行介绍。

3.1 碳/酚醛烧蚀防热复合材料的成型及碳纤维的应用

碳/酚醛复合材料是以碳纤维或织物为增强体、以酚醛树脂为基体的一类复合材料,是继高硅氧/酚醛之后发展形成的新一代烧蚀防热材料,除热化学反应烧蚀外,它在3000℃左右发生碳的升华,可以吸收大量热量,因而有效烧蚀热大。同时,由于碳纤维在高温下不熔化且保持较高强度,可起到稳定碳层作用,降低烧蚀速率。因此,碳/酚醛复合材料综合了高硅氧/酚醛复合材料的烧蚀隔热和碳/碳复合材料的耐烧蚀两方面特性。

碳/酚醛复合材料最早是美国于20世纪60年代初为满足高性能弹头大面积防热及固体火箭发动机喷管防热材料的需要而研制发展起来的,同时期黏胶基碳纤维的成功工业化为其提供了可能[1]。与之前主要使用的高硅氧/酚醛复合材料相比,碳/酚醛复合材料具有更高的烧蚀表面温度、有效烧蚀焓以及较好的烧蚀表面形貌。当时,美国正在研制携带分导式多弹头的第二代洲际核导弹,其小型化弹头钝度减小、再入速度增加,再入大气层时考虑了更加恶劣的热环境条件,碳/酚醛复合材料就成为了头部防热层的首选材料[2,3]。这时期,固体火箭发动机也正处于大力研发阶段,由于发动机燃气流的温度可达 3000℃以上且不能使用冷却技术,其喉衬和扩散段需采用烧蚀防热方式。喉衬的工作环境最为苛刻,采用碳/碳复合材料是最理想选择,但对于扩散段那样的大尺寸部件,碳/酚醛复合材料则是更好的选择,因为碳/酚醛复合材料有类似碳/碳复合材料的耐烧蚀性能和更好的隔热性能,而且成型工艺相对简便,适合于大部件的生产和质量控制[4,5]。

3.1.1　碳/酚醛复合材料的制备工艺过程

碳/酚醛复合材料是以粘接性能良好的酚醛树脂作为基体材料,以力学性能优异的碳纤维为增强材料并经适当的成型工艺制成的复合材料。

通常碳/酚醛复合材料的成型工艺方法包括层压成型工艺、模压成型工艺、缠绕成型工艺和树脂转移成型工艺(Resin Transfer Molding,RTM)[6,7]。

层压成型工艺是一种较为简单的成型工艺,即采用预浸料叠层后热压成型的方法,该工艺方法形成的产品质量稳定,早期压制大厚度层压板,用以制造飞行器端头和防热层之间的过渡段。该工艺中需严格控制预浸料树脂含量和预固化程度,防止层间开裂。

模压成型工艺为模具限定外形情况下的加热成型工艺。模压制品尺寸精确、表面光滑,材料利用率、成品率以及生产效率都比较高,尤其适宜于生产形状复杂、装配要求高的产品。常见的模压工艺包括短纤维模压成型工艺和碎布模压成型工艺。短纤维模压成型工艺是把短切预浸纱放在模腔中压制成型,制品的性能与物料的流动性和纤维长度有关。该工艺劳动强度较大,制品易发生缺胶和聚胶现象,导致防热复合材料烧蚀不均匀。碎布模压成型工艺是把预浸料裁成一定尺寸的方布,再在模具中压制。该工艺机械化程度高,预浸料和制品质量稳定。但是该工艺在加压成型时布块易平行于型面作定向排列,导致制品厚度方向强度和抗剥蚀性能下降。

缠绕成型工艺从缠绕方式上可分为平行缠绕、重叠缠绕和倾斜缠绕,如图 3-1 所示。平行缠绕是指布带平行于芯模型面的缠绕方式,布层之间有一定的搭接宽度。布带不宜过宽,否则容易出现皱折。重叠缠绕是指布带平行于芯模中心线的缠绕方式,布带宽度由制品厚度决定,其技术要点是控制布带的张力和温度;对于厚度大的制品要求严格控制预浸胶布带的挥发量和含胶量,以防止制品分层。倾斜缠绕工艺的预浸胶布带和芯模中心线成一定角度,工艺较为复杂。首先须把预浸胶布按45°方向斜切成一定宽度的胶布条,然后连接成可变形的连续布带,缠绕时布带在张力作用下展开成所需的扇形。布带越宽,斜缠角度越大,制品直径越小,则扇形展开角也就越大,缠绕就越困难。斜缠工艺可使胶布带层顺气流方向排列,因而能显著提高防热层的抗气流剥蚀能力。

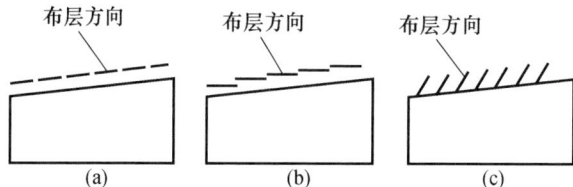

图 3 – 1 布带缠绕工艺示意图
(a)平行缠绕;(b)折叠缠绕;(c)倾斜缠绕。

树脂转移成型工艺是把纤维预成型件紧密地包在封闭模具内,然后把树脂以一定压力注入(对于某些产品要对内腔适当抽真空),然后固化成型的方法。此法的优点是:①能够制造高质量、高精度、低孔隙率(一般为0% ~0.2%)、高纤维含量的复杂复合材料构件,过程中没有材料浪费。产品从设计到制造时间短,生产效率高。②RTM 模具和产品可采用 CAD 进行设计,模具制造容易,材料选择范围广。③RTM 成型工艺易于实现局部增强以及制造带局部结构的构件的制备,尤其是碳纤维预制体中可以按受力要求进行"立体"编织,解决局部应力集中的问题。另外,带芯材的复合材料能一次成型。④RTM 成型过程中的挥发分少,有利于劳动保护和环境保护。

传统的碳/酚醛烧蚀防热复合材料采用黏胶基碳纤维,其强度相对较低,在1000MPa 量级,增强形式为碎布或两向织物,工艺采用模压、层压或布带缠绕,因此复合材料强度,尤其是层间强度较低,其中斜缠碳/酚醛复合材料常温层间剪切强度为 10 ~20MPa。这类材料在使用时往往仅考虑其防热功能,但在固体火箭发动机喉部与喷管对接处以及再入飞行器端头与锥身对接处,常出现局部热应力破坏情况,材料强度需要提高。利用复合材料防热服役时内部的非烧蚀影响区参与承载可有效提高防热结构的可靠性和轻量化水平。因此,提高防热材料强度(包括层间强度),是防热材料研制一直追求的重要目标。采用高强度纤维及三维编织增强体是实现该目标的有效途径。

三维编织复合材料具有多向纤维束构成的交织结构,其突出特点是提高了沿厚度方向的力学性能,可克服传统的层合复合材料的分层现象,并具有较好的抗损伤和能量吸收性能。三维编织复合材料的另一重要特点是能够直接成型许多具有复杂形状的结构,同时利用 RTM 成型技术可明显减少工序、降低成型费用。三维编织复合材料正是由于优良的力学性能和相对较低的制造费用,引起了人们的极大兴趣,使其倍受工业界和学术界的关注,在力学建模分析、编织技术、成型工艺及应用研究等方面开展了大量卓有成效的工作。

为发展先进防热材料,国内于 20 世纪 80 年代中期开始研制三向正交碳/酚醛复合材料,之后研制了三维四向碳/酚醛复合材料(图 3 – 2(a))。三维五向碳/酚醛复合材料是在上述两种材料基础上发展起来的一类新型防热复合材料,它克服了三向正交织物不可压缩、大小端结构差异大以及复合材料径向热导率高的缺点。三维五向整体编织单胞结构图如图 3 – 2(b)所示,通过在三维四向结构单元中引入第五向纤维,实现了结构单元各编织纤维的互锁和稳定化。第五向纱在织物内部的编织方向上几乎呈直线穿过原三维四向结构单元体的中间,与单元体的四根对角线在结点处相交互锁,从而限制单元体中对角线的移动,不会像三维四向结构单元体因一根或两根对角线纤维破坏而导致整个单元体迅速破坏。提高了纤维编织体的稳定性,可有效避免单元体的整体破坏,并大幅度提高了纵向强度,有利于烧蚀外形的稳定和结构的完整性[8-10]。

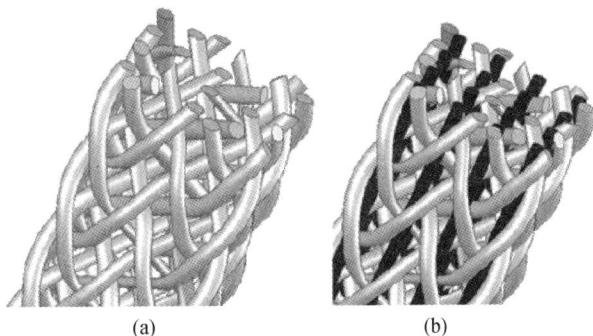

(a)   (b)

图 3 – 2 三维四向及三维五向整体编织结构示意图[11]

(a)三维四向;(b)三维五向。

三维五向整体编织碳/酚醛复合材料的制备采取 RTM 成型工艺,在闭合模具型腔中放置碳纤维增强预制体,喷洒去离子水使织物与型腔较好接触。在一定温度和压力条件下,将酚醛树脂从注胶口注入装有预制体的模腔中,通过压力将树脂传递到各个部位,使之完全浸渍碳纤维增强预制体,然后经固化成型,获得复合材料制品。

RTM 工艺过程包括:装模、真空压力浸渍、固化和后处理四个步骤。

(1)装模:为获得较好的产品质量,应先设计好碳纤维织物的厚度,以保障碳纤维的纤维体积含量符合要求。装模时将碳纤维预制件按要求制成一定形状,再放入模具中。首先在模具型腔表面均匀地刷涂脱模剂,然后在模具密封槽内装上密封条组装后,将织物放入型腔中,喷洒去离子水使织物与型腔较好接触,对织物局部进行修整,之后使用螺栓或其他紧固方式将模腔紧固、密封。连接注胶管路及 RTM 设备(或树脂罐、加压系统)。模具出胶口连接真空系统,通过真空表漏率检查整个注胶系统的密封性。

注意在装模过程中织物的尺寸不应超过模具密封区域以便模具闭合和封闭。不仅要保证模具密封,更重要的是可能影响最终产品尺寸的定位装置(如定位环、定位销等)装配到位。

(2) 真空压力浸渍:真空压力浸渍是整个工艺过程的关键 。在模具闭合锁紧后,在一定条件下将树脂注入模具,树脂在浸渍纤维增强体的同时将空气赶出。当多余的树脂从模具出胶口开始流出时,停止树脂注入。通常模具是预热的,以保持树脂具有足够的流动性。在充模过程中模壁、增强纤维和树脂之间将会发生热量和物料的传递过程。浸渍温度的确定应考虑此温度下树脂的流变特性,通常要求树脂在浸渍温度条件下,黏度 500 mPa·s 以下保持时间不低于 4h,酚醛树脂浸渍温度一般选择在 70℃左右。

浸渍时首先将模具系统(含树脂罐)和树脂均预热至浸渍温度,将酚醛树脂用抽真空方法抽入树脂罐中,如直接倒入树脂罐中应使用真空泵对树脂进行脱泡处理。在真空辅助条件下,利用树脂泵或氮气加压系统将酚醛树脂从树脂罐经过注胶管路传输到整个模腔,直至从出胶口溢出。停止真空后流出的树脂应不夹带气泡,如有气泡则说明尚有未完全浸入树脂的情况,应继续让树脂流出直至没有气泡,必要时可对模腔内的胶液进行保压处理,以使树脂在织物内充分迁移和浸润。树脂注射完毕后将模具出胶口堵死,防止模腔内树脂流失。在注胶过程中需要缓慢加压,以保证浸渍的均匀性。一般注胶压力不大于 2.0MPa,注胶压力过大不仅可能导致局部浸渍不完全,而且可能会造成纤维增强织物变形。另外,如果模具流胶路径、注胶口和溢出口设计不合理,可能导致产品局部浸渍不完全。解决局部浸渍不完全的简单处理方法是在工装对应浸渍不完全的位置增加溢出口,促进树脂向该区域的流动。

(3) 固化:在模具充满树脂后,通过加热使树脂发生交联固化,形成树脂基体。一般采用加压固化方式,固化压力在 1.5MPa 左右,可以采用氮气加压或在热压罐中进行。如果树脂开始固化的时间过早,将会阻碍树脂对纤维的完全浸润,导致最终产品中存在孔隙,降低产品性能。理想的固化反应开始时间是在模具刚刚充满树脂时。

(4) 后处理:当固化反应进行完全后,打开模具取出制件,为使制件固化完全可进行必要的后处理,如再次真空压力浸渍、再次固化等。

3.1.2 碳纤维在碳/酚醛复合材料中的应用

碳纤维对碳/酚醛复合材料的性能非常关键,其含碳量、表面特性、强度、热稳定性和热物理性能均是重要的指标。碳/酚醛烧蚀复合材料由于采用了三维五向织物结构,使用的碳纤维还需要满足编织的工艺要求。对于烧蚀性能而言碳纤维的含碳量越高越好,但含碳量越高,纤维的热导率就越高,会影响到碳/酚醛复合材料的隔热性能。

黏胶基碳纤维因密度较低,在较高含碳量的情况下,仍具有相对较低的热导率,因此一直得到较多应用。早期美国碳/酚醛复合材料所用黏胶基碳纤维含碳量为 95% ~97% ,主要采用 HITCO 公司的 CCA – 1 黏胶基碳纤维,但该纤维碱金属和碱土金属杂质含量达到数百微克每克。由于碱金属和碱土金属的电离势较低,在高温下易电离,使烧蚀流场中电子密度数量级增加,不仅影响地面与飞行器的通信,同时也增大了飞行器尾流的雷达反射截面,使飞行器易于被发现和拦截[12]。此外,碳纤维内的碱金属和碱土金属杂质的分解和电离,可以引起复合材料的过快分解,甚至加速其破坏[13]。因此,HITCO 公司在提高纤维的纯度方面做了大量工作,推出了高纯化的 CCA – 3(1641B) 型碳纤维,使碱金属和碱金属土金属含量降到 $50\mu g/g$ 以内。该纤维成为了美国军用碳/酚醛防热复合材料用的标准原材料。

聚丙烯腈基碳纤维的突出优点是强度高,如标准模量碳纤维的拉伸强度为 3.5GPa 级,是黏胶基碳纤维的 4 倍左右。该碳纤维的含碳量为 92% ~94% ,且采用有机溶剂法聚合纺丝形成原丝后,碱金属和碱土金属杂质含量也从最初的数千微克每克降到了目前的 $100\mu g/g$ 左右。聚丙烯腈基碳纤维可有效解决黏胶基碳纤维强度低、工艺操作性差和原丝来源保障困难的问题,尤其是对于立体编织,它更具有难以比拟的优势。20 世纪 80 年代后,聚丙烯腈基碳纤维逐步在碳/酚醛复合材料中取得一席之地[14]。国内在固体火箭发动机喷管以及三维编织型碳/酚醛复合材料中基本都采用聚丙烯腈基碳纤维作为增强体。

传统碳/酚醛复合材料层间强度低,一般在 10 ~20MPa 范围内,在使用过程中对其层间强度规定最小值以保证不会发生层间开裂[15]。为提高碳/酚醛复合材料的力学性能,对碳纤维表面进行处理以提高树脂与纤维的界面结合性能的研究工作较多。[16-18]化学氧化、等离子氧化或臭氧氧化处理等方法,虽能改善纤维与树脂的亲合性,大幅度提高了层剪强度,但这些方法是通过在纤维表面引入羧基等含氧基团来实现的,这些基团在高温下并不稳定,易断键分解,对材料的高温性能的提高作用不大。还有一些处理是通过纤维表面"刻蚀"来增加树脂与纤维的结合面积及机械连接点,虽确实达到了增强界面粘接强度的作用,但也会对纤维本身的强度造成一定的损伤。

碳纤维的品种规格较多,一些非主要指标(如纤维的截面形状、单丝直径、纤度、捻度及上浆剂种类和上浆量等)比较容易被忽视,但往往会对碳/酚醛复合材料的烧蚀性能造成重要影响,需要加以严格控制或选择[19]。

3.2 碳纤维在碳/碳烧蚀防热复合材料中的应用

碳/碳复合材料由于几乎完全由碳元素构成,其具有碳材料的质轻、耐高温、高温强度高、耐化学腐蚀、高温性能稳定等特点,同时兼具了碳纤维增强复合材料力学性能优异的优点,在航天、航空、化学工业、核工业等领域具有广泛的应用。作为烧蚀防热应用的碳/碳复合材料主要应用于航天领域的飞行器超高温防热部位(如端头)和火箭发动机的喉衬等部位。碳/碳复合材料根据其本身特性的不同具有非常丰富的类别,如不同的碳纤维增强结构(包括 1D、2D、2.5D、3D 等)[20]、不同的基体碳类型(包括沥青碳、树脂碳、气相热解碳、陶瓷改性碳等)、不同的致密度(从 $0.2g/cm^3$ 到 $2.0g/cm^3$ 以上)等。因此,碳/碳复合材料本身非常复杂。作为烧蚀防热应用的碳/碳复合材料通常需要具有高的致密度和力学性能,以提高其高温耐烧蚀性能。本节将以烧蚀防热应用的碳/碳复合材料为主,兼顾其他应用的碳/碳复合材料情况,介绍其成型工艺过程和碳纤维的应用情况。

3.2.1 碳/碳复合材料的成型工艺过程

碳/碳复合材料的成型过程就是碳纤维预制体与基体碳前驱体不断复合和基体碳前驱体不断热解成碳的过程。碳/碳复合材料的制备技术包含碳纤维预制体成型和预制体的致密化两部分,其中碳纤维预制体成型是由碳纤维或碳布经过编织、铺层、缝合、穿刺等方法形成具有块体、板状等外形特征的整体纤维预制体的过程;预制体的致密化过程即为传统意义上的碳/碳复合材料成型过程,通常需要经过碳纤维预制体的预处理、基体碳前驱体的填充、碳化/高温热处理等过程。为达到高致密度的目的,碳/碳复合材料成型过程中通常要经过反复的致密化过程。致密化工艺是影响碳/碳复合材料性能和制备成本的关键,一直是国内外研究的重点和热点。

将基体碳或其前驱体填充到预制体孔隙内的方法(即致密化方法)主要有液相浸渍/碳化法和化学气相渗透(Chemical Vapor Infiltration,CVI)法。其中沥青碳基体和树脂碳基体的碳/碳复合材料通常采用液相浸渍/碳化法,而以气相裂解产物作为基体碳的碳/碳复合材料则采用 CVI 方法。虽然碳/碳复合材料的制备也可以采用模压或 RTM 工艺后再热处理的方法,但往往这些工艺方法仅适用于碳/碳复合材料致密化的初始阶段,在后续的致密化过程中仍需采用上述工艺方法进行有效的致密化。本节主要阐述碳/碳复合材料成型的浸渍/碳化工艺和 CVI 工艺,并对基体改性的烧蚀防热碳/碳复合材料的成型过程也进行介绍。

3.2.1.1　浸渍/碳化法致密化工艺

液相浸渍/碳化工艺是制造碳素材料的传统工艺方法,目前已成为碳/碳复合材料成型的一种主要工艺方法。液相浸渍/碳化法的工艺流程如图 3-3 所示,主要通过多次浸渍、碳化、高温热处理循环来达到预定密度。用于碳/碳复合材料基体碳前驱体的物质通常为能够形成大分子网状碳层的物质,包括沥青、树脂、重质油、糖类等,其中以能够廉价获取和能够实现高效致密化的沥青和树脂的应用最为广泛。由于沥青和树脂特性存在明显的差异,其致密化过程有所不同。在浸渍碳化过程中,前驱体在碳纤维预制体内的均匀高效填充和成碳是碳/碳复合材料致密化的关键,通常需要在压力驱动下进行浸渍和碳化。

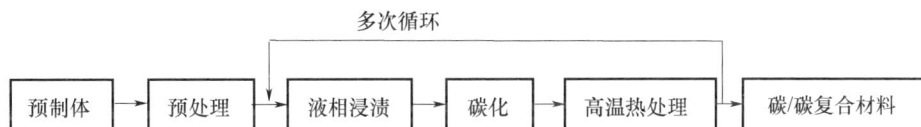

多次循环

预制体 → 预处理 → 液相浸渍 → 碳化 → 高温热处理 → 碳/碳复合材料

图 3-3　液相浸渍工艺流程图

碳纤维预制体预处理过程是在惰性环境中对碳纤维预制体进行高温热处理的过程,通过高温将碳纤维表面的上浆剂或为实现预制体成型而施加的成型胶热解去除,以打散纤维束,进而便于后续基体在纤维束中的形成。同时碳纤维预制体的预处理过程也可以实现其成型过程引入的应力在碳/碳复合材料致密化前的释放。

浸渍过程是在一定的压力驱动下,使液态有机浸渍剂(主要为沥青和树脂)尽量均匀地渗透到碳纤维织物孔隙中。通常,为使液相前驱体具有较佳的流动性和渗透性,需要对其进行加热或添加溶剂处理,如沥青前驱体在常温下通常为固体,需要加热形成一定黏度的液体才能实现浸渍;再如酚醛树脂前驱体在常温下虽然为液体,但其流动性和浸渍性不能满足使用要求,通常需向其中混入溶剂(如乙醇、丙酮等)或加热使其黏度降低,达到碳纤维预制体内部快速、均匀浸渍的目的。前面也提到了浸渍过程需要在压力作用下进行,以克服液相前驱体进入碳纤维预制体或半致密化碳/碳复合材料孔隙的阻力。通常,除了第一次浸渍过程需要在真空或常压(≤0.1MPa)下进行外,后续的浸渍过程均需要在高压(一般为几兆帕)和超高压(几十兆帕至百兆帕以上)下进行[20],并且后面的浸渍压力应大于或等于前几次的浸渍压力。超高压浸渍过程通常在高温等静压设备中进行,并且浸渍和碳化过程同步进行。

碳化和高温热处理过程是在隔绝氧的条件下,通过加热使作为基体碳前驱体的碳氢化合物脱氢、缩聚形成碳质材料的过程。基体碳前驱体的残碳率越高其致密化效率就会相应提高。但通常,分子量越大的有机物其流动性就越小,不利于浸渍。因此,在选基体碳前驱体时,一般应选用残碳值高、工艺性好的有机物,特种沥青和树脂具有上述特性,是广泛应用的碳/碳复合材料基体碳前驱体。常用基体碳前驱体有热固性树脂(如酚醛树脂、呋喃树脂)、热塑性的中温煤沥青、石油沥青等。在实际的工艺实践中,碳/碳复合材料成型的碳化过程通常在700~1000℃,这个过程中基体碳前驱体完成了大部分的脱氢和成碳,体积大幅收缩;在后续的高温热处理(温度在1500~3000℃)过程中,增强体碳纤维和基体碳进一步深度脱氢和成碳,同时伴随着碳结构向类石墨结构的进一步调整。

目前,沥青液相高压浸渍/碳化工艺已成为烧蚀防热碳/碳复合材料致密化成型的一种主要工艺方法,该工艺特别适宜制造大型块状或厚壁碳/碳复合材料产品。

3.2.1.2 化学气相渗透法致密化工艺

化学气相渗透(CVI)致密化工艺是化学气相沉积(Chemical Vapor Deposition,CVD)在孔隙中应用的一种特殊形式,其本质是气-固表面多相化学反应[21]。CVD是在基底材料的外表面上直接沉积形成薄层,而CVI工艺中待沉积的对象为多孔低密度材料,沉积主要发生于材料内部孔隙表面。用于碳/碳复合材料制备时,碳纤维预制体或半致密化碳/碳复合材料作为待沉积的对象,通过烃类(包括烷烃、烯烃等)物质的气相热解、扩散、沉积等过程形成基体碳。

CVI致密化工艺的优点是工艺简单、基体性能好、增密的程度易于精确控制,所制备碳/碳复合材料的综合性能通常要优于液相浸渍法,通过改变CVI工艺参数,还可以得到不同结构、不同性能的碳/碳复合材料。缺点是制备周期太长,生产效率较低,不易实现高致密化。

传统的CVI工艺为等温法[22,23],待沉积物料处于均温度场内进行致密化。近年来随着对碳/碳复合材料研究的进一步扩大和深入,在传统等温CVI方法的基础上发展并不断衍生出许多新的CVI工艺,如热梯度CVI工艺[24,25]、等温压差CVI工艺[26]、强制流动CVI工艺[27,28]、液相CVI工艺、限域变温压差CVI工艺[29,30]、脉冲CVI工艺[31,32]以及微波CVI工艺[33]等,这些工艺的出现在一定程度上缩短了沉积时间,降低了制备成本,拓展了碳/碳复合材料的进一步应用和发展,但是制备周期长、成本较高依然是制约碳/碳复合材料应用和发展的瓶颈,尤其是在民用领域。因此,低成本化问题仍然是近年来世界各国从事CVI技术研究工作者最为关注的焦点问题[34]。

通常,CVI工艺制备碳/碳复合材料时仍需要进行高温热处理,以促进基体碳的深度成碳和孔隙的进一步打开,方便后续CVI过程的进一步进行。在CVI工艺致密化过程中,应严格控制气相热解产物向孔隙内的扩散和在孔壁的沉积速率,防止优先在表层孔隙形成基体碳,造成孔隙的堵塞。尽管优化CVI工艺参数可以延缓表层孔隙的过早堵塞,但在工艺实践中这种情况很难避免。需要反复的CVI致密化和高温热处理。对于表面封孔、结壳严重的情况,还需要进行表面的机加工,实现孔隙的打开。

对于较大尺寸或异型的碳/碳复合材料,CVI 工艺致密化过程时应当严格控制碳纤维预制体或半致密化材料周围的物料流场、温度场,以实现各部位的均匀致密化。通常需要在待沉积材料的周围通过辅助工装来控制。对于厚度较大的碳纤维预制体,很难实现内外的均匀致密化,往往内部具有较低的基体碳填充率。与液相浸渍/碳化致密化工艺相比,CVI 工艺更适合制备薄壁特征的碳/碳复合材料。由于 CVI 工艺获得的复合材料的体积密度较低(通常在 1.7g/cm³ 以下),这种工艺制备的碳/碳复合材料适合作为热结构件使用,而不适合作为需要高致密度的烧蚀防热材料用。为提高碳/碳复合材料的密度,工艺实践中通常在 CVI 致密化后再采用液相浸渍/碳化工艺进行后续的致密化。根据工艺需要,也可以先进行液相浸渍/碳化致密化,然后再进行 CVI 工艺。McAllister 等[21]研究发现:经 CVI 辅助致密化后,酚醛基碳/碳复合材料的强度有了显著提高,主要原因是 CVI 辅助工艺对材料内的残余孔隙进行了填充,减少了材料内的应力集中。

3.2.1.3　基体改性碳/碳复合材料的成型过程

烧蚀防热碳/碳复合材料在超高温服役过程中由于其氧化、升华、剥蚀等造成了其质量损失较大,很难应用到长时间服役的飞行器高温热防护部位。在碳/碳复合材料基体中引入陶瓷组元(即基体改性)是提高碳/碳复合材料氧化烧蚀性能的重要手段。基体改性技术是通过向基体中添加抑制剂或密封剂封闭氧化活性点,在高于碳基体氧化温度时能形成熔融的玻璃态固熔体或具有氧化阻挡作用的保护"层",从而降低材料的整体氧化烧蚀速率。氧化抑制剂成分的选择要满足一定的条件[35],如:①与基体碳有良好的化学相容性;②具备较低的氧气渗透能力;③不能对氧化反应有催化作用;④不能显著降低碳/碳复合材料原有的优异力学性能,等等。

从碳/碳复合材料内部抗氧化原理来讲,基体改性技术可以采用两种办法:内部涂层法和添加抑制剂法[36,37]。内部涂层是指在碳纤维上或在基体的孔隙内形成可起到阻挡氧扩散的阻挡层。但由于在碳材料内部和碳纤维单丝上涂覆相当困难,而且内部涂层类似外部涂层也同样存在热膨胀系数差异大易产生微小裂纹等一系列问题,从而在一定程度上制约了该项技术的发展。添加氧化抑制剂是提高碳/碳复合材料整体高温抗氧化性能的一项重要技术。

早期,基体改性技术主要用于 900℃ 以下的抗氧化防护,添加剂主要有含硼化合物(B_4C、B_2O_3、BN 等)、含硅化合物(SiC、Si_3N_4、$MoSi_2$、SiO_2 等),或直接浸渍磷酸、硼酸;后来研究者在基体内同时添加多种添加剂,使不同组元在不同温度阶段发挥各自防氧化烧蚀作用,利用此方法制备的材料使用温度可提高到 1300℃;对于更高的使用温度(高于 2000℃,甚至达到 3000℃),采用具有较高熔点的难熔金属化合物作为添加剂是一种行之有效的技术途径[38-40]。

目前,采用基体改性技术制备低烧蚀碳/碳复合材料的方法有固相复合法、化学气相渗透法(CVI)、液相浸渍法和反应熔体浸渍法等[41-43]。

1. 固相复合法

固相复合是将难熔金属添加剂以固相颗粒或纤维的形式预先引入到碳纤维预制体中,然后通过前述的液相浸渍/碳化或化学 CVI 等工艺形成改性碳/碳复合材料,以提高材料的抗烧蚀能力的方法。以往的研究中将难熔金属 Ti、Zr、Hf、Ta、Mo、Al、W 等的碳化物、硼化物及氧化物作为添加剂填充到碳/碳复合材料中去,一方面形成内保护层,使其基体自身的抗氧化性能提高,另一方面堵塞了碳/碳复合材料中的孔隙,减少了与空气的有效接触面积,从而延长碳/碳复合材料的使用寿命。其中,采用不同种类的金属元素或化合物配合使用,并采用合理的制备工艺方法,可以在基体内形成多元金属化合物的复合体系,实现分段式抗氧化功能,从而达到添加较少金属化合物的情况下大幅度提高材料的高温抗氧化性能的目的。

2. 化学气相渗透法

化学气相渗透法是在碳/碳复合材料制备的致密化阶段,通过引入部分陶瓷基体,利用陶瓷的抗氧化作用提高碳/碳复合材料的抗氧化烧蚀性能的方法。G. Emig[44] 报道了 CVI 制备 C/C – HfC 复合材料的工艺。这种方法是将 HfCl$_4$ 和 CH$_4$ 用 H$_2$ 或者 Ar 带入沉积炉内,在 1300℃ 左右的高温沉积形成碳和 HfC。这种工艺的主要优点有:①能在低温低压下进行基体的制备,材料内部残余应力小,纤维受损伤小;②能制备形状复杂和纤维体积分数高的近尺寸部件;③在同一 CVI 反应室中,可依次进行纤维基体界面、中间层、基体以及部件外表涂层的沉积。但是为了进行深孔沉积,CVI 过程必须尽量在低温(800～1000℃)和低压(几千帕～10kPa)下进行,以降低反应速度并提高气体分子在多孔预制体中的平均自由程。另外由于 HfCl$_4$ 和 TaCl$_5$ 等物质密度特别大,依靠 H$_2$ 或者 Ar 带入反应炉内的量受到一定的限制,并且在 HfC 和 TaC 的生成过程中 HCl 的生成对设备有很强的腐蚀作用,从而使这种工艺方法受到一定限制。

3. 液相浸渍法

基体碳在成型、烧结过程中不可避免地产生较多气孔,气孔的存在为氧的扩散提供了通道,液相浸渍技术将含阻氧成分的有机浸渍剂渗透到碳纤维织物或半成品的孔隙中,经热处理后使有机浸渍剂形成的碳和阻氧成分形成基体,通过阻氧成分阻断氧气扩散通道,降低碳/碳复合材料的氧化活性点,有效提高材料的抗氧化烧蚀性能。液相浸渍技术的基本原理实际上是润湿机理、毛细现象与吸附作用三方面的综合结果[45,46]。

液相浸渍法是制备低烧蚀碳/碳复合材料广泛使用的方法,用于高温抗氧化烧蚀的液相浸渍剂主要有难熔金属的有机溶液、掺杂有难熔金属化合物的改性前驱体及含难熔陶瓷粉体的液相有机混合物。西北工业大学[47-49]在采用液相前驱体转化法制备含 TaC 低烧蚀碳/碳复合材料方面开展了较多的工作。首先,利用"$TaCl_5$ + HF 酸 + 呋喃树脂"或"氟化钽溶液 + 固化剂"合成了碳化钽有机前驱体溶液。然后,采用真空浸渗及加压浸渗等工艺将前驱体溶液浸入复合材料内部,在一定条件下固化,经 900℃预处理后试样中生成晶粒度较细小的 Ta,经高温处理后试样中的 Ta 完全转化成立方相 TaC,经过重复浸渍–裂解最终得到致密的 C/C–TaC 复合材料。沈学涛等[50,51]以 $ZrOCl_2 \cdot 8H_2O$ 为液相浸渍剂,经过真空浸渍、热梯度化学气相浸渍致密化、高温热处理工艺,得到含有 ZrC 的碳/碳复合材料。图 3–4 是采用此工艺制备的不同含量的 ZrC 试样经氧–乙炔焰烧蚀后的实验结果。从图 3–4 可知,随着试样内 ZrC 含量的增加,试样的线烧蚀率和质量烧蚀率均先快速降低然后下降趋于变缓,说明较少量的 ZrC 加入就可以使碳/碳复合材料的抗烧蚀性能明显提高。

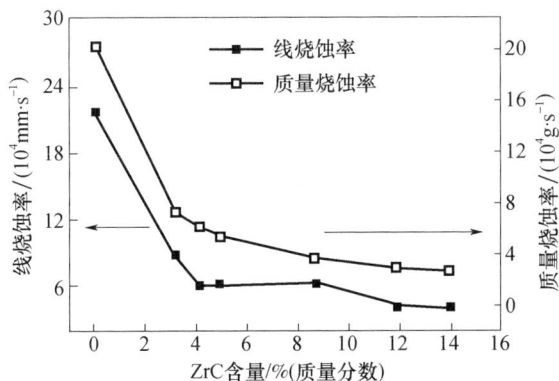

图 3–4　ZrC 改性碳/碳复合材料烧蚀速率曲线[51]

通过在树脂或沥青内掺杂难熔金属化合物颗粒,制备改性碳/碳复合材料的相关研究也有较多报道。西安航天复合材料研究所的研究中[52],把研磨好的固体氧化物或碳化物(如 Ta_2O_5、ZrO_2、TaC、WC)粉末利用超声波振荡法使其均匀分散在树脂中,以此浸渍达到一定密度的碳基改性碳/碳复合材料,经固化、碳化、烧结等工序,材料最终密度达 $1.90 g/cm^3$。此工艺的优点是材料中固体氧化物或碳化物含量容易控制,工艺简单,易于实现,成本低。缺点是需要高压设备,为使达到一定含量,需要进行反复浸渍,工艺繁杂,周期长。此外,由于浸渍剂有一定的黏度且受颗粒粒度限制,难以浸渍到坯体的微米、亚微米孔隙中,导致氧化抑制组分无法呈连续分布,一定程度上降低了材料的抗氧化性能。

4. 反应熔体浸渍工艺

反应熔体浸渍(Reaction Molten Infiltration,RMI)工艺是 20 世纪 80 年代德

国 Firzer 发明的,采用液态 Si 浸渗多孔碳/碳复合材料来制备 C/C – SiC 复合材料。RMI 工艺是制备 C/C – SiC 复合材料的一种快速、低成本的工艺方法[53],美国已有采用 RMI 技术制备 C/C – ZrC 复合材料的相关研究报道[54]:通过 CVI 技术在预制体中的碳纤维表面沉积一层碳保护层,得到多孔碳/碳复合材料,将与高温下熔化的锆接触,而熔融的锆会在毛细张力作用下渗入到预制体孔隙内部,液态锆与接触的碳发生反应形成 ZrC,最终制得 C/C – ZrC 复合材料。RMI 法制备碳/碳 – ZrC 复合材料的原理图如图 3 – 5 所示。

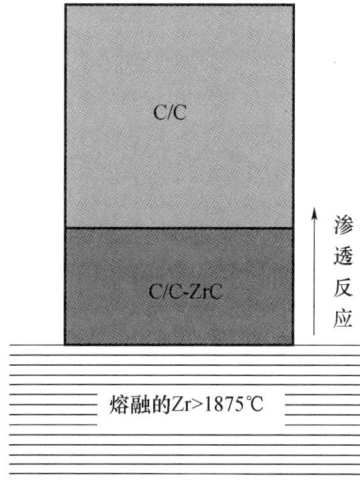

图 3 – 5　反应熔体浸渗法制备
碳/碳 – ZrC 复合材料原理图

　　RMI 工艺具有制备周期短、成本低、残余孔隙率低等优点,并且可用于制备几何形状复杂的结构件,如尖锐翼前缘和火箭发动机燃烧室。但是,采用 RMI 工艺在制备低烧蚀碳/碳复合材料过程中易对纤维增强体造成化学及物理损伤,弱化纤维的增强效应,引起复合材料的力学性能明显降低,甚至出现灾难性破坏。

3.2.2　碳纤维在碳/碳复合材料中的应用

　　碳纤维是碳/碳复合材料的性能尤其是力学性能的重要载体,碳纤维在碳/碳复合材料中的取向形式、体积含量、连续程度等参数在很大程度上决定了碳/碳复合材料的最终性能。对于烧蚀防热碳/碳复合材料,碳纤维还是氧化烧蚀的重要载体,也是防止碳/碳复合材料发生机械剥蚀这种严重烧蚀模式的关键。因此,碳纤维在碳/碳复合材料中发挥着非常重要的作用。

　　最早进行的碳/碳复合材料研制采用的碳纤维为黏胶基碳纤维,这种碳纤维由于力学性能低,以其为增强体形成的碳/碳复合材料的性能也很低(拉伸强度不超过 50MPa),在表面施加涂层后主要应用在美国的航天飞机头锥、翼前缘等部位。后来聚丙烯腈基碳纤维问世后逐渐代替了黏胶剂碳纤维,成为了碳/碳复合材料的主要增强体。目前碳/碳复合材料用的碳纤维主要为通用模量聚丙烯腈基碳纤维(如 T300 碳纤维)。随着碳/碳复合材料向高强化、高模化及高强高模化方向发展,高强型、高模型、高强中模、高强高模型聚丙烯腈基碳纤维的应用研究也开始增多。近年来,沥青基碳纤维作为一种高模量、超高模量碳纤维逐渐得到了重视。中间沥青基碳纤维作为一种特殊的沥青基碳纤维,除了具有超高模量(可达 950GPa 以上)外,还具有非常高的热导率,如 K-1100 碳纤维热导率可达 1000W/m·K,成为碳/碳复合材料的重要力学性能和导热性能的增强体。

　　碳纤维在碳/碳复合材料中的应用是以碳纤维预制体的方式实现的,碳纤维预制体的成型是碳/碳复合材料生产过程非常重要的工序。正如前面所说的那样,碳纤维预制体构成了碳/碳复合材料的骨架,其中孔隙的几何形状和孔隙分布及纤维的弯扭程度对碳/碳复合材料成型过程中的致密化处理有重要影响,进而对复合材料的性能尤其是力学性能影响巨大。在预制体的制备过程中应尽量减少对碳纤维的损伤,在必要的情况下需要对碳纤维采用防护胶进行保护。同时,碳纤维预制体的形成还要兼顾碳/碳复合材料构件形状,选择易于实现的、便于后续致密化的和能够形成高性能碳/碳复合材料的结构形式。当然,在民用领域还应综合考虑价格因素,形成性价比较高的碳纤维预制体。

　　按碳纤维预制体的增强方式可分为单向(1D)纤维增强、双向(2D)织物和多向(包括 2.5D、3D 等)织物增强等;根据碳纤维的连续与否也可分为短纤维增强和连续纤维增强。短纤维增强的预制体常采用压滤法、浇铸法、喷涂法、热压法等方式与少量基体碳前驱体一起成型。连续长丝增强的碳纤维预制体成型方法主要包括以下三种:第一种方法为以预先形成碳布的传统增强塑料的成型方法,如预浸布、层压、铺层、缠绕等方法,这种方法主要用于制作层压板、回旋体和异型薄壁结构。该方法的一种拓展方式为碳布叠层缝合法,即将碳布按一定方式叠层后进行缝合,形成织物预制体。第二种方法为针刺法,即采用无纬布(甚至为碳布,层间可施加网胎)铺层后通过针刺形成 2.5D 结构。这种方法获得的碳纤维预制体成本较低,而且容易仿形制备,是廉价碳/碳复合材料的重要增强体。第三种成型方法是近年得到迅速发展的纺织技术——多向编织技术,如三向(3D)编织,4D、5D、6D、7D 以至 11D 编织、极向编织等,可以根据碳/碳复合材料构件的承载特点进行碳纤维预制体结构的优化设计,甚至可以实现不同部位具有不同结构的预制体成型。

　　单向(1D)增强可在一个方向上得到最高拉伸强度的碳/碳复合材料,但在另两个方向上往往具有非常低的性能,因此在实际中应用较少。2D 织物通常为碳布的二维叠层结构。碳布常常采用正交平纹碳布和 8 枚缎纹碳布,其中平纹结构性能再现性好,缎纹结构拉伸强度高。由于 2D 织物生产成本较低,形成的碳/碳复合材料在平行于布层的方向拉伸强度高,并且提高了抗热应力性能和断裂韧性,容易制造大尺寸形状复杂的部件,使得 2D 碳/碳复合材料得到了较广泛的应用。如美国航天飞机和后续新型航天器用的碳/碳复合材料大都以 2D 碳布铺层结构为主。2D 碳/碳复合材料的主要缺点是垂直布层方向的拉伸强度较低,亦即层间剪切强度较低,易产生分层。为提高碳/碳复合材料结构的整体性,在三个正交的方向上改进强度和刚度,发展了正交三向碳纤维预制体。其中,穿刺织物也可视作一种三向织物。如 AVCO 公司的 3DMod3,用碳布代替正交三向织物中的 XY 向碳纤维,Z 向采用碳纤维刚性杆将碳布逐层穿刺在一起即形成穿刺织物。3D 碳/碳复合材料与 2D 碳/碳复合材料相比不仅提高了剪切强度,而且可以获得可控烧蚀和侵蚀剖面,这对于再入飞行器鼻锥和火箭喷管喉衬来讲是十分重要的。正因为如此,烧蚀防热用碳/碳复合材料大都采用正交三向结构的碳纤维预制体。

为了形成更高各向同性的结构,研究发展了多种多向编织结构。如 4D 织物是将单向碳纤维纱束先用热固性树脂进行浸胶,用拉挤成型的方法制成硬化的刚性纱束(杆),再将碳纤维刚性杆按理论几何构形编成 4D 织物。6D ~ 11D 编织、极向编织等织物具有更为优良的各向同性结构,但其成型工艺更为复杂,在工程实践中应用不多。

参 考 文 献

[1] Cline P B, Schultz F E. Investigation of the Effect of Material Properties on Composite Ablative Material Behavior, 1967, 67 – 37114.

[2] Schmidt D L, Jones W C. Carbon fiber Plastic Composites[J]. SPE, 1963,9:1 – 8.

[3] Slone M C, Fox R V. Graphite and carbon reinforced phenolic, SPE, 20th Annual Technical Conference, Jan. 1964:27 – 30.

[4] Warga J J, Lamonon J A. Low Cost Ablation for Solid Rocket Nozzles, Apr. 969, AMPE.

[5] Gras E G. Performance Analysis of Reinforced Plastics Tested in Material Evaluation Rocket Motor[R]. 1963, AGCMF – 521.

[6] 郭正. 宇航复合材料[M]. 北京:宇航出版社,1999.

[7] 于翘. 材料工艺(下)[M]. 北京:宁航出版社, 2000.

[8] 李仲平,卢子兴,冯志海,等. 三维五向碳/酚醛编织复合材料的拉伸性能及破坏机理[J]. 航空学报,2007,28(4):869 – 873.

[9] 孙颖,李嘉禄,陈利. 三维多向编织复合材料纤维束细观结构拓扑优化[J]. 纺织学报,2007, 28(10):45 – 48.

[10] Tong L,Mourita A P,Bannister M K. 3D 纤维增强聚合物基复合材料. 黄涛,等,译. 北京:科学出版社,2007.

[11] http://www.3dbraiding.com.

[12] 张凤友. 防热材料与再入通讯中断的关系[J]. 宇航材料工艺, 1986, 5: 47 – 56.

[13] Gill R M. Carbon Fiber Composite Materials[M]. London, 1972.

[14] Cook R V. NARC Rayon replacement program for the space shuttle reusable solid rocket: N2000 – 0072420.

[15] William B H. Standardization of the carbon – phenolic materials and process: N19880069698.

[16] 韩风, 黄永秋, 潘鼎. 电化学氧化表面处理提高粘胶基碳纤维的界面粘结性能[J]. 合成纤维工业, 2001, 24(4): 25 – 28.

[17] 赵东宇, 李滨耀, 余赋生, 等. 碳纤维表面的相氧化处理改性[J]. 应用化学, 1997, 14(4): 114 – 116.

[18] 闫联生, 陈增解. 表面氧化处理对提高碳/酚醛材料性能的影响[J]. 固体火箭技术, 1999, 22(3): 50 – 54.

[19] 匡松连, 蔡建强, 尚龙, 等. 碳纤维表面特性对防热材料烧蚀性能影响的研究[J]. 宇航材料工艺, 2004, 3: 18 – 21.

[20] Savage G. Carbon – carbon composites[J]. Chapman &Hall, London, 1993: 71 – 89, 112.

[21] McAllister L E, Lachmann W L. Handbook of composites[J]. Kelly A and Mileiko ST, eds. Amsterdam, 1983: 109.

[22] Zhang W G, Hüttinger K J. Chemical vapor infiltration of carbom – revised part Ⅰ: model simulations[J]. Carbon, 2001, 39(7): 1013 – 1022.

[23] Zhang W G, Hüttinger K J. Chemical vapor infiltration of carbom – revised part Ⅱ: experimental result [J]. Carbon, 2001, 39(7): 1023 – 1032.

[24] Glocki R C, Morris. Rapid densification of carbon – carbon by thermal – gradient chemical vapor infiltration [J]. Ceram. Eng. Sci. Proc. 1995, 16(4): 315 – 322.

[25] Glocki R C, Morris W S. Rapid densification of porous carbon – carbon by thermal – gradient chemical vapor infiltration[J]. Appl. Phys. Lett. 1995, 66(18): 2334 – 2336.

[26] 陈华辉, 邓海金, 李明, 等. 现代复合材料[J]. 北京: 中国物质出版社, 1998.

[27] Vaidyaraman S, Lackey W J, Agrawal P K, et al. C/C processing by forced flow – thermal gradient chemical vapor infiltration using propylene[J]. Carbon, 1996, 34 (3): 347 – 362.

[28] Lewis J S, Lackey W J. Model for prediction of matrix microstructure for carbon/ carbon composites prepared by forced flow – thermal gradient CVI[J]. Carbon, 1997, 35(1): 103 – 112.

[29] 李贺军, 侯向辉, 张守阳, 等. 限域变温压差化学气相渗透工艺: CN1306951A[P]. 2001 – 08 – 08.

[30] 侯向辉. C/C复合材料快速CVI致密化技术及模拟研究[D]. 西安: 西北工业大学, 1998.

[31] Park H D, Jeong H J, Choi Y M. Processing parameters of pulse CVI in C/C composites[J]. Ceram. Trans, 1994, 46: 155 – 163.

[32] Jeong H J, Park H D, Lee J D. Densification of carbon/carbon composites by pulse chemical vapor infiltration[J]. Carbon, 1996, 34(3): 417 – 421.

[33] 曾燮榕, 邹继兆, 梅成, 等. 微波热解沉积致密化装置: CN1693872[P]. 2005 – 11 – 09.

[34] Delhaes P. Chemical vapor deposition and infiltration of carbon materials[J]. Carbon, 2002, 40(5): 641 – 657.

[35] Lobiondo N E, Jones L E, Clare A G. Halogenated glass system for the protection of structural carbon/ carbon composites[J]. Carbon, 1995, 33 (4): 499 – 508.

[36] 王海军, 王齐华, 顾秀娟, 等. 碳/碳复合材料抗氧化行为的研究进展[J]. 材料科学与工程学报, 2003, 21(1): 117 – 121.

[37] 张中伟, 王俊山, 许正辉. C/C复合材料抗氧化研究进展[J]. 宇航材料工艺, 2004, (2): 1 – 7.

[38] Choury J J. Carbon – Carbon Materials for Nozzles of Solid Properllant Rocket Motors[J]. AIAA/SAE12th Propulsion Conlerence,1976:26 – 29.

[39] Yamamoto O, Sasamoto T. Antioxidation of carbon – carbon composites by SiC concentration gradient and zicon overcoating[J]. Carbon,1995,33(4):359.

[40] 张伟刚,成会明. C – SiC – B₄C 复合材料的非等温氧化[J]. 炭素技术,1998(2):6 – 9.

[41] 赵磊. 添加碳化钽碳/碳复合材料的制备及其性能研究[D]. 长沙:中南大学,2007.

[42] 韩秀峰. 碳改性 C/SiC 复合材料的结构与性能[D]. 西安:西北工业大学,2006.

[43] Zhou G H,Wang S W,Guo J K. The preparation and mechanical properties of the unidirectional carbon fiber reinforced zirconia composite[J]. Journal of the European Ceramic Society , 2008 (28):787 – 792.

[44] Emig G, Schoch G, Wormer O. Chemical vapor deposition of hafnium carbide and hafnium nitride[J]. Journal de physique. IV,1993,3(3):535 – 540.

[45] 李晔,黄启忠,朱东波,等. 液相浸渍法制备 C/C 复合材料[J]. 炭素,2001,4:14 – 17.

[46] 林朝平. 真空浸渗技术的应用[J]. 机械制造,2003,41(462):38 – 39.

[47] 相华. 化学液相浸渗法制备 C/C – TaC 复合材料及其烧蚀性能研究[D]. 西安:西北工业大学,2006.

[48] 相华,徐永东,张立同,等. 液相先驱体转化法制备 TaC 抗烧蚀材料[J]. 无机材料学报,2006,4(21):893 – 898.

[49] 王毅,徐永东,张立同,等. 液相先驱体制备 C/C – TaC 复合材料[J]. 固体火箭技术,2007,6(30):541 – 543.

[50] 沈学涛,李伟,李克智. C/C – ZrC 复合材料的微观结构和力学性能研究[J]. 无机材料学报,2015. 30(5): 459 – 466.

[51] Shen X T,Li K Z,Li H J,et al. The Effect of Zirconium Carbide on Ablation of Carbon/Carbon Composites under an Oxyacetylene Flame[J]. Corrosion Science,2011,53(1):105 – 112.

[52] 崔红,苏君明,等. 添加难熔金属碳化物提高 C/C 复合材料抗烧蚀性能的研究[J]. 西北工业大学学报,2000,4(18):669 – 673.

[53] Krenkel W, Gern F. Microstructure and Characteristics of CMC Manufactured Via the Liquid Phase Route [J]. Madrid,1993,7:12 – 16.

[54] Zou L, Natalie Wali, Yang Jenn – Ming. Microstructural development of a Cf/ZrC composite manufactured by reactive melt infiltration[J]. Journal of the European Ceramic Society,2010(30):1527 – 1535.

第4章

碳纤维表面特征在烧蚀防热复合材料成型中的演变

4.1　高温热处理后碳纤维的表面特性

碳纤维烧蚀防热复合材料在制备过程中,需要进行一系列不同成型阶段的高温热处理。在经历高温热处理之后,碳纤维的表面物理及化学特征必然会发生一定的变化。在复合材料成型过程中受到基体的影响,无法直接分析表征碳纤维的表面特性变化情况。本节将以自由态碳纤维为研究对象,阐述碳纤维的表面物理特性和化学特性的演变情况。

4.1.1　碳纤维表面物理本征特性

在高温惰性气氛热处理炉中对碳纤维样品(来源不同的三种标准模量碳纤维)分别进行1800~2500℃的高温热处理,获得的碳纤维样品先用扫描电子显微镜进行表面图像采集,然后利用第2章给出的碳纤维表面物理本征特性表征方法进行解析,获得碳纤维的平均直径、圆度及沟槽信息。表4-1给出了碳纤维的平均直径和圆度数据。经过高温热处理后,三种碳纤维的圆度值变化不大,而平均直径则随着热处理温度的升高都呈现逐渐减小的趋势。

表4-1　经不同温度热处理碳纤维样品的图像数据定量处理结果对比

热处理温度	T300		GCF-1		GCF-2	
	平均直径/μm	圆度	平均直径/μm	圆度	平均直径/μm	圆度
未处理	7.17	0.777	7.04	0.883	7.04	0.862
1800℃	6.62	0.803	6.77	0.804	6.67	0.926
2000℃	6.60	0.796	6.74	0.826	6.55	0.835
2300℃	6.49	0.830	6.53	0.865	6.53	0.853
2500℃	6.45	0.824	6.42	0.888	6.38	0.845

　　经过 Matlab 编程对不同温度热处理的三种碳纤维样品的扫描电镜照片进行图像处理,对纤维表面沟槽的深度及宽度的分布特点进行了统计计算[1]。纤维表面沟槽的分布符合威布尔分布的特征[2],如图 4-1 所示。图 4-2 给出了经过高温热处理后的 T300、GCF-1 与 GCF-2 三种碳纤维样品表面沟槽的深度、宽度和沟槽数量的对比。高温热处理后,碳纤维表面沟槽的深度、宽度和沟槽数量变化均不大,表面沟槽深度的变化在 0～0.03μm 范围内,宽度变化在 0～0.19μm 范围内,沟槽数量变化在 0～5 范围内,碳纤维的所有表面物理特性的变化均在正常的碳纤维波动范围内,可以认为高温热处理对碳纤维表面物理特性影响不大。

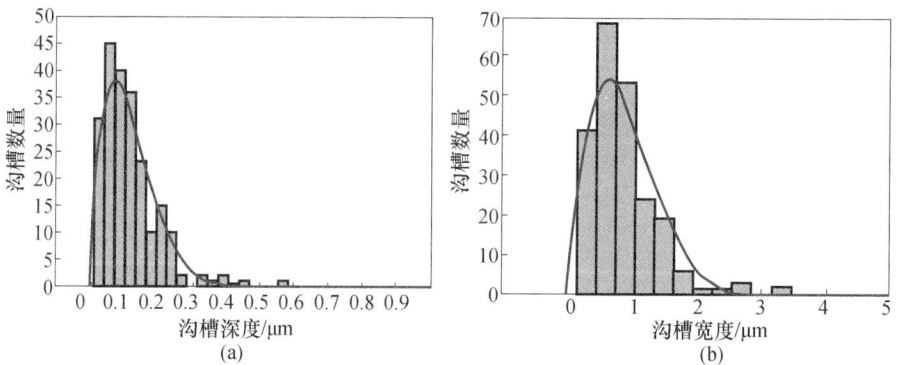

图 4-1　1800℃热处理 T300 碳纤维表面沟槽深度及宽度分布
(a)沟槽深度分布;(b)沟槽宽度分布。

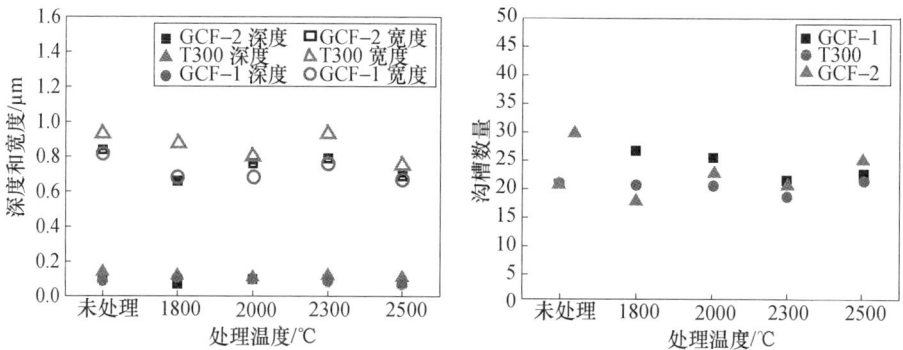

图 4-2　T300、GCF-1 与 GCF-2 碳纤维表面
沟槽深度、宽度及沟槽数量对比

　　T300、GCF-1 与 GCF-2 三种碳纤维的表面物理特征随高温热处理变化显示出大致相同的规律,说明它们虽然来源不同,但由于制备工艺相近,它们的表面物理特征在本质上存在着一致性。

4.1.2 碳纤维的表层结构特征

碳纤维的表层结构可以通过显微拉曼光谱解析获得,图 4 - 3 给出了碳纤维及其高温热处理后的表层拉曼光谱图[3-5]。可知,未经热处理的 T300 碳纤维的拉曼光谱图中,D 峰和 G 峰的峰宽较宽,并且两谱线发生交叠。经过 2000℃ 及更高温度的热处理后,D 峰和 G 峰分开。随着热处理温度的提高,G 峰散射强度逐渐增大,D 峰散射强度逐渐减小;D 峰和 G 峰的峰宽均逐渐减小。表 4 - 2 为经过不同温度热处理后 T300 碳纤维的拉曼光谱测试结果。表中所列测试结果为多次测试的平均值。经过对 D 峰和 G 峰进行分峰拟合计算可知,R 值逐渐减小,L_a 逐渐增大,说明在热处理过程中碳纤维表层微观结构发生了很大的变化,其碳结构的有序性大幅提高。

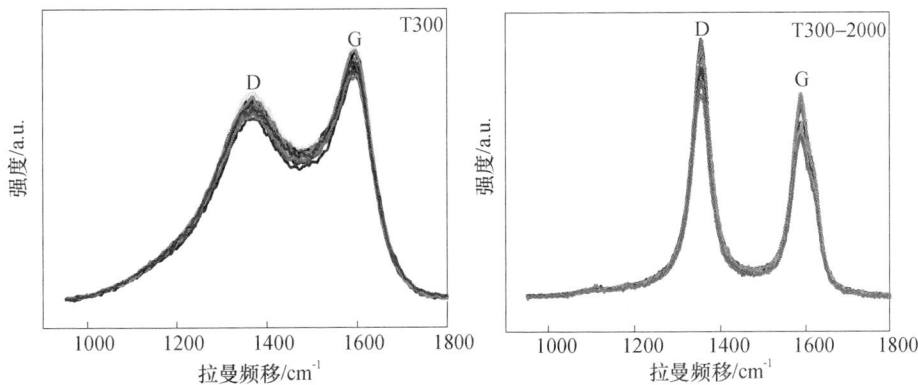

图 4 - 3 T300 碳纤维拉曼光谱图

表 4 - 2 不同温度热处理后 T300 碳纤维拉曼光谱测试结果

处理方式	R(表层)	$1/R$	L_a/nm
未处理	2.15	0.465	20.5
2000℃热处理	1.42	0.704	31.0
2300℃热处理	1.31	0.763	33.6
2500℃热处理	1.27	0.787	34.6

4.1.3 碳纤维的表面化学特性

第 2 章介绍了碳纤维表面覆层特性分析可以采用惰性环境中热处理的方法,即通过高温热处理促进碳纤维表面的上浆剂热解而去除。热处理后表面上浆剂的缺失势必会影响碳纤维的表面化学特性[6]。采用 XPS 方法对经过 1800℃、2000℃、2300℃和 2500℃热处理的 GCF - 1 和 T300 碳纤维进行表面分析,获取其包括表面元素、表面官能团的信息。图 4 - 4 为未经热处理和在

1800℃热处理后的 GCF-1 和 T300 碳纤维样品的 XPS 全谱扫描图。可以看出，GCF-1 碳纤维表面主要存在的元素是 C 和 O，T300 碳纤维表面主要存在的元素是 C、O 和少量 N。经过 1800℃热处理后，两种碳纤维表面的 O 元素含量大大减少，并且 T300 碳纤维表面可检测到的 N 元素也大大减少，这说明碳纤维表面的上浆剂覆层去除后碳纤维的表面以 C 元素为主，原有上浆剂中的含氧官能团被基本去除。

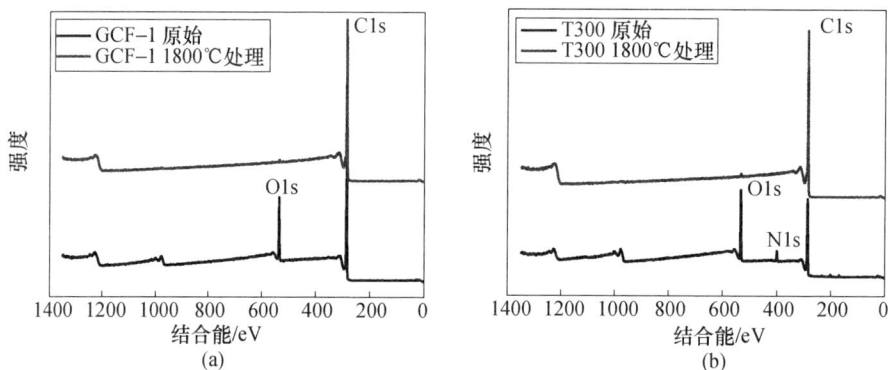

图 4-4　碳纤维样品的 XPS 全谱扫描图

表 4-3 给出了经过热处理后 GCF-1 碳纤维 XPS 分析的 C、O 和 N 元素定量结果。由表可以看出，未经热处理的碳纤维样品 O 元素的含量较多。使用能量为 2keV 的氩离子束对样品表面清洁后 O 元素含量减少，而且几种元素含量的定量结果与碳纤维本体元素分析结果相近，说明使用氩离子束轰击可以去除表面的上浆剂，形成能够反映碳纤维本体的表面特征。经过热处理的碳纤维样品 O 元素的含量急剧下降，均小于 1%，O/C 元素比例大约 0.01。可以知道，与原始碳纤维相比，热处理后碳纤维表面含氧官能团含量大幅下降。经过从 1800℃到 2500℃热处理后，几种样品的 O 元素含量几乎相同，说明 1800℃热处理就已经完全去除了碳纤维表面的上浆剂，并且碳纤维表面本身的含氧官能团也被去除了。这时的 N 元素含量已经非常低，难以检出，说明在热处理的过程中碳纤维发生了脱氮反应。经过 2500℃热处理后碳纤维表面检测不到非碳元素，说明这种温度的高温处理可以将碳纤维表面的非碳杂元素完全去除。

表 4-3　GCF-1 碳纤维样品 XPS 元素定量结果

处理方式	C1s/%	O1s/%	N1s/%	O/C
原始纤维	82.9	17.1	—	0.21
离子束清洁表面	94.0	5.2	0.8	0.06
1800℃热处理	99.3	0.7	—	0.01
2000℃热处理	99.4	0.6	—	0.01

（续）

处理方式	C1s/%	O1s/%	N1s/%	O/C
2300℃热处理	99.3	0.7	—	0.01
2500℃热处理	100	—	—	—

4.2　纤维表面特征在碳/酚醛复合材料成型过程中的演变

碳/酚醛复合材料的成型过程包括碳纤维三维织物的成型和酚醛树脂与织物的复合过程。在烧蚀防热用碳/酚醛材料的三维五向整体织物成型过程中,为改善成型工艺性,需要对碳纤维进行喷水处理,这将直接影响到碳纤维的表面特性。在酚醛树脂与碳纤维织物复合过程中,碳纤维的表面特性受到酚醛树脂的影响最终转化为复合材料的界面。本节将对织物成型过程中喷水对纤维表面的影响、碳纤维表面特性对树脂浸润性的影响及酚醛树脂与纤维表面的作用给予介绍。

4.2.1　织物成型过程喷水对碳纤维表面的影响

在三维五向整体织物编织过程中,通常采用喷水处理,使碳纤维束容易打紧,进而利于编织成型。T300 碳纤维表面上浆剂通常为环氧类聚合物,在喷水过程中可能发生溶解、流失现象[7-9]。为确定喷水的影响,采用将纤维在水中浸泡之后烘干,测试其含胶量变化的方法确定碳纤维表面上浆剂受喷水的影响程度。虽然试验夸大了喷水的影响效果,但对于确定喷水对上浆剂的影响规律仍具有一定的指导意义。

表 4-4 给出了两种碳纤维的测试结果,表中数据为国家玻璃纤维产品质量监督检验中心提供,其中 T300 含胶量与通常认为的 1% 左右有较大出入,但受到浸水时间延长而造成的上浆剂含量变化情况仍可以说明喷水对上浆剂的影响。由表 4-4 可以看出,随浸泡时间的延长,T300 表面含胶量逐渐减少,而GCF-1-2 碳纤维变化不大。为进一步验证数据可靠性,对四种不同纤维重新进行测试,将四种纤维在水中浸泡 30min,之后按工艺过程所需的 150℃烘干之后进行含胶量测试。表 4-5 为四种纤维浸水前后含胶量测试结果。从表 4-5中数据可以看出,T300 纤维在浸泡水后含胶量减少非常明显,而其他几种纤维含胶量减少相对较少。结果表明编织过程中的喷水处理对 T300 碳纤维表面特征有显著影响,而且其他碳纤维与 T300 碳纤维有较明显差别,这可能与不同碳纤维的表面上浆剂存在差异有关。碳纤维的表面特征差异可以参考第 2 章中碳纤维表面化学特性相关部分。碳纤维受到喷水影响的程度不同,在后续过程中

碳纤维与酚醛树脂的作用就会存在差异,进而对最终复合材料界面的形成也将产生不同的影响。

表4-4 碳纤维含胶量随浸水时间变化

浸泡时间/min	含胶量/%	
	T300 纤维	GCF-1-2 纤维
0	2.73	1.30
5	1.97	1.25
10	1.82	1.29
20	1.65	1.31

表4-5 碳纤维含胶量测试结果

纤维种类	未浸水前含胶量/%	浸水后含胶量/%	上浆剂保留率/%
T300	1.34	0.43	32
GCF-1-1	1.19	0.89	75
GCF-1-2	1.26	0.92	73
GCF-2	2.05	1.46	71

4.2.2 碳纤维不同表面特性对树脂浸润性的影响

碳纤维与树脂的浸润性是影响碳/酚醛复合材料界面特征及界面性能的重要因素之一[10-14]。采用动态浸润仪对不同表面特性的碳纤维与酚醛树脂的浸润过程进行了测试。为与实际织物和酚醛树脂复合过程相一致,树脂采用高碳酚醛,树脂预加热至60℃,纤维体积含量控制在55%附近。图4-5为不同碳纤维在酚醛树脂中的动态浸润结果。图中GCF-1-2纤维为原始碳纤维(即未经任何处理的碳纤维样品),其他四种碳纤维均按表4-5中方法经过水浸泡处理。从图4-5中曲线可以看出,处理后的GCF-1-2碳纤维浸润速率、浸润质量明显减少。说明编织过程中喷水导致表面上浆剂的流失会使碳纤维的浸润性能下降。比较经水处理后的四种不同碳纤维,可以发现GCF-2碳纤维与T300碳纤维浸润质量相近,而GCF-1-1、GCF-1-2的明显较少,尤其是GCF-1-1碳纤维。但碳纤维的浸润质量与浸水后碳纤维的表面含胶量不成线性关系,这说明虽然浸水处理可以减少碳纤维表面的上浆剂量,但碳纤维与酚醛树脂的浸润性似乎还与碳纤维的本征化学特性(即未上浆碳纤维的表面化学特性)有关。单从与酚醛树脂的浸润性来说,T300碳纤维和GCF-2碳纤维即使经过浸水处理造成表面上浆剂大幅减少,其本征化学特性也同样适于与酚醛树脂浸润,造成了较高的浸润质量。

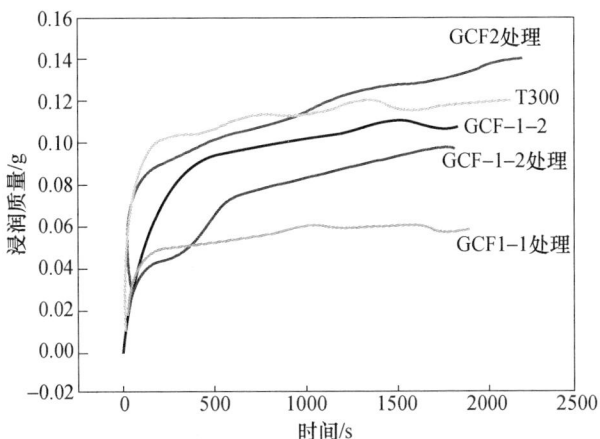

图 4 - 5　不同碳纤维对酚醛树脂的浸润

4.2.3　碳纤维与酚醛树脂复合过程中表面上浆剂的迁移

碳纤维表面上浆剂在与酚醛树脂复合过程中是如何迁移的? 上浆剂是溶解在基体树脂中还是存在于纤维表面? 这是关系到碳/酚醛复合界面形成的基础科学问题。为确定上浆剂的迁移过程,以 GCF - 1 碳纤维用上浆剂为研究对象进行研究分析。通过混合法确定上浆剂与酚醛树脂的相容性:GCF - 1 碳纤维用上浆剂为白色乳液,将其与酚醛树脂相混后,两者可完全互溶,说明上浆剂与酚醛树脂存在化学成分特征的相似性,当两种物质相互接触时具有相互扩散溶解的能力。

通过模拟试验对上浆剂在复合过程中的迁移进行分析:在载玻片表面涂覆上浆剂并在 150℃烘干后,形成上浆剂固化层;然后在其表面涂覆酚醛树脂,并进行固化,形成酚醛树脂层。将获得的试样断开,用红外光谱技术分析断面不同部位的成分特征。分析部位为载玻片近表面处(主要为原上浆剂层部位)和载玻片远表面处(主要为酚醛树脂层部位)。同时,为了比较纯上浆剂和纯酚醛树脂,利用相关方法制备了纯上浆剂层、纯酚醛树脂层以及两者共混后固化层试样,采用反射型纤维红外光谱分析其组成情况。

图 4 - 6 为不同样品及不同部位的红外光谱测试结果。从图中可以看出,远载玻片处样品红外光谱与纯酚醛树脂基本一致,而近载玻片处样品的红外光谱与纯上浆剂和纯酚醛树脂光谱图都存在较大差别,说明上浆剂与酚醛树脂发生化学反应,产生了新物质。直接混合上浆剂与酚醛树脂形成的混合固体的红外光谱图更接近于酚醛树脂的,这与酚醛树脂的用量较多有关系。试验结果表明,碳纤维与酚醛树脂复合时,其表面的上浆剂很可能仍存在于纤维与酚醛树脂的界面上,但已经与酚醛发生了化学反应。

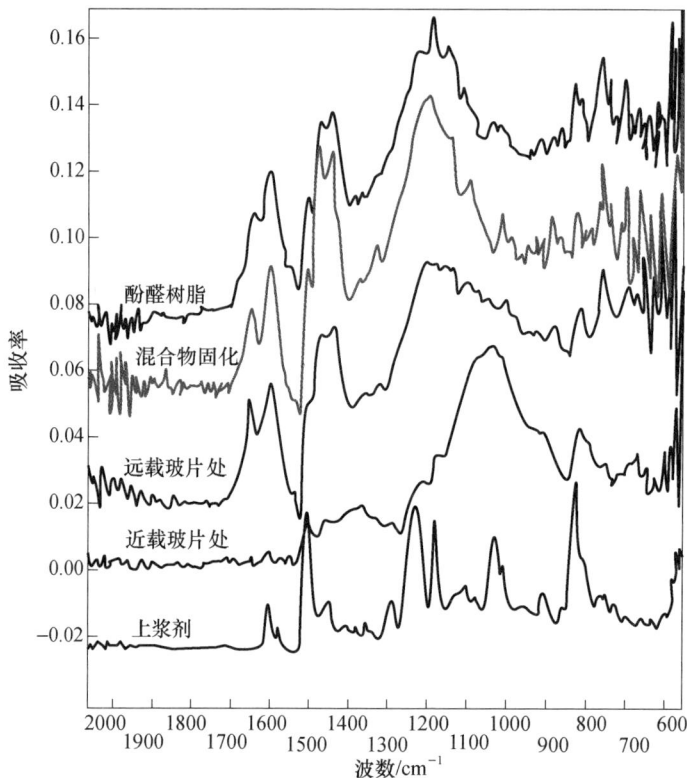

图 4 - 6   不同样品及其不同部位的红外光谱图

为进一步说明上浆剂演变问题,取载玻片上复合层样品的断面进行显微红外(反射光谱)分析,在断面上从近载玻片至远载玻片方向依次取了五个点进行分析。显微红外分析仪器的分辨率在 10μm 左右。具体分析结果见图 4 - 7,图中数字 1 ~ 5 分别为沿近载玻片至远载玻片方向。从图中也可以看出 1 处红外光谱与其它四处明显不同,进一步说明了固化上浆剂与酚醛树脂接触并经历固化后,并没有发生向酚醛树脂中的明显迁移,而是与酚醛树脂反应后存在于碳纤维表面或碳纤维与酚醛树脂界面处。因此,碳纤维表面上浆剂的存在将对碳纤维与酚醛树脂的界面产生影响。

4.2.4   碳纤维与酚醛树脂复合过程中界面特征的形成

碳/酚醛复合材料制备过程中经历的过程主要为树脂的浸渍和固化,前面已经介绍了碳纤维的表面特性对酚醛树脂的浸润性有较大影响,并且碳纤维表面的上浆剂与酚醛树脂容易发生混溶和化学反应。本小节将进一步分析在碳/酚醛复合材料加热固化过程中的上浆剂与酚醛树脂的反应情况,并阐述其界面特征的形成情况[15-18]。

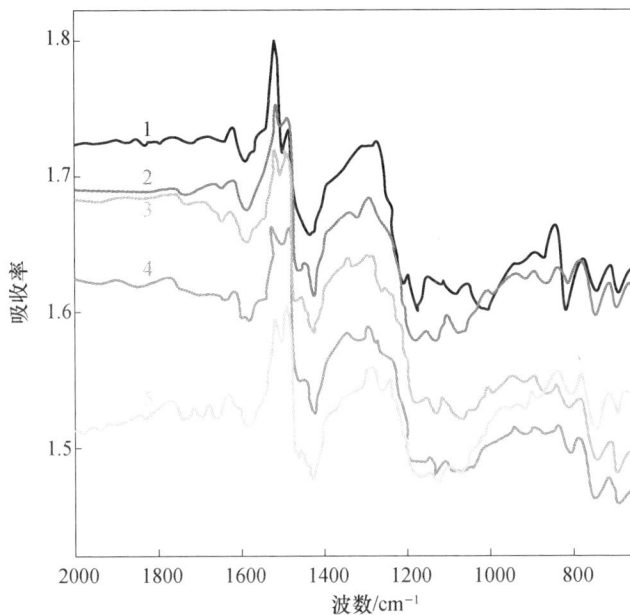

图 4 - 7　显微红外光谱分析结果

由红外图谱分析表明,碳纤维的上浆剂成分主要为双酚 A 环氧类型,在 $913cm^{-1}$、$860cm^{-1}$ 存在环氧基团特征峰。图 4 - 8 是纯上浆剂的变温红外图谱(室温至 200℃),可以看出随着温度上升,环氧基团特征峰基本没有变化,认为上浆剂中不含固化剂,随着温度上升,上浆剂反应固化的趋势不明显。

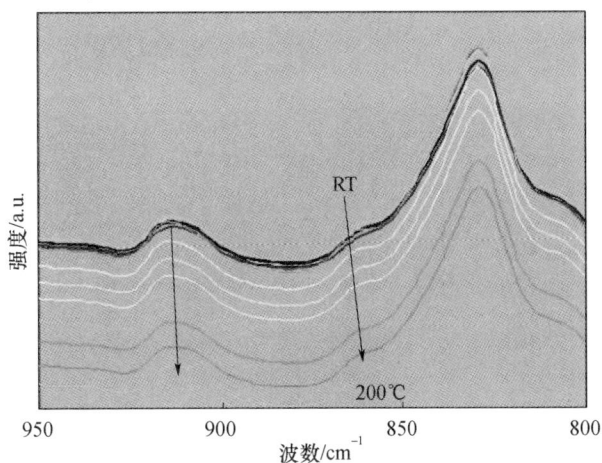

图 4 - 8　纯上浆剂的变温红外谱图

将上浆剂加热烘干其中的水分,得到浓缩上浆剂树脂块,将浓缩上浆剂树脂块放入酚醛树脂中,在不进行搅拌的情况下直接在烘箱中于 80℃下加热 2h,取出后发现浓缩上浆剂树脂块体已经完全溶解到酚醛树脂中。因此,可以认为未预固化的上浆剂在复合材料成型过程(主要为与大量树脂基体接触的加热固化过程)中大部分溶解在基体中,但在纤维表面还会有残存的上浆剂,正如4.2.3小节所表明的那样。

图4-9是上浆剂与酚醛树脂混合物的变温红外图谱。从图中可看出,从80℃开始,环氧基团的特征峰(911cm^{-1}附近)明显减弱并最终消失。说明在碳纤维与酚醛树脂复合过程中,固化温度的提高起到了促进上浆剂与酚醛树脂反应的作用。结合酚醛树脂的浸渍、固化过程,可知碳纤维/酚醛界面的形成过程为酚醛树脂向碳纤维织物内部填充后,在固化加热的作用下碳纤维表面残留的上浆剂溶于酚醛树脂中,随着固化温度的上升,酚醛树脂固化形成基体相。在碳纤维周围,上浆剂溶于酚醛树脂中,反应后在纤维表面上形成界面层。根据上述结果可以提出如图4-10所示的界面模型。

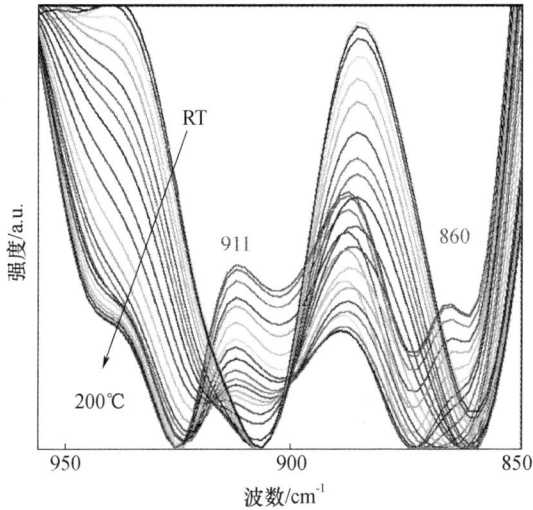

图4-9　上浆剂与酚醛树脂混合物的变温红外图谱

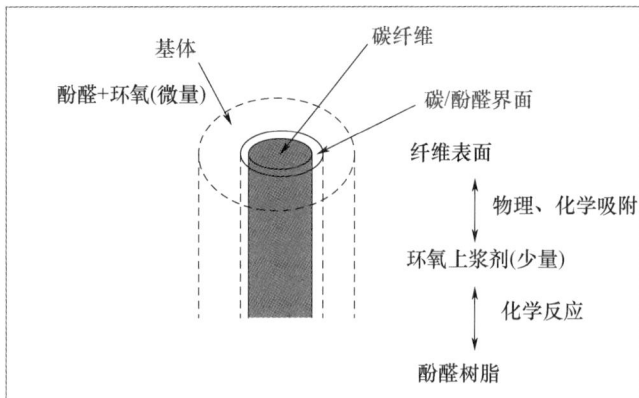

图4-10　碳/酚醛复合材料界面模型

图4-11给出了碳/酚醛复合材料断面在光学显微镜下和扫描电子显微镜下的照片。可以看出,碳/酚醛复合材料的界面填充度较高,碳纤维与酚醛树脂之间呈现强结合状态。但纤维束内仍存在一些贯穿界面的微裂纹,这些微裂纹的形成与纤维束内固化树脂的应力释放有关。

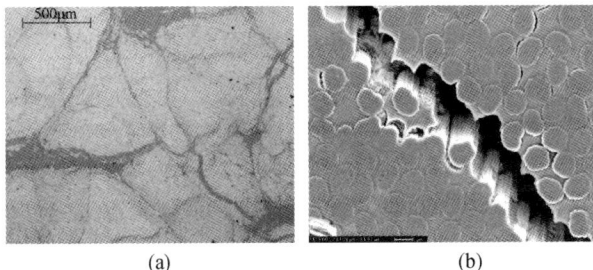

(a) (b)

图4-11 碳/酚醛复合材料的界面特征

(a)光学显微镜照片;(b)SEM显微照片。

碳纤维的界面特征形成与碳纤维的表面特性密切相关,当碳纤维表面含氧官能团含量变化时,形成的碳/酚醛界面具有不同的结合强度,相关内容参见第7章。

4.2.5 碳/酚醛复合材料界面特征的高温演变

碳/酚醛复合材料在作为烧蚀防热复合材料使用时,表面经受剧烈的气动加热而产生氧化烧蚀,复合材料次表面接触不到环境的氧,但会在高温下发生不断的树脂裂解、碳化等过程。本小节将不考虑表面氧化烧蚀造成的界面演变,仅考虑次表面高温作用下的界面演变情况。

不同表面特征的碳纤维将产生不同结合强度的碳纤维/酚醛界面,对于聚丙烯腈基碳纤维而言,其表面含有适度的含氧官能团,当表面进一步氧化后表面含氧官能团将增加,与酚醛树脂复合形成的界面结合强度将增加;而当对碳纤维在惰性环境中进行高温热处理(钝化处理)后,表面含氧官能团大幅减少,与酚醛树脂复合形成的界面结合强度将降低。图4-12、图4-13和图4-14分别给出了原始碳纤维、氧化碳纤维和钝化碳纤维增强酚醛树脂复合材料在800℃和2000℃惰性气氛处理后的形貌特征。由高温热处理后的照片可知,高温热处理使酚醛发生了不同程度的热解,造成了界面上存在大量的沟壑或裂纹。2000℃热处理后的裂纹尺寸和数量明显比800℃处理得多,这是酚醛树脂深度成碳发生严重收缩的结果。对比原始碳纤维和氧化碳纤维增强复合材料界面可以发现:原始碳纤维增强酚醛复合材料经过高温热处理后,不仅纤维束界面产生裂纹,而且束内纤维界面也产生了较多的裂纹。但氧化碳纤维增强酚醛树脂复合材料经过高温热处理后,裂纹主要出现在纤维束间,束内裂纹很少,高倍下观察可以发现纤维与树脂界面较完整,纤维单丝与树脂粘连明显,甚至在2000℃处理后这种粘连仍未完全破坏,表明了纤维与树脂之间有较好的界面结合。原始碳纤维增强酚醛树脂复合材料经惰性气体高温处理后,碳纤维丝束内开裂和单丝脱粘明显增加,表明碳纤维与酚醛树脂以较弱的界面结合。这种较弱界面在较高温度下,碳纤维单丝容易与基体分离,从而有效释放由于树脂裂解产生的内部热应力。

图 4-12　原始碳纤维增强酚醛复合材料
高温处理后的界面照片

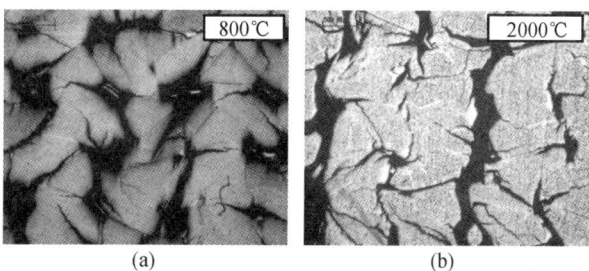

图 4-13　热氧化碳纤维增强酚醛复合材料
高温处理后的界面照片

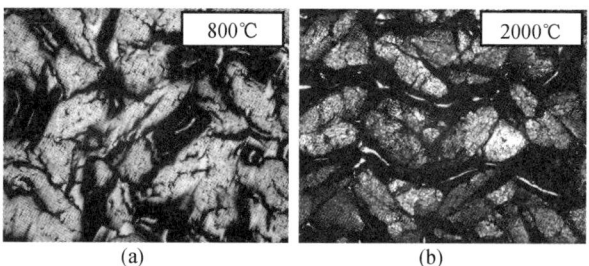

图 4-14　钝化碳纤维增强酚醛复合材料
高温处理后的界面显微照片

钝化碳纤维增强碳/酚醛复合材料经高温热处理后,不仅纤维束间界面上存在大量大尺寸孔洞或裂纹,而且纤维束内也存在较多裂纹,并且纤维束内的树脂得到了充分热解,形成了疏松区域,在光学显微镜下表现较暗。进一步放大观察后发现,800℃处理后碳纤维丝束内单丝与基体只有很少部分粘连,2000℃处理后碳纤维单丝与树脂碳之间脱粘。图 4-15 给出了扫描电子显微镜下 2000℃处理后碳/酚醛复合材料界面的显微照片,可以更清晰地看到裂解表面除了存在大量裂纹外,纤维束中单丝与树脂碳明显脱粘,碳纤维单丝与基体从界面处脱粘,形成大小不一的小裂纹。这些特征表明,纤维经高温钝化处理后,与树脂形成的弱结合界面在高温下裂解后纤维与基体脱粘,丝束内易开裂。

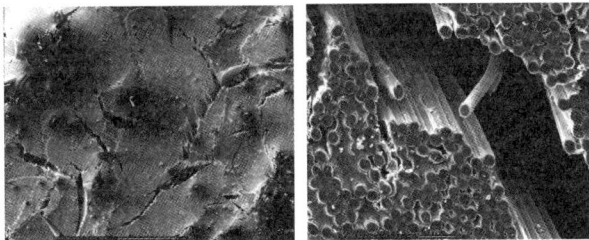

图 4-15　钝化碳纤维增强酚醛树脂复合材料
2000℃处理后的扫描电镜照片

碳/酚醛复合材料在烧蚀过程中烧蚀表面下部的高温碳化层热应力水平与相应温度下材料厚度方向的强度相当,因此热应力可导致高温碳层内部损伤破坏。当碳纤维与酚醛树脂为强界面结合时,烧蚀过程中纤维束间开裂,纤维束内单丝与基体结合紧密,在热应力作用下,容易引起丝束断裂和结构单元失效,从而引起烧蚀剥蚀,造成烧蚀速率增加。减弱碳纤维与酚醛树脂的界面结合,高热流密度烧蚀过程中丝束内部大量开裂,单丝和树脂脱粘,可有效释放热应力,避免丝束断裂和结构单元失效,从而明显减少剥蚀,降低烧蚀速率。可见碳纤维表面状态对碳纤维/酚醛树脂的界面结合强度存在明显影响,而界面结合状态又进一步影响碳/酚醛复合材料的烧蚀性能,进一步的烧蚀性能分析见第 7 章相关内容。

4.3　碳纤维表面特征在碳/碳复合材料成型过程中的演变

在碳/碳复合材料成型过程中,碳纤维表面与基体碳前驱体复合后经过碳化和高温热处理最终转化为影响复合材料性能的界面相的构成部分。无论碳/碳复合材料基体为沥青碳、树脂碳还是气相热解碳,在其成型的高温热处理过程中,碳/碳复合材料的界面都会出现由于基体的成碳收缩造成的界面弱化现象。因此,碳/碳复合材料不同于碳/酚醛复合材料的强界面特征,为弱界面复合材料。碳纤维在与基体碳前驱体复合前期,由于碳纤维表面官能团的存在,都会或多或少地发生碳纤维的表面反应,形成与基体碳前躯体呈化学结合的界面相。随着碳/碳复合材料成型过程的进行,基体碳前躯体不断发生排除非碳杂元素的成碳过程,这个过程中与碳纤维表面形成的化学结合物质会不断演变,有些以断键方式发生碳纤维与基体的脱离,形成裂纹,而也有一些仍旧以化学结合方式存在,在碳纤维表面形成化学键合基体碳。正是由于碳/碳复合材料中的弱界面特征,使得碳纤维的表面沟槽成为了增强其界面结合力的一个重要因素,即通过碳纤维表面沟槽对基体碳的"钉扎"效应提高碳纤维与基体碳的界面结合强度。因此,碳纤维在碳/碳复合材料中应用时,其界面的形成和最终的界面性能与碳纤维的表面特征密切相关,而碳纤维的表面特征中值得重点关注的特征主要为表面沟槽和表面官能团特征[19,20]。

4.3.1 碳纤维表面沟槽的遗传和演变规律

碳纤维在碳/碳复合材料的成型工艺过程中通常要经过织物成型、织物高温预处理、与基体碳复合的反复增密/高温热处理等过程,由于织物成型过程对碳纤维的表面沟槽本身特性几乎没有影响,本部分主要介绍碳纤维织物在预处理过程和与基体碳复合的高温处理过程的遗传和演变情况。

碳纤维织物在与基体碳复合前要经过除胶预处理,即将碳纤维织物在惰性气体(如氩气)保护的热处理炉中热处理一段时间,以去除碳纤维表面的上浆剂和编织过程中引入的保护胶。经过织物预处理后,碳纤维表面沟槽有略加深的趋势,但不太明显,如图4-16和图4-17所示,这与碳纤维表面的上浆剂填充了碳纤维表面的沟槽有关。预处理后纤维表面会存在极少量的上浆剂残留,如图4-16(c)和图4-17(c)所示。

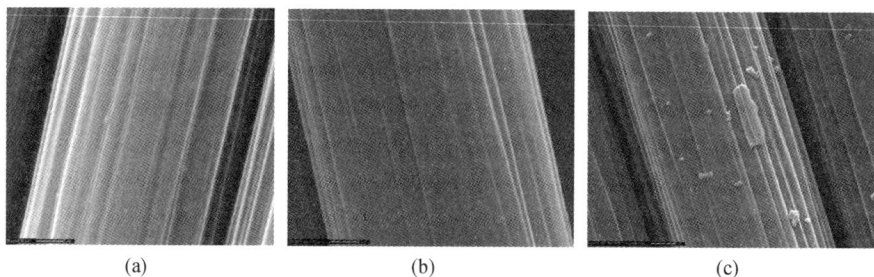

(a)   (b)   (c)

图4-16 GCF-1碳纤维碳化除胶前后的表面对比

(a)原始表面;(b)碳化除浆表面;(c)少量上浆剂残留。

利用SEM显微表征技术对碳/碳复合材料成型过程中高温热处理后碳纤维表面沟槽的遗传、演变情况进行分析。图4-18给出了被顶出纤维单丝的表面沟槽情况,可以看出,碳纤维在与基体碳复合过程中,碳纤维表面沟槽有加深的趋势,沟槽数量有减少的趋势。这与自由态碳纤维经热处理后所表现出的结果

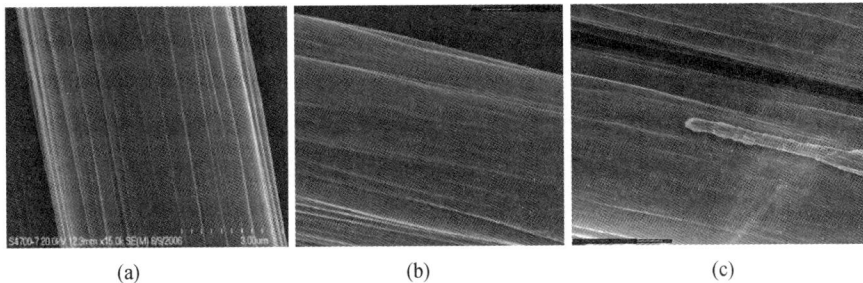

图 4 – 17　T300 碳纤维碳化除胶前后的表面对比

(a)原始表面;(b)碳化后表面;(c)少量上浆剂残留。

不同,说明基体碳的存在对碳纤维表面沟槽的演变有一定影响。基体碳能够充分填充到碳纤维的沟槽中,从而增加了碳纤维与基体碳的接触面积,使得界面结合变强。

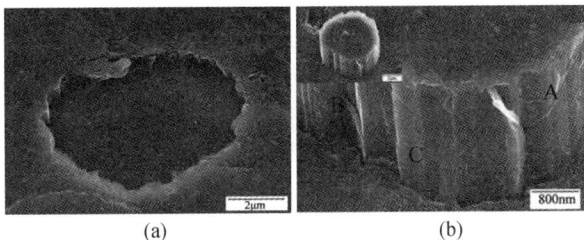

图 4 – 18　碳/碳复合材料中碳纤维表面沟槽 SEM 显微照片

(a)碳纤维沟槽痕迹;(b)碳纤维表面形貌。

为说明不同碳纤维表面沟槽的演变情况,采用 T300 和 GCF – 1 两种碳纤维制备了碳/碳复合材料。图 4 – 19 和图 4 – 20 给出了两种纤维增强碳/碳复合材料 Z 向碳纤维束(顶出样品)的表面 SEM 显微照片。可以看出,T300 碳纤维束的表面附着了大量基体碳,而 GCF – 1 碳纤维束的表面附着的基体碳相对较少。并且这两种碳纤维束表面的基体碳在纤维束轴向上呈现规律的有无或多少变化特征,这与 Z 向碳纤维束与 XY 向碳纤维束在不同部位的结合有关。由纤维束表面

图 4 – 19　C/C 复合材料顶出的 Z 向纤维束总体表面特征

粘附的基体碳多少可以推断:T300 碳纤维束界面结合强度可能高于 GCF－1 碳纤维。两种碳纤维束表面上观察不到碳纤维的沟槽,纤维表面被纤维束表面的基体碳填充和覆盖。

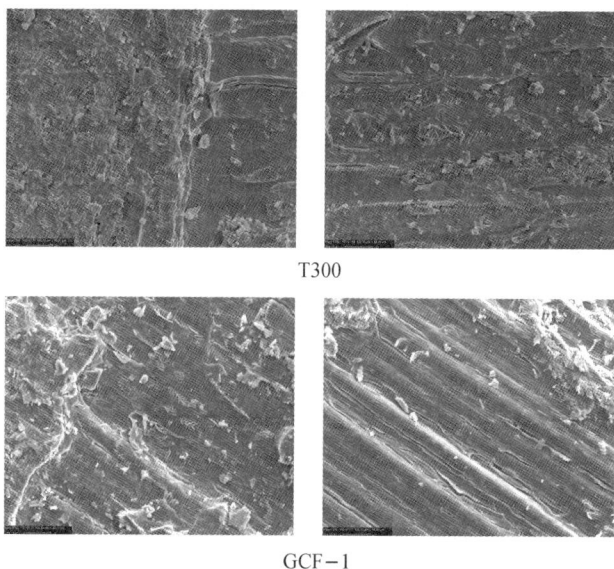

T300

GCF－1

图 4－20　碳/碳复合材料顶出的 Z 向纤维束典型显微表面特征

由 Z 向纤维束表面基体碳上残留的 XY 向纤维的沟槽印记可以评价碳纤维表面沟槽的变化情况。图 4－21 给出了 XY 向纤维在 Z 向纤维束表面基体碳上

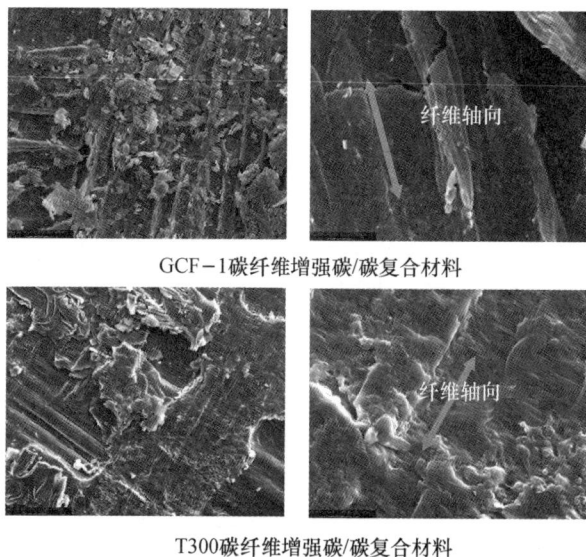

GCF－1碳纤维增强碳/碳复合材料

T300碳纤维增强碳/碳复合材料

图 4－21　碳/碳复合材料中 Z 向纤维束表面基体碳上
遗留的 XY 向纤维沟槽的印记特征

的沟痕 SEM 显微照片。可以看出,沟痕中反映出的 T300 碳纤维与 GCF – 1 碳纤维的表面沟槽特征有所不同:GCF – 1 纤维表面残留的沟痕较深,且呈现出沿纤维轴方向的多条连续长程细纹路特征,沟槽内部有少量小凸起物(为碳纤维与基体碳微区结合位断裂所致的碎片);而 T300 纤维束表面沟痕较浅,呈现垂直纤维轴向的粗糙纹理特征,沟痕内部没有类似 GCF – 1 纤维表面的片状凸起物。可以推断,由于复合材料中 GCF – 1 碳纤维的表面沟槽比 T300 碳纤维深,并且沿轴向沟槽长程连续,碳纤维与基体碳结合面大。同时,GCF – 1 碳纤维表面存在较多与基体碳成化学结合状态的键合结构,在碳纤维与基体碳剥离时断裂产生碎片,即图中观察到的小凸起物。这些因素都会造成 GCF – 1 碳纤维束与基体碳的结合强度要高于 T300 碳纤维,即 GCF – 1 碳纤维束/基体碳界面具有较强的结合强度。这与碳纤维束顶出剪切强度数据结果一致(参见第 7 章相关内容)。

　　将 Z 向纤维束通过压缩破坏裸露出内部纤维,通过 SEM 技术可以观察内部碳纤维的表面沟槽情况,如图 4 – 22 所示。GCF – 1 纤维束断裂时需要的能量较高,需要在较大的压力下才可以破坏。从图 4 – 22 给出的断裂形貌可知,其断裂过程中碳纤维遭受了大量的破坏。而 T300 碳纤维束断裂时在较小的能量下即可破坏,断裂面基本为沿着碳纤维与基体碳的界面,碳纤维断裂较少。由高倍显微照片可以看出,碳/碳复合材料内部的碳纤维表面沟槽比原始碳纤维和碳化除胶后碳纤维表面的沟槽深(这与前述给出的碳纤维单丝顶出样品观察的结果相同),这说明经过碳/碳复合材料的高温成型过程,在基体碳作用下纤维表面沟槽有加深的趋势。但这个结果与自由态碳纤维经过高温热处理后的分析结果不

GCF—1

T300

图 4 – 22　碳/碳复合材料 Z 向纤维束断开
后内部纤维表面的显微特征

一致,说明在碳/碳复合材料成型过程中,碳纤维表面沟槽受到基体碳的作用而发生了不同的变化过程。GCF-1碳纤维表面沟槽的深度比T300碳纤维的表面沟槽深,这与前面从纤维束表面的纤维沟痕的推断一致。此外,GCF-1碳纤维表面和其对应的基体碳表面都存在大量凸起的基体碳碎片,而T300表面却相对光滑,基体碳层比较完整,这与GCF-1碳纤维/基体碳界面断裂过程中与碳纤维强结合的基体碳发生了大量局部的撕裂,而T300碳纤维/基体碳在断开过程中基体碳表现为长程分离(即基体碳从碳纤维表面沿界面开裂)有关。GCF-1碳纤维表面的基体碳碎片与其较深的表面沟槽和碳纤维与基体碳形成了较多的局部结合键有关:沟槽中的基体碳被剥离出来,产生碎屑。同时,强结合部位的基体碳同样被撕裂后翘起,形成碎片。应当指出,此处获得纤维表面的方法为纤维束压开模式,断开时碳纤维与基体碳以径向分离为主。从压溃能量的判断,GCF-1碳纤维与基体碳径向的结合强度高,这与基体碳的撕裂消耗大量能量有关。碳/碳复合材料Z向纤维束断开后内部基体碳表面的显微特征如图4-23所示。

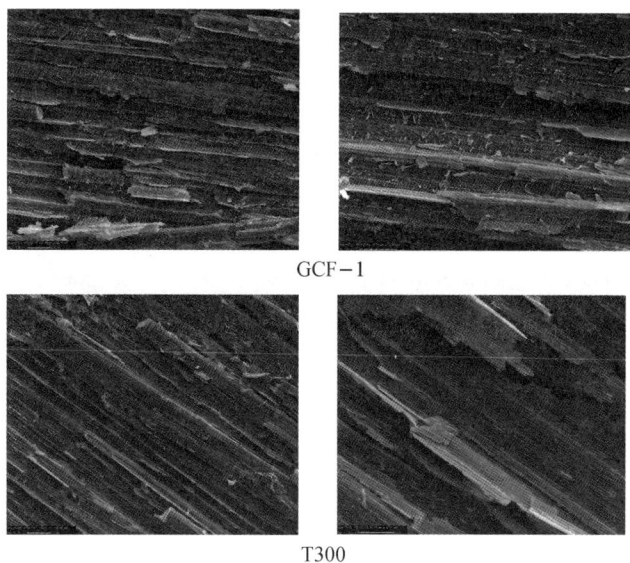

GCF-1

T300

图4-23 碳/碳复合材料Z向纤维束断开后内部基体碳表面的显微特征

由上述分析可知,不同碳纤维的表面特性会影响碳纤维与基体碳化学结合键的形成:GCF-1碳纤维即使经过表面预处理后其表面仍然存在更多的化学官能团(参见4.3.2小节),其表面形成的化学结合状态的碳键明显较多,与基体碳的径向结合更强;而T300碳纤维经过表面预处理后其表面存在的官能团较少,其与基体碳的径向结合较弱。

4.3.2　碳纤维表面官能团的遗传和演变规律

　　碳纤维表面的官能团来源与碳纤维表面的上浆剂和碳纤维表面本身的官能团两部分。对于烧蚀防热复合材料使用的碳纤维,其表面官能团主要是由上浆剂贡献的。但在碳纤维织物的预处理过程中会很大程度地被去除[21]。表 4 - 6 和表 4 - 7 给出了两种碳纤维的原始表面及碳化除胶后的表面元素含量。可以看出,GCF - 1 碳纤维表面的官能团主要为含氧官能团,而 T300 碳纤维表面的官能团有含氧官能团和含氮官能团两种。两种碳纤维相比较而言,GCF - 1 碳纤维的表面非碳含量稍高,O/C 比较大,但含有的活性碳原子比例却较小。经预处理碳化除胶后,不论 GCF - 1 碳纤维还是 T300 碳纤维,它们表面的 C 元素含量急剧增加,而 O 和 N 元素急剧减少,T300 碳纤维表面的 N 元素已经检测不到,所有官能团含量均显著降低。说明了在碳/碳复合材料织物的预处理阶段,碳纤维表面的大量官能团被去除,碳纤维表面呈现出了较惰性特征。但相比较而言,经过预处理的 GCF - 1 碳纤维表面具有更多的氧含量和含氧官能团,并且活性碳原子的比例也较高。在与基体碳复合形成碳/碳复合材料的过程中,碳纤维表面被基体碳(或其前驱体及其中间产物)所覆盖,研究发现碳化除胶后碳纤维表面残留的少量官能团仍会对碳/碳复合材料的性能造成一些影响,如前述的 GCF - 1 纤维与基体碳结合较强,而 T300 碳纤维与基体碳结合较弱,造成前者剥离基体碳后,碳纤维和基体碳表面存在由于撕裂造成的大量碎屑,而后者基本呈现为沿界面的劈裂。

表 4 - 6　GCF - 1 和 T300 碳纤维纤维表面元素含量

编号	处理方式	C/%	O/%	N/%	O/C
T300 - O	原始表面	77.4	18.8	3.8	0.24
T300 - C	碳化表面	98.0	2.0	0	0.02
GCF - 1 - O	原始表面	77.1	22.9	—	0.30
GCF - 1 - C	碳化表面	97.3	2.7	—	0.03
注:O—原始表面;C—碳化表面					

表 4 - 7　GCF - 1 和 T300 碳纤维表面 C1s 解析结果

编号	C—C	C—OH/C ≡N/C—O—C	C＝O/ O—C—O	O—C＝O	活性碳原子比例
T300 - O	0.50	0.46	0	0.036	0.50
T300 - C	0.92	0.07	0.008	0.003	0.08
GCF - 1 - O	0.62	0.32	0.05	0.01	0.38
GCF - 1 - C	0.90	0.07	0.03	—	0.10
注:O—原始表面;C—碳化表面					

图 4-24 给出了 GCF-1 碳/碳复合材料中碳纤维与基体碳的界面 TEM 显微照片,可以看出,基体碳沿碳纤维呈现环形排列,在近界面处存在一些基体碳与碳纤维连接的桥键,这说明碳纤维表面的官能团在碳/碳复合材料与基体碳复合成型过程中参与了基体碳/碳纤维连接的桥键形成。

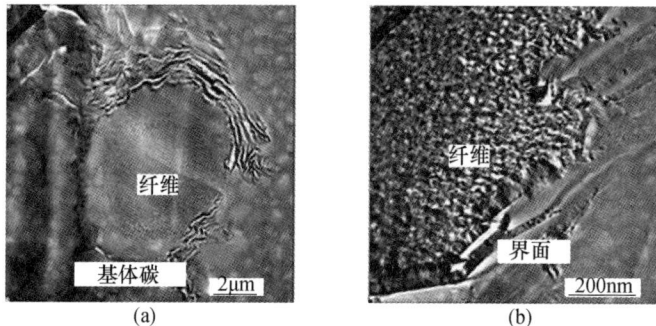

图 4-24 碳/碳复合材料中碳纤维与基体碳界面区域的 TEM 显微照片

从上面的分析可以看出,在碳/碳复合材料成型过程中碳纤维表面特征不断发生遗传和演化。随着碳纤维与基体碳不断复合形成高致密度碳/碳复合材料,碳纤维的表面特征受到基体碳和热处理温度的影响越来越大。在这个过程中,碳纤维表面沟槽有加深的趋势,而碳纤维表面的官能团在碳纤维织物预处理阶段就基本去除掉了,但在后续的复合过程中残存的官能团会参与碳纤维和基体碳间桥键的形成。总体来说,GCF-1 和 T300 碳纤维的表面特征遗传、演变规律类似,只是由于两种碳纤维表面特征和本身特性的细微差异,在碳/碳复合材料成型过程中表现出了些许的演变差异性。

4.3.3 不同表面特征碳纤维对基体碳结构取向的影响

利用上浆的原始碳纤维(记作 OC)、碳化除浆后的碳纤维(记作 CC)和洗胶除浆后的碳纤维(记作 RC)作为增强体,以沥青碳作为基体,采用浸渍/碳化工艺形成碳/碳复合材料。以形成的碳/碳复合材料为研究对象,利用偏振光显微技术对碳/碳复合材料的断面进行表征,分析不同表面特征的碳纤维对基体碳结构的取向影响。

研究发现 T300 碳纤维不论表面状态如何,在其表面形成的沥青基体碳都为围绕碳纤维的环状同心圆形结构,基体碳均匀围绕在碳纤维周围,如表 4-8 所示。结合表 4-9 的 SEM 显微照片可以看出,这种围绕碳纤维形成的环状同心圆结构的基体碳并非为沿纤维轴向的长程环状基体碳,而是在纤维间呈现"V"字形堆叠的基体碳结构,这种结构的形成与基体碳前驱体向纤维束内填充时的流态有关,即在液相沥青向纤维束内部传递的过程中,受到纤维的作用,在接近纤维的区域流速降低,形成"V"字形流态,这种流态促成了沥青分子的"V"字形排列,高温成碳后即形成了这种结构特征。

GCF-1碳纤维表面形成的基体碳结构与其表面状态有关:在碳化除浆碳纤维周围形成的基体碳也具有类似T300碳纤维的环状同心圆结构,而在上浆和洗胶除浆GCF-1碳纤维表面形成的基体碳则不具有环状同心圆结构(表4-8),这种结构在SEM下表现为基体碳沿碳纤维轴向呈现竹节状断裂(表4-9)。未除浆碳纤维和洗胶除浆碳纤维表面具有较多的含氧官能团(表4-10、表4-11),而碳化除浆碳纤维表面的含氧官能团较少,不同表面状态GCF-1纤维造成的基体碳取向特征与其表面的官能团相关。但对比T300碳纤维和GCF-1碳纤维形成的碳/碳复合材料可知,未除浆和洗胶除浆T300碳纤维表面同样具有较多的含氧官能团,但对基体碳形成的结构相同,均为"V"字形的环状同心圆结构。这说明T300碳纤维和GCF-1碳纤维表面存在官能团差异。对比表4-11中的两种碳纤维的不同表面状态可知,未除浆GCF-1碳纤维的表面具有较多的C=O官能团,这可能是造成基体碳结构出现差异的原因,说明碳纤维表面特征对基体碳的形成具有重要影响。但应当指出,洗胶碳纤维表面C=O官能团较少,但仍形成了非同心圆结构,说明碳纤维对基体碳结构的影响因素不能完全归结为碳纤维的表面特性,还可能与碳纤维的其他性质(如热致伸缩、变形性质等)有关,尚需开展深入的研究工作。

表4-8　不同表面碳纤维模型复合材料中纤维界面特征和基体碳结构特征

碳纤维	宏观形貌	微观形貌	基体碳结构
OC-T300-C/C			环状同心圆
CC-T300-C/C			环状同心圆
RC-T300-C/C			环状同心圆

（续）

碳纤维	宏观形貌	微观形貌	基体碳结构
OC – GCF – 1 – C/C	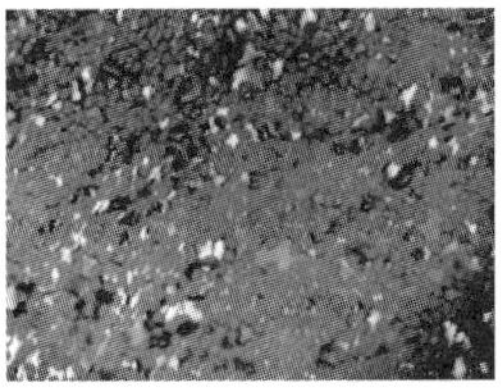	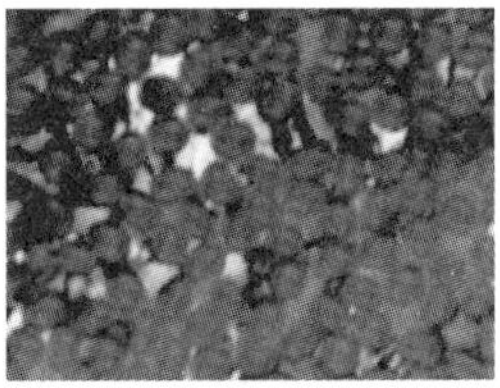	非环状同心圆
CC – GCF – 1 – C/C	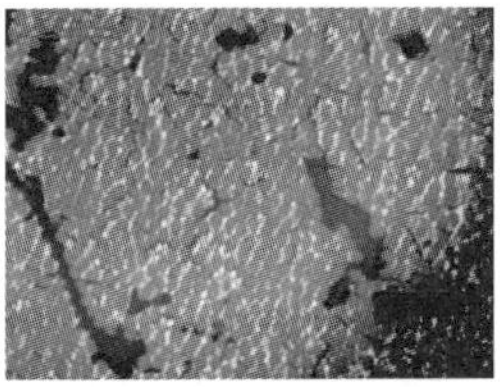	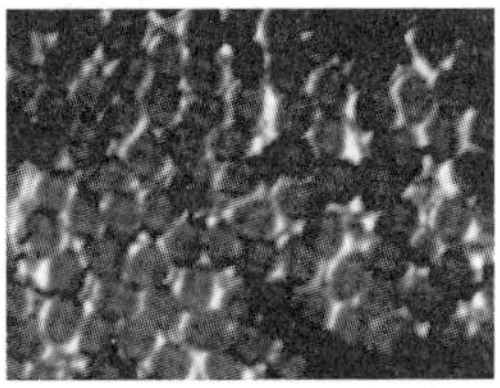	环状同心圆
RC – GCF – 1 – C/C	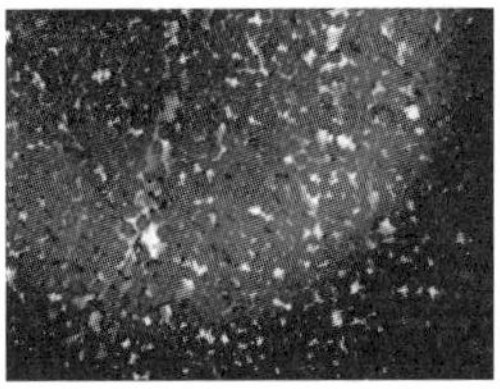	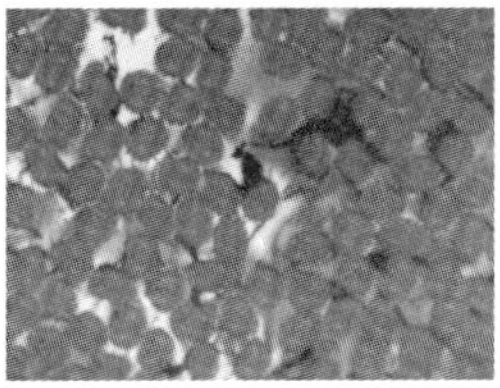	非环状同心圆

表 4 – 9　碳纤维模型复合材料中基体碳结构特征

碳纤维	宏观形貌	微观形貌	基体碳结构
OC – T300 – C/C	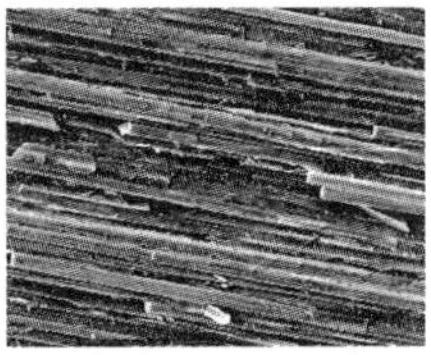		环状同心圆
CC – T300 – C/C	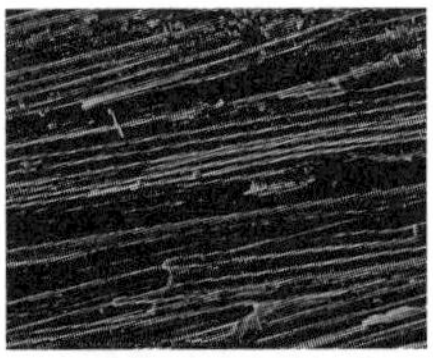	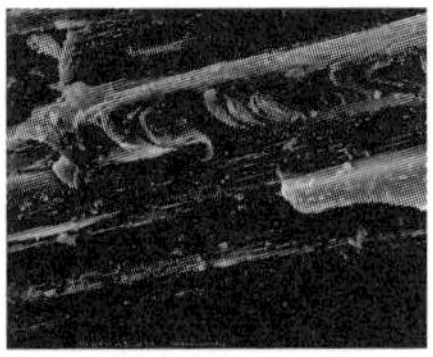	环状同心圆
RC – T300 – C/C	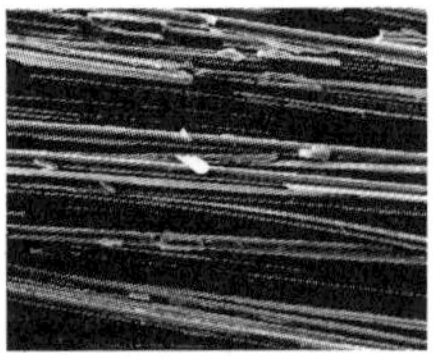		环状同心圆

（续）

碳纤维	宏观形貌	微观形貌	基体碳结构
OC－GCF－1－C/C			非环状同心圆
CC－GCF－1－C/C			环状同心圆
RC－GCF－1－C/C			非环状同心圆

表4-10　碳纤维表面原子含量

编号	处理方式	C/%	O/%	N/%	O/C
TO	原始表面	77.4	18.8	3.8	0.24
TR	溶胶表面	79.9	17.3	2.8	0.22
TC	碳化表面	98.0	2.0	—	0.02
G1O	原始表面	77.1	22.9	—	0.30
G1R	溶胶表面	78.5	18.4	3.1	0.24
G1C	碳化表面	97.3	2.7	—	0.03
注:T—T300碳纤维;G1—GCF－1碳纤维;O—原始表面;R—洗胶除浆表面;C—碳化除胶表面					

表4-11　碳纤维表面的官能团解析结果

碳纤维	处理方式	C—C	C—OH或 C—O—C	C＝O	O—C＝O	活性碳原子比例
TO	原始表面	0.50	0.46	0	0.036	0.50
TR	溶胶表面	0.64	0.30	0.03	0.021	0.36
TC	碳化表面	0.92	0.07	0.008	0.003	0.08
G1O	原始表面	0.62	0.32	0.06	0.009	0.38
G1R	溶胶表面	0.78	0.18	0.02	0.02	0.22
G1C	碳化表面	0.90	0.07	0.030	—	0.10
注:T—T300碳纤维;G1—GCF－1碳纤维;O—原始表面;R—洗胶除浆表面;C—碳化除胶表面						

　　将上述碳/碳复合材料进行 1800℃ 热处理后,对其碳纤维界面的基体碳结构进行分析,如表 4-12 所列。可以看出,不论 T300 碳纤维的表面状态是上浆状态、碳化除浆状态,还是洗胶除浆状态,碳/碳复合材料中的基体碳都围绕碳纤维形成了环状同心圆结构,这与前述的未进行高温处理前的结构一致。对于不同表面状态的 GCF-1 碳纤维增强碳/碳复合材料中,未除浆碳纤维周围的基体碳转变为了同心圆结构,碳化除浆碳纤维周围的基体碳基本保持了同心圆结构,而洗胶除浆碳纤维增强碳/碳复合材料中,也发生了部分非同心圆结构向同心圆结构的转变。这说明在高温热处理过程中,碳纤维对基体碳有进一步的诱导取向作用,促使了基体碳向同心圆结构的转变。

表 4-12　1800℃ 热处理后不同表面特征碳纤维形成的碳/碳界面结构特征

	T300 - C/C - 1800℃	GCF - 1 - C/C - 1800℃
OC	同心圆结构	同心圆结构
CC	同心圆结构	同心圆结构
RC	同心圆结构	非同心圆结构区 / 同心圆结构区

　　图 4-25 给出了沥青碳基体碳/碳复合材料成型过程中基体碳拉曼特征参数 $1/R$ 随工艺温度的变化。可以看出随着工艺温度升高,基体碳的结构参数 $1/R$ 呈不断增加的趋势,XY 向碳纤维对基体碳结构的影响作用随着温度升高而增加,致使 $1/R$ 呈现加速增大的趋势;而 Z 向碳纤维对基体碳结构的影响作用随着温度升高而有减小的趋势,致使 $1/R$ 随温度升高增大,但增大的幅度不断减小。GCF-1 碳纤维与 T300 碳纤维对基体碳的影响类似,只是在高温热处理后 GCF-1 碳纤维对基体碳结构的发育促进作用比 T300 碳纤维的稍大。

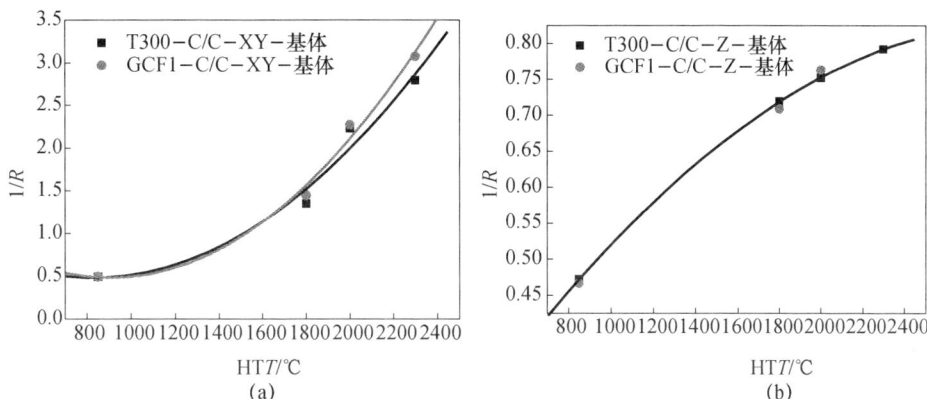

图 4－25　不同碳纤维对沥青基体碳结构形成和演变的影响

（a）XY 向碳纤维对基体碳影响；（b）Z 向碳纤维对基体碳影响。

综上所述,碳纤维对沥青碳基体的诱导取向作用受表面特性的影响,对于大多数状态的碳纤维都易于促成基体碳围绕碳纤维形成"V"字形环状同心圆结构,但对于部分状态(如表面含有较多 C＝O 官能团)的碳纤维却干扰了基体碳的有序排列,形成了非同心圆结构的基体碳。在碳/碳复合材料后续的高温热处理过程中,基体碳受到碳纤维进一步的诱导取向影响,有转变为同心圆结构的趋势。

4.3.4　碳/碳复合材料界面形成过程与形成机理

如前所述,碳/碳烧蚀防热复合材料的成型过程主要包括织物预处理、反复的低压沥青浸渍/碳化－高温热处理和反复的高压沥青浸渍/碳化－高温热处理过程[22-24]。碳/碳复合材料的增强体为碳纤维织物,通常碳纤维织物是由纤维束丝经过编织成布然后缝合、铺层、穿刺或经过直接编织、针刺等形成的。因此,碳/碳复合材料的界面包括两个层次:一个是纤维束内的单丝界面,另一个是纤维束与纤维束的界面。纤维单丝界面与纤维束界面由于具有不同的尺度,并且两种界面区域的孔隙特征存在明显差异,两种层次的界面形成具有不同步性,界面特征的形成与工艺过程密切相关。

初次低压沥青浸渍碳化过程中引入的沥青碳主要存在于纤维束内部,而纤维束之间较少,说明初次低压沥青浸渍碳化主要促成了束内纤维/基体碳界面的形成,而几乎没有形成纤维束/基体碳界面;多次进行低压浸渍碳化后仍不能完全填充纤维束内的孔隙,形成了纤维束内不同位置纤维/基体碳界面的不均匀特征。总体来说,束内碳纤维与基体碳的结合趋于紧密。同时,随着浸渍次数的增加,在孔隙较小的纤维束界面处将引入较多的沥青碳,形成局部纤维束/基体碳界面;高压沥青浸渍碳化过程则进一步完善了束内纤维/基体碳的致密结合,并促成了纤维束/基体碳界面的形成。

引入到纤维束内和束间的沥青在碳化过程中发生的体积收缩,造成了沥青碳与碳纤维界面出现裂纹和孔隙,而随之进行的高温热处理过程则进一步强化了此类界面特征,但高温处理后的沥青浸渍过程则将界面孔隙和裂纹等缺陷特征进行了一定程度的修复。值得指出的是,高温热处理的温度越高,碳纤维束界面裂纹和孔隙就越大。表4-13 给出了不同阶段碳/碳复合材料的界面演变过程。

表4-13 碳/碳复合材料成型过程中的界面特征演变

工序	偏振光显微图片	
第一次致密化 (高温热处理后)		
第二次致密化 (高温热处理后)		
第四次致密化 (碳化后)		
第五次致密化 (碳化后)		

（续）

工序	偏振光显微图片	
第五次致密化（高温处理后）	高温处理造成了界面裂纹和孔隙的增大	
第一次高压致密化（未高温处理）	高压致密化在束间实现有效填充	纤维束界面孔隙得到了有效填充
第三次高压致密化（高温处理后）	高温处理造成了界面裂纹和孔隙形成	束间基体碳更易于和XY向碳纤维结合紧密，而与Z向纤维形成裂纹
第四次高压致密化（高温处理后）	多次高压浸渍/碳化高温处理完善了界面特征的形成	最终碳/碳材料界面仍存在大量裂纹和较多孔隙

　　研究表明,经过碳化去除表面上浆剂的碳纤维织物(即织物预处理过程)制备碳/碳复合材料的成型过程中,由于碳纤维表面具有类似的表面特征,T300 和 GCF - 1 两种碳纤维的界面形成过程基本相同。碳/碳复合材料界面特征形成过程分析如下。

由前面给出的碳/碳复合材料不同层次界面特征的形成与演变行为可知,在沥青基碳/碳复合材料成型过程中,纤维/基体碳界面和纤维束/基体碳界面的形成和演变与成型工序的特点和沥青高温成碳的特点密不可分,并主要由碳纤维织物中孔隙结构特征、沥青浸渍/碳化压力、高温处理温度等控制。具体如下。

1. 低压浸渍/碳化过程

沥青在加热熔化后,在外界压力和纤维织物孔隙的毛细作用下进入纤维织物的孔隙中。受纤维织物孔隙特点、熔融沥青的表面张力和外界气压动力的影响,此时熔融沥青可以进入到织物的大孔(纤维束间的孔隙,通常为开孔)、中孔(纤维束间的中孔,基本为开孔)和部分微孔(主要存在于纤维束内)中。在沥青浸渍后的碳化过程中,凝固的沥青再次熔融,大孔和部分中孔中的沥青很容易流出织物体系外,而剩余中孔和大部分微孔中的沥青则在碳化过程中不断缩聚形成沥青碳。由于沥青成碳过程是脱除轻组分和杂原子后收缩而形成致密碳结构的过程,中孔和微孔中的沥青成碳后,不能完全填充孔隙,而是出现较多的孔隙或裂纹。由于这部分孔隙主要集中在碳纤维束内和纤维束紧密接触处,所以纤维束内纤维/基体碳界面相较于束间界面优先形成,而仅在纤维束间接触非常紧密处才形成与基体碳的界面。

在碳化工艺后进行的高温热处理过程(≥1500℃)中,沥青碳中的碳原子继续重排形成排列更加有序、致密度更高的沥青碳,造成了孔隙中沥青碳的继续收缩,进一步强化了界面上裂纹和孔隙的形成。

在反复的沥青低压浸渍过程中,熔融沥青进入织物中剩余的孔隙中,此时在外界压力下沥青会进入到纤维(束)/基体碳之间的缝隙中,造成上次形成的沥青碳发生微小位移。同样,在后续进行的碳化和高温热处理过程将后续进入孔隙中的沥青进行碳化,造成孔隙的不断填充和界面裂纹的继续生成。在此过程中,孔隙直径不断缩小,中孔转变为微孔,部分大孔转变为中孔。纤维束之间的较小孔隙被沥青碳逐渐填充,形成局部区域的纤维束界面。值得指出的是,高温热处理的温度越高,沥青碳向理想石墨结构的转变越完全,沥青碳的收缩也越严重,形成的界面裂纹和孔隙就越多。但受熔融沥青表面张力较大和低压浸渍动力不足的影响,即使是开孔的微孔也不能在低压浸渍/碳化阶段被完全填充,即无法形成完善的纤维/基体碳界面。

2. 高压浸渍/碳化过程

高压浸渍/碳化过程不同于低压浸渍/碳化过程的分步进行,而是在同一个设备(如等静压设备)中连续进行,其碳化过程同样在高压下进行。在高压浸渍/碳化过程中,由于浸渍动力的提高,沥青几乎可以到达所有的开孔中,并且由于碳化过程中持续保持压力。进入织物体系中的沥青几乎不能流出,保证了沥青碳在大孔中的形成,也促进了微孔的继续填充。但此过程中和后续进行的高温热处理过程中,沥青的成碳收缩同样造成了孔隙和界面裂纹的出现。随着反复进行高压浸渍/碳化过程,体系的孔隙逐渐被填充,纤维束界面和束内纤维界面都趋于全部形成。

根据上述分析,可以得出碳/碳复合材料成型过程中纤维束/基体碳界面和束内纤维/基体碳界面的形成和演变模型,如图 4 – 26 和图 4 – 27 所示。

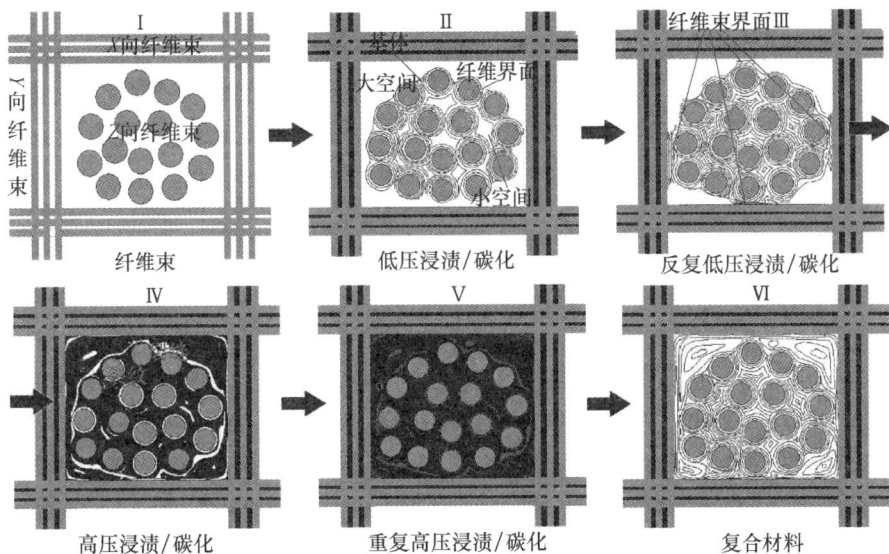

图 4 – 26　碳/碳复合材料中纤维束界面形成模型的示意图

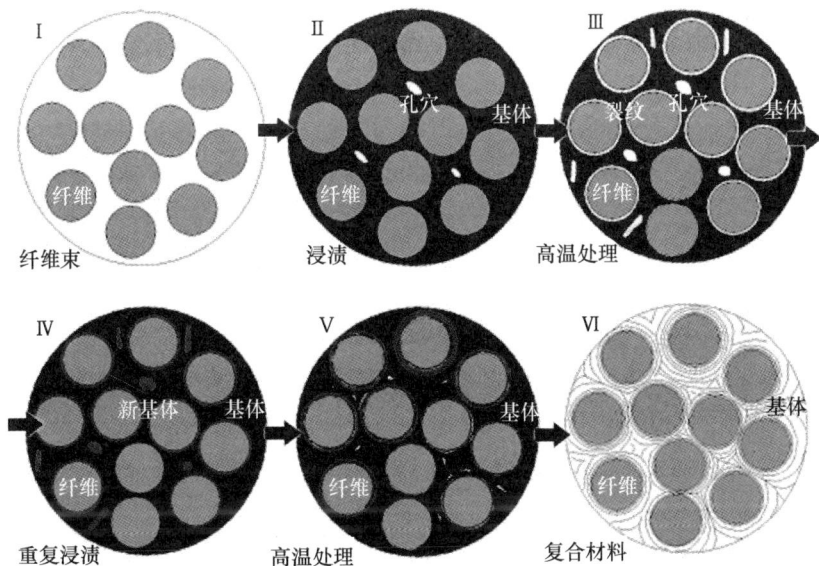

图 4 – 27　碳/碳复合材料中束内纤维界面形成模型的示意图

在上述分析基础上,归纳出碳/碳复合材料界面特征形成机理如下:

碳/碳复合材料不同层次界面特征的形成与碳纤维织物中不同部位的孔隙尺寸密切相关,低压浸渍/碳化过程中主要在孔隙较小部位(纤维束内孔隙和束间较小孔隙或缝隙处)形成碳纤维/基体碳界面,但由于低压浸渍的浸渍动力较小,即使较小的孔隙也不能完全填充;在高压浸渍/碳化过程中,大孔隙部位和低压浸渍/碳化遗留的小孔隙部位的界面形成。通常孔隙越大,界面形成越晚。碳/碳成型过程中的高温处理将产生基体碳的收缩,基体碳和碳纤维由于热致伸缩性能不一致,造成了碳纤维(束)/基体碳界面上和基体碳内部裂纹和孔隙的形成。高温热处理后进行的再次浸渍/碳化过程则对高温处理过程中产生的和遗留的裂纹和孔隙进行填充,进一步修复了碳纤维(束)/基体碳界面。如此过程反复进行,最后形成了界面结合比较紧密、材料内部孔隙较少的碳/碳烧蚀防热复合材料。在这个过程中高压浸渍/碳化过程是实现大孔内基体碳有效填充的关键,也是纤维束/基体碳界面最终形成的重要手段。

参考文献

[1] 郑斌,黄娜,陈聪慧,等.碳纤维表面物理特征图像处理方法[J].宇航材料工艺.2010,02:102-105.

[2] 李烨,肇研,孙沛,等.碳纤维表面状态对其复合材料界面性能的影响[J].材料科学与工艺,2014,22(2):86-91.

[3] 孔令强,徐樑华,田振生,等.PAN基碳纤维预氧结构形成过程中的纤维尺寸效应[J].纤维复合材料,2013,58.(4):58-68.

[4] 李东风,王浩静,王心葵.PAN基碳纤维在石墨化过程中的拉曼光谱[J].光谱学与光谱分析,2007,11:22249-2253.

[5] 孙银洁,胡胜泊,李秀涛.M40J和T300碳纤维的微结构[J].宇航材料工艺,2010,02:97-101.

[6] 代志双,李敏,张佐光.碳纤维上浆剂的研究进展[J].航空制造技术,2012,(20):95-99.

[7] 童元建,童星,张博文.碳纤维研究领域技术制高点-上浆剂[J].高科技纤维与应用,2015,40(5):27-32.

[8] 原浩杰,张寿春,吕春祥.上浆剂对碳纤维复合材料界面结合影响的研究进展[J].化工新型材料,2014,42(10):1-3.

[9] 肇研,段跃新,肖何.上浆剂对碳纤维表面性能的影响[J].材料工程,增刊.2017:121-126.

[10] LI J,FN Q,CHEN Za,et al.Effect of electropolymer sizing of carbon fiber on mechanical properties of phenolic resin composites.Transactions of Nonferrous Metals Society of China 2006.16(S2):s457-s461.

[11] 闫联生,陈增解.表面氧化处理对提高碳/酚醛材料性能的影响[J].固体火箭技术,1999,22(3):50-54.

[12] 匡松连,蔡建强,尚龙,等.碳纤维表面特性对防热材料烧蚀性能影响的研究[J].宇航材料工艺,2004,3:18-21.

[13] Hughess J D H.The carbon fiber/epoxy interface:a review[J].Composite Science and Technology,1991,41(2):147-159.

[14] 王晓洁,梁国正,张炜,等.高性能碳纤维表面分析及其力学性能研究[J].航空材料学报,2006,26

（4）:119 – 122.

[15] Francois Christin. Design, Fabrication and Application of Thermostructural Compisites (TSC) like C/C, C/SiC and SiC/SiC Composites[J]. Advanced engineering materials, 2002, 12(4):903 – 912.

[16] 曹芳维,李敏,王绍凯,等. 碳纤维与环氧树脂润湿和黏附作用[J]. 复合材料学报,2011,28(4):23 – 28.

[17] Zhang R L,Liu Y,Huang Y D,et al. Effect of particle size and distribution of the sizing agent on the carbon fibers surface and interfacial shear strength (IFSS) of its composites[J]. Applied Surface Science 2013, 287:423 – 427.

[18] Park S J, Seo M K, Lee J R. Relationship between surface characteristics and interlaminar shear strength of oxyfluorinated carbon fibers in a composite system[J]. Journal of Colloid and Interface Science,2003,268 (1):127 – 132.

[19] Iwashita N, Sawada Y, Shimizu K,et al. Effect of matrix texture on tensile strength and oxidation behavior of carbon fiber reinforced carbon composites[J]. Carbon,1995. 33(4):405 – 413.

[20] Iwashita N, Psomiadou, E, Sawada, Y. Effect of coupling treatment of carbon fiber surface on mechanical properties of carbon fiber reinforced carbon composites[J]. Composites Part A: Applied Science and Manufacturing 1998. 29(8):965 – 972.

[21] 罗云烽,李阳,肇研,等. 国产 T800 级碳纤维表面特性及其复合材料微观界面性能[J]. 材料工程, 2014,9:83 – 88.

[22] 孙乐民,李贺军,闰国杰. 碳/碳复合材料液相浸渍 – 碳化致密规律研究[J]. 航天工艺,1998, 06: 20 – 22.

[23] 刘锦,刘秀军,胡子君,等. 碳/碳复合材料致密化影响因素的研究进展[J]. 天津工业大学学报, 2010,29(1):31 – 35.

[24] 王俊山,许正辉,石晓斌,等. 影响碳/碳复合材料常压碳化致密效果因素研究[J]. 宇航材料工艺, 2001,06:40 – 43.

第5章

碳纤维成分特征在烧蚀防热复合材料成型中的演变

　　碳纤维成分包括结构型成分和非结构型成分。碳纤维中结构型成分包括碳、氮、氢等元素,非结构型成分包括以钠、钾、钙、镁为代表的位于第Ⅰ、Ⅱ主族碱金属、碱土金属元素和位于第Ⅲ、Ⅳ主族的硼、铝、硅等和副族的铁、铜等元素。

　　结构型成分在很大程度上影响碳纤维微结构和碳纤维的宏观性能,而非结构型成分虽然含量很少,但其组成、含量、分布对结构缺陷的类型和数量具有重要的影响,从而影响碳纤维的高温性能(包括力学性能、热物理性能等)和使用性能。碳纤维复合材料的高温性能在很大程度上由碳纤维的高温性能决定,因此碳纤维成分与碳纤维复合材料的高温性能密切相关[1-10]。

　　在烧蚀防热用碳纤维复合材料成型和服役的高温环境中,碳纤维成分的演变将引起碳纤维性能的变化,从而影响碳纤维复合材料的使用性能。科研人员对碳纤维微成分特征及其在高温下的演变机制已经开展了卓有成效的研究,完善了碳纤维成分分析表征手段,建立了碳纤维成分与高温性能间的关联关系,促进了碳纤维在烧蚀防热功能复合材料中的高效应用[11-13]。下面将分别从结构型成分和非结构型成分两个方面介绍碳纤维中成分的高温演变规律,其中非结构型成分将着重关注对氧化烧蚀性能有重要影响的铁元素和硅元素的演变,为深入认识烧蚀防热复合材料高温制备或高温服役过程中碳纤维性能的变化,进而了解对烧蚀防热复合材料的影响提供支撑。

5.1　碳纤维结构型成分的高温演变规律

　　在高温热处理过程中碳纤维最终结构的形成主要依赖于两个主要的过程:一个是非碳杂原子(包括 N、H 等)的脱除反应,最终导致纤维形成由碳元素组成的结构,即纤维的结构型成分发生了一定规律的变化;另一个是碳结构向类石墨结构的不断转变,即碳结构的重组过程。含有非碳杂原子的石墨片层由于容易扭曲变形等原因,某种程度上会影响片层规则排列的石墨化转变的进行,从而影响碳网结构的规整性。因此,高温下碳纤维成分的演变在结构形成过程中扮演着重要的角色。而在这一过程中,热处理温度和热处理时间是对杂原子脱除反应进程影响最大的两个因素。下面分别就碳纤维中碳、氮、氢元素的演变规律及其对碳纤维性能的影响给予介绍。

5.1.1　碳纤维中碳元素的演变规律

将四种碳纤维经过脱胶(即去除上浆剂)后,进行 1300~2400℃惰性气体保护的高温热处理,然后测试其不同温度热处理后的碳元素含量。图 5-1 为几种碳纤维随热处理温度升高的碳元素含量变化趋势曲线。可以看出,在热处理过程中,碳纤维中碳元素含量不断增加,在 1800℃以下温度范围内,碳含量增加的幅度较大,而在温度超过 1800℃后,碳含量变化不大,基本接近 100%。

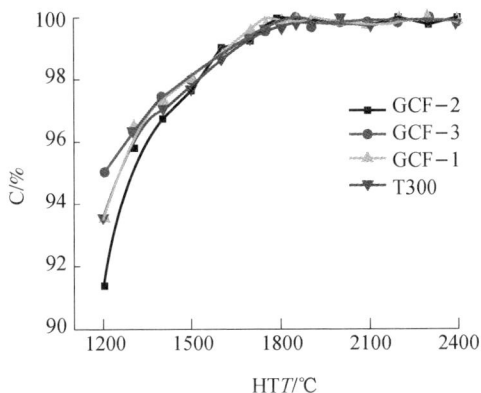

图 5-1　碳纤维中碳元素含量与
热处理温度关系图

碳纤维高温处理过程中,碳元素的不断富集是在特定的温度区间中逐渐进行的,研究碳纤维结构型成分高温反应的时间依赖性可指导具体生产过程中的工艺设计和设备定型。图 5-2 为处理温度 1500℃时碳纤维中结构型成分碳元素含量与热处理时间的关系。从图中可以看出,随着热处理时间的增加,碳纤维中碳元素含量不断增加。在开始处理后约 4min 之前碳元素含量急剧增大,随着处理时间的进一步增加,其增大趋势有所平缓。这表明碳纤维中脱氮、脱氢等一系列反应能在一定温度下迅速进行,延长处理时间能使纤维中的反应进行得更加充分,体现了结构型成分变化的时间效应,而时间依赖性随着处理温度的增加、体系中反应的进行以及纤维结构的逐步稳定会逐渐减小。将处理温度提高到 1700℃ 和 1900℃,碳纤维碳元素变化仍表现出类似的时间效应,但这种时间效应没有图 5 - 2 所显示的时间效应明显。

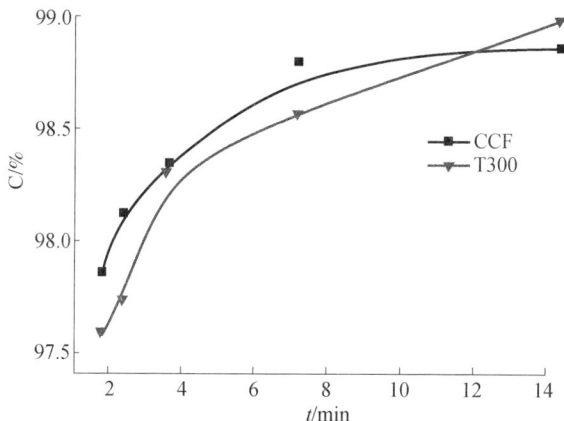

图 5 - 2　结构型成分碳元素含量与热处理时间关系

5.1.2　碳纤维中氮元素的演变规律

对四种碳纤维经过脱胶和进行 1300 ~ 2400℃ 高温热处理后的样品进行氮元素含量测试,获得的氮元素含量的变化趋势曲线如图 5 - 3 所示。可以看出,在热处理过程中,碳纤维中氮元素含量不断减小,在不同的温度阶段碳纤维中氮元素的脱除速率不同:氮元素的脱除基本在 1800℃ 以前完成,当热处理温度超过 1800℃ 后,碳纤维中氮元素含量接近 0.01%,氮元素含量基本保持不变。

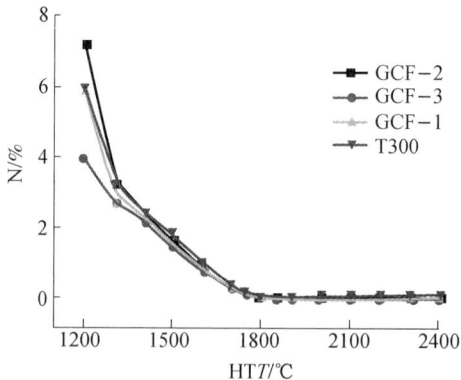

图 5 - 3　碳纤维氮元素含量与热处理温度关系图

由图 5 - 3 还可以看出,虽然四种碳纤维的初始氮元素存在较大差别,但在高温处理过程中这种差别将逐渐减少,当热处理温度达 1700℃ 时,所有碳纤维的氮元素含量基本相同。

深入分析碳纤维结构型成分的变化特征,可以认为脱氮反应是高温热处理过程中碳纤维结构型成分变化的主要原因,而温度因素是影响脱氮反应速率和反应程度最重要的因素。为了更好地建立脱氮过程和热处理温度的定量关系,采用函数关系拟合各种碳纤维中氮元素含量与温度的关系曲线(图 5 - 4),得出了 GCF - 1 碳纤维和 T300 碳纤维在高温处理过程中,氮元素的脱除和温度之间的数学函数关系如下:

GCF - 1 碳纤维:$N\% = 41.00 - 0.043T + 1.129 \times 10^{-5} \times T^2 (R = 0.992)$

T300 碳纤维:$N\% = 39.938 - 0.0410T + 1.050 \times 10^{-5} \times T^2 (R = 0.996)$

可以看出,氮元素含量与热处理温度间存在关联关系,可以用二次函数多项式表达,拟合度 R 值均在 0.99 以上。

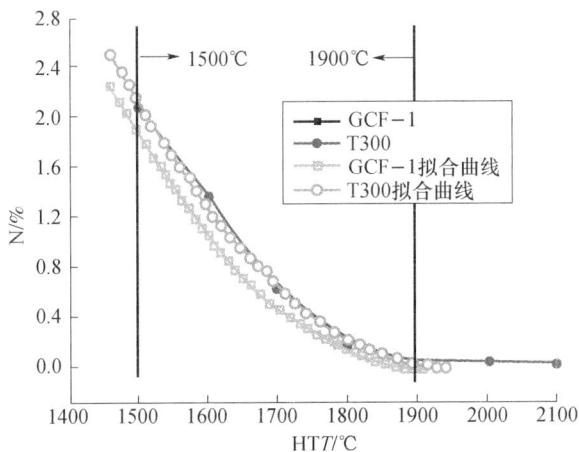

图 5 - 4　氮含量与热处理温度关系拟合曲线

碳纤维高温处理过程中,氮元素的脱除是在一定的温度区间中逐渐进行的,因此,和碳元素类似,也有必要研究碳纤维氮元素脱除反应的时间依赖性,从而对具体生产过程中的工艺设计和设备定型提供理论依据。图 5 - 5 为处理温度 1500℃时碳纤维中结构型成分氮元素含量与热处理时间的关系。从图中可以看出,随着热处理时间的增加,碳纤维中氮元素含量不断减小。在开始的约 4min 时间内氮元素含量急剧减小,随着处理时间的进一步增加,其减小趋势有所减缓。这表明碳纤维中脱氮反应能在特定温度下迅速进行,延长处理时间能使纤维中的反应进行得更加充分,体现了结构型成分变化的时间效应。而时间依赖性随着处理温度的增加、体系中反应的进行以及纤维结构的逐步稳定会逐渐减小。将热处理温度提高到 1700℃和 1900℃,碳纤维氮元素变化仍表现出类似的时间效应。

在高温热处理过程中,碳纤维中碳元素含量变化主要是由于氮元素的脱除

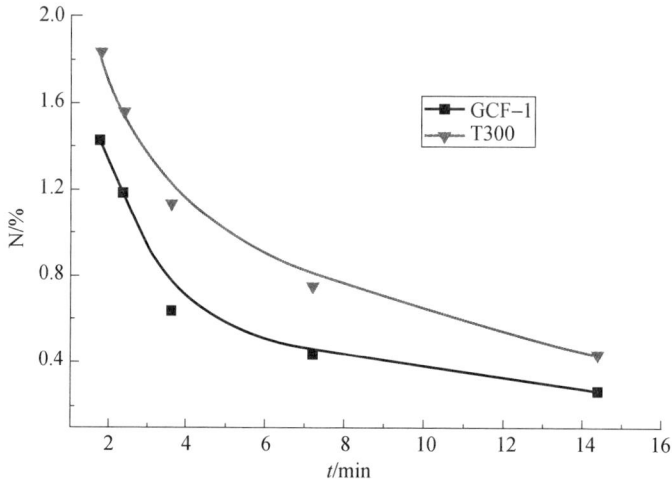

图 5-5 结构型成分氮元素含量与热处理时间关系

逸出造成的,下面将着重介绍氮元素的逸出过程和热处理时间的关系。图 5-6 为不同热处理温度条件下氮元素含量随热处理时间的变化趋势图。从图中曲线可以看出,随着热处理时间的增加,氮含量不断减小,且在极短时间内就下降很多。延长热处理时间,其减小趋势有所减缓。在不同温度下氮含量的变化规律基本类似,但更高的温度将实现更彻底的氮元素脱除。

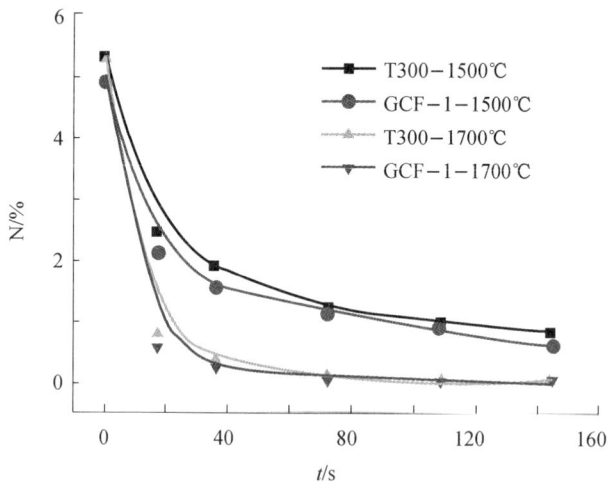

图 5-6 GCF-1 碳纤维和 T300 碳纤维的
氮元素含量与热处理时间 t 关系

可以根据两个温度下的热处理时间参数和相应的氮元素含量数据来确定其动力学进程。根据 1500℃ 和 1700℃ 时不同热处理时间纤维中氮含量,计算热处理过程中纤维脱氮反应的速度常数和活化能。根据实验数据拟合(拟合度

$R > 0.98$)结果,脱氮反应为二级反应,即

$$\frac{1}{C_0} - \frac{1}{C_t} = kt \tag{5-1}$$

式中　C_0——初始样品中氮的摩尔浓度;

　　　　C_t——t 时刻纤维中氮的摩尔浓度。

根据式(5-1),得到 GCF-1 碳纤维和 T300 碳纤维在 1500℃和 1700℃时 $(1/C_0 - 1/C_t)$与 t 的关系,如图 5-7 所示。图 5-7 中,拟合曲线的斜率即为脱氮反应的速率常数 k。表 5-1 为根据实验结果拟合的直线方程以及所得到的速度常数 k 值。

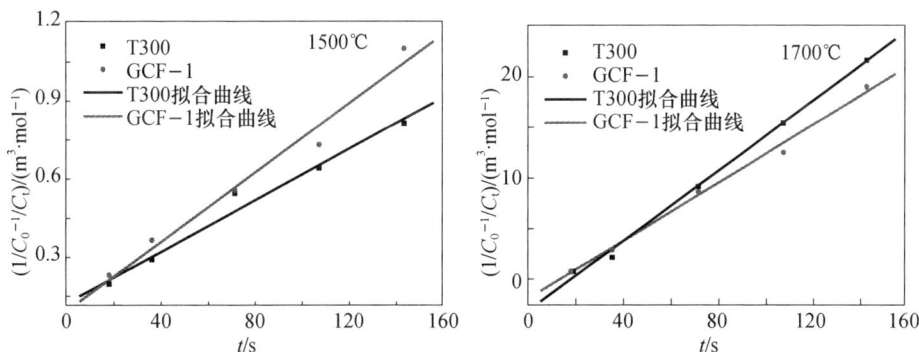

图 5-7　GCF-1 和 T300 的$(1/C_0 - 1/C_t)$与 t 关系

表 5-1　脱氮反应速度常数计算

		回归方程	k
GCF	1500℃	$Y = 0.09164 + 0.0066X$	0.0066
	1700℃	$Y = -1.71872 + 0.14057X$	0.14057
T300	1500℃	$Y = 0.11368 + 0.00497X$	0.00497
	1700℃	$Y = -2.91326 + 0.16885X$	0.16885

阿伦尼乌斯(Arrhenius)方程的微分形式如下:

$$\frac{\mathrm{d}\ln k}{\mathrm{d}T} = \frac{E_\mathrm{a}}{RT^2} \tag{5-2}$$

当温度变化范围不大时,E_a 可作为常数,因此式(5-2)可以变为定积分形式:

$$\ln\frac{k_2}{k_1} = -\frac{E_\mathrm{a}}{R}\left(\frac{1}{T_2} - \frac{1}{T_1}\right) \tag{5-3}$$

因此,根据表 5-1 中 1500℃和 1700℃时的 k 值,经式(5-3)计算纤维脱氮反应的表观活化能如表 5-2 所列。

表 5-2　GCF-1 碳纤维和 T300 碳纤维脱氮反应的活化能 $E_a(N)$ 数据

碳纤维	$E_a/(\text{kJ} \cdot \text{mol}^{-1})$
GCF-1	444.9
T300	512.8

从表 5-2 可以看出,高温热处理过程中 T300 纤维脱氮反应的表观活化能大于 GCF-1,因此 GCF-1 较 T300 更易进行脱氮反应,其氮元素更易脱除,相同温度下脱除的更快一些。

5.1.3　碳纤维中氢元素的演变规律

图 5-8 给出了四种碳纤维在 1300~2400℃高温热处理过程中氢元素含量的变化趋势曲线。可以看出,在热处理过程中,碳纤维中氢含量保持较低的水平,而且除了 GCF-1 之外的其他三种碳纤维,氢含量在处理温度超过 1500℃后基本不变。当处理温度达 1700℃后碳纤维中氢元素基本脱除,之后四种碳纤维的氢元素含量基本保持不变,在(0.04%~0.08%)范围内。

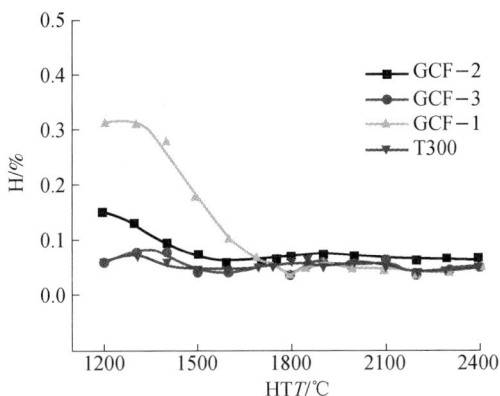

图 5-8　碳纤维氢元素含量与热处理温度关系图

分析表明,虽然所采用的四种碳纤维的原始结构型组分(包括碳元素、氮元素、氢元素)含量存在一定差别,但在高温热处理过程中这种组成上的差别将逐渐减少,这个过程基本上在温度到达 1800℃时完成,这时各碳纤维的碳、氮、氢含量基本相同,其中碳元素含量都达到了 99% 以上,氮元素含量基本维持在0.4% 以下,氢元素含量维持在 0.04%~0.08% 范围内。上述数据表明,作为一种高温环境中使用的高性能纤维材料,碳纤维虽然由于生产工艺不同会使得碳纤维的原始结构型成分组成存在差异,但当热处理温度到达一定程度后,碳纤维的成分组成将趋于一致。

5.1.4 碳纤维结构型元素含量与碳纤维性能的关系

碳纤维的结构特征为碳元素聚集态的表现,而碳元素聚集态的形成受到氮元素脱除的影响。因此,在一定程度上,尤其是在中低温热处理过程中,氮元素的存在和脱除直接影响碳纤维结构特征[14,15]。

氮元素的存在对纤维结构的影响在于:当氮元素含量较高时,由于含氮成分的存在,纤维的石墨六元环的共轭特性以及分子间作用力将受到影响,而当氮元素含量较少时,由于氮元素脱除造成的结构缺陷在纤维结构重组时又将影响石墨片层的规则排列。结合结构型成分氮在高温处理过程中的含量变化和纤维结构参数的数据,可以确定氮含量与结构重排过程之间的关联性。纤维微晶尺寸(L_c、L_a)或拉曼特征参数 R、碳层间距 d_{002} 以及取向参数 π 的结果如图 5-9 所示。

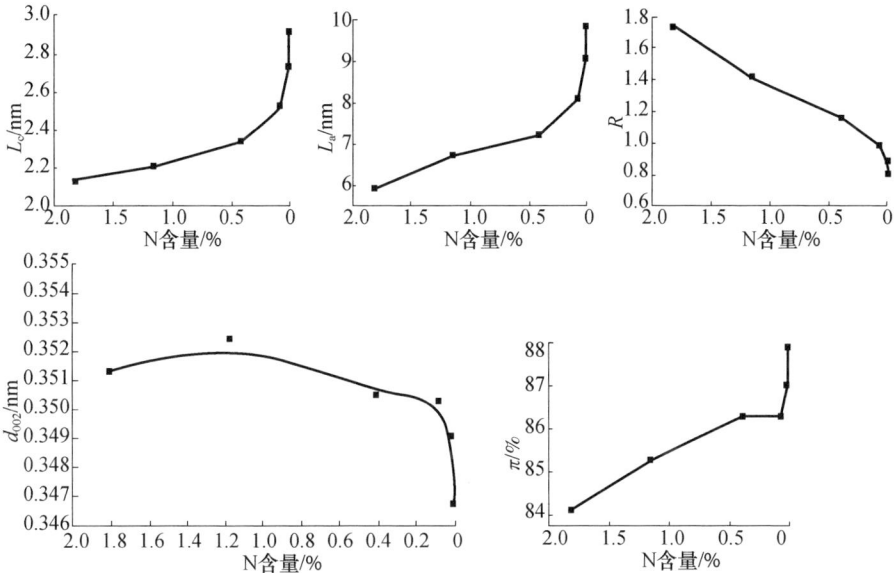

图 5-9 纤维热处理过程中微结构参数与氮含量的关系

从图中可以看出氮元素对碳纤维石墨化进程的影响:随着氮元素的脱除,R 值减小,石墨化度增加;同时,氮元素的高温逸出也将影响微晶结构的生长,随着氮元素的脱除,石墨微晶结构缓慢变化,但当氮脱除到一定程度后,微晶尺寸(包括 L_a 和 L_c)迅速增长,而石墨层面间距 d_{002} 迅速减小,因此,氮的脱除过程影响碳石墨结构、石墨微晶的生长与取向,氮含量较多时,脱氮作用占主导,随氮含量的减少纤维石墨化度增加较为缓慢;当处理温度较高,氮含量较少时,C 的重排占主导,纤维石墨化度迅速增加,碳层的择优取向性明显变好。具体结构重排过程如图 5-10 所示。

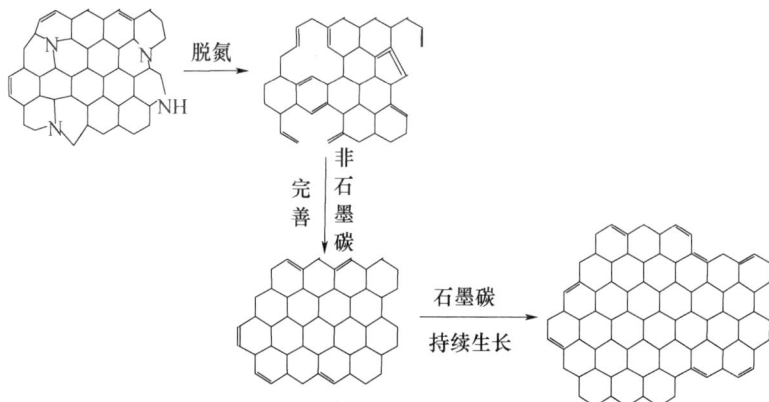

图 5 – 10　氮元素的脱除和纤维结构重排的关系

　　碳纤维的模量、导电性能等与其 C、N 含量存在一定的关系,图 5 – 11 和图 5 – 12分别给出了碳纤维模量、导电性能与其内部 C、N 含量的关系曲线。可知,随着纤维中 C 含量增加和 N 含量的减少,纤维模量持续增加。当 C 含量 >99.5%、N 含量 <0.25%时,碳纤维模量与组成的相关性基本消失,也就是说碳纤维在经受高温处理后,尽管其中的 C、N 含量变化很小,但模量增加较大。根据前述,高温阶段造成了纤维结构的重排,当氮元素含量很低时,纤维模量的增加与氮元素和碳元素的含量关联性不大,而是与碳纤维结构的重排程度有关。不同碳纤维的模量与其成分的依赖性有一定差别。相对于 GCF 系列碳纤维,T300 碳纤维的模量随 C 含量增加和 N 含量减少的提高幅度较小。GCF – 2 碳纤维的模量随成分变化而变化的幅度最大,GCF – 3 和 GCF – 1 碳纤维的模量随纤维组成变化介于 T300 和 GCF – 2 的之间,两种变化曲线基本重合。当 C 元素含量很高和 N 元素含量很低时,不同碳纤维的模量与其对应的低碳含量和高氮含量时纤维的模量相关性不大,即低碳含量和高氮含量时碳纤维的模量高,并不代表其高温热处理后形成的高碳含量和低氮含量时碳纤维的模量就一定高,还与碳纤维的结构重排程度有关。

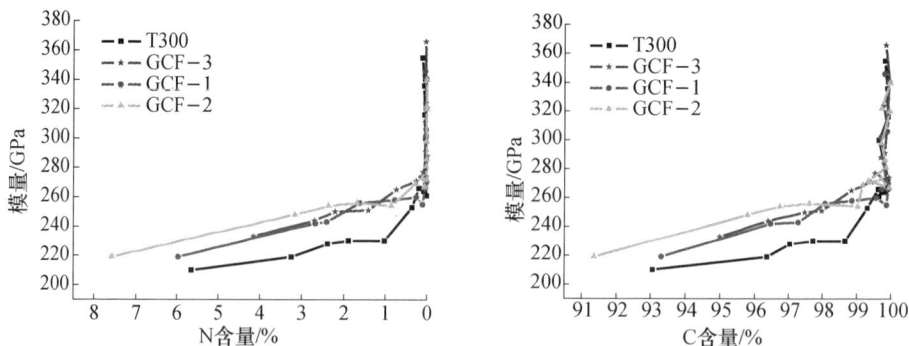

图 5 – 11　碳纤维 N、C 含量与纤维模量的关系

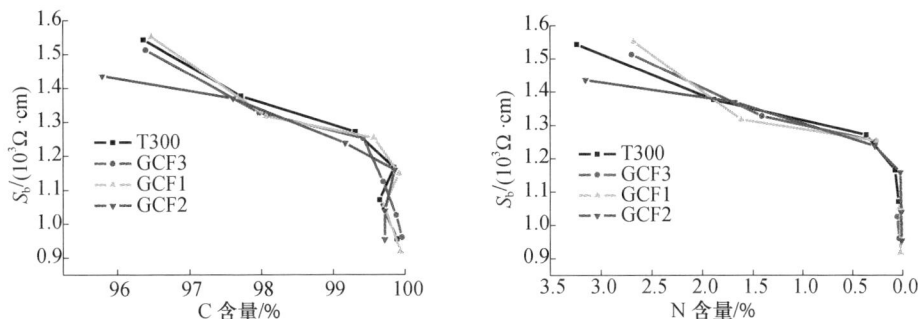

图 5 – 12　碳纤维 C、N 含量与纤维电阻率 S_b 的关系

碳纤维的电阻率与纤维中的 C、N 含量也密切相关:纤维中 C 含量越高、N 含量越低,纤维的电阻率也就越低。当纤维中 C 含量小于 99.5%、N 含量大于 0.25% 时,纤维的电阻率随着 C 含量的增加和 N 含量的降低基本呈线性缓慢降低;当纤维中的 C 含量大于 99.5% 和 N 含量小于 0.25% 时,纤维组成的变化不再是影响纤维电阻率的主要因素,而碳纤维结构向类石墨结构的转变是造成其电阻率急速下降的原因,这时纤维中碳层的完整性、平整性都有了大幅提升,有利于电子在其中的快速传递。不同碳纤维尽管由于制备工艺条件不同,其初始组成有一定差异,电阻率也有一定差别,但经过高温处理后,不同碳纤维间的电阻率差异明显减少。

5.2　碳纤维非结构成分的演变规律

聚丙烯腈基碳纤维是受缺陷控制的脆性材料,各种缺陷导致碳纤维的拉伸强度和拉伸模量降低。由聚丙烯腈基碳纤维原料及制备过程引入的碱金属杂质在高温碳化过程中,不仅存在逃逸后留下孔洞的情况,而且某些杂质在高温下还是碳氧化和石墨化的催化剂。进入碳纤维中的某些金属杂质有催化石墨化作用,使得碳纤维的石墨化温度降低,在较低的温度下发生石墨化,使碳纤维的模量升高,而强度降低。金属离子的催化机理已有一些研究[16-19],部分研究人员也开始采用浸渍的方法研究碱金属离子、过渡金属离子在碳化过程的作用,明确了金属离子杂质对聚丙烯腈基碳纤维结构和性能的影响,为制备高性能的聚丙烯腈基碳纤维提供理论依据[20]。另外,碳纤维处于高温氧环境中时,其中的一些金属杂质可以催化碳纤维的氧化烧蚀,造成碳纤维加速氧化,这对于作为烧蚀防热复合材料增强体用的碳纤维来说是不利的。在碳纤维的制备过程中,金属杂质作为碳纤维的非结构型成分存在,主要包含 Na、K、Ca、Mg、Al、Fe、Cu 等金属杂质。同时,作为油剂引入的硅元素也是一种重要的非结构型成分影响碳纤维的性能。下面将分别给予介绍。

5.2.1 碳纤维非结构型成分高温演变规律

图5-13给出了四种碳纤维在不同惰性环境热处理后非结构型成分含量的变化曲线。其中,热处理温度为0℃的数据代表的是原始碳纤维的金属杂质含量,由于原始碳纤维表面存在上浆剂,不同碳纤维的上浆剂中存在的金属杂质含量不同,并且与其本体碳纤维的金属杂质也存在差异。经过1300℃惰性环境的热处理后,碳纤维的表面上浆剂基本都被去除了,一些金属杂质也会随着上浆剂的热解而离开碳纤维。因此,图中给出的1300~2100℃的金属杂质含量基本能够反映碳纤维的本体非结构型金属杂质情况。可以看出,不同碳纤维中排在前三位的金属杂质均为Ca、Na、K元素,其次为Mg元素。随着热处理温度的提高,碳纤维中的非结构型成分基本都是遵循逐渐减少的趋势,但Na元素是减少速率最快的一个元素,这与Na元素及其化合物的低熔点有关。当温度达到1700℃后,Na、Mg的含量基本保持不变,而Ca元素的含量减少则一直在进行。应当指出,即使经过2100℃的高温热处理,碳纤维中仍残留有一定含量的金属杂质,这些杂质可能以碳化物的形式存在于碳纤维中。

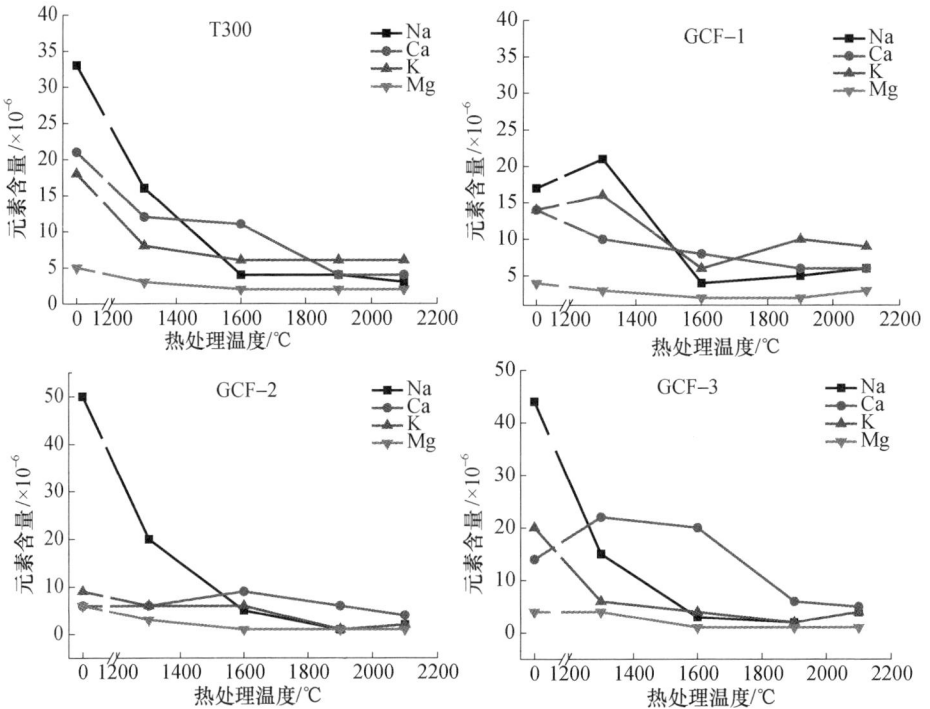

图5-13 碳纤维中金属杂质随热处理温度的变化情况

根据一些文献有关金属离子对碳纤维性能影响的研究,可以认为以 Na 为代表的金属对碳纤维本身的性能影响不大,因此在高温处理过程中其含量变化也不会对碳纤维性能产生太多影响。另外随着我国工业控制水平的提高,碳纤维生产企业已经能够较好地防止纤维制备过程 Na 等碱土金属的引入。但作为烧蚀防热复合材料增强体使用的碳纤维,其中金属杂质元素的影响还应考虑对材料热氧化性能的影响。下面着重对碳纤维中的铁元素和硅元素进行讨论。

5.2.2　碳纤维铁元素成分的高温演变规律

在非结构型成分中,铁元素在碳纤维的制备过程中由于设备以及工序的原因,相对较容易引入纤维,而且铁的存在对于碳纤维的高温石墨化过程以及烧蚀性能的影响相对较大。东华大学郝宇晨等人[20]采用不同浓度的 $FeCl_3$ 溶液对碳纤维进行浸渍,并在 2500℃进行高温处理,研究了 Fe 离子在石墨化过程中对聚丙烯腈基碳纤维结构与性能的影响。结果表明,经过高温处理后,Fe 离子具有催化石墨化效应,促进了碳纤维从乱层结构向石墨结构的转变,碳纤维微晶尺寸、层间距、弹性模量增加,表面形态也得到改变。同时,Fe 引起碳元素的流失,高温处理后体密度降低、碳纤维的缺陷增加,导致抗拉强度降低。

碳纤维中铁元素的含量通常都在 10×10^{-6} 以下,对于评测铁元素对碳纤维的影响及高温热处理过程中的演变比较困难,需要人为引入较多铁元素,即需要制备铁含量较高的模型碳纤维。制备铁含量较高的模型碳纤维需要解决两个技术难点:一是如何使足够量金属离子成功地添加到纤维中去,另一个是如何使金属元素在纤维中均匀分布。采用浸渍的方式可以在碳纤维原丝表面引入铁盐,但存在铁元素分布不均现象,且影响原丝后续热处理。尝试在聚合物中加入铁盐的方式,但铁离子的阻聚作用会夺取聚丙烯腈自由基的一个不成对电子,使链的增长受阻,影响聚合的稳定。利用碳纤维中微孔隙的特点,分析了在 Fe 溶液中完全浸渍碳纤维丝束形成含铁碳纤维的有效性,XPS 结果表明样品中未能检测到 Fe 元素,这可能是由于碳纤维中的微孔是闭合的,或微孔尺寸太小,常压浸渍不能使金属离子进入到碳纤维孔隙中的缘故。徐樑华等人[21]发现在凝固浴中将铁盐渗入到聚丙烯腈初生纤维中的方式可以得到铁元素相对含量较高的纤维原丝。采用此种方法制备的渗铁原丝经过预氧化、碳化后,得到了铁元素含量不同的聚丙烯腈基碳纤维,元素铁在纤维截面分布均匀。以这种碳纤维作为分析对象,进行了铁元素的高温演变研究。

图 5-14 给出了两种铁含量不同的模型碳纤维随热处理温度升高的铁元素含量变化曲线。可以看出,随着热处理温度的提高,两种不同的聚丙烯腈基碳纤

维中元素 Fe 含量均呈逐渐降低的变化趋势。纤维中 Fe 初始浓度越高,其在各热处理阶段损失越大,而最终残留在纤维中的量也越多。纤维中 Fe 元素可能以 Fe_2O_3、Fe_3O_4、FeO、Fe 等形式存在,它们的熔点见表 5-3。

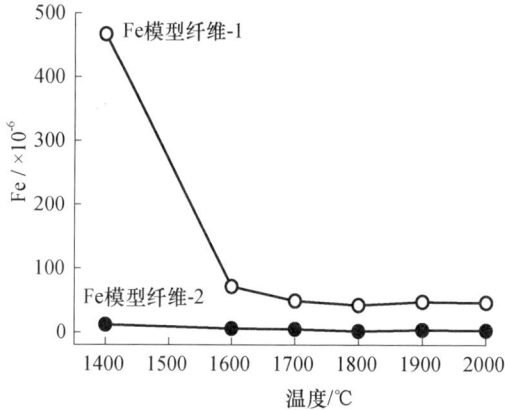

图 5-14　纤维中 Fe 元素含量变化与热处理温度关系

表 5-3　铁及其化合物熔点

铁及其化合物	FeO	Fe	Fe_2O_3	Fe_3O_4	Fe_3C
熔点/℃	1369	1535	1565	1594	1837

模型纤维中的 Fe 元素在经过低温碳化后,主要以铁氧化物的形式存在,进行高温热处理时,1400℃温度下碳纤维中 Fe 含量的降低可能是由于温度达到了 FeO 的熔点,使得纤维中的 Fe 元素的存在呈现固液两相共存的状态。液态的 FeO 伴随着热处理过程中气体小分子的释放,通过纤维中的微孔向纤维表面迁移,Fe 浓度高时,其被气体带动迁移的概率更大,损失的更多,使得纤维中 Fe 含量降低。当处理温度升至 1600℃时,达到 Fe_2O_3 和 Fe_3O_4 的熔点。此时,单质铁以及多种铁的化合物都将融化,为此将有大量的 Fe 损失,在曲线上表现为 Fe 含量迅速下降。另外,由于 Fe 存在于碳基体中,由于碳的存在,Fe 的熔点降低。在热处理过程,元素 Fe 不断向外迁移,纤维中 Fe 含量进一步降低。而最终元素 Fe 在纤维中残留量大,可能是元素 Fe 在高温下与 C 发生了反应形成了稳定固溶体 Fe_3C 的原因。同时,应当指出,Fe 在碳纤维的碳层网络结构中作为异质组分会被晶格不断排出除去,造成铁元素的不断迁移,进而更加促进了铁元素的流失。

通过 XPS 测定了在不同处理温度纤维中 Fe 的结合能,结果如表 5-4 所列。可以看出,随着处理温度的提高,Fe 的结合能降低,Fe 的结合价态逐渐由高价态转变为低价态。

表 5 – 4　不同处理温度下纤维中 Fe 的结合能

处理温度/ ℃	Fe 2P$_{3/2}$结合能/eV
1150	710. 28
1250	710. 04
1350	709. 90
1450	709. 97

图 5 – 15 是不同处理温度条件下的铁元素沿纤维径向的微区分布,其中 0μm 位置处代表的是碳纤维的中心位置,而 3.5μm 位置处则代表的是碳纤维的表层位置。可以看出,随着热处理温度的提高,铁元素不断由纤维内部向表面迁移,造成了碳纤维表层在 1450℃时有更多的铁元素。

铁元素的存在对于结构型成分的演变有着较大的影响,如图 5 – 16 所示。可以看出,在相同的热处理温

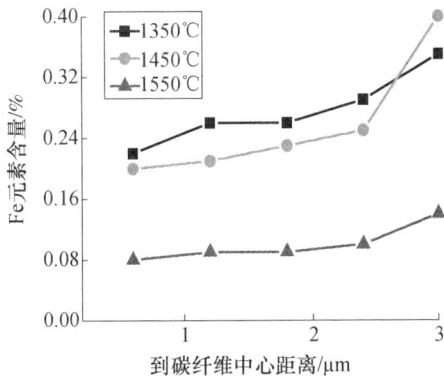

图 5 – 15　不同处理温度下的铁元素微区分布

度条件下,加 Fe 的聚丙烯腈基碳纤维中 N 元素含量明显降低,而 C 元素含量则明显升高。这说明 Fe 的存在可以加快碳纤维中 N 元素的脱除,高含量 C 元素在较低的温度下即可形成。

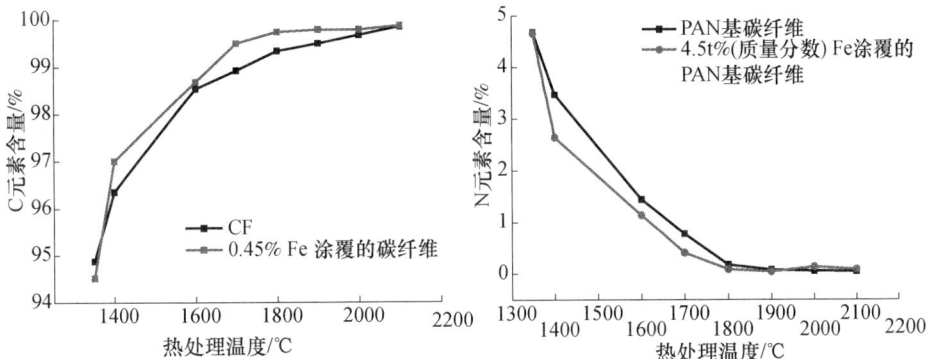

图 5 – 16　两组含 Fe 不同纤维中 N、C 元素含量与热处理温度关系

Fe 元素对 N 元素脱除促进作用的可能机理如图 5 – 17 所示。在 1400℃以上高温条件下,Fe、N 元素外层电子受到激发,成活性状态。Fe 原子最外层 d 壳

层电子重排,失去 2 ~ 3 个电子,表现出阳性,为活性中心;含 N 杂环上的元素 N 则得到电子,表现出负性。其次,Fe 离子与含 N 杂环配位,形成更为稳定的化合物;在更高热处理温度作用下,使得该化合物上的 $-C=N$ 更容易断键,N 元素以多种形式溢出,N 元素含量降低。

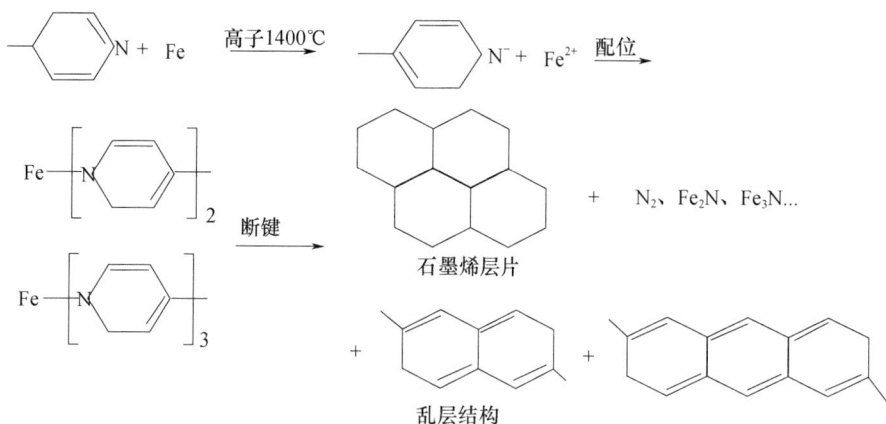

图 5 - 17　Fe 催化裂解 N 元素脱除机理

国内外有较多的文献报道表明[22,23],Fe 元素在高温条件下对碳材料具有催化石墨化效果,而碳纤维作为一种碳含量在 90% 以上的碳材料,Fe 的存在也会在高温下产生催化效果,使得碳纤维的结构发生变化,进而影响处理后纤维的性能。另一方面,碳纤维生产制备过程中所使用的设备多为钢材或者不锈钢,Fe 元素的引入难以避免。虽然所研究的 GCF 系列和 T300 碳纤维中含量并不高,但由于 Fe 在碳纤维制备过程中特别是高温处理过程中不断减少,并对碳纤维实现催化石墨化。该特性对碳纤维制备生产的改进和提高也具有指导意义。

李常清、徐樑华等人[8]通过制备含 Fe 模型纤维,研究了 Fe 元素对碳纤维力学性能的影响。不同浓度 Fe 模型碳纤维在不同碳化温度下的拉伸强力变化见图 5 - 18。从图中可以看出,在 Fe 含量为 12.3×10^{-6}、56.7×10^{-6} 和 467×10^{-6} 含量下,Fe 对碳纤维制备时的断裂强力值影响不大,三条曲线基本重合,只有当 Fe 含量达到了 4.5% 时,纤维的断裂强力值有明显的降低。也就是说,单从碳纤维力学强度性能上看,在碳纤维制备过程中 Fe 含量的控制可以有较宽的范围。

碳纤维的空气热氧化行为不仅与纤维本身 C 含量及其状态密切相关,而且纤维中的金属离子含量也在很大程度上影响其耐氧化性能。图 5 - 19 为常规碳纤维以及不同 Fe 含量的模型碳纤维的 500℃ 和 600℃ 空气中的热氧化失重 - 时间曲线。可以看出纤维中 Fe 元素的含量越高,相同条件下越容易发生氧化,造

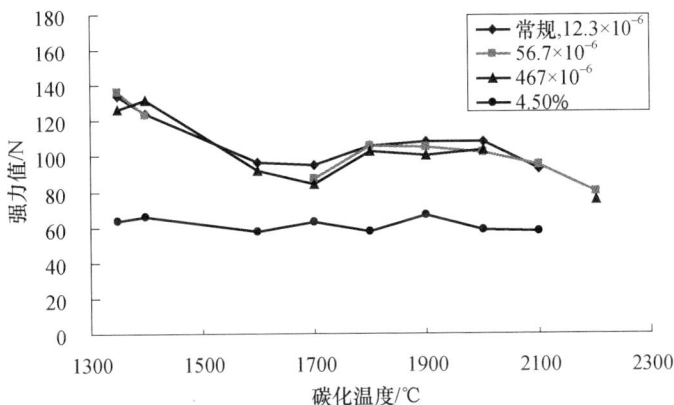

图 5 - 18　金属离子 Fe 对碳纤维力学性能的影响

成质量损失。在 500℃ 的空气中，当 Fe 元素的含量较少时（$< 467 \times 10^{-6}$），Fe 对碳纤维在空气中发生氧化质量损失的影响较小，而当 Fe 含量为 4.5% 时，Fe 对碳纤维氧化质量损失的促进作用则非常显著。相对于常规碳纤维在 600℃ 空气中 30min 质量减少了约 28.8%，纤维中 Fe 含量为 56.7×10^{-6}、467×10^{-6} 和 4.5% 时，其质量损失为则分别为 67.0%、79.3% 和约 100%，说明在较高温度的氧化气氛下，Fe 对碳纤维抗氧化能力的影响更为明显。因此碳纤维的热氧化稳定性与其在制备过程中 Fe 等金属离子含量的控制密切相关。

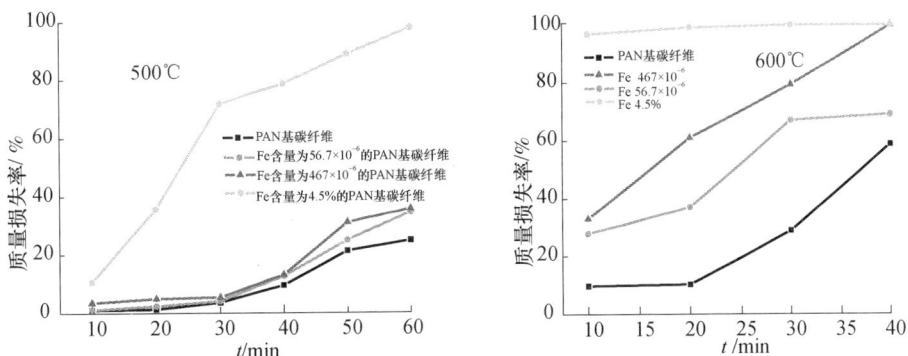

图 5 - 19　碳纤维中 Fe 对热氧化性能的影响（500℃ 和 600℃ 空气）

从氧化后碳纤维的形貌（表 5 - 5）上看，氧化后质量损失的大小对纤维形貌的影响很大：在氧化质量损失较小时，纤维基本保持原有的形貌特征，仅在纤维的局部有氧化烧蚀的凹坑出现，这种凹坑随着纤维中 Fe 含量的增加更为明显；当氧化质量损失较大时，纤维直径变细，并且伴随烧蚀后产生的细小纤维的剥离，Fe 含量越高，这种剥离产生的细小纤维越多（图 5 - 20、图 5 - 21）。

表 5 - 5　不同 Fe 含量的碳纤维在不同氧化条件下的 SEM 形貌照片

	常规纤维	含铁 56.7×10^{-6} 纤维	含铁 467×10^{-6} 纤维	含铁 4.5% 纤维
原始纤维				
500℃ 30min				
600℃ 10min				—

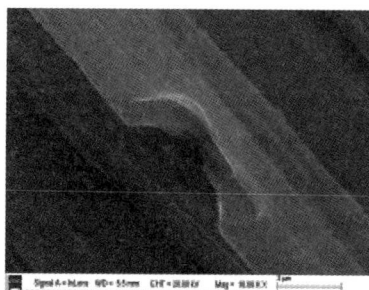

500℃出现的氧化烧蚀凹坑

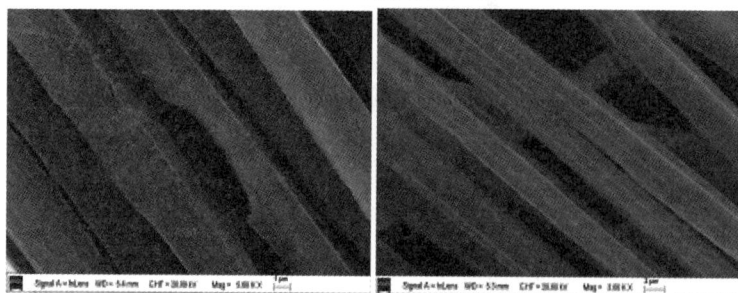

600℃时出现的不均匀氧化和纤维状剥离

图 5 - 20　Fe 含量为 437×10^{-6} 的碳纤维在不同氧化条件下的 SEM 照片

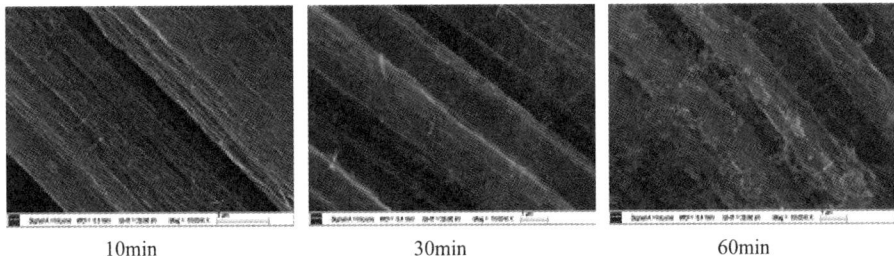

| 10min | 30min | 60min |

图 5 - 21　Fe 含量为 4.5% 的碳纤维在 500℃ 不同氧化时间的 SEM 照片

从上述数据可知,碳纤维中铁元素可以在高温热处理过程中部分逸出,但仍有部分会残留到碳纤维中,这部分铁元素虽然在含量较低时不会影响碳纤维的力学性能,但会促进碳纤维的石墨化,并严重影响碳纤维的抗氧化能力。因此,作为烧蚀防热复合材料用的碳纤维应当严格限制所使用的碳纤维增强体中铁元素的含量,以防止烧蚀防热复合材料烧蚀性能的下降。

5.2.3　碳纤维硅元素成分的高温演变规律

硅元素在碳纤维的制备过程中由于设备以及工艺成型的原因,相对较容易引入纤维,而且硅的存在对于碳纤维的高温石墨化过程以及烧蚀性能的影响相对较大[24-25]。碳纤维中硅元素的引入主要是由于原丝纺丝过程中油剂的影响。不同处理温度条件下的碳纤维及原丝的硅元素含量数据如表 5 - 6 所列。可以看出,随着处理温度的提高,硅元素含量呈显著的下降趋势,硅的逸出方式可能会由气体小分子裹挟带出或者在高温下脱落剥离。

表 5 - 6　不同处理温度条件下的纤维硅元素含量

处理温度/ ℃	纤维中 Si 含量/10^{-6}
原丝	2000
1150	380
1250	310
1350	130
1450	80

根据表 5 - 7 和图 5 - 22 给出的不同热处理温度下硅元素的 XPS 表征数据,可以推测高温下硅元素的演变过程如图 5 - 23 所示。

表 5 - 7　不同热处理阶段聚丙烯腈基碳纤维的 Si 2P 结合能

处理温度/℃	1150	1250	1350	1450
结合能 /eV	102. 57	102. 19	102. 40	102. 09

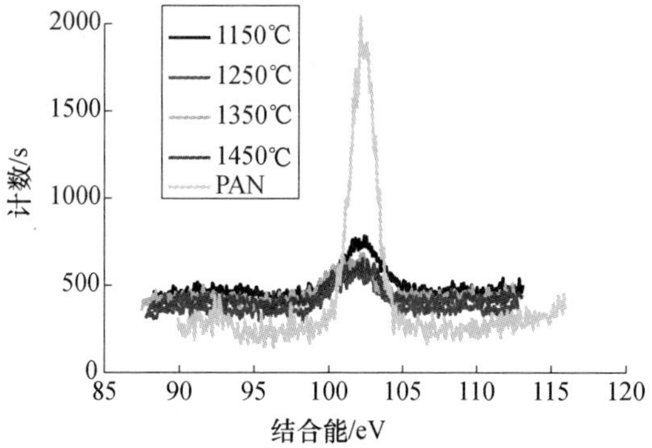

图 5-22　不同处理温度下的硅元素 XPS 谱图

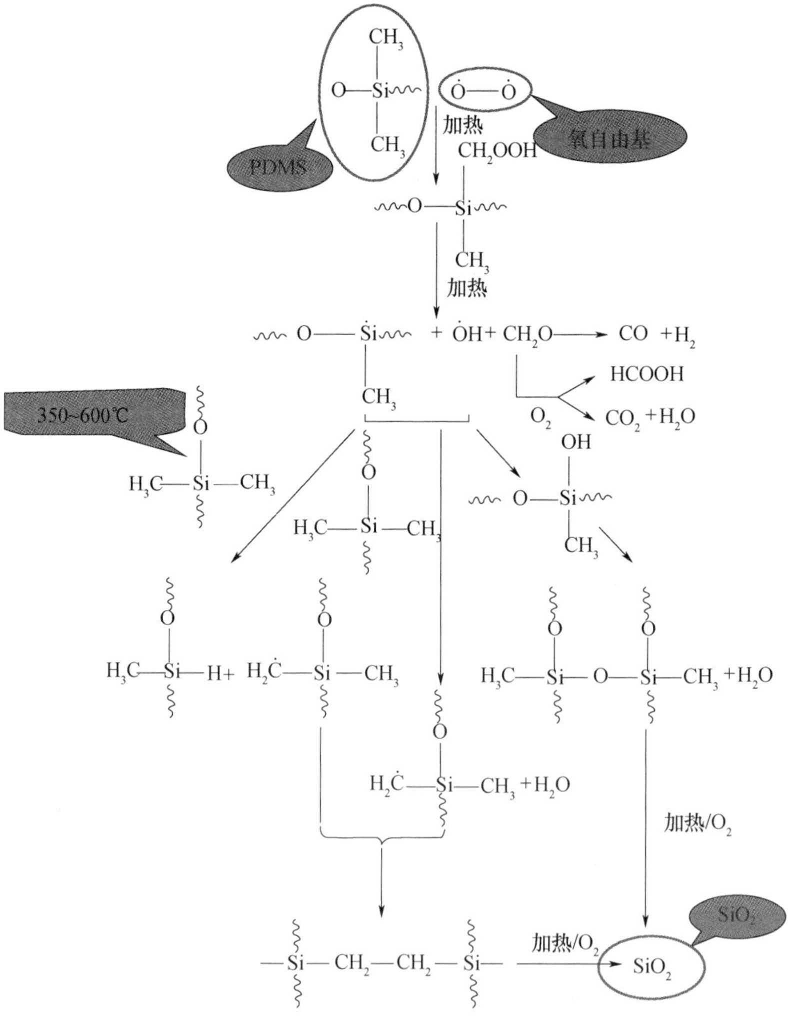

图 5-23　高温下硅元素的演变（PDMS 为聚二甲基硅氧烷）

图 5 - 24 是纤维截面硅元素的微区分布图,其中 0μm 对应碳纤维的中心位置,而 3.5μm 则代表了碳纤维的表层位置。由图中可以看出,聚丙烯腈有机纤维(2.4F)、预氧化纤维(OF)和不同温度热处理碳纤维截面上的硅元素分布都是从中心到边缘呈增加趋势,碳纤维截面上的硅元素含量远小于聚丙烯腈有机纤维的,说明在高温处理过程中硅元素从纤维内部向外移,随温度的升高,Si 元素含量远远低于原丝和预氧丝中的 Si 含量。

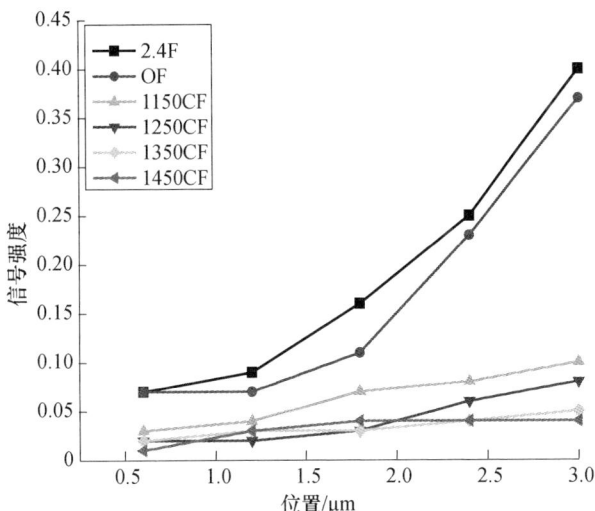

图 5 - 24　纤维截面硅元素微区分布

在高温处理的条件下(2000℃以上),基于目前碳纤维的制备工艺水平,大部分非结构型成分的含量基本处于检测限量以下,这些痕量的非结构型成分,对于纤维的结构性能不会造成太大的影响。

综上所述,碳纤维在经受烧蚀防热复合材料制备的高温热处理过程中或高温服役的氧化烧蚀过程中,作为结构型成分的氮元素和氢元素将不断脱除,形成几乎完全以碳元素为主的纤维。在这个过程中碳纤维中的金属杂质会不断逸出纤维体系,但仍有少量残留。从碳纤维的力学性能角度考虑,Na、Ca、K、Mg 等金属不会影响碳纤维的性能,少量的 Fe 元素也不会影响其性能。如果考虑碳纤维的热氧化行为,Fe 元素的存在将加大碳纤维的氧化速率,对于烧蚀防热应用的碳纤维不利。因此,在选择烧蚀防热复合材料应用的碳纤维时应对金属杂质(尤其是 Fe 元素)的含量进行控制。

参 考 文 献

[1] Erich F. The future of carbon - carbon composites[J]. Carbon,1987,25(2):163 - 190.

[2] Xu B, Wang X,Lu Y. Surface modification of polyacrylonitrile - based carbon fiber and its interaction with

imide[J]. Applied Surface Science,2006,253(5):2695 – 2701.

[3] Ho K K C,Beamson G,Shia G,et al. Surface and bulk properties of severely fluorinated carbon fibres[J]. Journal of Fluorine Chemistry,2007,128(11):1359 – 1368.

[4] Dhakate S R,Mathur R B,Bahl O P. Catalytic effect of iron oxide on carbon/carbon composites during graphitization[J]. Carbon,1997,35:1753 – 1756.

[5] Guo W,Xiao H,Zhang G. Kinetics and mechanisms of non – isothermal oxidation of graphite in air[J]. Corrosion Science,2008,50(7):2007 – 2011.

[6] Nakamura K,Tanabe Y,Fukushima M,et al. Analysis of surface oxidation behavior at 500℃ under dry air of glass – like carbon heat – treated from 1200 to 3000℃[J]. Materials Science and Engineering B,2009,161 (1 – 3):40 – 45.

[7] 贺福. 碳纤维及其应用技术[M]. 北京:化学工业出版社,2004.

[8] 李常清,袁珊,刘晖,等. 金属离子对 PAN 碳纤维结构及性能的影响[J]. 北京化工大学学报:自然科学版,2009,36(1):40 – 43.

[9] 杜善义,肖加余. 复合材料:创新与可持续发展[M]. 北京:中国科学技术出版社,2010.

[10] 赵建国,李克智,李贺军,等. 热处理温度对碳/碳复合材料性能的影响[J]. 材料热处理学报,2005, 26(1):1 – 4.

[11] Jackson P W,Marjoram J R. Recrystallization of nickel – coated carbon fibers[J]. Nature,1968,218:83 – 84.

[12] Wang W,Thomas K M,Poultney R M,et al. Iron catalysed graphitisation in the blast furnace[J]. Carbon, 1995,33(11):1525 – 1535.

[13] Tzeng S. Catalytic graphitization of electroless Ni – P coated PAN – based carbon fibers[J]. Carbon, 2006, 44(10):1986 – 1993.

[14] 高爱君,玉伟,徐樑华. 氮对碳纤维石墨化的影响[J]. 材料研究学报,2010,4:149 – 153.

[15] 刘钟铃,靳玉伟,徐樑华,等. 热处理温度对 PAN 基碳纤维微观结构的影响[J]. 合成纤维工业, 2010,03:1 – 4.

[16] 田艳红,沈曾民,常维璞. 高温渗硼对碳纤维微观结构的影响[J]. 新型碳材料, 2001, 16(1): 29 – 32.

[17] Oya A,Otani S. Influences of particle size of metal on catalytic graphitization on nongraphitizing carbons [J]. Carbon, 1981, 19(5):391 – 400.

[18] Oya A,Otani S. Catalytic graphitization of carbons by various metals [J]. Carbon, 1979, 17(2): 131 – 137.

[19] Dhakate S R, Mathur P B, Bahl O P. Catalytic effect of iron oxide on carbon/carbon composites during graphitization [J]. Carbon, 1997, 35(12):1753 – 1756.

[20] 郝宇晨,吕永根,秦显营,等. 高温浸铁对碳纤维结构与性能的影响[J]. 材料热处理学报,2011,32 (7),21 – 25.

[21] 李昭锐,李常清,王建彬,等. 铁元素对 PAN 碳纤维热行为的影响[J]. 材料热处理学报,2013, 34 (3),1 – 6.

[22] Oya A, Otani S. Catalytic graphitization of carbons byvarious metals[J]. Carbon, 1979, 17(2):131 – 137.

[23] Dhakate S R, Mathur P B, Bahl O P. Catalytic effect ofiron oxide on carbon/carbon composites during graphitiza – tion[J]. Carbon, 1997, 35(12):1753 – 1756.

[24] 李常清,郭雅明,徐樑华. PAN 基碳纤维中硅的高温演变规律研究[J]. 材料导报, 2011,08:42 – 44.

[25] Jin Dongbing, Huang Ying, Liu Xiangluan, et al. The influences of silicone finishes on thermooxidative stabilization of PAN precursor fibers[J]. J Mater Sci,2004,39(10):3365.

第 6 章

碳纤维结构特征在烧蚀防热复合材料成型中的演变

通用模量聚丙烯腈基碳纤维有多种牌号(日本东丽公司对应的碳纤维牌号为 T300),这种碳纤维在制备过程中通常仅经过 1300～1500℃温度范围内的热处理。碳/碳复合材料在制备过程中通常要经过 2000℃以上的高温热处理,而烧蚀防热型碳/碳复合材料制备过程中的热处理温度更高,需要达到 2500℃以上,通过充分脱除碳纤维及基体碳中的非碳杂元素,来提高复合材料的化学烧蚀性能。碳纤维在经历比其制备温度更高的高温热处理过程时,其内部结构将发生演变。同时,碳/碳复合材料的成型过程,碳纤维增强体不断与基体碳(包括前驱体及中间产物)复合,基体碳前驱体的填充和基体碳的形成也将对碳纤维的结构演变产生影响[1,2]。本章将从晶态结构、孔隙结构及皮芯结构三个方面介绍碳纤维结构的高温演变规律。

6.1　碳纤维晶态结构及其高温演变规律

碳纤维的晶态结构主要指碳纤维中以碳元素为主构成的具有一定结晶特性的集聚态结构。碳材料的晶态结构不同于传统的晶体结构,存在多变性、渐变性和复杂性,受热处理温度的影响很大,也与前驱体的类型有关。聚丙烯腈基碳纤维的结构发育也是热处理温度驱动的,同时受到外力牵引、诱导等作用的影响[3-7]。本节将对自由态、复合态碳纤维的结构演变及基体碳对碳纤维结构演变的影响进行阐述。

6.1.1　自由态碳纤维的结构及其演变历程

本节数据所涉及的碳纤维样品均为直接取样的未处理碳纤维和这些纤维单独(即未与基体复合)高温热处理的碳纤维。自由态碳纤维的结构演变完全受制备条件和后续热处理温度的驱动。由于不同丝束(如1K、3K)碳纤维的生产工艺中存在一定的差异性,本节也将对不同丝束碳纤维的结构进行分析和比对。

表6-1给出了三种来源两种规格(1K和3K)碳纤维的结构参数(碳层间距d_{002}、晶粒尺寸L_c和L_a)。可以看出,不同碳纤维具有相当的碳层间距d_{002}和晶粒尺寸L_c及L_a,晶粒尺寸均在1.5~2.0nm范围内。总体来看,碳纤维产品的结晶度不高,这与碳纤维生产过程中仅经历1300~1500℃的较低温度的热处理有关。

表6-1 不同碳纤维的层间距和晶粒尺寸

编号	规格	碳层层间距d_{002}/nm	晶粒尺寸L_c/nm	晶粒尺寸L_a/nm
T300	1K	0.344	1.65	1.90
	3K	0.346	1.66	1.80
GCF-1	1K	0.346	1.67	1.70
	3K	0.347	1.63	1.75
GCF-2	1K	0.343	1.59	1.79
	3K	0.345	1.77	1.83

碳纤维中沿轴向的碳微晶近似看作长方形(图6-1),通过分别测出L_a在平行和垂直于纤维轴方向的尺寸$L_{a\parallel}$和$L_{a\perp}$,可确定碳纤维轴向的微晶形状。采用X射线衍射的透射模式,将碳纤维束平行并平整排列,沿赤道线、子午线、方位角扫描,可得到$L_{a\perp}$和$L_{a\parallel}$及微晶层面沿纤维轴方向的择优取向角。表6-2列出的是T300碳纤维、GCF-1碳纤维和GCF-2碳纤维的微晶结构参数。可以看出,T300-1K碳纤维沿纤维轴方向的微晶形状与其3K碳纤维有差别:1K碳纤维中碳微晶形状接近正方形,而3K碳纤维显得更加狭长一些;从GCF-1和GCF-2碳纤维与T300碳纤维的对比来看,GCF系列碳纤维的$L_{a\perp}$明显偏小,这可能是导致这些碳纤维的L_a值偏小的主要原因;从取向角数据来看,GCF系列1K碳纤维的取向角都比T300-1K的小,表明取向度较高;而GCF系列3K碳纤维的取向角比T300-3K碳纤维的大,表明其取向度略低。这些数据表明,不同厂商的碳纤维(甚至同一厂商的不同规格碳纤维)受到制备工艺条件差异

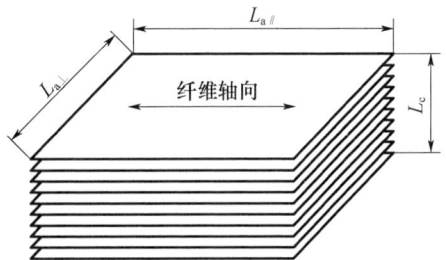

图6-1 碳纤维中碳微晶示意图

的影响,其结构也存在一定的差异。但总体来说,不同标准模量聚丙烯腈基碳纤维的微晶参数差别不是很大,具有相似性。

表 6 - 2　各种碳纤维的微晶结构参数

编号	规格	$L_{a\perp}$/nm	$L_{a//}$/nm	择优取向角/(°)
T300B	1K	0.93	1.08	15.00
	3K	0.66	1.33	13.92
GCF - 1	1K	0.83	1.36	14.48
	3K	0.54	1.10	14.25
GCF - 2	1K	0.42	1.24	14.26
	3K	0.47	1.32	14.62

　　碳纤维制备过程中经过高温碳化处理,高分子网状结构转变为层片状堆叠的碳结构,聚丙烯腈有机原丝转变为无机碳纤维。图 6 - 2 为碳纤维断口形貌的 SEM 照片。从碳纤维的断裂形态可以看出,碳纤维为脆性材料,纤维内部仍然存在类似聚丙烯腈原丝含有的原纤状结构,但是这种束状结构相互之间的排列十分紧密,不易发生如聚丙烯腈原丝易撕裂的现象。分析其原因,可能是碳纤维中形成的碳微晶(或碳层)之间也发生了化学反应,形成了相互键合的化学键(图 6 - 3),从而导致纤维的结构十分致密。

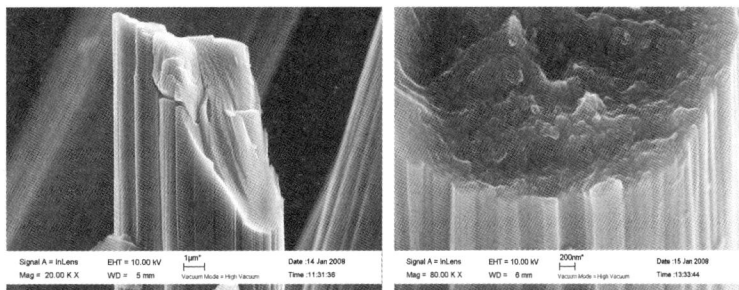

图 6 - 2　碳纤维断口和截面的 SEM 照片

　　将 GCF - 1、GCF - 2 和 T300 三种碳纤维在间歇热处理炉中预定温度下停留 1h 获得不同的测试样品,同时将一种通用模量聚丙烯腈基碳纤维在连续石墨化炉中于不同温度下停留约 5s,获得短时高温热处理碳纤维样品。分别对这些样品进行 XRD 解析,获得碳

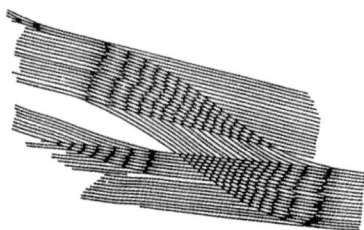

图 6 - 3　碳纤维中的交联结构[8]

纤维的 L_c 数据。图 6 - 4 给出了不同碳纤维的晶体尺寸 L_c 随热处理温度的变化曲线。可以看出,短时高温热处理与长时高温热处理两种方式对碳纤维微晶中的碳层堆叠厚度 L_c 影响很大,且热处理温度越高,两种处理方式导致的差异越大。如连续短时热处理到 2500℃时碳纤维的 L_c 仅达到约 4.5nm,而长时热处

理到相同温度时几种碳纤维的 L_c 均达到 6.5nm 以上。造成这一现象的原因与短时高温热处理尚未达到碳纤维内部碳层的有效调整有关。第 5 章给出的碳纤维各元素的演变等有关内容也表明,在很短的热处理时间内碳纤维中的非碳杂元素(尤其是氮元素)的脱除进程尚未完成,影响碳纤维的碳层平整度。这也进一步说明了碳纤维结构的发育也具有时间效应。

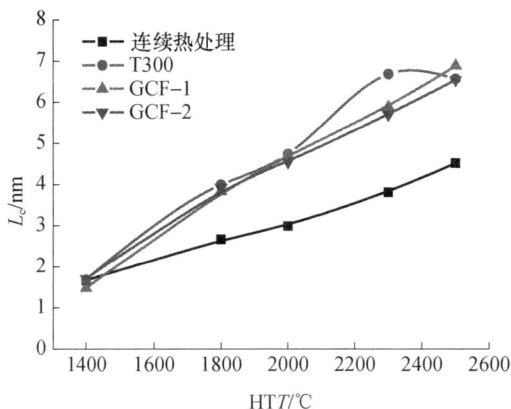

图 6-4 各种碳纤维经高温热处理后微晶厚度的变化

此外,除了 T300 碳纤维在 2300℃ 处理后 L_c 率先达到较高值,然后在后续更高热处理温度下 L_c 几乎没有增加外,相同长时间热处理的其他碳纤维的微晶厚度基本相当。

图 6-5 给出了 GCF-1、GCF-2 和 T300 三种碳纤维经长时热处理后碳层片间距 d_{002} 的变化曲线。同时为了对比短时热处理造成的 d_{002} 变化情况,图中也给出了前述经过连续短时热处理的聚丙烯腈基碳纤维的 d_{002}。由图可见,两种热处理方式对碳纤维的层间距影响也较大。短时热处理碳纤维的初始 d_{002} 较大,经过短时热处理到 2500℃ 时碳纤维的层间距由 0.358nm 快速下降到 0.346nm 左右,其中在 1800~2300℃ 之间变化趋缓。根据第 5 章碳纤维结构型元素的演变规律可知,1800℃ 以前碳纤维发生明显的脱氮反应,形成含碳量高达 99% 以上的碳材料,而高于 1800℃ 以后,氮元素的含量基本保持在一个很低的数值。因此,在 1800℃ 之前伴随氮元素的脱除,碳层的平整度大幅提高,碳层片的有序化排列更容易,因此 d_{002} 急速减小;而在 1800~2300℃ 之间,由于氮元素几乎完全脱除,导致碳层片进一步有序化的动力大大减弱,因而层间距变化不大。当热处理温度超过 2300℃ 后,热振动引起的碳层重排作用(或自组装作用)加大,碳层自调整作用下 d_{002} 又开始快速下降,向类石墨结构转变。

经长时间高温热处理后,GCF-1、GCF-2 和 T300 三种碳纤维的初始碳层

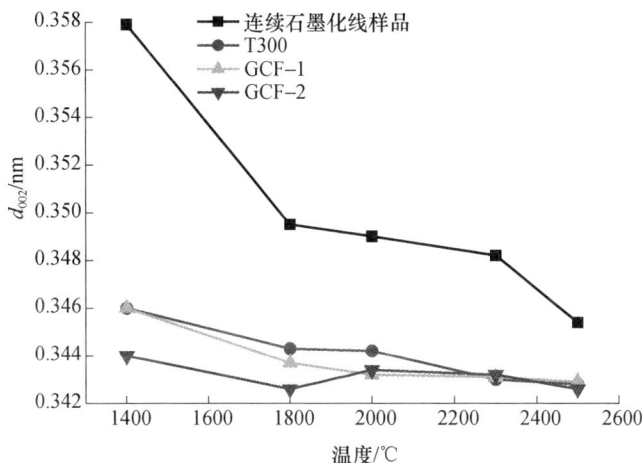

图 6 – 5　碳纤维经不同方式高温热处理后碳层间距 d_{002} 的变化

间距比短时热处理的碳纤维有明显的减小,随着热处理温度升高有进一步减小的趋势。GCF – 1 和 T300 碳纤维与 GCF – 2 碳纤维间的 d_{002} 初始差异也较大,但随着热处理温度的提高,这种差异逐渐减小。特别是 T300 碳纤维和 GCF – 1 碳纤维,初始具有较大的 d_{002} 情况下,到温度达到 2500℃ 后它们的 d_{002} 变为与 GCF – 2 的相当。这表明在长时的高温热处理过程中,碳纤维的脱氮和自调整促进了标准模量的聚丙烯腈基碳纤维的碳层间距趋于一致。

　　图 6 – 6 表示的是碳纤维经高温热处理后孔隙率的变化。该孔隙率是以理想石墨为基准,根据密度和层间距推算出来的。短时连续热处理后碳纤维的孔隙率表现为先增大,在 2000℃ 左右达到极大值,而后又有所下降。极大值的出现与碳纤维短时热处理无法实现在 1800℃ 之前的完全脱氮,而造成在更高的 2000℃ 时仍有较多氮元素快速脱除有关;在 2000℃ 左右时,由于氮元素的快速脱除,造成了碳微晶间存在氮脱除过程形成的孔隙,引起孔隙率增加。随着热处理温度提高和在高温段热处理时间的延长,氮元素脱除逐渐趋于彻底,在碳层平整度提高和高温造成的碳层自调整作用下,孔隙逐渐减小。

　　与碳/碳复合材料制备时间相当的长时高温热处理,造成了碳纤维的孔隙率变化趋势与连续短时热处理碳纤维截然不同:长时热处理过程中,碳纤维孔隙率不仅变化幅度小,而且在趋势上表现为在 2000℃ 时略有减小,而后到 2300℃ 以上时开始缓慢提高。这也说明了在长时间热处理过程中,碳纤维脱氮基本在 1800℃ 之前完成,在更高温度下的脱氮速率较小,没有氮元素的集中逸出,因此不能形成明显的氮元素逃逸通道,在碳层平整度提高和高温碳层自调整作用下,形成了较小的孔隙率。热处理温度升高,更有利于氮元素和其他非碳杂质的脱除,也更有利于碳层的自调整,因此,随着温度升高,碳纤维的孔隙率略有减小。

2300℃后孔隙率的略有增加,可能与高温下碳层自调整作用造成微晶间发生键合形成大微晶时形成了一些晶间孔隙有关,尤其是在碳纤维径方向的微晶间更容易形成(图6-7)。

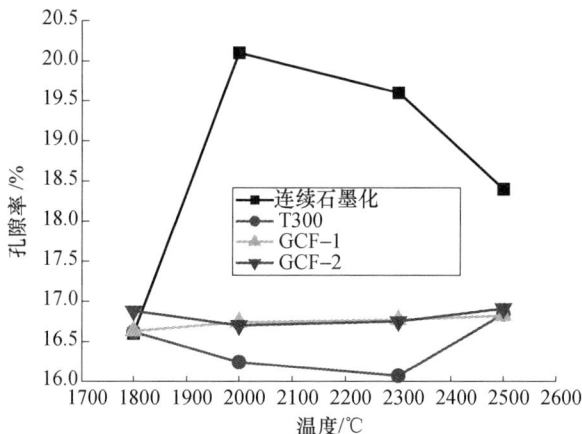

图6-6　碳纤维在高温热处理过程中孔隙率的变化

上述两种热处理方式造成的碳纤维孔隙率变化说明:短时热处理会造成氮元素在更高的温度下快速集中脱除,容易形成脱氮通道孔隙,导致孔隙率急剧上升;而在长时热处理过程中由于氮元素在较低的温度下就缓慢脱除了,在高温下不会形成氮元素脱除通道,碳片层平整度提高和自调整重排会在一定程度上消除孔隙。而在更高的热处理温度下,由于碳微晶的长大,会在沿轴向排列的带状微晶间产生晶间孔隙,因而孔隙率有所增加。

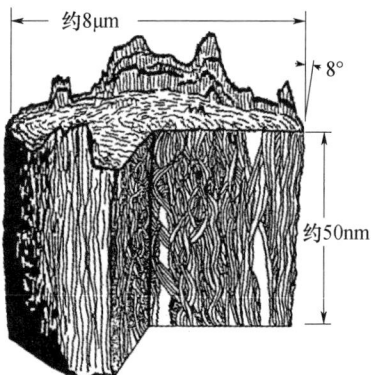

图6-7　碳纤维中沿轴向择优取向的碳微晶带状结构[9]

图6-8给出了碳纤维在两种方式的高温热处理过程中择优取向角的变化曲线。可看出,几种纤维中只有GCF-1碳纤维的初始择优取向角较大,其他几种纤维的初始择优取向角较小,且基本相当。经短时连续热处理后,碳纤维择优取向角逐渐减小,但比其他几种长时热处理碳纤维的大,表明短时热处理碳纤维的碳层片沿纤维轴向的取向度较低;而经过长时热处理后,三种碳纤维的变化趋势基本相同,比短时热处理碳纤维的取向角减小幅度大得多。这与碳纤维中碳微晶重排和发育的弛豫时间有关,较长的热处理时间可以保证碳层有充足时间沿轴向发育和重排。

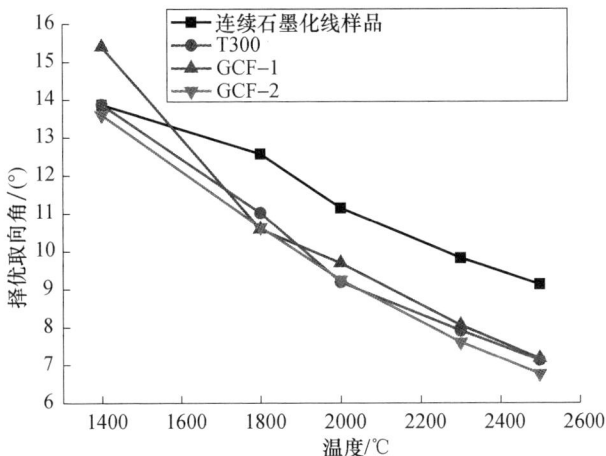

图 6-8　碳纤维在高温热处理过程中择优取向角的变化

　　由上述分析可知,长时高温热处理与短时连续热处理过程对碳纤维结构的变化产生很大差异。高温热处理过程中存在孔隙形成和消除两种截然不同的效应。长时高温热处理过程中结构重排的时间长,有利于微晶结构重排和孔隙消除,因而微晶较大、孔隙率较低。这也是烧蚀防热复合材料成型过程采取较长时间高温热处理的原因。

　　图 6-9 和图 6-10 分别给出了三种碳纤维在长时高温热处理过程中垂直于纤维轴向的微晶基面尺寸 $L_{a\perp}$ 和平行于纤维轴方向的微晶基面尺寸 $L_{a\parallel}$ 的变化。由图可见,随着热处理温度的提高,$L_{a\perp}$ 和 $L_{a\parallel}$ 均不断增加。总体上来看,$L_{a\parallel}$ 始终大于 $L_{a\perp}$,说明了碳纤维中的微晶呈沿轴向取向的长条结构。对比两个方向上碳微晶随温度的演变情况可以看出,$L_{a\parallel}$ 具有更快的增长率,尤其是当热处理温度较高时(>2000℃),$L_{a\perp}$ 增加幅度减小,而 $L_{a\parallel}$ 仍保持线性增加。说明碳纤维轴向更易于形成较大尺寸的碳层,而径向方向受到纤维直径较小的局限,微晶较难发育。

　　图 6-11 所示为三种碳纤维在高温热处理过程中微晶形状的变化。由图可见,随着温度的提高,$L_{a\parallel}/L_{a\perp}$ 比先是剧烈下降而后缓慢上升。1800℃之前的剧烈下降与 $L_{a\perp}$ 的较大增加和 $L_{a\parallel}$ 的较小增加有关。在 1800℃ 之前碳纤维将有一个明显的脱氮过程,这个过程中,脱除的氮元素将与小分子物质以气体的形式逸出。对于碳纤维这种细长材料而言,非碳杂元素的脱除几乎都是沿径向方向进行的。一方面,非碳杂元素的脱除会形成定向的逸出通道,另一方面也会对碳微晶形成定向的扰动影响,促进微晶在径向方向的排列,从而促进碳微晶 $L_{a\perp}$ 的快速长大。在热处理温度超过明显脱氮的温度后,微晶的生长仅与碳层平整度提高和重排造成的自调整作用有关,受到碳纤维细长结构特点的影响,$L_{a\perp}$ 增长速率趋缓,而 $L_{a\parallel}$ 则持续保持快速的增长。因此,微晶形状参数 $L_{a\parallel}/L_{a\perp}$ 开始增加。

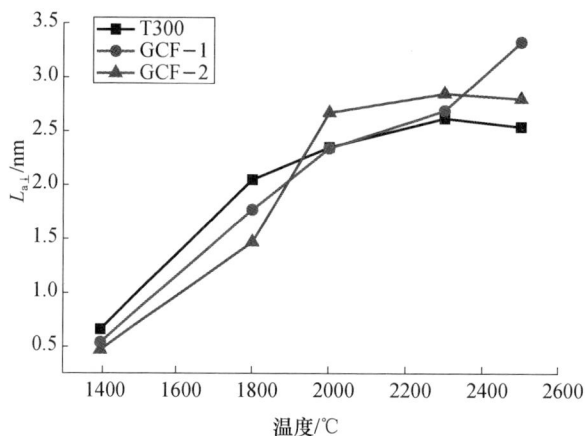

图 6-9　垂直于纤维轴方向的碳微晶尺寸($L_{a\perp}$)随热处理温度的变化

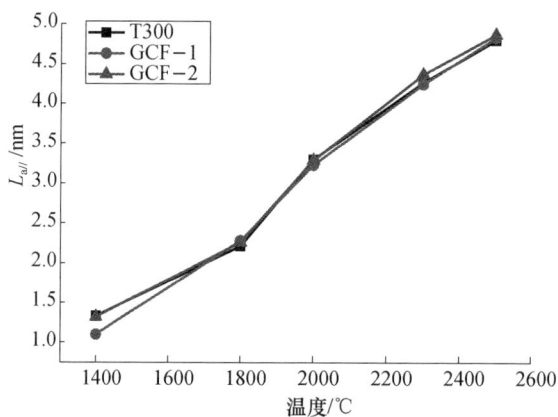

图 6-10　平行于纤维轴方向的碳微晶尺寸($L_{a/\!/}$)随热处理温度的变化取向

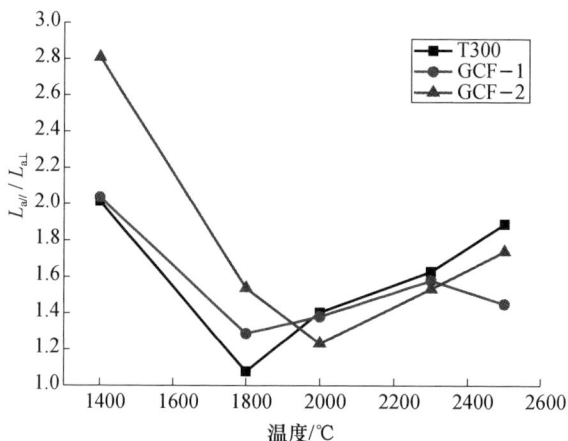

图 6-11　碳纤维微晶形状参数 $L_{a/\!/}/L_{a\perp}$ 随热处理温度的变化

总之,长时间高温热处理对于碳纤维缓慢脱除非碳杂元素有利,从而有利于碳纤维微晶的充分发育。在不断升温的热处理过程中,碳纤维的微晶尺寸 L_c、L_a 均不断增大,而碳层间距 d_{002} 则不断减小,有向类石墨结构转变的趋势。但由于前驱体聚丙烯腈的限制,标准模量聚丙烯腈基碳纤维的石墨化程度比理想石墨还差很多,属较难石墨化碳的范畴。对于这种细长型的碳材料,碳纤维在轴向和径向两个方向上的碳微晶发育的快慢不同步。总体而言,轴向微晶尺寸大于径向的,在经过更高温度的热处理后这种差异增大[10,11]。

6.1.2 碳/碳复合材料中碳纤维的晶态结构及其演变过程

烧蚀防热碳/碳复合材料成型过程中将经受反复的浸渍/碳化和高温热处理。正如前面所述的那样,碳/碳复合材料成型过程中内部碳纤维增强体将会发生随热处理温度升高的结构不断演变过程。碳/碳复合材料中碳纤维被基体碳包裹在内部,无法实现不损伤纤维而将其完整剥离出来进行结构解析。本节利用"2.5.2.4 碳/碳复合材料的结构分析方法"给出的分析方法揭示复合态碳纤维的结构及其演变过程。

图 6-12 给出了碳/碳复合材料中碳纤维结构参数随工艺变化的规律。可以看出,碳/碳复合材料中碳纤维的微晶尺寸 L_a 随工艺变化不大,在第一次高压致密化阶段还有减小的趋势。而碳层堆积厚度 L_c 呈阶梯状增加趋势,上升段由工艺温度的升高控制,即温度是驱动 L_c 增加的关键因素;碳纤维的碳层间距 d_{002} 随工艺变化呈阶梯状减小趋势,下降段同样由工艺温度的升高控制。对比自由态碳纤维的结构演变过程可以看出,碳纤维的 L_a 受温度影响的增加效应变得不明显,可能受到了致密化成型中基体碳形成的抑制,而 L_c 和 d_{002} 则似乎没有受到明显影响。

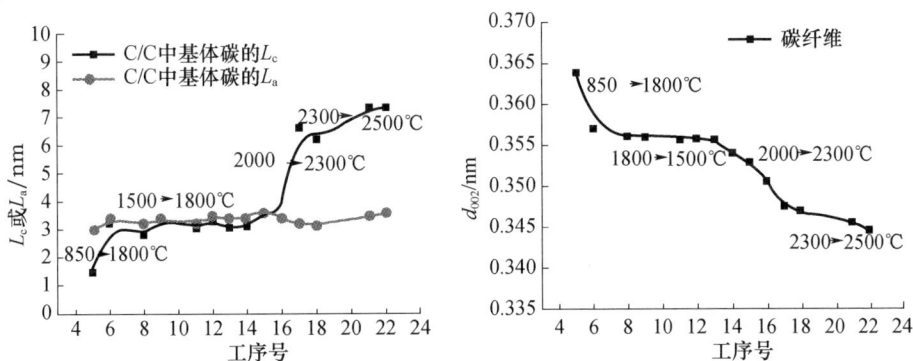

图 6-12 碳/碳成型过程中内部碳纤维结构参数的变化规律

图 6-13 给出了碳/碳复合材料中沥青基体碳结构参数的变化过程。可以看出,不论是 L_a、L_c 还是 d_{002},都随工艺的进行呈现阶梯形变化,各参数明显增加

或明显减小点均为工艺温度升高点,这与碳纤维结构参数 L_c 和 d_{002} 的变化受工艺温度的影响一致。说明工艺温度对复合材料中碳纤维和基体碳的结构演变具有显著的影响。对比碳纤维与基体碳的结构发育情况可知,基体碳具有良好的可石墨化特性,经过 2500℃ 的高温热处理,其 L_a、L_c 大幅增加,而 d_{002} 则大幅减小,属于典型的易石墨化碳,而碳纤维则属于较难石墨化碳范畴。

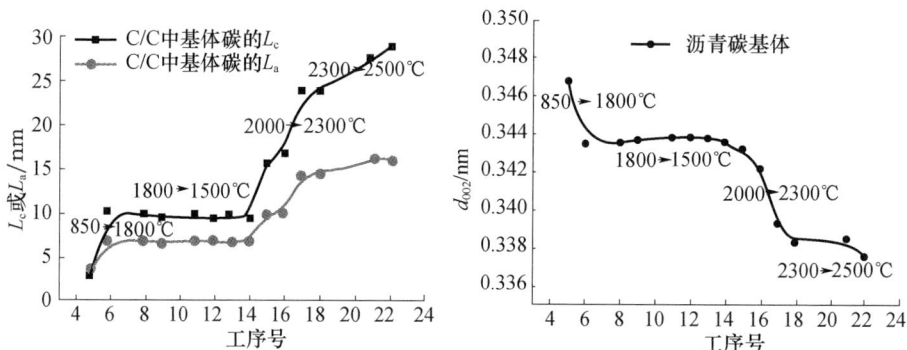

图 6-13　碳/碳复合材料成型过程中内部基体碳结构的演变情况

6.1.3　碳/碳复合材料基体碳对碳纤维结构的影响

碳/碳复合材料的基体碳主要有沥青碳、树脂碳和气相沉积碳三类[12,13]。由于不同基体碳具有不同的特性和结构形成过程,本节将对典型碳/碳复合材料形成过程中涉及的这几种基体碳分别讨论基体碳对碳纤维结构的影响情况。

1. 沥青碳基体对碳纤维结构的影响

沥青碳是烧蚀防热复合材料应用最广的一种基体碳,是沥青经过高温成碳过程形成的。碳/碳复合材料中的沥青基体碳是由沥青(通常为中温浸渍沥青)经过熔融浸渍/碳化-高温热处理工艺在碳纤维的网络结构中反复致密化后形成的。正如前面所述的那样,碳/碳复合材料的制备成型过程中,将经受一系列的高温热处理和高压浸渍/碳化过程,碳纤维受到基体碳形成的影响,其结构演变过程与自由态碳纤维存在明显差异。

图 6-14 给出了自由态和复合态碳纤维、沥青的碳层间距 d_{002} 随热处理温度的变化曲线。可以看出,复合态碳纤维的 d_{002} 始终大于自由态碳纤维的,并且随热处理温度增加前者仅在 2000℃ 之前出现了明显的降低,超过 2000℃ 后变化不明显。而自由态碳纤维的 d_{002} 则随着温度升高持续降低,石墨化度得到了不断提高。这说明基体碳在碳纤维网络空间中的形成和存在对碳纤维的碳层间距减小起到了抑制作用。同样,自由态沥青碳的 d_{002} 随温度上升而表现为持续降低,而复合态沥青碳的 d_{002} 随时间延长在 2000℃ 左右出现拐点,超过 2000℃ 后 d_{002} 不再随热处理温度升高而持续减小。总体来看,在碳/碳复合材料成型过程

中,碳纤维与基体碳相互作用,抑制了碳微晶层间距的减小,阻碍了碳纤维石墨化度的持续提高。

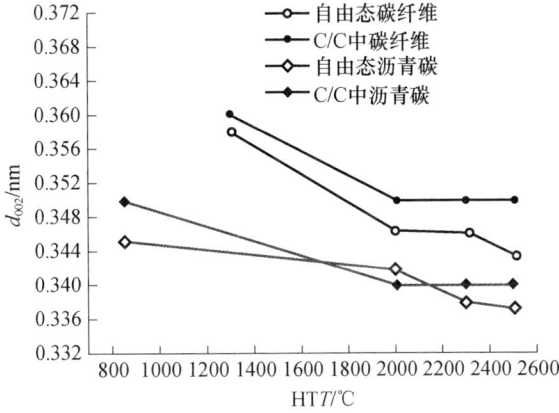

图 6 - 14　自由态和复合态碳纤维、沥青碳的
d_{002} 随热处理温度的变化曲线

图 6 - 15 给出了自由态和复合态碳纤维、沥青碳微晶中碳层堆叠厚度 L_c 随热处理温度的变化曲线。可以看出,对于沥青碳而言,不论是自由态还是复合态,其 L_c 随温度的发育情况相当,没有表现出明显的促进或抑制作用,说明碳纤维对基体碳的作用几乎不影响基体碳中碳层的有序堆叠。而对于碳纤维来说,在碳/碳复合材料成型中却受到了基体碳的影响,而表现为 L_c 增长比自由态时迟缓。

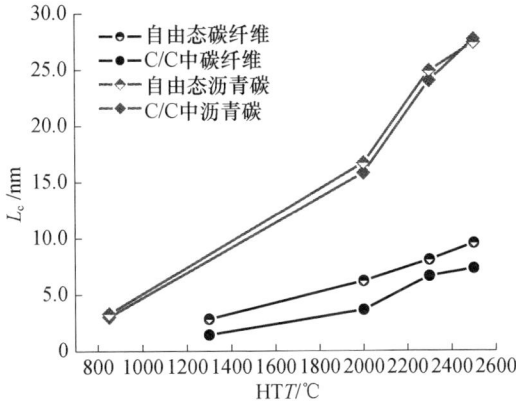

图 6 - 15　自由态和复合态碳纤维、沥青碳的
L_c 随热处理温度的变化曲线

图 6 - 16 给出了自由态和复合态碳纤维、沥青碳中碳微晶尺寸 L_a 随热处理温度的变化曲线。可以看出,沥青碳在复合态时的 L_a 增长受到了较明显的抑制,随着热处理温度的升高 L_a 增幅明显比自由态沥青碳的低,而且热处理温度

越高,这种抑制作用越明显。碳纤维受到基体碳的影响,其复合态时随热处理温度的升高几乎没有明显的增加,说明受到了明显的抑制作用。

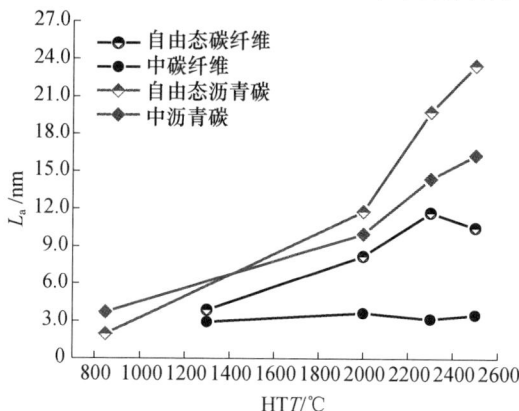

图 6-16　自由态和复合态碳纤维、沥青碳的
L_a 随热处理温度的变化曲线

应当指出,上述给出的复合态碳纤维与沥青碳数据为通过 XRD 结果得到的碳纤维和基体碳的平均结构信息,是不同方向、不同位置碳纤维或基体碳的综合反映,不能用于特殊部位碳纤维或沥青碳结构的分析[14,15]。下面将给出具体部位的碳纤维或基体碳的结构特征,局部区域表现出了基体碳对碳纤维结构发育的促进作用,而一些区域则表现出了碳纤维结构发育受到了抑制作用。

为说明不同方向碳纤维受到基体碳的影响情况,采用显微拉曼光谱技术对复合态碳纤维的结构发育情况进行了分析。为获得某区域碳纤维的典型结构发育情况,将相同方向上不同根碳纤维进行统计分析,获得平均值。其中,单根碳纤维的分析考虑了芯部和表皮层区域的差异,都进行取样分析,对结果进行了平均化处理。图 6-17 给出了 XY 向(碳布层方向)和 Z 向(穿刺纤维方向)复合态和自由态碳纤维的 $1/R$ 随热处理温度的变化情况。可以看出:随热处理温度增加,Z 向碳纤维的 $1/R$ 和自由态碳纤维的相当,只是当热处理温度较高时表现为较低的增长率,而使得 $1/R$ 低于自由态碳纤维的。由于 $1/R$ 是与碳材料石墨化程度有关的拉曼参数,其值越高代表碳材料的石墨化度越高。

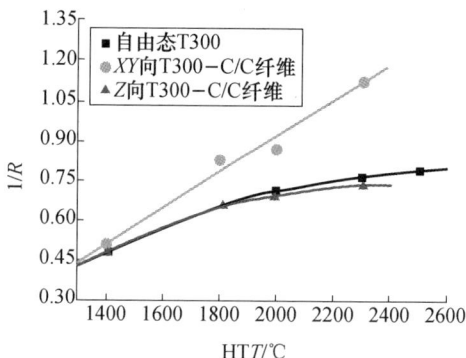

图 6-17　自由态和复合态碳纤维 $1/R$
随工艺温度升高时的结构演变规律

那么在高温热处理后 Z 向复合态碳纤维的结构发育受到了一定程度的抑制,石墨化程度增加幅度减小,这与前面 XRD 分析获得的结果具有一致性。但 Z 向碳纤维受到的抑制作用程度远不如前面 XRD 结果所示的那样大,这可能是两种分析手段本身和解析参数不同造成的差异。对于 XY 向复合态碳纤维而言,拉曼特征参数 $1/R$ 却表现出了随热处理温度升高而加快增加的行为,即 $1/R$ 的增速明显快于自由态碳纤维的。这说明在三向碳/碳复合材料中,Z 向碳纤维的结构发育在基体碳的作用下受到了抑制,而 XY 向碳纤维却在基体碳的影响下表现出了结构发育加快的情况。随着纤维网络结构中基体碳的增多和热处理温度的不断升高,这种促进结构发育的作用更加明显。

图 6－18 给出了在碳/碳复合材料初始致密化阶段 Z 向碳纤维和 XY 向碳纤维区域的断面偏振光显微照片。根据图 6－18 和第 4 章给出的碳/碳复合材料界面形成过程图片可知,Z 向纤维束周围的基体碳较少,基本呈自由状态存在于碳/碳复合材料中,其受到周围 XY 向纤维束的约束较小。而 Z 向纤维束内部基本被基体碳所填充,形成"外松内紧"的界面结合状态。XY 向纤维束以相互交织的碳布层形式存在,纤维束间及纤维束内均被填充了基体碳,它们之间存在较强的约束。结合两个方向上碳纤维的结构发育情况可以推断:基体碳对 XY 向碳纤维和 Z 向碳纤维影响程度的不同主要源于碳/碳复合材料中 XY 向碳纤维和纤维束与基体碳的更紧密结合,在高温热处理过程中纤维的收缩或膨胀受到较强的约束作用。对于比较自由的 Z 向纤维束,碳纤维的结构发育几乎受不到其他纤维束的约束,其结构发育受到的影响基本是由于内部填充的基体碳造成的抑制作用;而 XY 向纤维束则同时受到不同纤维束间的约束和基体碳的作用影响。由于碳纤维与基体碳间的作用较强,它们之间会

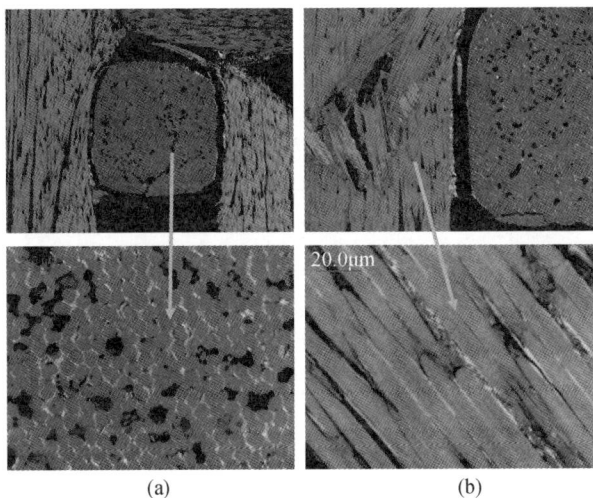

(a)　　　　　　　　　　　(b)

图 6－18　沥青基碳/碳材料 1800℃ 热处理后纤维和基体碳结合情况

(a)Z 向;(b)XY 向。

存在一定的应力作用,在应力作用下碳纤维发生了一定程度的应力石墨化,即结构发育得到了促进。

图 6-19 和图 6-20 给出了两种标准模量聚丙烯腈基碳纤维在碳/碳复合材料成型过程中的结构参数 $1/R$ 的演变情况。可以看出,不论是 XY 向还是 Z 向,沥青碳对 GCF-1 碳纤维和 T300 碳纤维的作用方式和影响程度相近,造成了两种碳纤维结构随成型工艺的演变行为相似,并且随着热处理温度的升高表现出结构参数 $1/R$ 几乎同步增加。对比两个方向上两种碳纤维的 $1/R$ 变化情况也可以看出,XY 向碳纤维的 $1/R$ 增长较快,而 Z 向碳纤维的 $1/R$ 增长较慢。也说明了对不同碳纤维,XY 向纤维结构发育受到基体碳的促进作用和 Z 向纤维结构发育受到基体碳的抑制的作用的规律也是相似的。

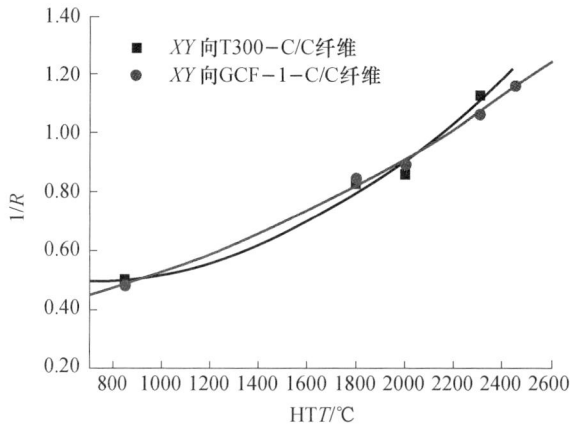

图 6-19　碳/碳复合材料成型过程中 XY 向
碳纤维结构受基体碳的影响情况

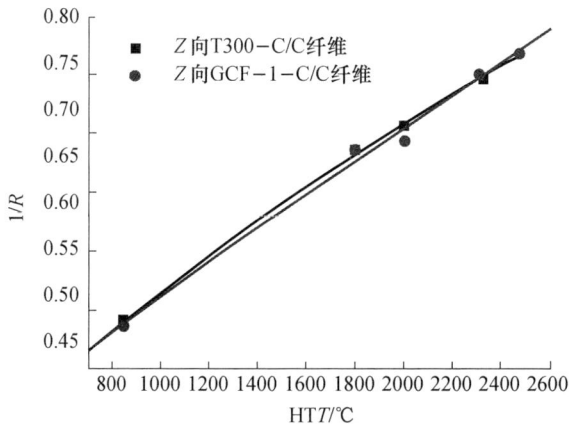

图 6-20　碳/碳复合材料成型过程中 Z 向
碳纤维结构受基体碳的影响情况

综上所述,在三向结构碳/碳复合材料成型过程中,不同方向上碳纤维由于自身存在形式的不同,沥青碳在碳纤维网络空间不断的形成对不同方向的碳纤维产生了不同的影响。总体而言,碳纤维的结构发育受到了抑制作用,主要是 Z 向碳纤维的结构发育受阻引起的。而 XY 向碳纤维由于受到应力石墨化作用的影响,其结构发育受阻效应得到了抵消,并且其结构发育有比自由态碳纤维加快的趋势。

2. 气相热解碳和树脂碳基体对碳纤维结构的影响

在碳/碳复合材料的化学气相渗透 + 树脂浸渍/碳化复合(CVI + R)工艺成型过程中,先通过 200h 化学气相沉积形成热解碳,经过 2000℃高温热处理后通过酚醛树脂浸渍/碳化工艺形成树脂碳。为便于说明,用 CVI 代表经过 200h 的化学气相渗透后样品,1H 代表化学气相渗透样品进行 2000℃热处理后的样品,1C 代表在 1H 基础上浸渍树脂后碳化的样品。该复合基体碳/碳复合材料中,化学气相渗透工艺用于碳纤维织物预制体的定型,形成的气相热解碳紧邻碳纤维周围形成,如图 6 – 21 所示。树脂碳是在气相热解碳外围形成的,由于树脂碳成碳过程中体积收缩较大,易产生开裂,其表现为与气相热解碳的较松散结合形态,如图 6 – 22 所示。

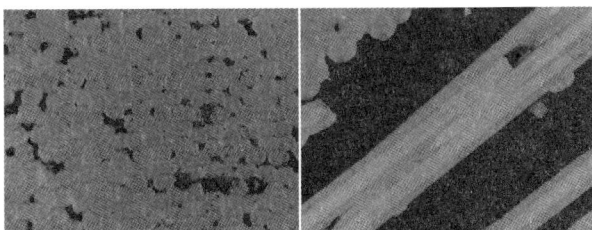

图 6 – 21　CVI(最高温度 1100℃)
后碳纤维和基体碳的结合情况

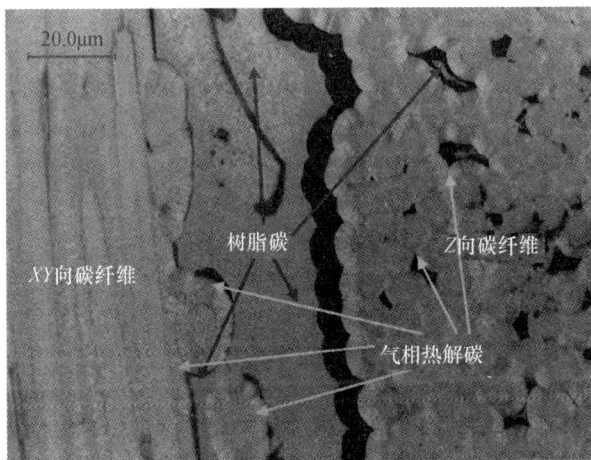

图 6 – 22　CVI + R 基体碳复合材料 1H(热处理温度 2000℃)
后碳纤维和基体碳的结合情况

气相热解碳和树脂碳对碳纤维结构演变的影响与上述沥青碳对碳纤维的影响既存在相似点也存在差异:化学气相热解碳和树脂碳同样对 XY 向碳纤维的影响程度大于对 Z 向碳纤维的影响程度,并且比沥青碳对碳纤维的影响程度都大,这与化学气相热解碳与碳纤维的结合紧密程度远大于沥青碳与碳纤维的结合紧密程度有关。由于树脂碳与碳纤维或气相热解碳的结合较弱,其形成对碳纤维的结构发育影响很小。总体来说,GCF－1 碳纤维结构更容易受到化学气相热解碳的影响而使其结构发育变快,如图 6－23 和图 6－24 所示。

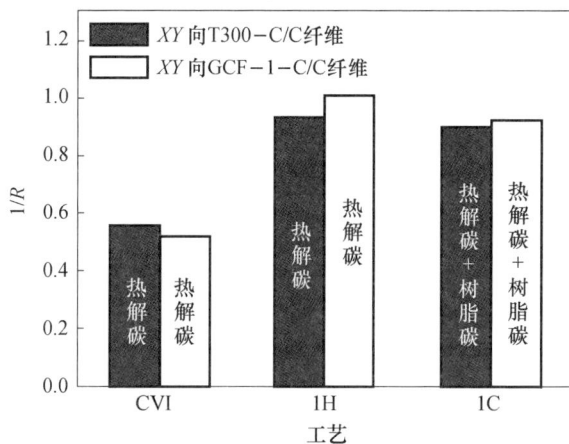

图 6－23　复合基体碳/碳复合材料中 XY 向
碳纤维结构参数随工艺的变化情况

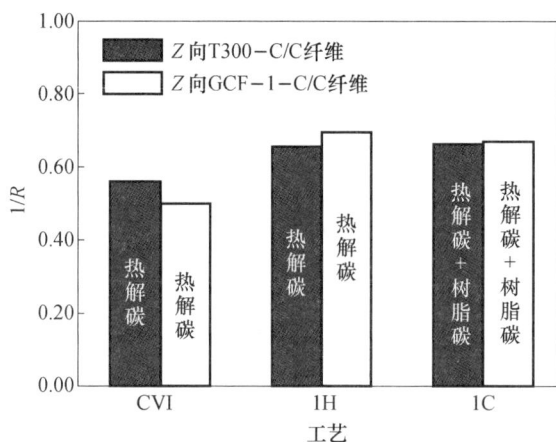

图 6－24　复合基体碳/碳复合材料中 Z 向
碳纤维的结构随工艺的变化情况

综上所述,不论为哪种基体碳,碳/碳复合材料中由于 XY 方向基体碳和碳纤维结合紧密程度高,此方向上的碳纤维受基体碳的应力诱导石墨化作用较大,碳纤维的结构发育比 Z 向碳纤维的更快速。基体碳对不同标准模量聚丙烯腈基碳纤维 GCF－1 和 T300 的结构及其演变的影响情况基本一致。相比较而言，化学气相热解碳对碳纤维结构的影响程度比沥青碳的稍大，这与化学气相热解碳和碳纤维结合得更紧密有关。

6.1.4　碳纤维表层结构的演变过程

利用显微拉曼技术分析了碳/碳复合材料（碳纤维为 GCF－3）成型过程中 Z 向和 XY 向碳纤维表层及芯部的结构演变特征，如图 6－25 所示。可以看出，碳/碳复合材料成型过程中 XY 向和 Z 向碳纤维表层结构参数 $1/R$ 均随工艺温度升高而呈不断增大趋势，但 XY 向碳纤维由于受到基体碳应力石墨化作用更大，其表层结构发育明显快于 Z 向碳纤维（$1/R$ 值更大），而且随着热处理温度的升高，XY 向碳纤维 $1/R$ 的增加幅度随温度升高有进一步加速的趋势，而 Z 向碳纤维 $1/R$ 的增加幅度在超过 2000℃ 却有逐渐减少的趋势。对比表层和芯部结构参数 $1/R$ 可知，XY 向碳纤维的表层和芯部结构在中低温下比较接近，当温度超过 2000℃ 后差别逐渐增大，并且表层具有更大的 $1/R$ 值（表明具有更高的石墨化度），说明与基体碳直接接触的碳纤维表层更容易受到应力石墨化作用而造成发育加速。与图 6－17 给出的自由态碳纤维的结构发育相比，XY 向碳纤维的表层结构发育程度得到了大大提高；而 Z 向碳纤维表层的 $1/R$ 在整个工艺温度区间内都低于芯部的，并且皮芯差异有缩小的趋势，说明 Z 向碳纤维表层结构发育不如芯部，但这种差异随着温度升高而减小，这与表层受到了一定程度的应力石墨化作用有关。从上述分析可以看出，碳纤维表层结构的演变过程受基体碳的影响比芯部的更明显，这与碳纤维表层结构的发育直接受基体碳作用有关，离基体碳较远的碳纤维芯部的结构则受到的影响较小，但在表层结构受到影响的作用下，芯部也逐渐出现不同于自由态碳纤维的结构演变过程。

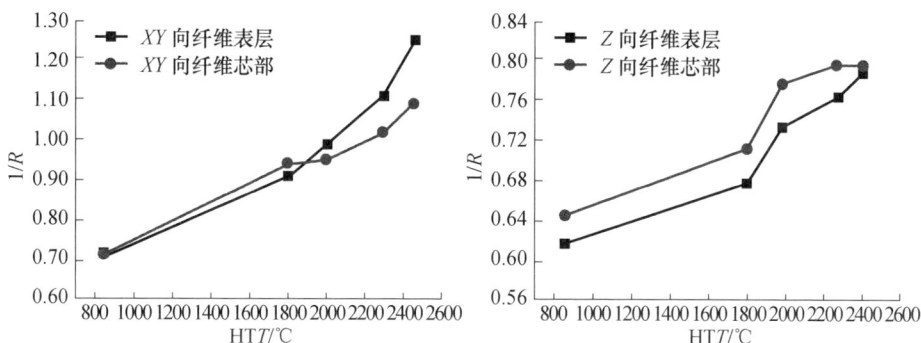

图 6－25　碳纤维表层结构随工艺温度的变化曲线

利用显微拉曼光谱技术对 T300 碳纤维和 GCF－1 碳纤维增强碳/碳复合材料成型过程中纤维表层结构的演变情况进行了研究，结果如图 6－26 所示。对比 T300 碳纤维和 GCF-1 碳纤维的表层结构可以看出,*XY* 向碳纤维表层结构相差不大,只是在热处理温度达到 2300℃后出现较明显的差异;而 *Z* 向碳纤维表层结构在工艺温度达到 2000℃后即有较大差异,说明在较高温度热处理过程中 T300 碳纤维的表层结构更容易受基体碳影响形成高石墨化度结构。

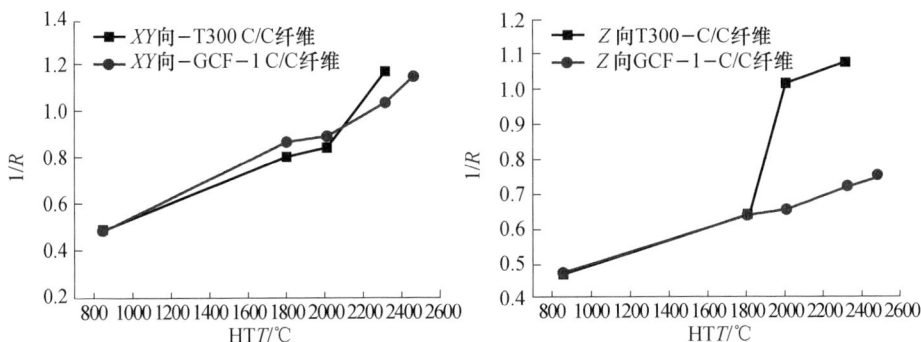

图 6-26 碳/碳复合材料成型过程中 GCF-1 和 T300
碳纤维表层微结构参数 1/*R* 的变化情况

由上述分析可知,碳/碳复合材料成型过程中碳纤维表层结构的演变受工艺温度和基体碳的双重影响:工艺温度越高,受基体碳影响作用越大,碳纤维表层结构发育越趋于类石墨结构。GCF-1 碳纤维和 T300 碳纤维的表层结构受基体碳的影响程度不同,这与两种碳纤维本身存在差异及在其表面形成的基体碳与碳纤维的结合紧密程度存在差异(参见第 7 章相关内容),进而造成的应力石墨化程度不同有关。由这些数据也可以推断,基体碳对碳纤维造成的应力石墨化作用在高温状态下会趋于增大,这个温度点在 2000℃左右,与脱氮反应基本结束的温度点相当,说明在 2000℃之前的高温热处理过程中,碳纤维和基体碳以脱除杂元素引起的自身收缩为主,两者间化学键合和物理镶嵌约束下热膨胀失配所引起的应力石墨化作用较小。而当热处理温度超过 2000℃后,碳纤维和基体碳自身的杂元素脱除都基本完成,它们在高温下基本表现为热膨胀差异引起的内应力作用,这种作用在碳纤维轴向上更为明显,从而造成碳纤维表层结构发育在应力石墨化作用下得到加速。

6.2 碳纤维孔隙结构及其高温演变规律

6.2.1 碳纤维的孔隙结构特征

碳纤维的孔隙结构可以通过小角 X 射线散射法进行分析[16-18]。采用逐级切线法对 GCF 系列碳纤维与 T300 碳纤维的小角 X 射线散射信号进行解析,孔隙特征解析过程中将碳纤维中的微孔分为 5 个尺度,其孔隙体积分别是 $<2\ nm^3$、$2\sim5nm^3$、$20\sim50nm^3$、$100\sim10000nm^3$ 和 $>10000\ nm^3$。得到的微孔尺寸分布曲线如图 6 - 27 所示。从各碳纤维不同尺度微孔的体积分数看,体积为 $50nm^3$ 以下的微孔体积分数之和在 95% 以上。对几个不同尺度的微孔进行分形维数分析,发现体积为 $50\ nm^3$ 以下的微孔主要为孔分形,表明是碳纤维内部孔隙,而体积为 $100\ nm^3$ 以上的微孔主要为表面分形,说明主要是碳纤维表面孔隙,可能主要由表面开孔孔隙和表面凸凹(即沟槽或凸起)引起。这说明利用小角 X 射线散射法解析获得的碳纤维孔隙基本为内部孔隙。

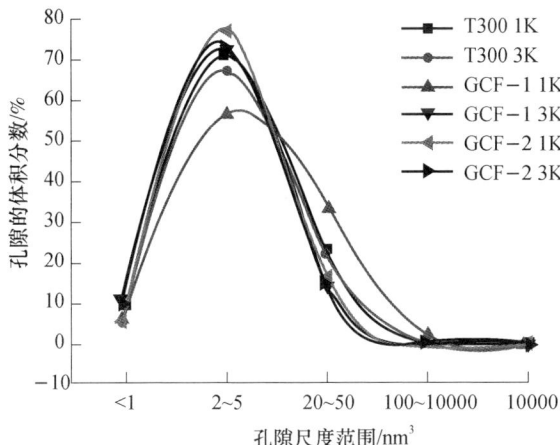

图 6 - 27　碳纤维中孔隙的尺寸分布状态

　　碳纤维中的孔隙有很多为晶粒间隙形成,在碳纤维制备过程中的牵伸作用下,碳晶粒基本沿纤维轴向成择优取向状态,即晶粒的长度方向与纤维轴向近似平行。这种特征决定了碳纤维中的孔隙基本为长轴沿纤维轴取向排列的椭球(或为针状)形状。由图 6 - 28 给出的碳纤维孔隙的长轴/短轴比分布曲线可见,两种规格的 GCF - 1 碳纤维中 $20\sim50nm^3$ 尺度范围的孔隙长轴/短轴比均高于两种规格的 T300 碳纤维和两种规格的 GCF - 2 碳纤维,表明 GCF - 1 碳纤维中孔隙外形更接近于长针状。

　　图 6 - 29 给出了沿垂直于纤维轴方向测试获得的几种碳纤维孔隙截面半径与孔隙平均截面积。可以看出,通用模量聚丙烯腈基碳纤维的孔隙截面半径在 $3.6\sim5.3nm$ 范围内,截面面积在 $30\sim110nm^2$ 范围内,不同厂家生产的同级别碳纤维的孔隙特征存在差异:两种规格 T300 碳纤维中孔隙的截面平均半径和孔隙平均截面积差别不大。GCF - 1 碳纤维中 1K 规格的纤维孔隙截面平均半径和平均截面积比 3K 规格碳纤维的明显更小,比 T300 碳纤维的也略小,说明 GCF - 1 1K碳纤维的孔隙在制备过程中得到了较好控制。而 3K 规格 GCF - 1

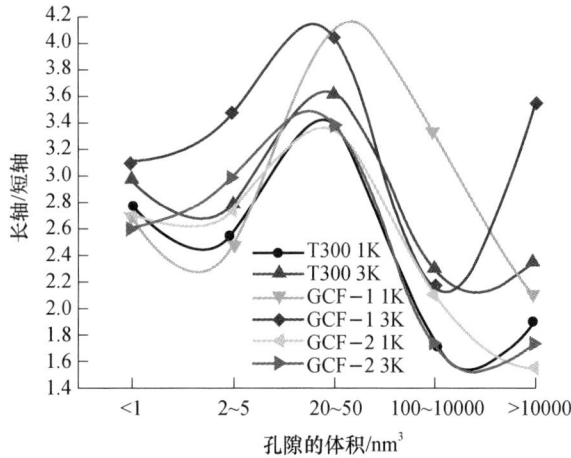

图 6-28 碳纤维中不同尺度孔隙的长轴/短轴比

碳纤维孔隙结构控制比 1K 碳纤维的更难,更易形成较大的孔隙。整体来看,GCF-2 碳纤维的孔隙控制更差,孔隙尺寸明显大于 GCF-1 和 T300 碳纤维,并且两种规格的碳纤维也存在较大差别。

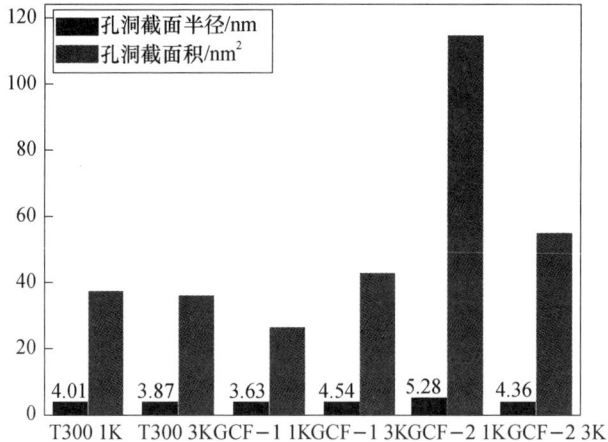

图 6-29 碳纤维孔隙截面半径与截面积

图 6-30 对比了六种碳纤维中沿垂直于纤维轴方向的孔隙截面半径分布曲线,它们均符合麦克斯韦分布。除两种规格的 GCF-2 碳纤维外,其余碳纤维的最可几(概率最大)半径尺寸均在 0.5nm 以下,直径 1nm 以下孔隙占全部孔隙数量的 30% 以上,这部分孔隙主要来源于碳层片间不规整堆砌形成的间隙。由前述数据表明,碳纤维的平均孔隙尺寸在 3.6~5.3nm 范围内,从图 6-30 的孔隙尺寸分布图看,大尺度孔隙比例较低,但这些大孔却可能是影响碳纤维力学性能

的主要因素。几种碳纤维中,GCF-1 1K 碳纤维的断面尺寸最可几尺寸最小
(<0.5nm),且分布最窄,表明其碳纤维中孔隙尺寸均处在一个较小的尺寸范围
内。GCF-1 3K 碳纤维和 T300 1K 与 3K 碳纤维的孔隙尺寸分布基本重合,具
有相当的孔隙特征。和平均孔隙尺寸结果类似,GCF-2 1K 和 3K 碳纤维的截
面尺寸大,且分布宽,其中 GCF-2 1K 碳纤维的孔隙尺寸最大,且分布最广,说
明这种碳纤维制备过程中的孔隙控制效果最差。

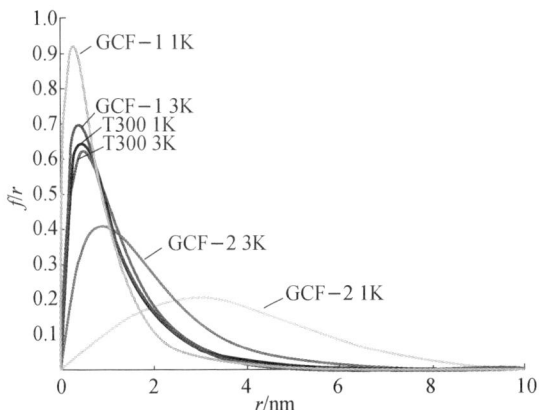

图 6-30　几种碳纤维中孔隙的截面尺寸分布

图 6-31 给出了几种标准模量聚丙烯腈基碳纤维中孔隙的平均长度与平均
厚度数据。由图可见,碳纤维中的平均孔隙长度在 3.7 ~ 6.3nm 范围内,而孔隙
的平均厚度在 1.8 ~ 3.0nm 范围内。和前面分析的结果相同,GCF-1 1K 碳纤
维具有最小的孔隙平均长度和平均厚度,而 GCF-2 1K 则具有最大的孔隙平均
长度和平均厚度。

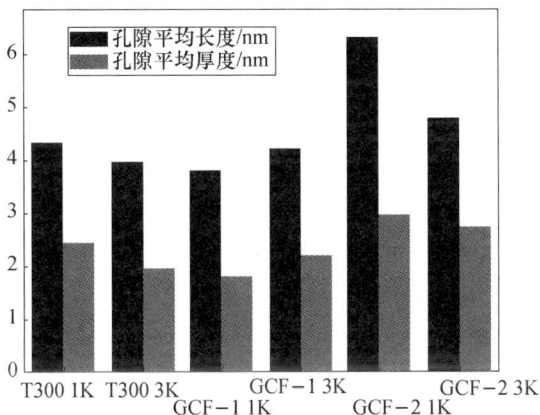

图 6-31　几种碳纤维中孔隙的平均长度及平均厚度

图 6-32 对比了几种不同碳纤维沿垂直于纤维轴方向测试获得的单位面积上的孔隙数量。由图可见,通用模量聚丙烯腈基碳纤维的孔隙数量在 1500 ~ 7500 个/μm² 范围内,孔隙尺寸较小的 GCF-1 1K 碳纤维表现出了单位面积较多的孔数量,而孔隙尺寸较大的 GCF-2 1K 碳纤维则表现出了单位面积较少的孔数量。

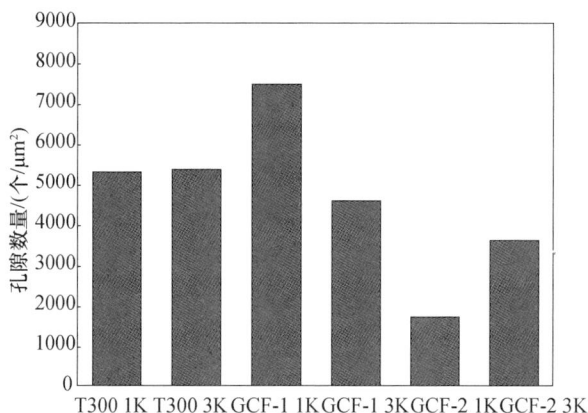

图 6-32 沿垂直于纤维轴方向测试获得
的几种碳纤维单位面积上的孔隙数量

图 6-33 对比了几种不同种类碳纤维沿垂直于纤维轴方向测试获得的单位截面上孔隙的平均间距。由图可见,通用模量聚丙烯腈基碳纤维孔隙的平均间距在 10 ~ 25nm 范围内,是平均孔隙尺寸的 3 ~ 5 倍。T300 碳纤维的 1K 和 3K 的孔隙平均间距接近,GCF-1 1K 碳纤维的孔隙平均间距最小,这可能是因为该碳纤维的孔隙尺寸较小,孔隙数量多,而孔隙率与其他碳纤维差别又不大所致。GCF-2,1K 和 3K 碳纤维的截面上孔隙间距较大,其中孔隙尺寸最大的 GCF-2 1K 碳纤维的孔隙间距也最大。

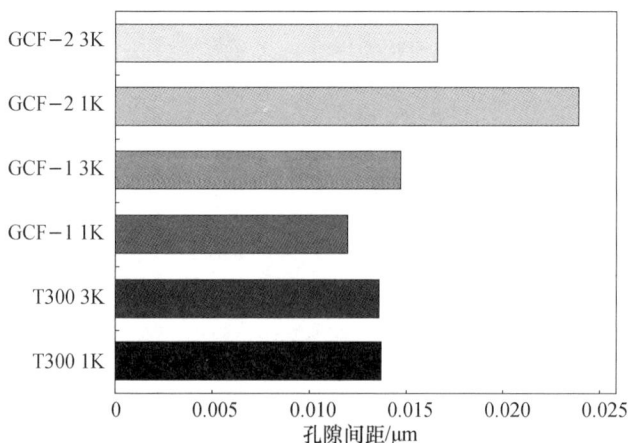

图 6-33 沿垂直于纤维轴方向测试获得的碳纤维中孔隙平均间距

图 6-34 给出了 GCF 系列碳纤维与 T300 碳纤维的比内表面积(单位 m²/g)数据。由图可见,通用模量聚丙烯腈基碳纤维的比内表面积在 0.17~0.28m²/g 范围内。不同碳纤维由于其内部孔隙表面的复杂程度不同,表面积也表现出较大差异:两种规格 T300 碳纤维虽然具有几乎相同的孔隙特征(孔隙分布、孔隙尺寸、孔隙数量和孔隙间距),但其表面积也存在较大差异,T300 3K 规格纤维具有较大的表面积,说明其孔隙结构更复杂(孔隙有较多分支、孔壁粗糙等)。GCF-1 碳纤维的比内表面积总体上高于 T300 的,而 GCF-2 碳纤维的比内表面积总体上低于 T300 的,这说明 GCF-1 碳纤维中孔隙除了具有孔隙数量多、孔隙尺寸小外,还具有精细分形结构更复杂的特征,而 GCF-2 碳纤维孔隙除了具有孔隙数量少、孔隙尺寸大特征外,其孔隙结构更简单(孔隙分支少、孔壁光滑规整等)。更复杂结构的孔隙可能与碳纤维成碳阶段碳层结构长大、重排、杂元素逸出等造成的孔壁结构更趋粗糙化和分支化有关。

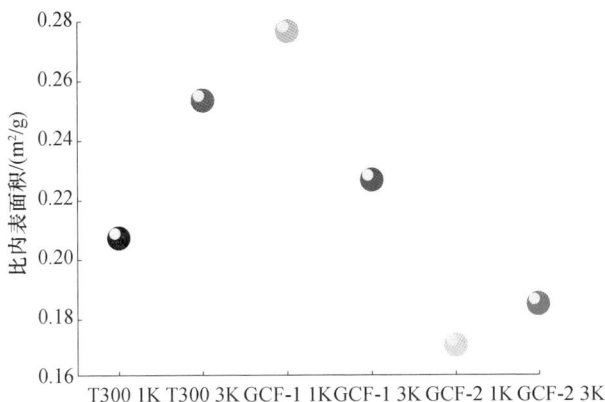

图 6-34　几种碳纤维中孔隙的比内表面积

由上述碳纤维的孔隙结构解析结果可知,通用模量聚丙烯腈基碳纤维的孔隙含量普遍不高,比内表面积在 0.28m²/g 以下,孔隙形态近似为沿纤维轴向的椭球形或针状,孔隙分布符合麦克斯韦分布,孔径主要集中于 10nm 以下。除了 T300 两种规格(1K 和 3K)碳纤维具有相当的孔隙特征(孔壁复杂程度除外),其他同厂家的两种规格碳纤维均具有明显差异化的孔隙特征。总体看来,GCF-1 碳纤维与 T300 碳纤维的孔隙尺寸及孔径分布接近,但由于 GCF-1 1K 碳纤维孔隙数量多、孔结构更复杂,其内表面积较大;而 GCF-2 碳纤维具有较大的孔隙尺寸、较宽的孔径分布、较少的孔隙数量和较大的孔隙间距,其孔隙内表面积较小。碳纤维的孔隙特征由于与其制备过程中的诸多参数及高温成碳过程中的碳结构发育情况密切相关,上述各碳纤维及其不同规格碳纤维的孔隙结构特征差异也在一定程度上反映了不同碳纤维的成型过程存在细节上的差异与不同。

通常认为通用模量聚丙烯腈基碳纤维为脆性材料,其力学性能受缺陷控制比较明显,而纤维中的较大孔隙对碳纤维承载而言可视为缺陷。因此,在碳纤维的成型过程中应当尽量控制较大孔隙的形成,以实现高力学性能碳纤维的制备。

6.2.2 碳纤维在高温热处理过程中孔隙结构的演变规律

对于两相电子密度不同但各相内电子密度均一且两相之间界面清晰的理想两相体系,其散射将遵守 Porod、Debye、Guinier 等基本定理。小角散射的理论分析正是基于此三个基本定理[19,20]。然而,当两相界面清晰但两相体系中的任一相内或两相内的电子密度不均匀,存在微小尺寸的微电子密度不均匀区(即微电子密度起伏或热密度起伏)时,将产生附加散射,尤其是对高角区的散射影响较大,从而导致总散射产生正偏离。如图 6-35 所示,随着热处理温度的提高,碳纤维微孔径向 $\ln(h^4 J(h)) - h^2$ 曲线对 Porod 定理的偏离呈现出一定规律的变化:未经处理的碳纤维曲线高角区斜率较大,是明显的 Porod 正偏离现象。随着热处理的进行和深入,该区域的斜率逐步减小。2300℃时在 $h^2 > 3nm^{-2}$ 的曲线段内出现明显的平直区域,此时样品对 Porod 定理由正偏离开始减弱。

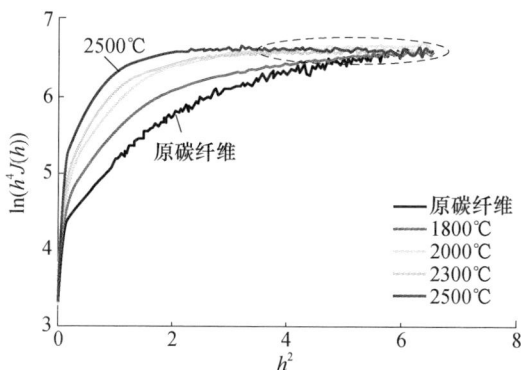

图 6-35 T300 碳纤维随热处理温度的 Porod 正偏离

图 6-36 给出了 GCF 系列碳纤维和 T300 碳纤维中微孔径向和轴向 Porod 偏离系数与热处理条件的关系图。由图可知,三类碳纤维样品对 Porod 的偏离系数均随温度的提高呈现逐渐减小的趋势,说明碳纤维中存在微小尺寸的微电子密度不均匀区,而这种密度不均匀在微孔轴向远较径向更为严重。这种密度不均匀可能是由于碳纤维体系内晶区和无定形区杂乱分布引起的。随着热处理温度的提高,这种密度不均匀逐渐减轻,也就是固态碳区域结晶逐步完善,晶区面积变大。

图 6-37 给出了不同温度热处理后碳纤维中微孔表面分形维数的变化情况。随热处理温度升高,微孔径向和轴向两个方向上同时出现分形维数总体呈逐渐降低的趋势,说明随着碳纤维成碳的深入,微孔表面结构越来越规则、平滑,分支结构减少,这与高温热处理促进了碳纤维乱层石墨结构逐步走向规整有关。

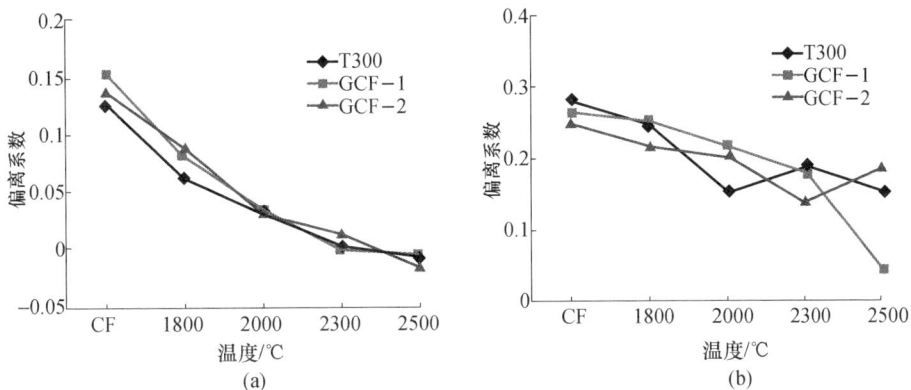

图 6-36　不同碳纤维样品对 Porod 定理的偏离系数

(a)径向;(b)轴向。

由碳纤维的结构模型(图 6-7)可知,碳纤维孔隙的孔壁基本为乱层石墨结构中的碳层面区域,高温处理使得碳纤维微晶由无序向二维有序进而三维有序逐步转变,在微孔表面表现为分形维数逐渐减小。此外,碳纤维内部大分子碳芳环的缩合脱氮在 1800℃ 基本完成,小六角碳网平面彼此缩合并逐步长大,很大程度上促进了表面分形维数的降低,这与晶态结构变化相吻合。

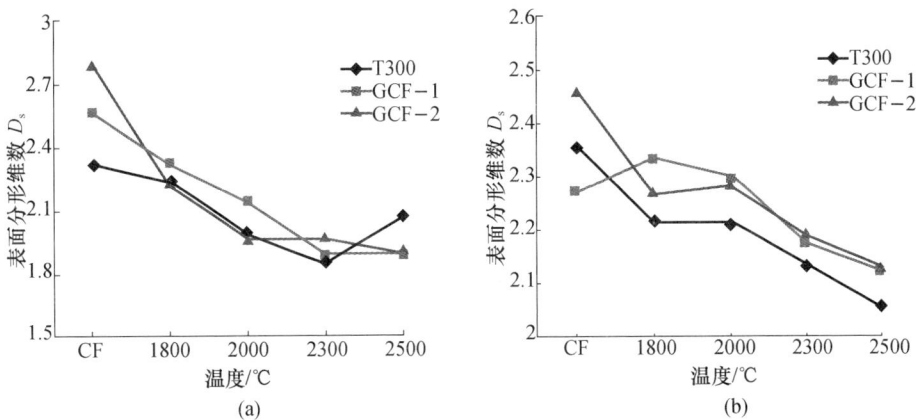

图 6-37　不同碳纤维在高温热处理过程中分形维数的变化

(a)径向;(b)轴向。

对不同碳纤维中微孔截面的回转半径随热处理温度的变化情况进行解析,结果如图 6-38 所示。可以看出,随着热处理温度的提高,碳纤维微孔轴向回转半径呈现出逐步减小的趋势,1800℃ 以上这种减小的趋势逐步放缓。随着温度的提高,T300 碳纤维在轴向上回转半径变化最小,变化量约为 0.4nm;GCF-2 的次之,变化量约为 0.6nm;GCF-1 的最大,变化量最大达到了 0.8nm。而在径向上,回转半径则呈现出增大的趋势,碳纤维经 1800℃ 热处理后碳纤维回转半径由 1.7～2.1nm 迅速增大到 2.7～2.8nm 左右,后期变化较小。由前面章节可知,高温热处理过程,碳纤维发生的主要反应是小芳环的缩合脱氮反应,在此基础上纤维的元素组成、碳微晶结构和孔隙结构都发生了较为显著的变化。在1800℃以前,以氮元素为代表的杂元素的脱除会较集中地进行,并且脱除的杂元素基本以气体形式沿碳纤维径向逸出,容易在碳纤维径向产生气体逸出的通道,造成径向孔隙的增多。而在碳纤维轴向上孔隙的减少主要缘于碳微晶的长大和排列有序度的提高。

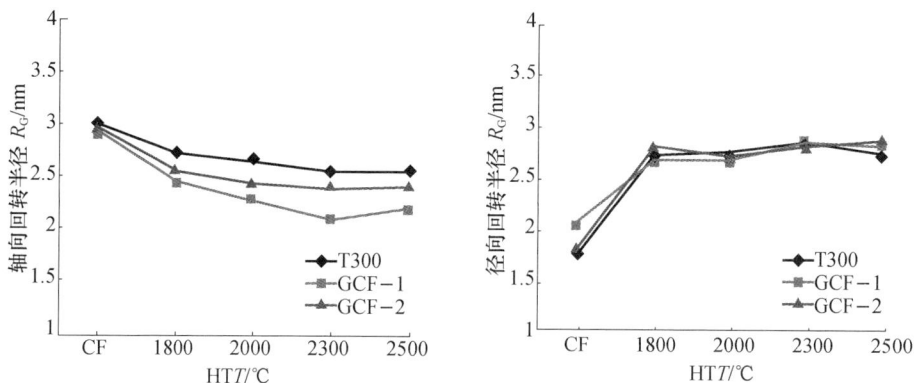

图 6-38　不同碳纤维中微孔截面的回转半径随热处理温度的变化

表 6-3 汇总了不同热处理后碳纤维的微孔尺寸参数。由表可知,经过1800℃的热处理,三种不同厂家碳纤维的微孔长轴长度均迅速由 2.4nm 左右迅速增大到 4.3～5.3nm,后续升温过程中长轴尺寸有继续增大的趋势,但是变化趋势明显放缓。微孔轴截面的横截面积迅速由 8.3～9.3nm² 增大到 30nm² 左右,该变化也是集中在 1800℃ 这一温度点上,总体趋势与回转半径和长轴长度相一致。说明氮元素的集中逸出(在 1800℃ 左右)造成了孔隙尺寸迅速增加。三种不同纤维微孔短轴尺寸随着温度升高变化不大,在此基础上得到的纤维微孔长径比数据显示该参数由 1.1～1.8 范围经由 1800℃ 热处理迅速增大到 2.4～3.8 范围,说明随着热处理温度的提高,碳纤维中微孔的形状更趋于针状化。

表 6-3　不同温度热处理碳纤维的微孔尺寸参数

样品	T300				GCF-1				CCF-2			
系列	L_Y/nm	L_X/nm	r	A/nm²	L_Y/nm	L_X/nm	r	A/nm²	L_Y/nm	L_X/nm	r	A/nm²
CF	2.46	1.75	1.41	8.37	2.44	2.09	1.17	9.34	2.42	1.61	1.51	8.38
1800℃	4.58	1.94	2.36	27.8	4.31	1.34	3.21	25.4	5.25	1.38	3.81	33.8
2000℃	4.74	1.77	2.67	29.2	4.39	1.32	3.33	26.2	4.78	1.29	3.71	29.2
2300℃	5.24	1.82	2.87	34.3	5.14	1.33	3.86	33.3	5.09	1.44	3.55	32.6
2500℃	4.52	2.01	2.25	27.4	5.13	1.61	3.18	33.2	5.33	1.60	3.34	35.1
注:L_Y—长轴长度;L_X—短轴长度;r—长径比;A—横截面面积												

　　由前面的分析可知,碳纤维微孔特征随热处理温度升高的变化与其内部碳微晶的取向、长大和非碳杂元素脱除等因素有关。由于碳纤维孔隙的存在能为碳网平面的平移、转动和振动提供可以转换的空间,所以靠近孔隙的区域石墨片层之间发生重排、再取向的概率更大,也就是说孔隙周围的碳微晶是易于长大和发育的。高温处理过程中碳纤维中碳层片沿轴向取向,d_{002}逐渐减小,碳层片的堆叠逐步有序化。随着堆叠厚度的增加,碳层片尺寸也逐渐变大。由规整碳层片堆叠形成的微晶区域中孔隙空间连接后相互贯通,造成孔隙长度增加。同时,非碳杂元素形成气相并逸出纤维外的过程中也会对孔隙产生扩大影响。另外,随着温度升高,碳微晶的热膨胀系数增加。纤维中碳微晶在高温热处理过程中的热膨胀效应会造成碳微晶的相互错动或位移,在碳纤维冷却后也会产生一些孔隙,这些孔隙会因为碳微晶的增大而呈现逐渐增大的趋势,并且由于纤维中的碳微晶为长条形,微晶间形成的孔隙更易于产生长径比大的孔隙。

6.3　碳纤维皮芯结构及其高温演变规律

　　通常认为碳纤维存在皮芯结构,即纤维的芯部和表层存在差异的现象,这些现象可能来源于纤维芯部和表层致密度、颗粒度、结构(如结晶度)等方面的差异[21-27]。碳纤维的皮芯结构产生于碳纤维的制备过程,与其氧化稳定化过程中产生的表层氧含量高而内部氧含量低有关。图6-39给出了聚丙烯腈有机纤维不同温度氧化稳定化后的皮芯结构光学照片。由图可以看出,随着氧化稳定化温度的提高,聚丙烯腈原丝表层氧化形成皮芯结构。研究表明,小直径碳纤维原丝更易于消除皮芯结构,而形成质地均匀的碳纤维。这种预氧丝纤维存在的皮芯结构会在后续的碳化过程中遗传到碳纤维中去。

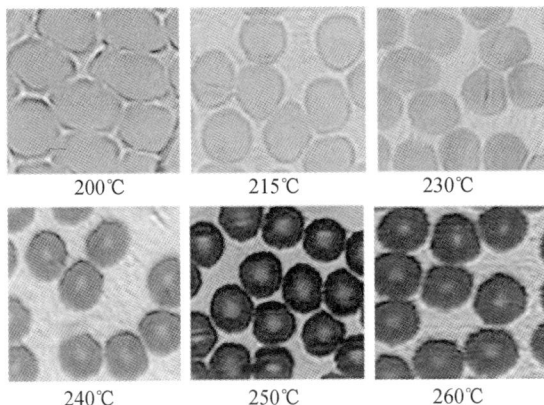

| 200℃ | 215℃ | 230℃ |
| 240℃ | 250℃ | 260℃ |

图6-39　聚丙烯腈有机纤维不同温度氧化
稳定化后的皮芯结构光学照片

从图6-40给出的碳纤维截面SEM照片和偏光显微镜下的光学照片可以清楚的看到碳纤维的皮芯结构。在碳纤维表层和芯部之间存在较明显的界面区。纤维表层区断口形态比芯部的更精细,芯部束状结构断裂后的凸起大小不均匀。在细颗粒构成的表层和相对较粗颗粒形成的芯部界面部位,纤维构成单元呈现辐射状,也说明了碳纤维内部大致形成了沿纤维径向择优取向排列的层状结构。由光学显微照片可知,碳纤维芯部比表层的光学活性高,表现为亮区。

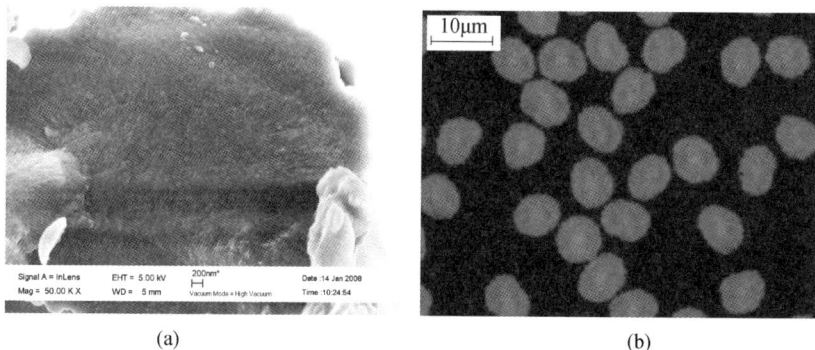

(a)   (b)

图6-40 碳纤维的皮芯结构

(a)SEM显微照片;(b)光学显微照片。

图6-41为碳纤维皮层和芯部的拉曼光谱图。标准模量聚丙烯腈基碳纤维的拉曼光谱表现为D峰和G峰在很大程度上的重叠且峰形很宽的双峰谱线。这说明碳纤维不论是皮层还是芯部的石墨化程度都很低。通过对拉曼光谱图进行分峰拟合,利用分峰后D峰和G峰的峰面积计算R值或$1/R$值,碳纤维皮层的$1/R$为0.379,芯部的$1/R$为0.503。通过$1/R$值的比较可以看出,碳纤维的皮层和芯部存在一定的碳化程度不均匀,芯部具有较高的晶化程度。

本书第2章给出了表征碳纤维皮芯结构的方法,并提出采用ω表述碳纤维的皮芯结构。本部分将用该参数分析碳纤维的皮芯结构的演变情况[28]。但应当指出,碳纤维皮芯结构的分析应当基于对大量纤维统计分析的结果。在实际多子样分析过程中发现,即使同种状态的碳纤维,其子样中也存在少量与统计平均结果不一致的情况,即纤维中存在特殊个体。后续给出的结果将忽略这些与统计结果不一致的情况,仅考虑统计分

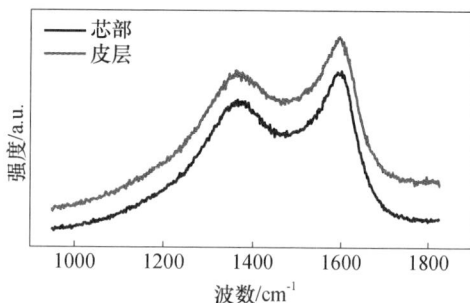

图6-41 碳纤维的皮层和
芯部的显微拉曼光谱图

析获得的具有代表性的皮芯结构结果。

将聚丙烯腈基碳纤维在连续石墨化炉中以相同的走丝速度和牵伸倍率进行不同温度的连续高温热处理,得到不同温度热处理的碳纤维样品。对获得的碳纤维样品进行表层和芯部的拉曼光谱测试,通过分峰拟合获得 D 峰和 G 峰面积积分强度,计算得到代表表层和芯部结构特征的拉曼特征因子 R_s 和 R_c,利用 R_s 和 R_c 计算得到反映碳纤维皮芯结构的参数 ω。图 6 - 42 给出了不同温度热处理后碳纤维样品的表层和芯部拉曼特征因子 R 和皮芯结构参数 ω 的变化曲线。

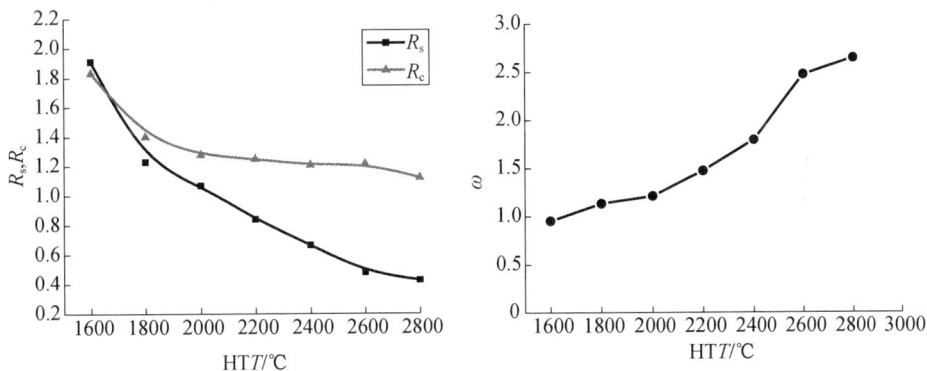

图 6 - 42　连续高温热处理获得的碳纤维的表层、芯部 R 和皮芯结构参数 ω

由图 6 - 42 可知,1600℃连续高温处理后碳纤维的芯部仍具有比表层更好的结构发育,但继续升高温度后却发现,高温热处理过程大大促进了表层结构的发育(R 大幅下降),虽然芯部结构也有所发育,但相对于表层,芯部结构发育远不如表层的快。这说明在短时间的连续高温热处理过程中,仅表层在高温下发生快速的结构发育,而芯部由于受到的加热温度和时间均劣于表层,其结构发育则缓慢得多。由皮芯结构参数 ω 来看,初始碳纤维的数值小于 1,说明碳纤维的表层结构发育不如芯部的,但随着热处理温度升高,ω 快速超过 1,并达到 2800℃时的 2.6 以上,产生了严重的皮芯结构。因此,为获得质地均匀的碳纤维,需要在连续石墨化炉中放慢走丝速度,增加纤维在高温区的停留时间,充分促进碳纤维的芯部与表层同时发生有效的结构转化。

将 T300 碳纤维在间歇炉中缓慢加热到预定温度,然后在高温下恒定加热 1h 以上,得到不同温度长时热处理的碳纤维样品。对每个温度热处理后的碳纤维样品沿其横断面方向进行显微拉曼光谱测试,定义纤维芯部中点为 0 点,每间隔 1μm 进行一次测试,获得碳纤维断面不同位置的结构参数 R 信息,如图 6 - 43 所示。由图可知,长时间热处理后碳纤维的皮芯差异明显比连续短时热处理样品的小很多。对于采用的 T300 碳纤维,虽然也有皮芯差异,但差异不大,R 最大

差值 $\Delta R = 0.19$，皮芯结构参数 ω 为 1.1 左右。随着热处理温度的提高，碳纤维的皮芯差异化越来越大，在 2500℃ 热处理后 ΔR 增加为 0.31 左右，ω 增加为 1.4 左右。这些数据表明，长时间的高温热处理有利于减小碳纤维的皮芯结构差异，但随着热处理温度的提高，碳纤维的皮芯结构差异仍在不断加大。

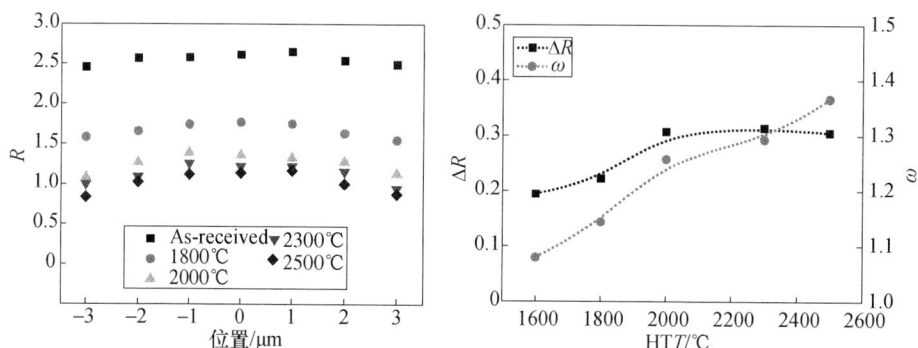

图 6 - 43　长时高温热处理碳纤维断面上不同位置
的拉曼特征因子 R 和皮芯差异

由图 6 - 43 也可看出，碳纤维的 R 数值基本以碳纤维中心呈对称分布，因此仅对从碳纤维芯部到表层的一边进行分析即可获得碳纤维的皮芯结构特征。图 6 - 44 给出了两种 GCF 碳纤维的拉曼特征因子 R 的分布情况。由图也可以看到碳纤维的皮芯结构和 T300 碳纤维的类似，都是随着热处理温度增加，皮芯结构变得越来越严重。受到碳纤维自身特性的影响，不同碳纤维对热处理温度的响应有所差异，GCF - 1 碳纤维的 R 在 2000℃ 后即有较大降低，而 GCF - 2 碳纤维的在 2300℃ 后才有较大降低。两种 GCF 碳纤维的皮芯结构参数 ω（图 6 - 44）和前述的 T300 碳纤维的类似，也是随着温度升高而逐渐增加，并且热处理温度达到 2500℃ 后，碳纤维的皮芯结构更为严重。从三种碳纤维对比来看，高温处理后 GCF - 2 碳纤维的皮芯结构更严重，而 GCF - 1 碳纤维在 2300℃ 之前皮芯结构最弱，当温度超过 2500℃ 后略高于 T300 碳纤维的。

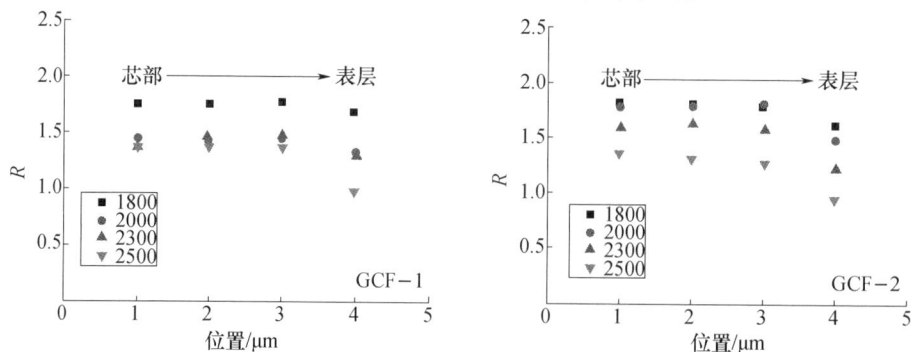

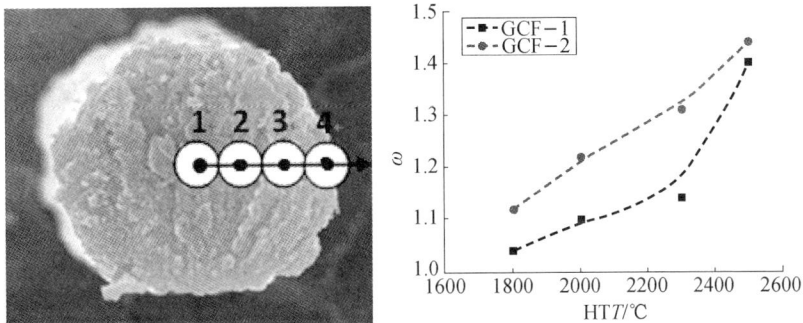

图 6-44　高温热处理碳纤维断面不同位置的结构不均匀性

　　将碳纤维截面上四个扫描位置拉曼光谱特征因子 R 的方差定义为纤维径向结构差异系数 f，显然该值越大表明横截面的结构均匀性越差。表 6-4 给出了不同温度热处理后碳纤维的平均 R 和结构差异系数 f 数据。由表可知，各碳纤维的最大结构差异系数 f 出现在 2500℃。总体而言，热处理温度越高，碳纤维的径向不均匀度就越大，皮芯结构就越严重。

表 6-4　高温处理碳纤维的结构参数数据

热处理条件	T300		GCF-1		GCF-2	
	R	f	R	f	R	f
CF	2.66	0.0802	2.70	0.0850	2.56	0.0753
1800℃	1.57	0.0305	1.75	0.00405	1.76	0.0257
2000℃	1.47	0.0139	1.42	0.0126	1.71	0.0770
2300℃	1.33	0.0399	1.44	0.0174	1.53	0.0970
2500℃	1.36	0.121	1.29	0.114	1.40	0.102
注：R—平均拉曼特征因子；f—结构差异系数						

　　碳纤维在烧蚀防热碳/碳复合材料的成型过程中，要经历多次不同温度的高温热处理过程，为模拟多次高温热处理对碳纤维皮芯结构的影响，将碳纤维跟随碳/碳复合材料进行多次高温热处理，获得测试样品，对其径向结构的不均匀程度进行解析。表 6-5 给出了不同热处理模式下碳纤维的结构参数，由表中数据可知，多次高温热处理后碳纤维的结构差异系数 f 明显减小，这说明多次高温热处理可以促进碳纤维内部结构的均质化。除了 GCF-1 碳纤维经过多次（1800～2300℃）热处理后碳纤维的 R 减小外，其他碳纤维多次热处理后 R 均比直接最高温度处理的样品 R 大，说明对于大多数情况，多次热处理后碳纤维的结构发育反而受到影响。

表6-5　不同高温热处理模式下碳纤维的结构参数

热处理方式	T300		GCF-1		GCF-2	
	R	f	R	f	R	f
2300℃	1.33	0.0399	1.44	0.0174	1.53	0.0970
1800-2300℃	1.42	0.00415	1.36	0.00753	1.55	0.0175
2500℃	1.36	0.121	1.29	0.114	1.22	0.102
1800-2300-2500℃	1.36	0.0690	1.27	0.0181	1.30	0.0866
注:R—拉曼特征因子;f—结构差异系数						

　　上述数据给出了自由态碳纤维在连续石墨化炉中短时间高温热处理、在间歇炉中长时间高温热处理和跟随碳/碳复合材料成型工艺的多次热处理后结构均质化和皮芯结构的演变情况。但当碳纤维与基体碳复合形成碳/碳复合材料时,碳纤维的表层由于与基体碳接触并受到基体碳成碳的影响,其皮芯结构发育也会表现出不同于自由态碳纤维的特征。下面将对碳/碳复合材料成型过程中的复合态碳纤维的皮芯结构进行解析。

　　图6-45给出了沥青碳基体碳/碳复合材料中碳纤维皮芯结构参数与自由态碳纤维的对比。可以看出,复合态碳纤维的皮芯结构基本维持在 $\omega=1$ 附近,即皮芯结构特征不明显。虽然随着热处理温度升高,复合态碳纤维的皮芯结构参数 ω 也呈现微小的变化,但与自由态碳纤维相比,这些变化可以忽略。碳/碳复合材料中两个方向上的皮芯结构参数变化趋势不同,其中 XY 向碳纤维的皮芯结构参数 ω 趋于先减小然后再增大,在2300℃后超过1。而 Z 向碳纤维的皮芯结构参数 ω 趋于先增大而后减小,其 ω 始终小于1。这些数据表明,在碳/碳复合材料成型过程中,碳纤维皮芯结构的差异化增大得到了有效抑制,说明碳/碳复合材料成型的长时间热处理可以保证芯部和皮层的充分均匀受热,芯部发育与皮层同步性较好。虽然应力石墨化作用可以催进碳纤维表层的结构发育(2000℃后开始明显),但狭小空间内基体碳造成的抑制作用耦合到一起,总体反映为抑制碳纤维结构的发育。

　　图6-46对比了T300碳纤维和GCF-1碳纤维增强的两种沥青碳基体碳/碳复合材料的皮芯结构参数 ω 的变化情况。总体而言,复合态GCF-1碳纤维与T300碳纤维类似,都表现出了碳纤维皮芯结构的差异化增大得到了有效抑制。但两种碳纤维表现出的具体皮芯变化趋势略有不同,这可能与两种碳纤维与基体碳的

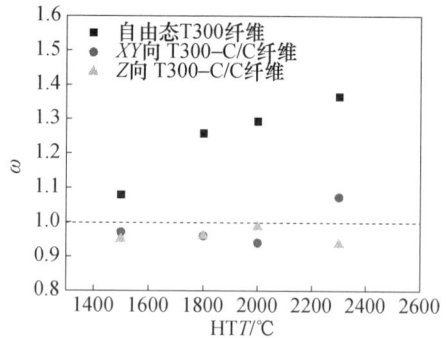

图6-45　自由态和复合态碳纤维的皮芯结构随热处理温度的变化趋势

结合状态存在差异,造成的应力石墨化水平有差异有关。

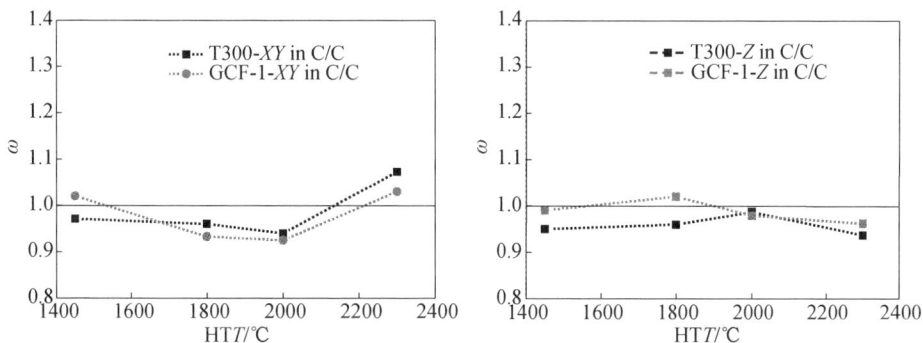

图 6 - 46　沥青碳基体碳/碳复合材料中碳纤维皮芯结构演变过程

图 6 - 47 给出了 CVI 气相热解碳 + 树脂碳混合基体碳对碳纤维皮芯结构的影响情况。由图可知,经过 CVI 方法形成气相热解碳后两种复合态碳纤维的皮芯结构参数 ω 均大于 1,而且 T300 碳纤维的 ω 更大。由于碳纤维本身的制备温度远超过 CVI 工艺的 1000℃ 温度,皮芯结构与自由态碳纤维的差异更多来源于与碳纤维紧密结合的气相热解碳影响,而不是热处理的影响。经过 2000℃(1H)高温热处理和后续树脂碳制备后,两种碳纤维的皮芯结构参数有减小的趋势。但总体而言,和沥青碳对碳纤维的影响一样,复合态碳纤维的皮芯结构在气相热解碳 + 树脂碳混合基体碳的影响下,皮芯结构的差异化增大也得到了有效抑制。

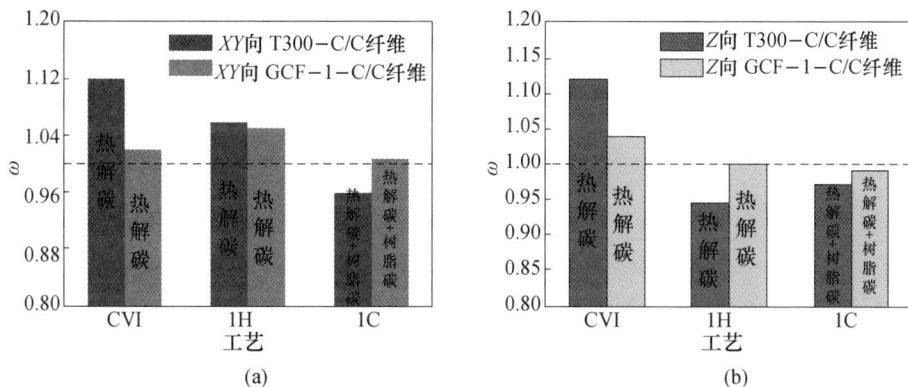

图 6 - 47　混合基体碳/碳复合材料中纤维的皮芯结构变化情况

(a)XY 向碳纤维皮芯结构;(b)Z 向碳纤维皮芯结构。

综上所述,自由态碳纤维随着热处理温度升高,其皮芯结构的差异化逐渐增大,多次高温热处理可以降低皮芯差异。在碳/碳复合材料成型过程中,这种皮芯差异化程度会被降低,这与碳纤维经历多次的长时间热处理造成的芯部结构充分发育有关。碳纤维这种结构的均质化将降低碳纤维自身内外结构差异造成的性能差异,进而优化其烧蚀防热性能。

参 考 文 献

[1] 贺福. 碳纤维及其应用技术[M]. 北京:化学工业出版社,2004.

[2] Peter Morgan. Carbon fibers and their composites[M]. Taylor & Francis Group,2005.

[3] kobets L P,deev I S. Carbon fibers:structure and mechanical properties [J]. Composites Science and Technology,1997,57(12):1 571 – 1 580.

[4] 靳玉伟,刘钟铃,高爱君,等. 热处理对 PAN 基碳纤维结构与性能的影响[J]. 合成纤维工业,2010,05:1 – 4.

[5] 李常清,站大川,肖阳,等. 高温处理对 PAN 基碳纤维空隙结构的影响[J]. 材料热处理学报,2014,35(3):20 – 23.

[6] 陈娟,王成国,丁海燕,等. PAN 基碳纤维的微观结构研究[J]. 化工科技,2006,14(4):9 – 12.

[7] 李东风,王浩静,薛林兵,等. PAN 基碳纤维连续石墨化过程中的取向性[J]. 化工进展, 2006, 25(9):1101 – 1109.

[8] Johnson D J. Structure – property Relationships in Carbon Fibres[J]. J . Phys. D ：Appl. Phys. ,1987,20(3):286 – 291.

[9] Diefendorf R J, Tokarsky E. High – Performance corbonfi – bers[J]. Polymer engineering and science. 1975, 15 (3) : 150 – 159.

[10] 李东风,王浩静,贺福,等. 碳纤维高温热处理技术进展[J]. 化工进展,2004,08:823 – 826.

[11] Kong L,Liu H,Cao W,et al. PAN Fiber Diameter Effect on the Structure of PAN – based Carbon Fibers [J]. Fibers and Polymers ,2014, 15(12): 2480 – 2488.

[12] John D Buckley. Carbon – carbon materials and composites. Noyes publications. 1993.

[13] 张伟刚. 化学气相沉积—从烃类气体到固体碳[M]. 北京:科学出版社,2008.

[14] 冯志海,李同起,杨云华,等. 碳纤维在高温下的结构、性能演变研究[J]. 中国材料进展, 2012. 31(8)7 – 14.

[15] 李同起,胡子君,许正辉,等. 单向 C/C 复合材料中碳纤维和热解碳结构的 XRD 法分析[J]. 宇航材料工艺,2009,5:74 – 77.

[16] Anunay Gupta, Ian R Harrison. Small – angle X – ray Scattering in Carbon Fibers [J]. J. Appl. Cryst. , 1994, 27: 627 – 636.

[17] 梁颖琳,岳奇伟,秦显营,等. X 射线小角散射研究碳纤维原丝预氧化过程中的微孔结构[J]. 光散射学报,2009,21(4):341 – 344.

[18] 朱才镇,郭靖,刘小芳,等. 高性能聚丙烯腈碳纤维中纳米级微孔分析表征研究[J]. 高分子通报,2014. 2:117 – 121.

[19] 孟昭富. 小角 X 射线散射理论及应用[M]. 吉林:吉林科学技术出版社,1996.

[20] 张丽娟. X 射线小角散射系统构造及应用研究[J]. 电子测量与仪器学报,2013,27(4):289 – 297.

[21] 刘福杰,范立东,王浩静,等. 用 Raman 光谱研究碳纤维皮芯结构随热处理温度的演变规律[J]. 光谱学与光谱分析,2008,28(8):1819 – 1822.

[22] Li Denghua, Lu Chunxiang, Wu Gangping, et al. Structural heterogeneity and its influence on the tensile fracture of PAN – based carbon fibers[J]. The Royal Society of Chemistry,2014,4:60648 – 60651.

［23］ Zhou Gengheng, Liu Yequn, He Lianlong, et al. Microstructure difference between core and skin of T700 carbon fibers in heat – treated carbon/carbon composites［J］. Carbon,2011,49:2883 – 2892.

［24］ 刘杰,李佳,王雷,等. 预氧化过程中 PAN 纤维皮芯结构的变化［J］. 新型碳材料,2008.23(9):177 – 184.

［25］ 胡秀颖,王成国,王启芬,等. 聚丙烯腈基碳纤维皮芯结构的形成与演变［J］. 材料导报,2010, 24 (9):71 – 74.

［26］ Loidl D, Paris O, Rennhofer H, et al. Skin – core structure and bimodal Weibull distribution of the strength of carbon fibers［J］. Carbon 2007, 45(14):2801.

［27］ Guo Xinshuang,Cheng Yongxin,Fan Zhen,et al. New insights into orientation distribution of high strength polyacrylonitrile – based carbon fibers with skin – coer structure［J］. Carbon. Available online 11 August 2016, In press, Accepted Manuscript.

［28］ 王雪飞,张永刚,戚明之,等. 光密度法研究预氧化工艺对纤维皮芯结构的影响［J］. 合成纤维, 2011, 40(8):1 – 4.

第7章

碳纤维性能及其对烧蚀防热复合材料性能的影响

7.1 碳纤维性能及其高温演化

7.1.1 碳纤维的性能

　　不同来源的通用模量聚丙烯腈基碳纤维的单丝常温拉伸性能存在不同程度的离散(图7-1、图7-2)，但其平均强度数据相当。碳纤维单丝性能的离散一

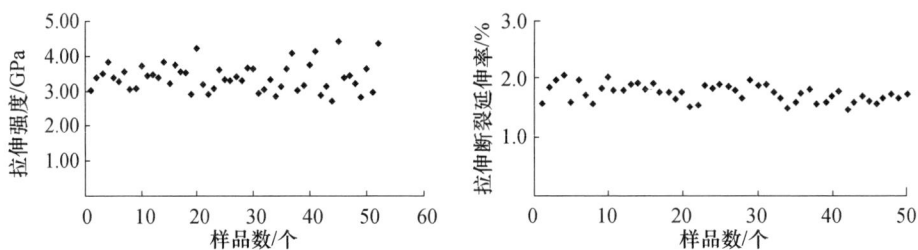

图7-1　T300碳纤维室温拉伸强度和断裂延伸率

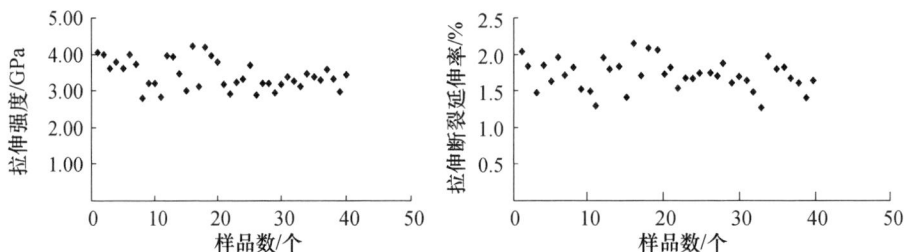

图7-2　GCF-1碳纤维室温拉伸强度和断裂延伸率

方面来源于性能测试中的系统误差,另一方面也源于碳纤维单丝间的性能存在真实的差异。碳纤维单丝间性能的差异也在一定程度上说明了碳纤维不同单丝的结构、成分等存在些许差异,因此在对其进行分析时需要考虑这些差异造成的离散情况,需要大量统计平均,对获得的典型平均结果再用于数据的分析。表 7-1 给出了几种标准模量聚丙烯腈基碳纤维的常温性能数据。

表 7-1　标准模量聚丙烯腈基碳纤维的基本性能数据

碳纤维	体密度/ (g/cm³)	线密度/ (g/m)	拉伸强度/ GPa	强度 C_v/ %	断裂延伸率/ %	模量/ GPa
T300 - 1K	1.754	0.0666	3.48	3.43	1.61	218
T300 - 3K	1.767	0.2007	3.44	6.12	1.72	216
GCF - 1 - 1K	1.766	0.0657	3.74	2.97	1.66	229

利用航天材料及工艺研究所建立的碳纤维单丝高温拉伸性能测试平台对标准模量聚丙烯腈基碳纤维的高温力学性能进行测试分析,图 7-3 和图7-4 给出了 T300 碳纤维和 GCF-1 碳纤维的高温拉伸强度和拉伸断裂延伸率数据。在进行碳纤维单丝高温力学性能计算时,需要用到不同温度下碳纤维的截面面积,图 7-5 给出了两种碳纤维单丝面积随热处理温度的变化情况。由图 7-3 和图 7-4 可知,在室温至 1800℃ 温度范围内,碳纤维的拉伸强度呈缓慢升高趋势。超过 1800℃ 以后拉伸强度呈缓慢下降趋势,2200℃ 强度与室温相比下降幅度不超过 20%。1800℃ 以前碳纤维拉伸强度的增加可能与碳纤维内部杂元素不断逸出、碳层不断长大,而且这个过程中孔隙缺陷没有明显增多有关。而达到或超过 1800℃ 后,碳纤维内部孔隙的突然增加降低了纤维的承载能力。与高温热处理后的碳纤维性能(参见 7.1.2 节)相比,高温下碳纤维的力学性能明显高很多,这说明在高温下碳纤维内部(如表层和芯部间、碳微晶与非晶间等)的协同承载能力提高,从而使得碳纤维在高温下具有较高的力学性能。碳纤维的拉伸断裂延伸率在 1400℃ 之前表现为缓慢增大,1400~1800℃ 范围内表现为缓慢下降,1800℃ 以上又缓慢增大。这与碳纤维脱氮和脱氢过程中纤维收缩内部产生张力相关:碳纤维的制备温度通常在1300~1500℃ 范围内,在此温度之前的高温下,碳纤维不会发生杂元素的逸出,所发生的断裂应变增加仅与碳纤维自身结构承载特性有关,即高温下碳纤维结构的协同承载能力提高,使得纤维的弹性承载范围增加。当超过碳纤维的制备温度后,碳纤维内部会发生杂元素的脱除和结构的进一步调整作用,纤维内部产生纤维的收缩张力,造成断裂延伸率降低。当超过 1800℃ 后,碳纤维内部的杂元素脱除基本完成,纤维的断裂延伸率的增加又仅与其结构在高温下的协调承载能力增加有关[1,2]。

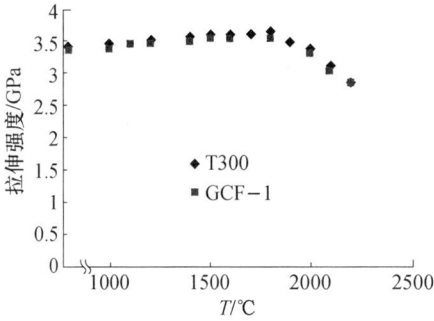

图 7-3　两种纤维的高温
拉伸强度

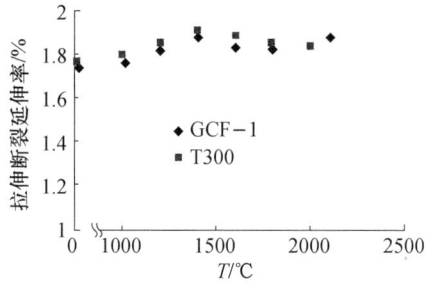

图 7-4　两种纤维的高温
拉伸断裂延伸率

由图 7-5 给出的碳纤维高温处理后的截面面积可知,碳纤维直径明显减少的温度范围为 1300~1800℃,这个范围与碳纤维的断裂延伸率出现下降的温度范围基本一致,也印证了该温度范围内碳纤维脱除杂元素对其断裂延伸率造成的影响。Trinquecoste 等[3]研究了一种聚丙烯腈基碳纤维(T900)经历第一次和第二次加热循环时和加热后的直径变化情况,如图 7-6 所示。可以看出,在第一次加热循环中 T900 碳纤维也表现出了随温度升高而直径逐渐减小的规律。高温状态下获得的直径下降较小,而冷却到室温后直径变化较大,这是由于高温下纤维热膨胀抵消了一部分直径收缩所致。在第二次加热循环中,高温状态下碳纤维的直径呈指数增趋势不断增加,但在冷却后再测试其直径时却几乎没有变化,说明第二次加热循环中高温下的直径变化完全是由于碳纤维自身的径向热膨胀引起的,而经过一次高温后,其直径不再随第二次热处理过程变化。

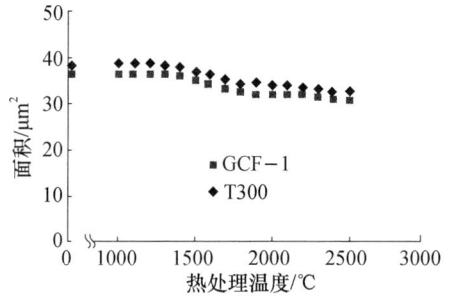

图 7-5　两种纤维单丝
面积随温度的变化

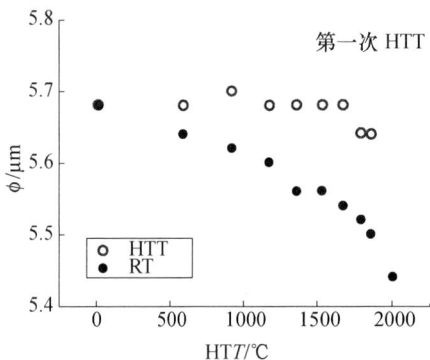

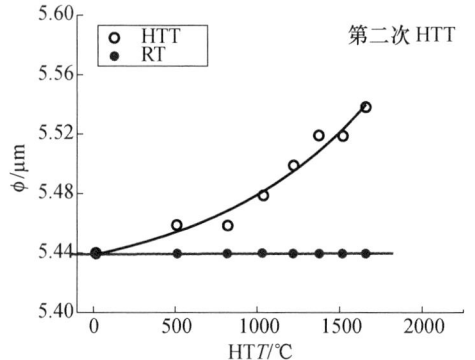

图 7-6　T900 碳纤维在第一次和第二次加热循环中高温和常温的直径变化情况

上述分析表明,采用热处理后冷却到常温的碳纤维截面积进行碳纤维单丝高温强度计算会存在一定误差,这种误差主要来源于碳纤维高温下热膨胀引起的直径增加。由 T900 碳纤维数据计算,2200℃时碳纤维的高温拉伸强度由常温碳纤维截面积作为计算依据会比用高温下截面积作为计算依据时有约 8% 的增加,但该增加幅度会随温度的降低而减小(与碳纤维的热膨胀有关)。由此可以推测,图 7-3 中 1800℃ 以前的碳纤维单丝拉伸强度提高可能都是与未考虑高温下碳纤维热膨胀引起的截面积变化有关。但也应指出,由于标准模量碳纤维仅经过了不高于 1500℃ 的热处理,更高温度下碳纤维的直径收缩将与其热膨胀引起的截面积变化耦合到一起。经过一次高温热处理后,再测试其常温下的直径变化不大,但高温下直径有较大变化,此时利用常温下的截面积作为高温拉伸强度的计算依据也会产生较大偏差。但鉴于高温下直径的不易获取性,本书不考虑热膨胀的影响,请读者引用时注意性能的获取条件。

碳纤维的热扩散率是衡量和评价其轴向温度场达到热平衡状态快慢的重要参数。图 7-7 给出了 GCF-1 标准模量聚丙烯腈基碳纤维在不同温度下的热扩散率。可以看出,对于原始碳纤维,在超过其制备温度的高温下杂元素脱除和结构向类石墨结构转变,造成了其热扩散率在超过 1300℃ 后开始不断增加。当碳纤维经历过 2500℃ 的高温热处理后,再次进行高温热扩散率的测试时,碳纤维表现出现了不同的热扩散率变化规律,即热扩散率从常温高值迅速降低,直到 2500℃ 高温下与初次测试的数值重合。经历过 2700℃ 的高温热处理后,碳纤维的常温热扩散率明显提高,随着测试温度升高同样表现出快速降低的规律。这些数据表明,未经过高温热处理的碳纤维,随着测试温度的提高内部微晶不断长大,并且微晶基本沿轴向取向,由于碳微晶内部碳层片方向具有非常高的热导率,因此,碳纤维沿轴向的热量扩散能力会在高温热处理后大幅提高。但经历过高温热处理后,碳纤维的热扩散系数会随着测试温度的提高而降低,这与碳纤维

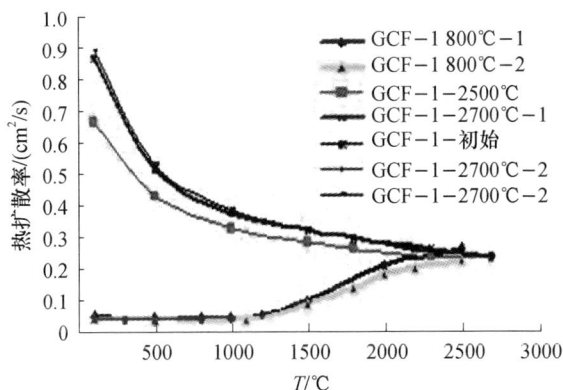

图 7-7 碳纤维及其高温热处理后样品的热扩散率

内部在高温下热振动造成的热量在轴向传导时的耗散有关,与通常碳材料的热扩散率特性随温度变化的规律一致。

与碳纤维热扩散率类似,未经过高温热处理的标准模量聚丙烯腈基碳纤维的热导率(由碳纤维的热扩散率、密度和比热容数据计算得到)也表现出了随热处理温度升高而持续增加的趋势(图7-8),尤其是超过1400℃左右的碳纤维制备温度后,热导率迅速增加。经历过高温热处理后,碳纤维常温热导率同样明显增加,并且表现出了随着测试温度升高热导率逐渐降低的规律。更高的温度处理后,碳纤维的常温热导率会更高,但在与其最高热处理温度相同的测试温度(2700℃)下,热导率相差不大。

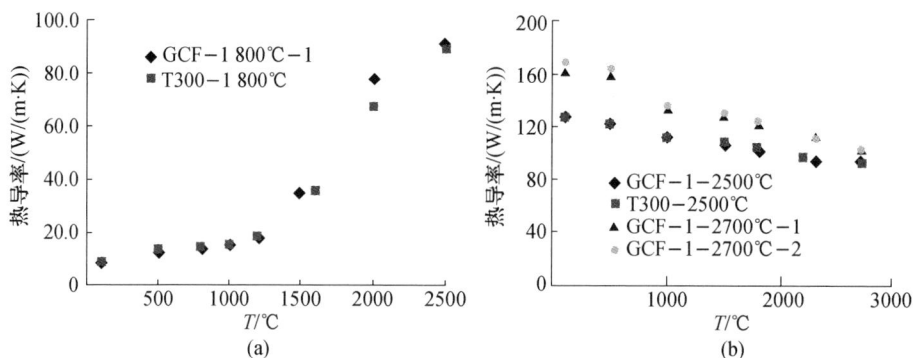

图7-8　碳纤维热导率随温度的变化情况
(a)原始碳纤维样品;(b)热处理后样品。

碳纤维的高温热膨胀特性是分析碳纤维增强复合材料在高温下内应力的关键参数。图7-9给出了标准模量聚丙烯腈基碳纤维在高温下的热膨胀曲线。可以看出,原始碳纤维在超过其1400℃左右的制备温度后,由正向膨胀变为收缩,这是与碳纤维在超过其制备温度后内部杂元素脱除造成的纤维体积减小有关。T300碳纤维和GCF-1碳纤维表现出了较大差异的热膨胀特性,这可能与两种碳纤维的制备温度不同、高温下杂元素的含量及逸出速率等存在差异有关。第二次高温测试时(相当于进行了一次高温热处理),两种碳纤维表现出了几乎一样的轴向热膨胀特性,即都表现为随着温度升高而不断线性膨胀,而且膨胀曲线几乎完全重合。说明即使两种碳纤维存在一些差异,高温处理后这种差异几乎被消除。

碳纤维的力学性能与其灰分(为非结构型成分的氧化产物)含量密切相关:高灰分含量碳纤维通常力学性能较低,并且由于非结构型成分在碳纤维中的弥散,碳纤维的性能离散明显提高,如表7-2所列。

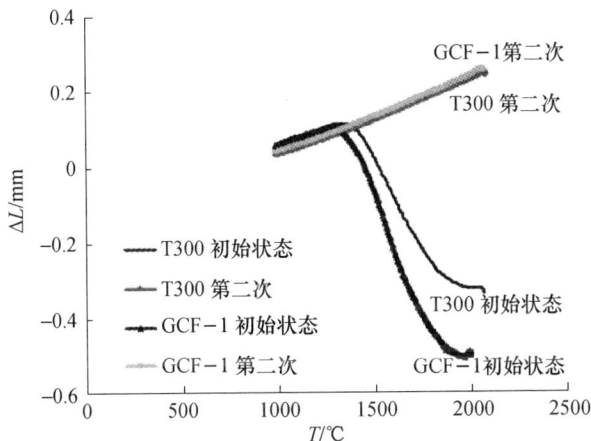

图 7-9　碳纤维高温热膨胀曲线

表 7-2　四种不同灰分含量碳纤维的室温拉伸性能

纤维编号	灰分含量 /%	拉伸强度/GPa		拉伸断裂延伸率/%	
		平均值	Cv/%	平均值	Cv/%
1#	<0.1	3.38	11.8	1.78	10.9
2#	<0.1	3.44	11.9	1.76	11.2
5#	0.47	2.99	16.1	1.80	17.6
4#	0.66	3.14	20.0	1.75	20.2

　　图 7-10 给出了上述四种不同灰分碳纤维的高温拉伸性能数据。可以看出,高灰分含量碳纤维的高温力学性能表现出了与常规通用模量聚丙烯腈基碳纤维明显不同的变化趋势:高灰分含量碳纤维的拉伸强度和断裂延伸率在温度超过 1400℃后有明显的下降趋势,其中拉伸强度随着温度的升高而持续降低,而断裂延伸率则在温度超过 1600℃后开始回升,在超过 2000℃后其数值超过初始值。这些数据表明,非结构型成分的存在极大地影响了碳纤维的高温承载行为,主要表现为高温下破坏碳纤维的结构,促进缺陷的形成和发展,降低碳纤维

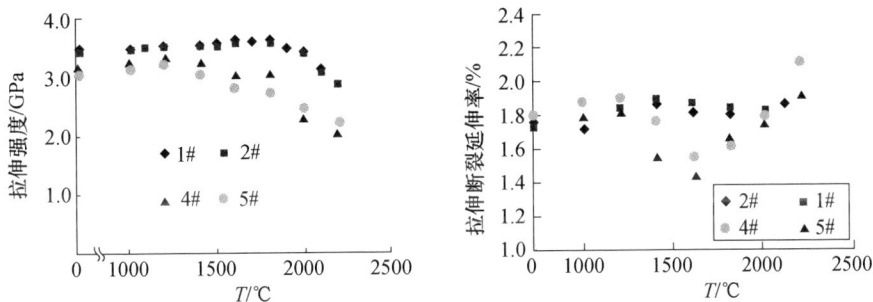

图 7-10　不同灰分含量碳纤维的高温拉伸强度和断裂延伸率

的承载能力,而且随着温度升高这种破坏作用持续发生。拉伸断裂延伸率随温度先降低后增加的变化趋势说明,非结构型成分的存在也会造成碳纤维结构型成分高温(1600℃以上)演变的变化,促进碳纤维结构由易脆性断裂向更趋于塑性断裂方向转变。

7.1.2 碳纤维性能的高温演化

由上述的碳纤维性能数据(尤其是高温下性能数据)和前面章节的相关内容可知,通用模量聚丙烯腈基碳纤维由于制备温度通常在1300~1500℃范围内,当经受超过制备温度的热处理时,碳纤维的内部会发生非碳杂元素的逸出过程,同时碳微晶长大、碳层结构不断调整,形成更稳定的结构状态。在初次高温热处理过程中,碳纤维的高温拉伸性能下降、热扩散率和热导率增加,并且碳纤维会出现收缩现象,致使纤维直径不断减小。本节将对不同状态碳纤维经过高温热处理后的常温性能进行系统分析,以阐明碳纤维性能的高温演化规律。

将碳纤维在连续高温处理炉中于不同温度下按照不同的走丝速率进行高温热处理,根据纤维在高温炉中的停留时间不同获得不同热处理时间的碳纤维样品。表7-3给出了高温热处理时间对碳纤维性能的影响结果。可以看出,随着热处理温度升高,总体来说碳纤维的密度增加、强度减小、模量升高。说明碳纤维的力学性能与其所经受的热处理温度密切相关。对于相同温度热处理的碳纤维样品,随着停留时间的延长,其密度有所提高、强度有所下降、模量有所提升。由此看来,在一定温度下短时间的高温热处理并不能促进碳纤维内部结构和成分的完全演变,致使其最终力学性能与其热处理制度密切相关。

表7-3 高温热处理时间对碳纤维性能的影响

热处理温度 /℃	停留时间 /s	线密度 /(g/m)	体密度 /(g/cm³)	强度 /GPa	延伸率 /%	模量 /GPa
	144	0.0639	1.75	2.90	1.07	283
	72	0.0643	1.74	2.86	1.07	279
1500	36	0.0650	1.72	3.20	1.33	253
	24	0.0646	1.72	2.99	1.25	250
	18	0.0650	1.72	3.00	1.29	249
	144	0.0631	1.80	1.42	0.49	298
	72	0.0632	1.77	2.95	0.99	292
1900	36	0.0645	1.74	2.85	1.01	276
	24	0.0624	1.73	3.30	1.18	278
	18	0.0636	1.72	3.11	1.13	272

（续）

热处理温度 /℃	停留时间 /s	线密度 /（g/m）	体密度 /（g/cm³）	强度 /GPa	延伸率 /%	模量 /GPa
2300	72	0.0637	1.88	2.08	0.62	384
	36	0.0632	1.86	2.27	0.67	346
	24	0.0616	1.85	2.47	0.66	345

由前述的内容可知,随着热处理温度的提高,碳纤维的微晶尺寸(L_a、L_c)不断增大。对碳纤维的微晶尺寸 L_c 与其模量进行关联,得到了如图 7-11 所示的关联关系。由图可知,不同来源的标准模量聚丙烯腈基碳纤维具有大致相当的模量变化趋势,纤维的拉伸弹性模量与其 L_c 之间存在线性关联关系,即碳纤维的拉伸弹性模量随着其内部微晶尺寸 L_c 的增加呈线性增加。

烧蚀防热碳/碳复合材料制备的高温热处理过程通常需要在高温下停留 1h 以上,远远超过碳纤维生产线上的连续高温热处理过程,长时间的高温热处理可以促进碳纤维在一定温度下成分和结构的充分调整。对碳纤维进行烧蚀防热碳/碳复合材料成型的高温热处理,即将碳纤维跟随碳/碳复合材料成型过程中的不同高温热处理过程,然后对其进行性

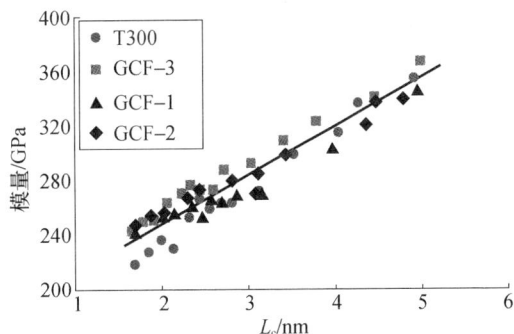

图 7-11 碳纤维模量与石墨微晶尺寸 L_c 的关联性

能解析。表 7-4 给出了两种热处理方式获得的不同碳纤维的密度和拉伸模量数据,其中多温度段表示碳纤维经过了多个间歇式高温热处理过程,如 1800-2300-2500℃表示先经历碳/碳复合材料 1800℃热处理过程,然后跟随碳/碳复合材料经历 2300℃热处理过程,最后再进行碳/碳复合材料的 2500℃热处理的碳纤维。由表 7-4 可知,跟随碳/碳复合材料成型的长时间高温热处理可以获得更高拉伸模量和更高密度的碳纤维,而且碳纤维经历多次高温热处理后其模量反而略有下降。对于拉伸强度而言,单次高温热处理后其性能基本比原始碳纤维性能有所下降,但拉伸强度却不随温度升高而呈持续下降趋势,在高温(如 2300℃或 2500℃)热处理后的拉伸强度反而比较低温度(如 1800℃或 2000℃)下高。这些数据表明长时间的高温热处理可以保证碳纤维在一定温度下结构和成分的更充分演变,形成更加致密、微晶尺寸更大的碳纤维。由于碳纤维的模量与其微晶尺寸有关,因此,长时间的高温热处理更有利于碳纤维模量的提高。

表7-4 两种高温热处理后碳纤维密度、拉伸模量和强度数据

碳纤维	热处理温度/℃	密度/(g/cm³)		拉伸模量/GPa		拉伸强度/GPa
		HTT1	HTT2	HTT1	HTT2	HTT1
T300	1800	1.82	1.69	339	247	2.83
	2000	1.84	1.72	354	270	2.30
	2300	1.86	1.78	385	324	2.51
	2500	1.88	1.83	384	353	2.49
	1800~2300	1.87	—	378	—	2.14
	1800-2300-2500	1.88		382		2.36
GCF-1	1800	1.85	1.72	340	274	2.88
	2000	1.87	1.73	365	288	2.66
	2300	1.89	—	396		2.90
	2500	1.91	—	397		3.10
	1800~2300	1.88	—	389		2.46
	1800-2300-2500	1.90		392		2.58
GCF-2	1800	1.85	1.69	360	270	2.67
	2000	1.87	1.73	374	291	2.84
	2300	1.88	1.79	393	340	3.39
	2500	1.89	1.85	407	353	3.30
	1800~2300	1.88	—	389		2.29
	1800-2300-2500	1.90		393		2.55

注:HTT1—复合材料高温处理;HTT2—连续高温处理

碳纤维的拉伸强度由缺陷控制,而碳纤维中的较大孔隙则可认为是控制碳纤维强度的缺陷。由前章相关内容可知,碳纤维1800℃热处理后,径向孔隙尺寸迅速增加,然后在后续进一步的高温热处理过程中变化不大,这可能是在1800℃热处理后拉伸强度明显下降的主要原因。而轴向孔隙则随着热处理温度的升高孔隙尺寸逐步减小,结合更高温度热处理后碳纤维拉伸强度比较低温度热处理后强度有所增加,说明较高温度的热处理可以在一定程度上消除影响拉伸强度的大孔缺陷,从而更好地保持碳纤维的力学性能。对于多次高温热处理的碳纤维,其拉伸强度比单次高温热处理的碳纤维有所降低,说明反复多次高温热处理容易引入缺陷,不利于碳纤维拉伸强度的保持。这可能与多次热处理过程中,碳纤维中已经形成特定微晶的固相碳质部分不会发生明显变化,但微晶间的孔隙特征会由于碳纤维的反复膨胀和收缩影响而产生变大,从而降低了碳纤维的拉伸强度。

图 7-12 给出了碳纤维拉伸强度与其微晶尺寸 L_a 和 L_c 的关系。可以看出,不同碳纤维的拉伸强度基本上都是随着其微晶尺寸的增加而降低,其中 GCF-1 和 GCF-2 碳纤维的拉伸强度下降明显比 T300 碳纤维的慢。多次高温热处理的碳纤维虽然具有与单次热处理相当的微晶尺寸,但其拉伸强度明显更低。这也进一步说明了碳纤维经历不同方式的高温热处理对碳纤维微晶尺寸、孔隙尺寸等产生影响的同时,对其力学性能产生明显影响。

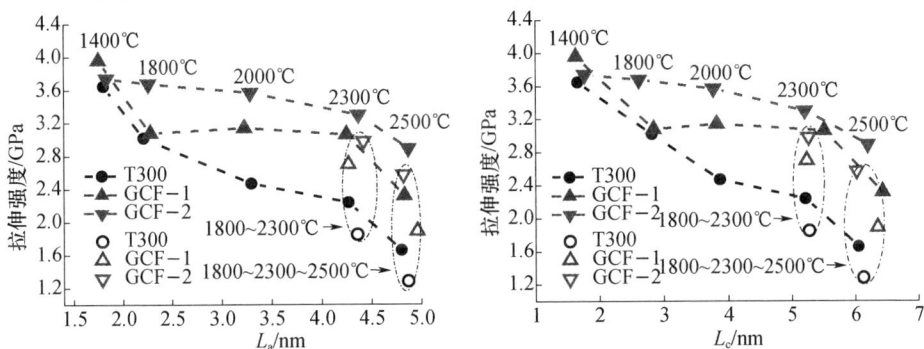

图 7-12　碳纤维拉伸强度与微晶尺寸(L_a 和 L_c)的关系图

(实心符号代表单次热处理,而空心符号代表多次热处理)

碳纤维的皮芯结构反应了其径向上的结构不均匀性,这种结构特征会造成碳纤维承受载荷时内外受力的不同步,从而会降低碳纤维的拉伸强度。图 7-13 给出了三种通用模量聚丙烯腈基碳纤维及其高温热处理后样品的径向结构差异系数 f 和其拉伸强度的关系图。可以看出,虽然不同碳纤维的结构差异系数与其拉伸强度之间的关联性不强,但同一来源碳纤维结构差异系数超过 0.10 后,其拉伸强度有明显的下降。当碳纤维结构差异系数大于 0.10 时,碳纤维的皮芯结构非常严重,这种结构特征的碳纤维拉伸强度较低除了与碳纤维本身的微晶结构特征、孔隙尺寸特征有关外,还与碳纤维表层和芯部承载的不同步有关。因此,为获得高拉伸强度的碳纤维,需要有效控制碳纤维的皮芯结构,尽量降低纤维径向结构的不均匀程度。

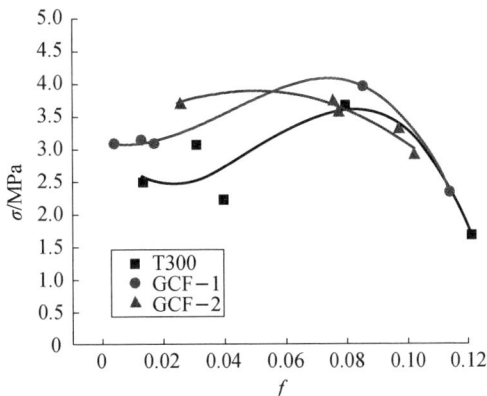

图 7-13　碳纤维拉伸强度与结构差异系数的关系

由上述的分析可知,碳纤维在高于其制备温度的高温下测试或热处理过程中,碳纤维自身成分、结构的演变影响了碳纤维的力学性能和热物理性能。经过高温热处理或在高温下进行一次测试后,碳纤维的结构和成分基本稳定,碳纤维表现出了类似石墨的高温特性,如热扩散率和热导率随温度升高而呈指数下降,轴向热膨胀系数不断增加等。高温热处理后碳纤维的拉伸弹性模量增加,拉伸强度降低,多次高温热处理会降低碳纤维拉伸性能。碳纤维高温处理后的性能变化与碳纤维内部结构(微晶尺寸、孔隙尺寸、皮芯结构等)、成分(非碳杂元素逸出)的演变密切相关[4-8]。

7.2 碳纤维表面特性对碳/酚醛复合材料性能的影响

7.2.1 碳纤维表面特性对碳/酚醛复合材料力学性能的影响

由前述章节相关内容可知,碳纤维表面存在一定量的含氧官能团,这些官能团来源于碳纤维表面氧化处理或上浆剂,在碳纤维与酚醛树脂复合时,表面的上浆剂会溶解到树脂中,并在加热固化过程中形成碳纤维与酚醛树脂的界面。树脂基复合材料的力学性能在很大程度上取决于其界面特性[9-12],而界面特性则取决于碳纤维的表面特性及这些特性与树脂间可能的物理、化学作用。本节将对通用模量聚丙烯腈基碳纤维增强酚醛树脂复合材料的界面性能与碳纤维表面特征的关系进行介绍。

碳/酚醛复合材料没有标准的界面结合性能评价方法,利用层间剪切性能可以大致反映碳纤维与树脂间的结合性能。表7-5给出了几种典型标准模量聚丙烯腈基碳纤维增强树脂复合材料的层间剪切强度数据。可以看出,三种碳纤维增强的树脂基复合材料的层间剪切强度处于相当的水平上,其中按层间剪切强度降低的顺序排列为:GCF-1碳纤维、T300碳纤维和GCF-2碳纤维,两种树脂复合材料的层间剪切强度具有规律上的可比性,因此可以借鉴环氧基复合材料的层间强度测试方法,进行碳/酚醛复合材料的层间强度测试,进而用该数据评估碳/酚醛复合材料的界面结合性能。

表7-5 碳纤维增强树脂复合材料的层间剪切强度数据

纤维种类	碳/环氧层间剪切强度/MPa	碳/酚醛层间剪切强度/MPa
T300	117	72
GCF-1	122	90
GCF-2	114	58

表7-6给出了三种碳纤维的表面碳元素不同官能团结合态含量数据和不同碳纤维对酚醛树脂的浸润速率数据,表7-7给出了几种不同表面特性的

T300 碳纤维与其浸润速率和碳/酚醛复合材料层间强度的关系。可以看出,不同表面状态的碳纤维对酚醛树脂的浸润速率与其形成的碳/酚醛复合材料的层间强度数据具有一致性,即浸润速率越高,形成的碳/酚醛复合材料界面结合强度则越高。由各纤维表面的含氧官能团含量可知,C—OH/C—O—C 和 O=C—OH 官能团对其浸润速率影响较大。说明碳纤维表面的含氧官能团对纤维与酚醛树脂的吸附和结合有促进作用。

表 7-6　碳纤维表面官能团含量与酚酯树脂浸润速率

纤维	C—C	C—OH/C—O—C	C=O	O=C—OH	浸润速率/$(10^{-3}\text{g}\cdot\text{s}^{-1/2})$
T300	0.644	0.3	0.028	0.021	0.94
GCF-1	0.672	0.302	0	0.027	1.63
GCF-2	0.888	0.09	0.014	0.007	0.5

表 7-7　不同表面状态碳纤维与酚醛树脂的
浸润性能和复合材料层间强度

碳纤维	浸润速率/$(10^{-3}\text{g}\cdot\text{s}^{-1/2})$	动态接触角/(°)	碳/酚醛层间剪切强度/MPa
T300	0.94	82.82	72
T300 氧化处理	2.21	46.30	86
T300 高温处理	0.49	88.05	64

为进一步说明碳纤维表面特性对碳/酚醛复合材料界面结合性能的关系,对不同来源碳纤维进行表面钝化(惰性气氛的高温热处理)和不同时间的表面空气氧化处理,获得不同含氧官能团含量的碳纤维,然后测试其与酚醛树脂的浸润速率和碳/酚醛复合材料的层间剪切强度。表 7-8 给出了不同方式处理后碳纤维的表面官能团含量数据和酚醛树脂的浸润速率数据。可以看出,对碳纤维进行钝化处理后,碳纤维表面的含氧官能团含量大幅降低,而进行氧化处理后表面含氧官能团含量大幅提高。通过提高氧化温度的方法可以进一步提高碳纤维的表面含氧官能团含量。随着含氧官能团含量的增加,碳纤维对酚醛树脂的浸润速率也迅速增加;反之,当钝化造成含氧官能团含量降低后,碳纤维的浸润速率则大幅降低。

为得到碳纤维表面含氧官能团含量与浸润速率的关联关系,采用多元线性回归法对表 7-8 中碳纤维表面羟基含量(x_1)、羰基含量(x_2)、羧基含量(x_3)与浸润速率(v)关系进行关联。得到线性回归方程:$v = -0.205 + 4.161x_1 + 5.829x_2 + 10.843x_3$。由该关系式可知,三种含氧官能团的增加都会使纤维浸润性提高,但不同含氧官能团的影响程度不同。由回归系数确定的不同含氧官能团含量对浸润速率的影响权重为:羧基(x_3) > 羰基(x_2) > 羟基(x_1),即羧基是影响纤维浸润性能的主要因素,这可能也与该官能团中含有羟基且含有更多的氧有关。因为,酚醛树脂中通常含有大量的酚羟基,根据相似相容原理,羧基官能团更易于与酚醛树脂充分混溶。由前述可知,碳纤维与酚醛树脂的浸润速率快慢可以进一步反映它们形成的碳/酚醛复合材料的界面结合强度,即浸润速率越快,形成的复合材料的界面结合强度就越高。因此,碳纤维表面的含氧官能团(尤其是羧基)越多,与酚醛树脂的浸润速率就越高,形成的碳/酚醛复合材料的界面结合强度则越高。

表 7-8 不同表面处理纤维官能团含量以及对应的浸润速率

序号	纤维种类	C—C	C—OH/C—O—C (x_1)	C=O (x_2)	O=C—OH (x_3)	浸润速率 /($10^{-3} g \cdot s^{-1/2}$)
1	T300	0.644	0.300	0.028	0.021	0.940
2	T300 钝化	0.920	0.070	0.080	0.003	0.490
3	T300 氧化	0.604	0.280	0.072	0.041	2.210
4	GCF-1	0.672	0.302	0	0.027	1.630
5	GCF-1 钝化	0.899	0.070	0.031	0	0.340
6	GCF-2	0.559	0.441	0		1.600
7	GCF-2	0.888	0.090	0.014	0.007	0.500
8	GCF-1(未上浆)	0.907	0.067	0.026	0.020	0.420
9	GCF-1 340℃氧化 1h	0.856	0.112	0.02	0.012	1.150
10	GCF-1 360℃氧化 1h	0.768	0.179	0.044	0.029	1.350

表 7-9 给出了不同表面特征碳纤维的官能团含量及其形成碳/酚醛复合材料后的层间剪切强度。可以看出,碳/酚醛复合材料的层间剪切强度也与碳纤维表面的含氧官能团含量有关:经过氧化增加碳纤维表面含氧官能团后,形成的碳/酚醛复合材料的层间剪切强度也明显增加;经过钝化降低碳纤维表面含氧官能团后,复合材料的层间剪切强度明显降低,这与上述碳纤维与酚醛树脂的浸润速率分析的结果一致。

采用多元线性回归法对碳/酚醛复合材料的层间剪切强度与碳纤维表面不同含氧官能团含量进行关联,得到线性表达式为 $\tau_s = 66.977 + 38.097x_1 - 187.63x_2 + 883.49x_3$。其中,$x_1$,$x_2$ 与 x_3 分别为羟基含量、羰基含量与羧基含量,τ_s 为碳/酚醛复合材料层间强度。

表 7 - 9　不同纤维表面官能团含量以及对应的
碳/酚醛复合材料层间剪切强度

序号	纤维种类	C—C	C—OH/C—O—C (x_1)	C＝O (x_2)	O＝C—OH (x_3)	层间剪切强度/MPa
1	GCF - 1 未上浆	0.905	0.067	0.026	0.020	71.1
2	GCF - 1340℃ - 1h	0.856	0.112	0.020	0.012	95.0
3	GCF - 1360℃ - 1h	0.768	0.179	0.044	0.029	92.4
4	GCF - 1380℃ - 1h	0.812	0.127	0.026	0.035	92.4
5	GCF - 1 钝化	0.898	0.070	0.031	0	63.8
6	GCF - 2	0.670	0.240	0.041	0.046	93.5
7	GCF - 2380℃ - 1h	0.747	0.167	0.045	0.041	93.6

由 $x_i(i=1、2、3)$前的系数可知,羧基含量也是影响碳/酚醛复合材料层间剪切性能的主要因素,这也与前面通过碳纤维与酚醛树脂浸润速率的关系得到的推断一致,进一步证明了碳纤维表面含氧官能团含量对纤维与酚醛树脂的浸润速率和碳/酚醛复合材料的层间强度影响具有一致性,也说明了碳纤维与酚醛树脂的浸润速率的大小在一定程度上决定了形成的碳/酚醛复合材料的界面性能。

随着碳纤维表面含氧官能团含量的提高,形成的碳/酚醛复合材料试样的破坏模式从典型的界面破坏向混合破坏方式转变:具有较低含量含氧官能团的碳纤维(如原始碳纤维)形成的碳/酚醛复合材料断开表现为层间开裂,纤维拔出较长,粘接树脂较少,并且在层间断口处有较完整的纤维形状的树脂槽,是典型的层间破坏模式,如图 7 - 14 所示。当碳纤维表面含氧官能团含量很高时(如 380℃氧化后),碳/酚醛复合材料拉伸断口处纤维拔出大幅减少,基本表现为脆性断口,纤维与树脂粘接较牢固,在纵向断裂界面上碳纤维与树脂结合非常紧密,如图 7 - 15 所示。当碳纤维表面含氧官能团含量介于上述两者情况之间时(如 360℃氧化后),碳/酚醛复合材料既有界面破坏又有树脂基体破坏,说明界面结合强度介于树脂基体断裂强度与纤维本身的断裂强度之间,如图 7 - 16所示。不同界面的断裂模式说明实测的宏观碳/酚醛复合材料的层间剪切强度已不能完全代表纤维与树脂间的真实结合强度。由于前述建立的碳纤维表面含氧官能团含量与碳/酚醛复合材料层间强度的关系式综合考虑了多种情况,其反映的碳纤维/酚醛树脂界面强度在一定程度上得到了修正,利用该式对不同表面特性碳纤维形成的碳/酚醛复合材料的层间剪切强度进行修正计算,得到的修正层间剪切强度数据更适于判断碳/酚醛树脂的界面结合强度。表7-10给出了测试和计算后的碳/酚醛复合材料修正层间剪切强度数据。

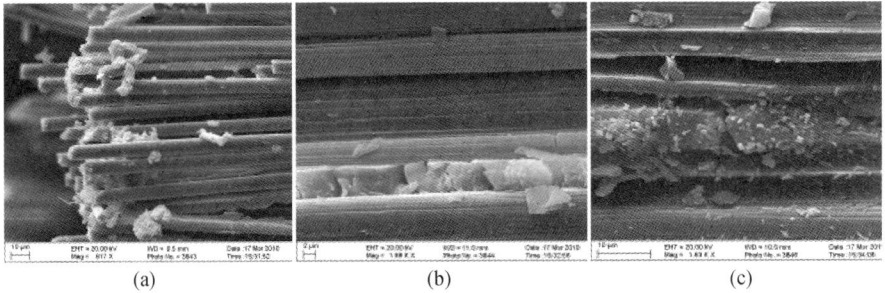

图7-14 未处理纤维/酚醛复合材料断口微观形貌

(a)大量拔出纤维;(b)层间纤维表面;(c)纤维脱粘形成的树脂槽。

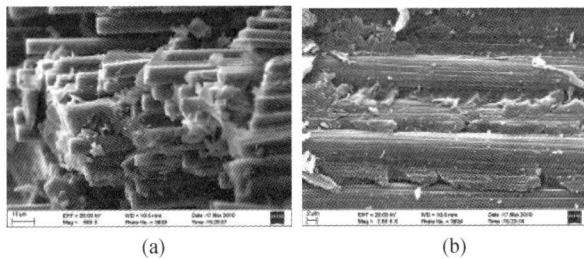

图7-15 380℃空气氧化处理纤维/
酚醛复合材料微观层剪形貌

(a)脆断纤维;(b)层间纤维与树脂。

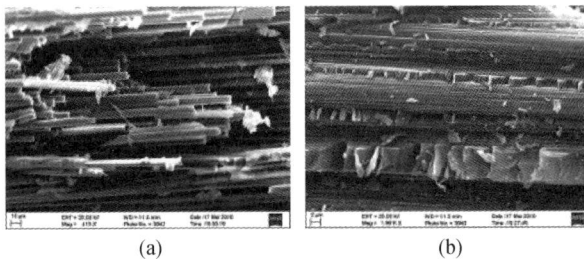

图7-16 360℃氧化1h碳纤维/
酚醛复合材料微观形貌

(a)少量拔出纤维;(b)层间纤维与树脂。

表7-10 碳纤维表面含氧官能团与层间剪切强度的对应关系

纤维状态	C—OH/C—O—C	C＝O	HO—C＝O	O/C	实测层间剪切强度/MPa	计算层间剪切强度/MPa
900℃钝化	0.070	0.080	0.003	0.020	57.1	55.3
洗胶纤维	0.103	0.024	0.011	0.073	71.7	76.2
340℃-2h	0.127	0.026	0.014	0.167	95.0	79.4
360℃-1h	0.156	0.024	0.018	0.323	89.8	84.5
360℃-1.5h	0.216	0.031	0.028	0.364	92.4	93.9
380℃-1h	0.149	0.030	0.025	0.323	86.4	89.4
380℃-2h	0.298	0.023	0.036	0.393	80.5	105.9

将碳纤维表面的 O/C 比与碳/酚醛复合材料修正后的界面结合强度进行关联,发现它们之间存在较强的关联关系:碳纤维表面的含氧官能团越多(即 O/C 比越大),其形成的碳/酚醛复合材料的界面结合强度越高,这种关系符合三次多项式 $\tau_s = 46.8 + 537x - 2700x^2 + 4380x^3$ 函数关系。尤其值得指出的是,当 O/C 比超过 0.35 后,碳/酚醛复合材料界面结合强度有快速增加的趋势,如图 7-17 所示。这也说明了碳纤维表面特征对碳/酚醛材料的界面结合性能具有重要的影响,它们存在强关联性。

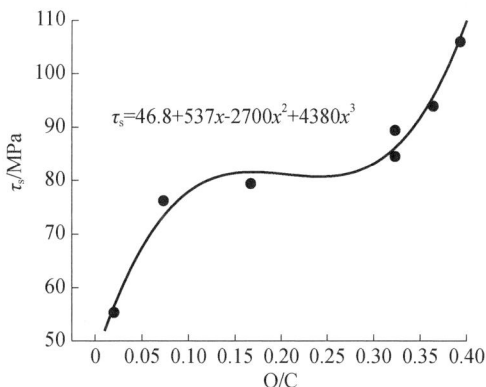

图7-17 纤维表面 O/C 比与碳/酚醛复合材料层间剪切强度(修正值)的关系

实际上,在三类含氧官能团中,含有—OH 的官能团(C—OH 和 HO—C＝O)与碳/酚醛复合材料的界面强度的相关性更明显。图 7-18 给出了 C—OH/C—O—C 和 HO—C＝O 与碳/酚醛复合材料修正层间剪切强度的关系曲线。可以看出,碳/酚醛复合材料的修正层间剪切强度与这两类官能团呈指数增加关系,其中 C—OH/C—O—C 与层间剪切强度符合 $C = 0.031 + 0.0039e^{\frac{\tau_s}{25.0}}$ 指数增函数,HO—C $\Longrightarrow$ O 与层间剪切强度符合 $C = -0.026 + 0.0114e^{\frac{\tau_s}{61.8}}$ 指数增函数,这两种官能团的总含量与层剪强度符合 $C = 0.018 + 0.0067e^{\frac{\tau_s}{27.4}}$ 指数增函数。由这些函数可知,HO—C $\Longrightarrow$ O 是决定碳/酚醛复合材料界面结合性能的关键,其含量的微小增加都会引起碳/酚醛复合材料界面结合性能的大幅增加。

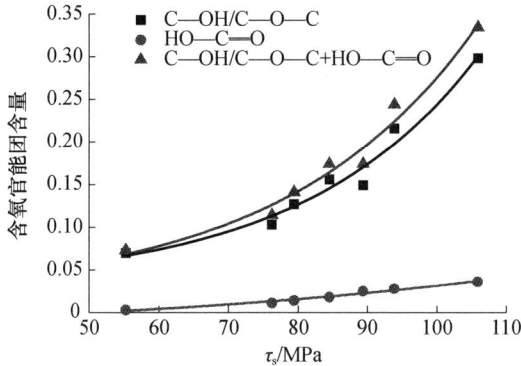

图 7 – 18　碳纤维含氧官能团含量与碳/酚醛
复合材料修正层间剪切强度的关系

7.2.2　碳纤维表面特性对碳/酚醛复合材料烧蚀性能的影响

表 7 – 11 给出了几种通用模量聚丙烯腈基碳纤维增强酚醛树脂复合材料在电弧加热器高温状态条件下的烧蚀试验结果,其中,GCF – 1 – 1 为 GCF – 1 碳纤维的一种特殊表面处理的碳纤维,其表面含有较高的含氧官能团。从表中数据可以看出,不同原始碳纤维形成的碳/酚醛复合材料具有相当的烧蚀性能,烧蚀后表面较平整。但具有较多表面含氧官能团的 GCF – 1 – 1 碳纤维形成的碳/酚醛复合材料却表现出了较高的烧蚀速率,并且烧蚀表面存在严重剥蚀现象,表现为表面粗糙不平。根据四种碳纤维的表面含氧官能团特性、碳/酚醛复合材料的微观形貌、界面结合强度以及高温后界面形貌比较,发现高含量含氧官能团 GCF – 1 – 1 碳纤维形成的碳/酚醛复合材料层间剪切强度(界面结合强度)最高,经高温处理后复合材料的界面脱粘面积相对较小,引起了纤维束在热应力下的机械剥蚀。因此,碳纤维的表面特性是影响碳/酚醛复合材料烧蚀性能的关键因素。

表 7 – 11　几种典型碳纤维增强酚醛复合材料烧蚀性能

纤维种类	质量烧蚀速率 /(g/(cm² · s))	线烧蚀率 /(mm/s)	备注
T300	0.0588	0.31	正常烧蚀
GCF – 1	0.0647	0.33	正常烧蚀

（续）

纤维种类	质量烧蚀速率 /(g/(cm² · s))	线烧蚀率 /(mm/s)	备注
GCF - 2	0.0587	0.31	正常烧蚀
GCF - 1 - 1	0.0857	0.54	严重剥蚀

为进一步确定碳/酚醛复合材料烧蚀性能与增强碳纤维表面特性的关系,对不同表面特性的碳纤维在同一条件下用 RTM 成型工艺得到三维五向整体编织碳/酚醛复合材料,然后在电弧加热器高温状态条件下进行烧蚀试验。表7-12给出了几种不同表面处理碳纤维形成的碳/酚醛复合材料的烧蚀性能数据,也可以看出,随着 O/C 比增加,其线烧蚀率和质量烧蚀率均增大。

表7-12　不同表面状态碳纤维与相应复合材料烧蚀性能的关系

纤维表面处理工艺	碳纤维 O/C 比	碳/酚醛密度 /(g/cm³)	线烧蚀率 /(mm/s)	质量烧蚀率 /(g/(cm² · s))
表面钝化	0.05	1.42	0.320	0.0640
340℃ 1h	0.154	1.40	0.358	0.0649
360℃ 1h	0.212	1.46	0.375	0.0694
360℃ 1.5h	0.364	1.44	0.409	0.0719
360℃ 2.5h	0.382	1.44	0.403	0.0743
380℃ 0.5h	0.323	1.44	0.365	0.0683
380℃ 2h	0.393	1.43	0.451	0.0796

图7-19 给出了碳纤维表面 O/C 比与碳/酚醛复合材料烧蚀性能与烧蚀表面粗糙度的关系曲线。可以看出,碳纤维表面的氧元素含量越高(O/C 越大),形成的碳/酚醛复合材料的线烧蚀率和质量烧蚀率就越高,烧蚀表面的粗糙度就

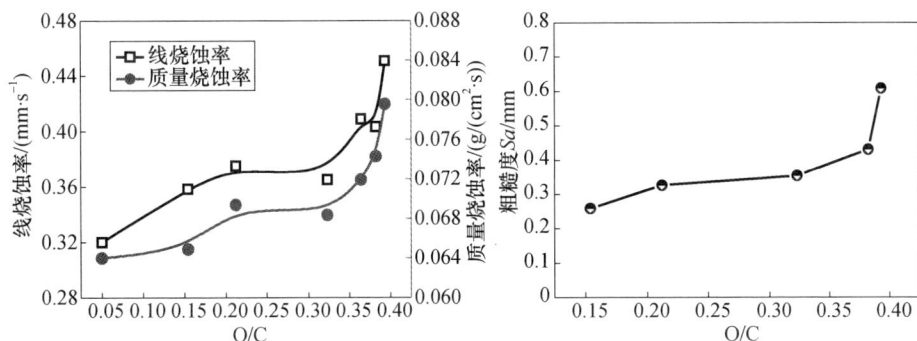

图7-19　纤维表面 O/C 比与碳/酚醛复合
材料烧蚀性能及烧蚀表面粗糙度的关系

越大。O/C 比在 0. 323 以下,材料的烧蚀性能变化比较缓慢,线烧蚀速率基本上在 0. 35mm/s 以下,表面粗糙度 Ra 在 0. 36mm 以下。而在 O/C 比达到 0. 35 以上后,碳/酚醛复合材料的质量烧蚀速率、线烧蚀速率和表面粗糙度快速上升。

　　碳纤维的表面含氧官能团的含量由于与形成的碳/酚醛复合材料的界面结合强度密切相关,那么碳/酚醛复合材料的界面结合性能与其烧蚀性能之间也存在相关性[13,14]。图 7-20 给出了碳/酚醛复合材料的层间剪切强度(计算值)与其烧蚀性能和表面粗糙度的关系曲线。可以看出,碳/酚醛复合材料的界面结合强度越高,其烧蚀性能就越差,并且烧蚀后材料的表面粗糙度也越大。图 7-21更形象地说明了不同表面特征碳纤维形成的不同结合强度的碳/酚醛复合材料烧蚀后的表面粗糙度情况。

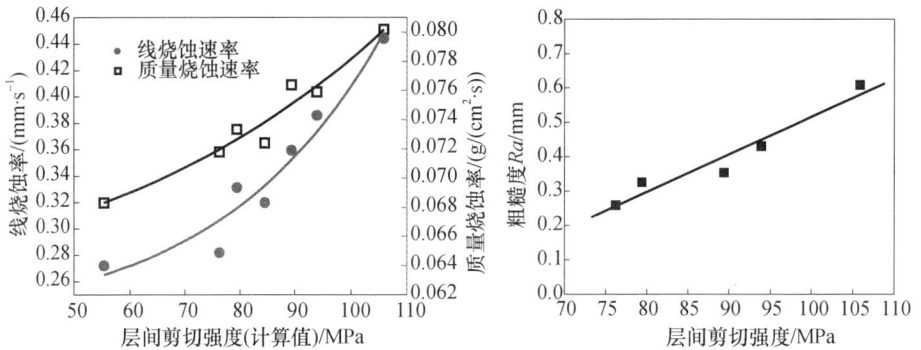

图 7-20　碳/酚醛复合材料层剪强度与烧蚀性能和烧蚀表面粗糙度的关系

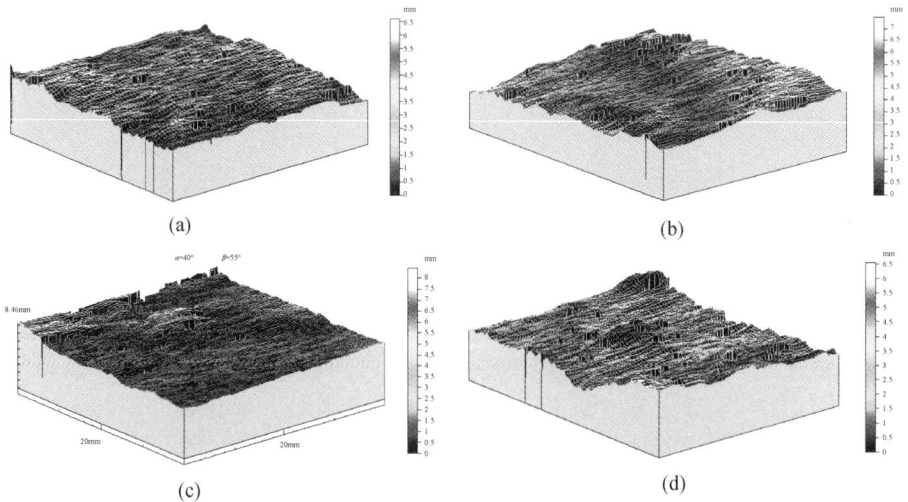

(a)　　　　　　　　　　　　　　　(b)

(c)　　　　　　　　　　　　　　　(d)

图 7-21　不同表面特性碳纤维形成的碳/酚醛
复合材料烧蚀后表面三维示意图
(a)O/C = 0. 154,ILSS = 76. 2MPa;(b)O/C = 0. 212,ILSS = 79. 4MPa;
(c)O/C = 0. 323,ILSS = 89. 4MPa;(d)O/C = 0. 393,ILSS = 105. 9MPa。

由前面数据可知,碳纤维的表面特性(主要为含氧官能团数量)决定了碳/酚醛复合材料界面结合强度及材料的高温破坏模式,而在烧蚀过程中材料的破坏模式直接导致了剥蚀模式的形成。随着碳纤维表面含氧官能团的增加,材料由均匀的点烧蚀逐渐向局部剥蚀,甚至片剥蚀转变,引起粗糙度成倍的增加,形成不规整的剥蚀坑,甚至剥蚀层,较粗糙的表面对热流的反作用使得剥蚀加剧。这些关系说明了碳纤维表面特征决定了碳/酚醛复合材料的界面结合强度和界面特性,而碳/酚醛复合材料的界面结合强度和界面特性则决定了材料的宏观烧蚀性能和烧蚀后材料的表面粗糙度,因此,碳纤维表面特性—碳/酚醛复合材料界面性能—碳/酚醛复合材料烧蚀性能间存在强相关性。为实现烧蚀防热应用的碳/酚酚醛复合材料性能的优化,需要控制碳纤维表面的含氧官能团含量或控制碳/酚醛复合材料的界面性能,尽量降低碳纤维表面的含氧官能团含量和降低碳/酚醛复合材料的结合性能,以达到提高碳/酚醛复合材料的烧蚀防热性能的目的。

7.3　碳纤维表面特性对碳/碳复合材料性能的影响

7.3.1　碳/碳复合材料界面性能的演变规律

碳纤维增强复合材料的界面结合性能强弱与基体和碳纤维的结合紧密程度和结合模式(如物理结合、化学结合)等密切相关,前述的碳/酚醛复合材料主要以化学结合方式实现碳纤维与酚醛树脂的较强结合。虽然碳/碳复合材料为弱界面复合材料,但其制备过程中基体碳前驱体转变为碳的过程中却经历了由较强界面向弱界面转变的过程。基体碳前驱体转变成碳的驱动力为热处理过程中的热致聚合。碳/碳复合材料成型的热处理过程主要包括碳化处理和高温热处理两个过程,其中碳化处理的最高温度通常在 $800 \sim 1200℃$ 范围内,而高温热处理的最高温度在 $1500 \sim 2800℃$ 范围内。不同基体碳前驱体制备碳/碳复合材料的成型工艺过程不同,通常沥青或树脂基体碳前驱体都需要依次经过浸渍、碳化和高温热处理过程。但在实际应用过程中,可能会存在经过几次浸渍/碳化后再进行高温热处理的情况。因此,碳/碳复合材料成型过程中不同阶段的界面结合强度与其成型工艺特点密切相关。

图 7 - 22 给出了一个先经历低压浸渍/碳化 - 高温热处理,然后再经历高压浸渍/碳化 - 高温热处理制备碳/碳复合材料过程中材料密度的变化情况。该碳/碳复合材料经历了五次低压浸渍/碳化(C)、四次高压浸渍/碳化(P)和八次高温热处理(H)。可以看出,总体来说碳/碳复合材料的密度是随致密化次数的增加而增加的,但高压浸渍/碳化过程中材料的密度增加更快。碳/碳复合材料

碳化后进行的高温热处理过程促进了进入孔隙中基体碳前驱体及其中间产物的深度成碳,造成了碳/碳复合材料的体积密度略有降低。两种通用模量聚丙烯腈基碳纤维增强碳/碳复合材料的密度变化基本一致,但在低压致密化过程中T300 碳/碳复合材料的密度增加较快,而在高压致密化过程中这种差异迅速消失。

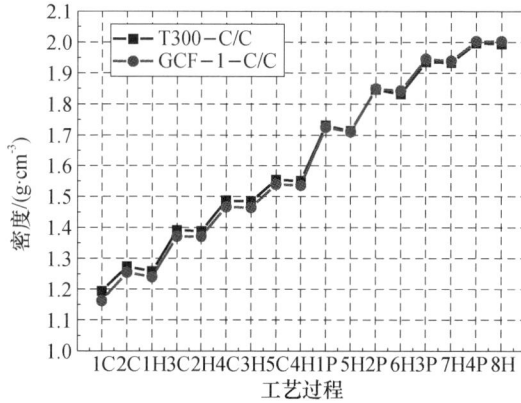

图 7-22　两种碳纤维碳/碳复合材料的
成型过程中的密度变化情况

对成型过程中不同阶段(主要为碳化后和高温热处理后)的碳/碳复合材料取样,然后采用顶出法测试碳纤维的界面强度。图 7-23 给出了两种碳纤维增强碳/碳复合材料的纤维束界面强度变化图(其中某些阶段的样品未进行测试),可以看出,碳/碳复合材料纤维束界面强度随着成型工艺的进行呈现锯齿形变化:浸渍碳化后纤维束界面强度较高,而高温热处理后界面强度迅速降低。GCF-1 碳纤维增强碳/碳复合材料的纤维束界面强度明显高于 T300 碳纤维增强的碳/碳复合材料,这是由于 GCF-1 碳纤维在织物预处理后表面具有比 T300

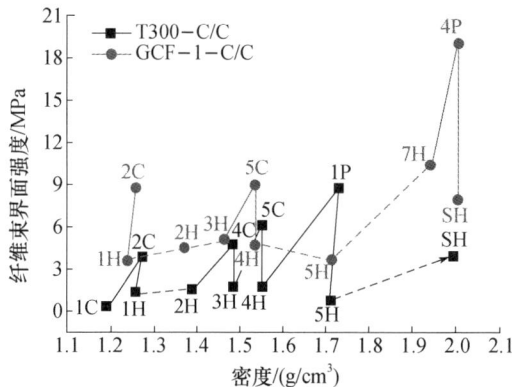

图 7-23　碳/碳复合材料成型过程
中纤维束界面强度的演变规律

碳纤维更多的表面官能团,更容易与基体碳形成强结合界面有关。图7-24给出了顶出纤维束的表面形貌,可以看出T300碳纤维束表面存在较多的基体碳残留但结合松散,而GCF-1碳纤维束表面则相对光滑,残留的基体碳较少但结合紧密。这也进一步说明了有较多含氧官能团存在的GCF-1碳纤维表面更易于与基体碳形成化学结合状态的桥键,从而加大纤维束的界面强度。

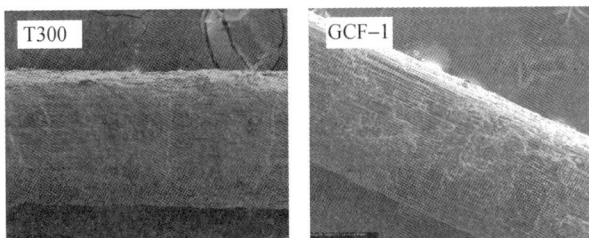

图7-24　两种碳纤维增强碳/碳复合
材料顶出纤维束的表面形貌

为进一步明确碳化过程和高温热处理过程中纤维束界面强度的变化规律,将碳化过程和高温热处理过程中纤维束界面强度的变化趋势分别在两个图中进行描述,如图7-25和图7-26所示。对于碳化处理过程而言,在碳/碳复合材料中引入的沥青碳次数越多,引入沥青的压力越高,纤维束的界面强度就越高,如2C、4C、5C、1P的界面强度依次增加(图7-25)。而对于高温热处理过程,对于不提高热处理温度的1H、2H和3H过程,纤维束的界面强度随着材料密度的增加而不断增加。但当处理温度提高后,即使碳/碳复合材料的密度增加,其纤维束界面强度仍降低,如4H(=2000℃,大于3H)后,碳/碳复合材料的密度由3H时的1.48g/cm^{3}增加到1.55g/cm^3,但纤维束界面强度却明显比3H时降低(由5.10MPa降低到4.82MPa);又如5H(=2300℃,大于4H)后,碳/碳复合材料的密度由4H时的1.55g/cm^{2}增加到1.71cm^3,但纤维束界面强度却由4H时的4.82MPa降低到了3.69MPa(图7-26)。这说明高温热处理温度是决定碳/碳复合材料界面强度的关键。结合"4.3.4 碳/碳复合材料界面形成过程与形成机理"分析可知,高温热处理容易在碳纤维束界面形成裂纹,造成纤维束与基体碳的结合变弱。而且高温度的热处理更容易造成基体碳的深度成碳收缩,因此也更易于弱化界面结合。

由上分析可知,碳纤维束界面强度的变化过程与纤维束界面结构特征一一对应:界面上基体碳填充得越密实、越完整,碳纤维束界面强度越高,而存在的裂纹、孔隙越多,基体碳越少,碳纤维束界面强度就越低。说明纤维束界面结构与其界面强度之间存在强关联关系。由于碳/碳复合材料成型的最后一次高温处理(8H)没有继续提高温度,碳/碳复合材料的界面结合比较紧密(图7-27),材料的界面强度也较高。

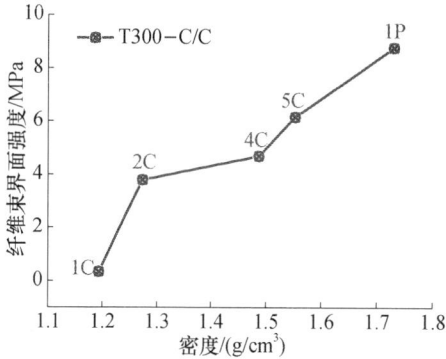

图 7-25　浸渍碳化过程中碳/碳复合
材料纤维束界面强度的变化趋势

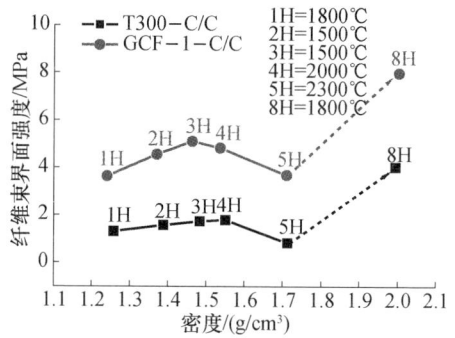

图 7-26　高温处理过程中纤维
束界面强度的变化趋势

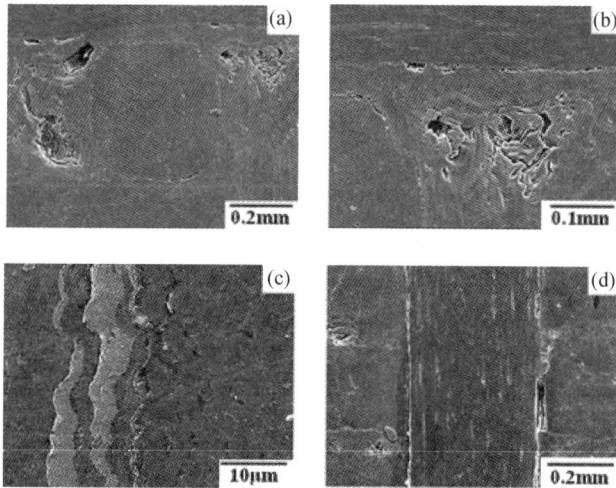

图 7-27　8H 后碳/碳复合材料纤维束/
基体界面区域的显微 SEM 图片

　　碳/碳复合材料束内碳纤维单丝界面的结合强度变化与碳/碳复合材料的成型工艺特点也密切相关,但由于单丝碳纤维的界面强度受到周围基体碳填充程度和裂纹形成、扩展的影响,束内不同区域碳纤维/基体碳界面形成具有不同步性,其界面强度离散非常大,并且随工艺进程变化的规律不如纤维束界面强度明显,但总体趋势是纤维单丝界面强度不断增加,如图 7-28 所示。束内碳纤维与基体碳的结合紧密程度由于明显高于纤维束与基体碳的结合程度,并且束内碳纤维/基体碳界面上存在的界面缺陷(裂纹、孔隙等)明显比碳纤维束/基体碳界面的少,造成了纤维单丝界面强度比纤维束界面强度大得多,如图 7-28 和图 7-23所示。

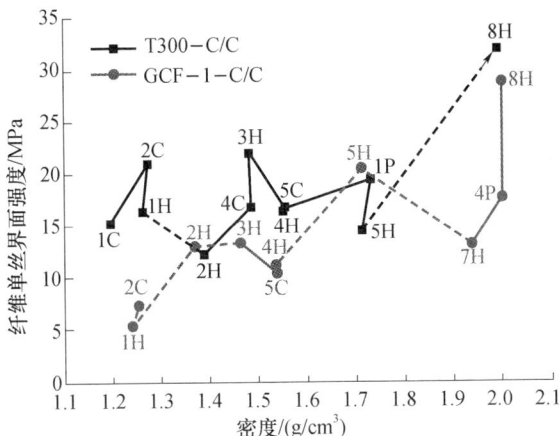

图 7 - 28　碳/碳复合材料成型过程中碳纤维
单丝界面强度的演变规律

　　T300 碳纤维单丝界面强度总体上比 GCF - 1 碳纤维单丝界面强度高,这与纤维束界面强度正好相反,其原因是 GCF - 1 碳纤维表面官能团较多,其纤维束集束性比 T300 碳纤维的强,沥青在加压浸渍过程中不容易进入到纤维束内部,造成了 GCF - 1 碳纤维增强碳/碳复合材料成型过程中束内纤维单丝因缺少基体碳的密实填充而界面强度较低;而纤维束界面上基体碳的填充与 T300 碳纤维增强碳/碳复合材料的相当,但其表面较多的官能团更容易与基体碳形成强结合界面,从而 GCF - 1 碳纤维增强碳/碳复合材料的纤维束界面强度较 T300 碳纤维增强的碳/碳复合材料的要高。两种碳/碳复合材料成型过程中的密度变化(图 7 - 22)也说明了沥青碳在纤维束内和束间填充的情况,其中低压浸渍/碳化过程中,GCF - 1 碳纤维增强碳/碳复合材料的密度明显比 T300 碳纤维增强碳/碳复合材料的低,而这个过程主要是束内界面形成的过程。由图 7 - 29 给出的碳纤维单丝界面附近的 TEM 照片可知,碳纤维与基体碳也形成了化学结合桥键,有效连接了碳纤维和基体碳,这也是纤维单丝界面强度较高的原因。

　　综合上述碳/碳复合材料成型过程中的界面结合强度数据可知,碳/碳复合材料不同层次(纤维束界面或纤维界面)的界面结构特征在很大程度上决定了其界面强度:通常来说纤维束或纤维单丝与基体碳结合越紧密,界面剪切强度就越高。由于纤维单丝界面的形成早于纤维束/基体碳界面,而且界面缺陷少,化学键结合力大,成型过程中前者的界面强度明显高于后者[15 - 17]。GCF - 1 碳纤维表面较多的官能团造成了其纤维束界面强度高于 T300 碳纤维的,但其束内由于较少的基体碳填充,单丝界面强度却低于 T300 碳纤维复合材料的。这也说明碳/碳复合材料成型工艺(致密化条件、高温热处理等)和碳纤维表面状态决定了碳/碳复合材料界面特征的形成,而界面特征则决定了其界面强度的大小。通

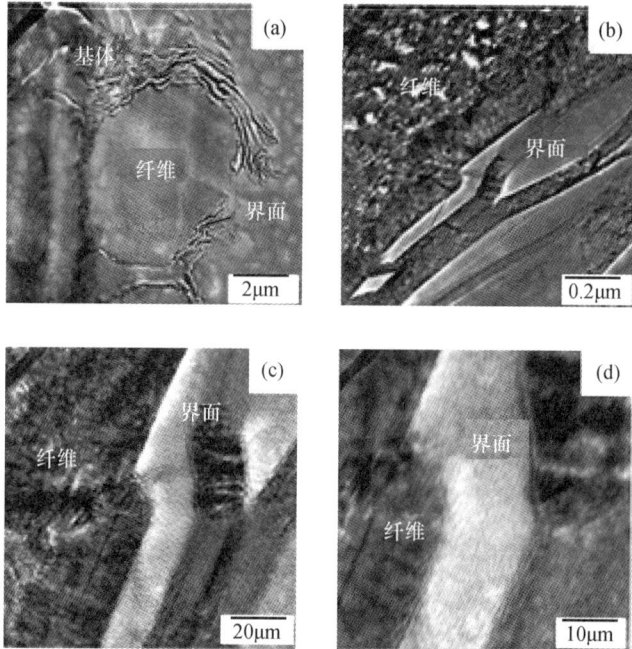

图 7 - 29 碳/碳复合材料中纤维/基体界面区域的 TEM 显微照片

常,为提高碳/碳复合材料的常温力学性能,需要尽量降低其热处理过程的最高温度,以形成较强界面结合状态的碳/碳复合材料,保证碳/碳复合材料在承受力载荷时,纤维、基体及界面能够协同承载,发挥出高的宏观承载能力。

7.3.2 碳纤维表面特性对碳/碳复合材料力学性能的影响

文献研究表明[18-20],不同表面特征的碳纤维可以对基体碳的取向产生影响,形成不同特征的界面特征。碳/碳复合材料的界面特征与其界面性能相关,进而会影响碳/碳复合材料的宏观力学性能。为明确不同碳纤维表面特征造成的碳/碳复合材料宏观力学性能的差异,采用 GCF - 1 和 T300 两种通用模量聚丙烯腈基碳纤维及其经过惰性气氛碳化除胶的碳纤维为增强体,采用相同的沥青浸渍/碳化工艺过程制备了碳/碳复合材料。表 7 - 13 和表 7 - 14 分别给出了两种纤维四种状态的表面元素含量及含氧官能团情况,可以发现,原始碳纤维表面存在较多的氧元素和含氧官能团,当进行惰性气氛碳化除胶处理后表面氧元素含量大幅降低,含氧官能团含量也极度减少。

表 7 - 13 T300 和 GCF - 1 碳纤维表面元素含量

编号	处理方式	C/%	O/%	N/%	O/C
O - T300	原始表面	77.4	18.8	3.8	0.24
O - GCF - 1	原始表面	77.1	22.9	—	0.30

（续）

编号	处理方式	C/%	O/%	N/%	O/C
C – T300	碳化表面	98.0	2.0	—	0.02
C – GCF – 1	碳化表面	97.3	2.7	—	0.03
注：O—原始碳纤维；C—碳化除胶碳纤维					

表 7 – 14　T300 和 GCF – 1 碳纤维表面官能团解析结果

编号	C—C	C—OH/C—O—C	C=O	HO—C=O	活性碳原子比例
O – T300	0.50	0.46	—	0.036	0.50
O – GCF – 1	0.62	0.32	0.05	0.01	0.38
C – T300	0.92	0.07	0.008	0.003	0.08
C – GCF – 1	0.90	0.07	0.03	—	0.10
注：O—原始碳纤维；C—碳化除胶碳纤维					

　　不同表面状态的碳纤维对基体碳的诱导取向产生影响（图 7 – 30）：含有较多含氧官能团的碳纤维（O – GCF – 1）中形成的基体碳成无序排序状态，而经过惰性环境碳化处理的碳纤维（C – GCF – 1）中形成的基体碳表现为沿碳纤维排列的"同心圆"结构，即基体碳围绕碳纤维排列。这说明表面含有较多含氧官能团时碳纤维与基体碳容易形成紧密结合状态，基体碳的再取向受到影响，而表面较惰性的碳纤维与基体碳的结合较弱，基体碳更容易受到碳纤维的诱导取向，而形成有序排列结构。

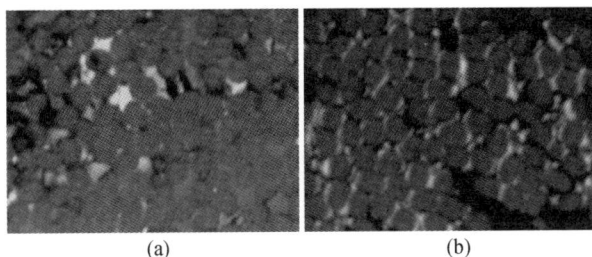

图 7 – 30　不同表面状态碳纤维增强碳/
碳复合材料的断面偏振光显微照片
(a) O – GCF – 1 碳/碳复合材料；(b) C – GCF – 1 碳/碳复合材料。

　　图 7 – 31 和图 7 – 32 给出了不同表面状态碳纤维形成的碳/碳复合材料的断面 SEM 显微照片，可以看出，含有较多含氧官能团的碳纤维（O – GCF – 1）形成的碳/碳复合材料中，基体碳沿碳纤维轴向呈现竹节状断裂，基体碳致密，无明显的层状结构。而将碳纤维表面的含氧官能团通过惰化处理去掉后再形成的

碳/碳复合材料中,基体碳则较均匀地存在于碳纤维间,而且在放大照片中可以清晰地观察到基体碳的层状结构,并且基体碳在碳纤维间呈"V"形分布,因此,偏振光学显微镜下观察到的"同心圆"结构仅是择优排列的"V"形结构在横断面的一种表现形式。两种表面状态的碳纤维中形成的不同基体碳特征表明:纤维表面较多的含氧官能团与基体碳反应形成的桥键约束了基体碳的调整,在热致收缩成碳过程中,基体碳断裂成竹节状。而表面惰性的碳纤维(C-GCF-1)形成的碳/碳复合材料中,基体碳与碳纤维的结合弱,基体碳更易于形成沿纤维轴向的连续体,并且基体碳中的碳层更易于实现取向调整。

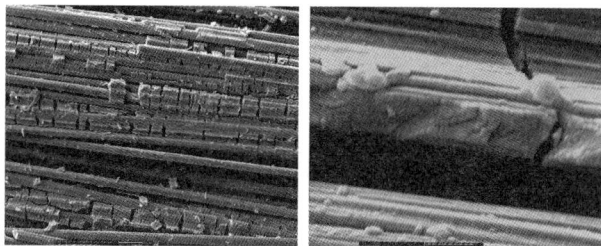

图 7-31   O-GCF-1 碳纤维增强碳/碳复合材料的 SEM 显微照片

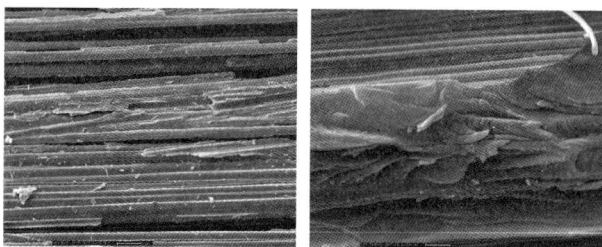

图 7-32   C-GCF-1 碳纤维增强碳/碳复合材料的 SEM 显微照片

不同表面特性碳纤维对形成的碳/碳复合材料的宏观力学性能也存在显著的影响。图 7-33 和图 7-34 分别给出了不同状态碳纤维制备的碳/碳复合材料的拉伸性能、压缩性能和剪切性能数据。可以看出,碳/碳复合材料的宏观力学性能与复合前碳纤维的表面特性密切相关:表面含有较多官能团的原始表面碳纤维形成的碳/碳复合材料的拉伸强度、压缩强度、剪切强度和拉伸断裂延伸率,都比表面惰化后几乎没有官能团的碳纤维形成的碳/碳复合材料的低很多,但对应的模量却比碳化除胶碳纤维形成的碳/碳复合材料的要高。

由前述的不同表面特性碳纤维形成的碳/碳复合材料中基体碳的结构特性可知,碳化除胶碳纤维表面形成的基体碳呈"V"字形环绕碳纤维结构,这种结构保证了基体碳能够形成沿碳纤维的环向连续碳层结构,基体碳与碳纤维的协同性好,这种方式也保证了基体碳与碳纤维以最紧密方式接触,在材料遭受破坏时可以实现碳纤维与基体碳协同发挥消耗外界能量的作用(如界面开裂消耗能量),从而增加碳/碳复合材料的力学性能。含有较多含氧官能团的原始表面碳纤维容易造成纤维束的集束性较好,在形成碳/碳复合材料时,基体碳进入纤维束内较困难,造成了材料的体积密度较低;另外,沥青碳由于沿碳纤维的取向差且不连续,与碳纤维的协同承载作用较弱,其在遭受外来破坏时,基体碳对力学性能的贡献较少,造成了复合材料的宏观力学性能较低。含有较多含氧官能团的原始碳纤维增强碳/碳复合材料的模量较高,可能与复合材料中基体碳与碳纤维的强结合造成的碳纤维与基体碳断裂同步有关,从这类碳/碳复合材料的平整断口形貌也可以得到验证。

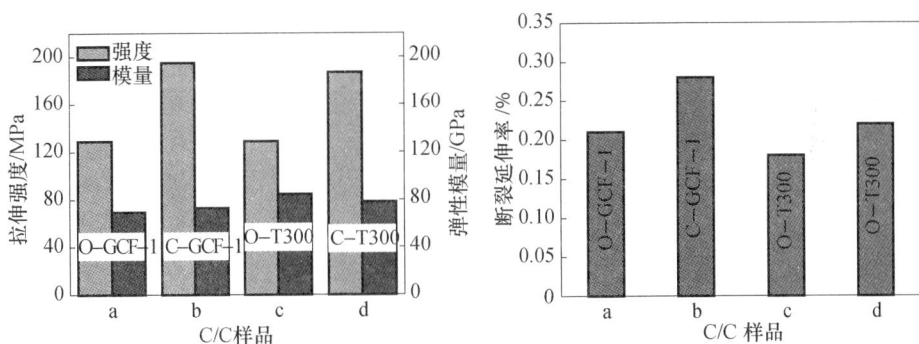

图7-33 碳/碳复合材料拉伸强度、弹性模量和断裂延伸率

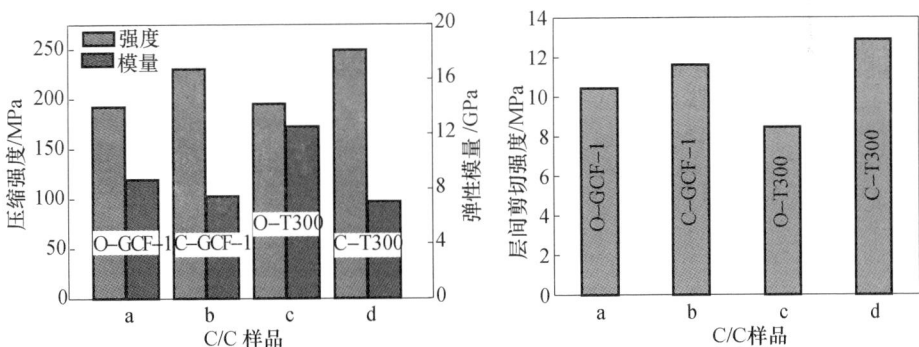

图7-34 碳/碳复合材料压缩强度、弹性模量和层间剪切强度

综上所述,碳纤维的表面特征影响了碳纤维/基体碳界面的形成,进而影响了复合材料微观和宏观力学性能,亦即碳/碳复合材料的界面特征在很大程度上影响其宏观性能。碳纤维表面的官能团对于形成高力学性能的碳/碳复合材料不利,对碳纤维进行预先惰化处理,降低碳纤维表面的含氧官能团含量,可以有效提高碳/碳复合材料的力学性能。

7.4 碳纤维烧蚀防热复合材料的烧蚀行为

7.4.1 碳纤维灰分对其氧化烧蚀性能的影响

烧蚀防热复合材料在高温服役过程中一个典型的质量消耗行为是材料的氧化烧蚀,由于碳纤维是烧蚀防热复合材料承载的主体,其氧化烧蚀性能在一定程度上决定了烧蚀防热复合材料在烧蚀防热过程中力学性能衰减的快慢。由前面介绍可知,碳纤维中非结构型成分的存在会对碳纤维的力学性能产生明显影响,本节将对碳纤维中存在的非结构型成分对碳纤维的氧化行为的影响进行介绍。

将五种灰分含量不同的碳纤维按照 ASTM D 4102 – 2008 Standard Test Method for Thermal Oxidative Resistance of Carbon Fibers(碳纤维抗热氧化特性测试标准)和《碳纤维及其应用技术》中相关标准分别在 375℃ – 24h 和 530℃ – 3h 下进行碳纤维静态氧化失重行为的评测。表 7 – 15 给出了两种状态下五种碳纤维的氧化质量损失率数据。可以看出,低灰分含量的碳纤维氧化质量损失率较低,随着碳纤维灰分含量增加(亦即碳纤维中非结构型成分含量增加),其氧化质量损失率明显提高,而且热氧化温度提高后碳纤维的氧化质量损失率也明显增加。说明碳纤维中的非结构型成分在碳纤维的氧化烧蚀过程中起到了催化氧化的作用。

表 7 – 15　不同灰分碳纤维在两种条件下的氧化失重率

纤维 编号	灰分含量 /%	平均失重率/%	
		375℃ – 24h	530℃ – 3h
1#	<0.1	0.5	12.3
2#	<0.1	0.4	16.5
3#	0.42	1.6	18.0
4#	0.66	3.0	25.3
5#	0.47	1.9	23.5

热氧化后碳纤维的截面积有所减小,如表 7 – 16 所列。低灰分含量的碳纤维(如 1#和 2#)的直径减小是均匀的,在 SEM 下几乎观察不到明显的烧蚀坑洞,如图 7 – 35 所示。但灰分含量较高的碳纤维(如 4#和 5#)热氧化后其截面积减小率却与其质量损失率不对应,其中 4#碳纤维的质量损失率最大,但其截面积减小却最小,说明碳纤维的氧化烧蚀除了造成碳纤维直径减小外,还造成了大量烧蚀坑洞的出现,如图 7 – 35 所示。由于碳纤维中的一些元素(如铁元素)可以促进纤维氧化(图 7 – 36),而还有一些元素(如硅元素)在该温度下对碳纤维氧化无促进作用或还因形成了抗氧化物质(如碳化硅)而表现出了抑制氧化作用。

不同灰分含量碳纤维的截面积减少率和质量损失率的不一致说明这些碳纤维的非结构型成分中含有的金属元素种类、含量、分布等可能不同。根据图7-37和图7-38中2#碳纤维样品热氧化烧蚀前后的表面沟槽深度和宽度的统计分析结果可知,热氧化后碳纤维表面的沟槽有变深和变宽的趋势,说明热氧化烧蚀行为更易于在沟槽中发生,从而扩大了沟槽的深度和宽度。

表7-16 碳纤维热氧化前后界面面积的对比

纤维种类	截面面积/μm^2				
	1#	2#	3#	4#	5#
热氧化前	38.6	40.1	—	39.8	38.2
热氧化后	34.6	36.0	33.8	35.8	32.4
减小率/%	10.36	10.22	—	10.05	15.18

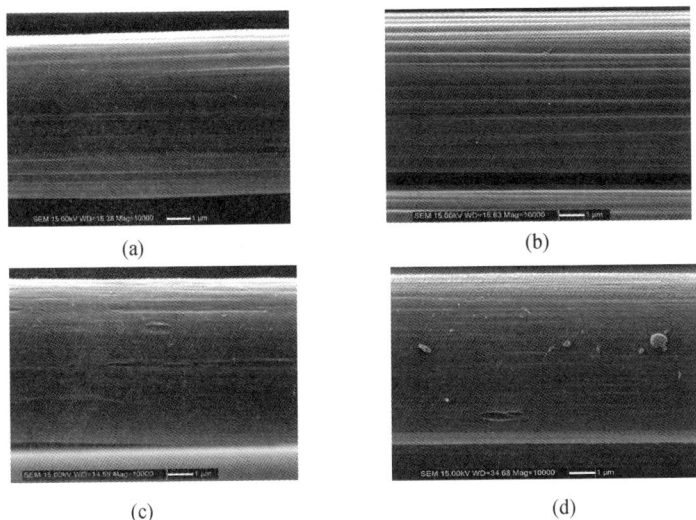

图7-35 碳纤维经530℃热氧化后表面SEM显微照片
(a)1#;(b)2#;(c)4#;(d)5#。

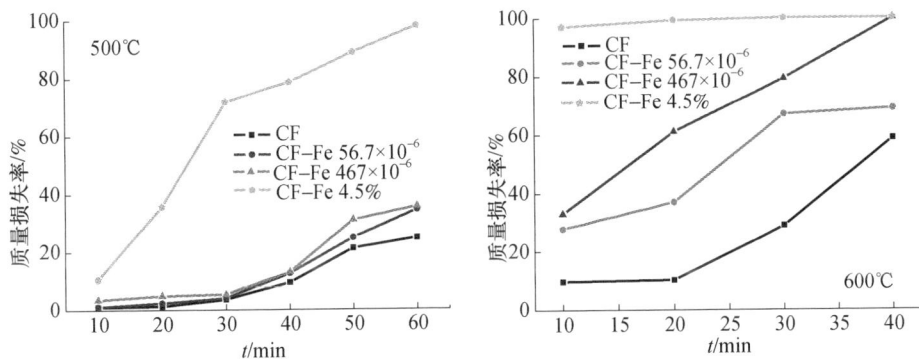

图7-36 碳纤维中Fe元素对其热氧化性能的影响(500℃和600℃空气)

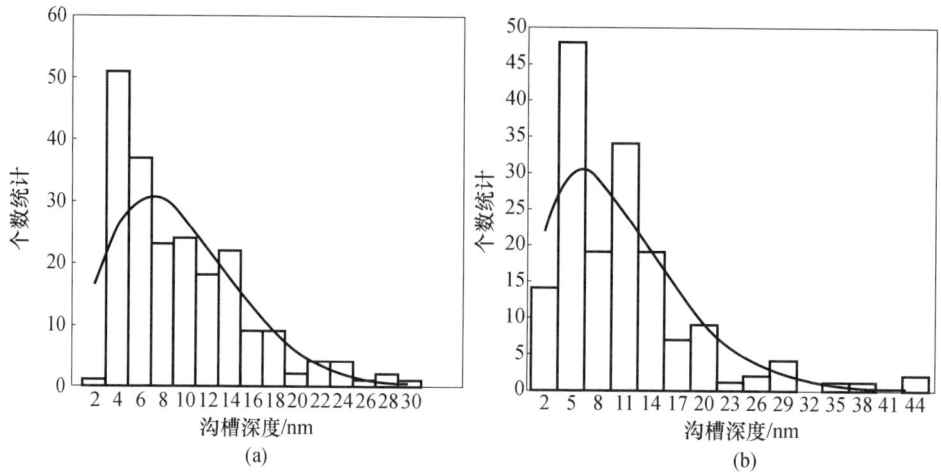

图 7-37 2#碳纤维热氧化前后沟槽深度统计分析结果

（a）热氧化前平均深度 9.7nm；（b）热氧化后平均深度 10.7nm。

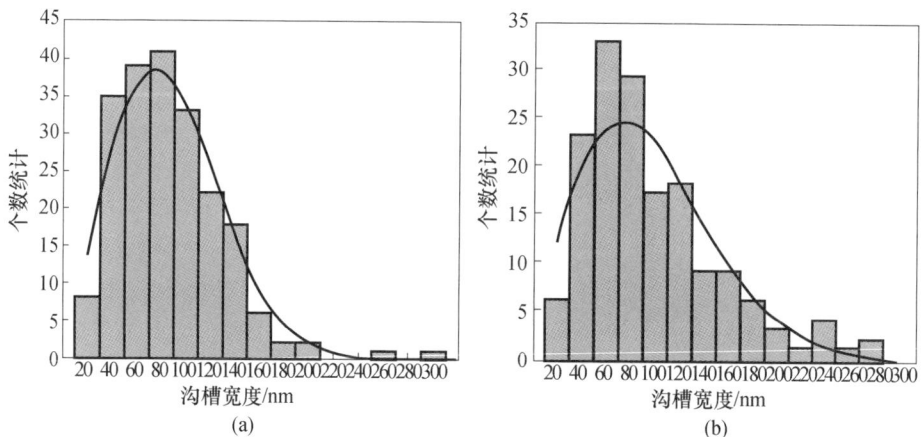

图 7-38 2#碳纤维热氧化前后沟槽宽度统计分析结果

（a）热氧化前平均宽度 86.3nm；（b）热氧化后平均宽度 96.8nm。

在更高的温度下对不同碳纤维进行氧化环境中的质量损失分析，结果见图 7-39。可以看出，具有高灰分含量的碳纤维的氧化质量损失起始温度低，而且随着温度升高质量损失更为明显。其中灰分含量最高的 4#碳纤维在温度未达到 800℃前就烧蚀殆尽。灰分含量其次的 5#碳纤维的质量损失率在 680℃前仅次于 4#碳纤维的，但在超过该温度后其质量损失率却小于 1#和 3#碳纤维的。这也说明了碳纤维中非结构成分的种类对碳纤维氧化烧蚀行为影响更大，要深入阐明每种非结构型成分对碳纤维热氧化行为的影响大小，还需要深入的研究。

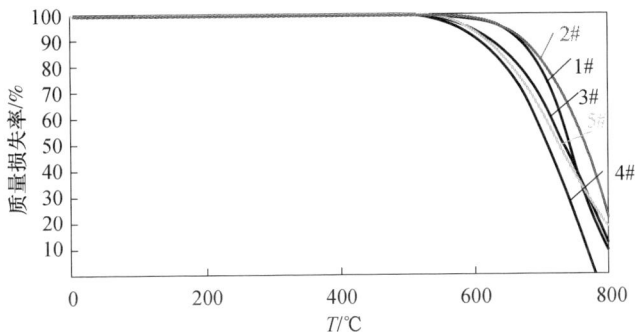

图 7 – 39　不同灰分碳纤维的氧化质量损失曲线

综上所述,碳纤维中的灰分(非结构型成分)对其热氧化行为产生重要影响,通常灰分含量越高,碳纤维的氧化质量损失就越大。通用模量聚丙烯腈基碳纤维具有很低的灰分含量,其氧化后表现为均匀的氧化烧蚀,纤维直径减小,表面没有明显的烧蚀坑洞,但表面沟槽的深度和宽度都加大。由于非结构型成分中不同元素对碳纤维热氧化的促进作用程度存在差异,不同灰分的碳纤维氧化烧蚀后表现的烧蚀形态也存在差异:一些碳纤维主要表现为直径的不断减小,而烧蚀坑数量少;但另一些碳纤维则表现为纤维直径减少的同时,产生大量烧蚀坑洞。由于随着烧蚀的进行这些坑洞最有可能成为碳纤维的缺陷点,造成碳纤维力承载能力的迅速降低。因此,对于烧蚀防热复合材料用的增强碳纤维需要控制其灰分含量,尤其是降低能够催化碳纤维热氧化烧蚀的非结构型成分更为关键。

7.4.2　碳/酚醛复合材料的烧蚀行为

烧蚀型防热复合材料在航天飞行器上服役时将经受剧烈的气动加热,这种气动加热环境具有高压、高热流密度等特点,而且不同航天器及航天器不同部位也会存在较大的热环境差异。本节将对碳/酚醛复合材料在模拟气动加热环境中的烧蚀行为和烧蚀机理给予阐述。

烧蚀防热碳/酚醛复合材料是由碳纤维织物与酚醛树脂在较低的温度下(通常低于 300℃)复合、固化后形成的。碳/酚醛复合材料在烧蚀过程中除了伴随碳纤维和酚醛树脂的氧化烧蚀外,还存在酚醛树脂的受热热解及裂解气体内压和气动力剪切造成的剥蚀。复合材料中的碳纤维在超过其制备温度后会发生类似于碳/碳复合材料成型过程的结构调整和非碳杂元素的逸出等过程。总体而言,碳/酚醛复合材料的烧蚀行为主要包括热化学烧蚀行为和热机械剥蚀行为,其中热化学烧蚀包括复合材料中碳纤维和酚醛树脂的氧化烧蚀行为,而热机械剥蚀体现为酚醛树脂及其裂解产物的剥蚀和碳纤维的剥蚀两种形式[21-28]。

图 7 – 40 给出了三维五向碳/酚醛复合材料在一种模拟典型气动加热环境

的地面电弧风洞考核后的表面烧蚀形貌,其中图(a)~图(c)给出了碳纤维区域的逐级放大烧蚀形貌,可以看到碳纤维富集区域存在化学烧蚀造成的"笋尖"型如图(b)所示,也存在机械剥蚀造成的纤维断裂如图(c)所示。而酚醛树脂富集区域中酚醛树脂呈现多种形态,包括多孔状结构、层片状结构、颗粒状结构等,如图(d)~图(f)所示。这些结构的形成与酚醛树脂的裂解、烧蚀、成碳、剥蚀等过程有关。

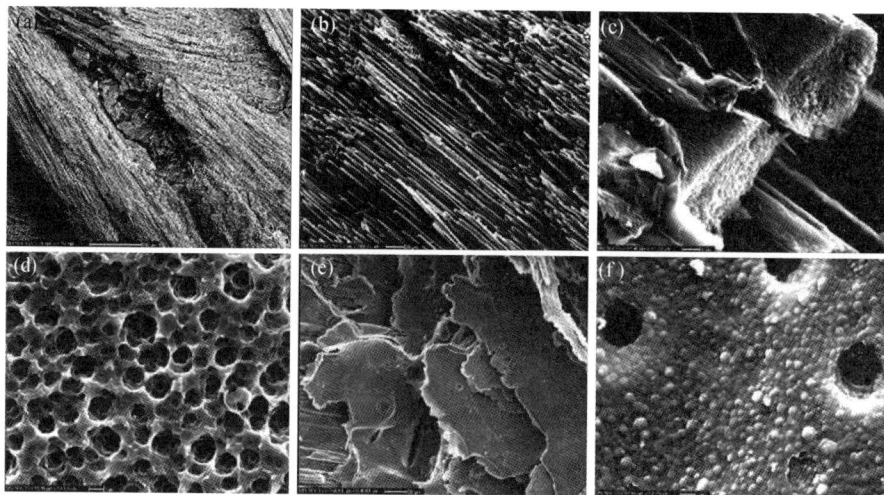

图 7-40　碳/酚醛复合材料烧蚀后表面特征 SEM 显微照片

由上述的碳/酚醛复合材料的烧蚀表面形貌可以推测,烧蚀过程中酚醛树脂发生了热解和碳化,由于成碳和烧蚀都会造成树脂的不断收缩和成孔,形成了碳质多孔形貌。在气动剪切力和酚醛树脂热解内部气压的剥蚀下,树脂产物也呈现了微剥蚀,造成了片层状结构。烧蚀表面的颗粒状结构实际上是内空的微小鼓包,这种鼓包在进一步的烧蚀过程中会产生类似图 7-40(d)的多孔结构,也会在剥蚀作用下形成似图 7-40(e)的片层结构。因此,碳/酚醛复合材料烧蚀表面酚醛树脂产物的不同状态,是其烧蚀、热解成碳和微剥蚀的不同阶段和不同烧蚀机制的产物,由于烧蚀过程中表面持续消耗,内部材料持续产生烧蚀表面,这些状态将一直存在。

为进一步明确碳/酚醛复合材料不同深度的树脂碳化和碳结构演变情况,按照图 7-41 的取样方式进行不同区域的结构分析,其中原始材料区取一个样、热解层依次取Ⅰ、Ⅱ和Ⅲ三个样品,碳化区取Ⅰ和Ⅱ两个样品,烧蚀表面取一个样品,共计七个样品。利用高分辨透射电镜(HRTEM)对各区域中材料的非晶、微晶和局部石墨化的微结构特征进行分析,系统评价碳/酚醛复合材料不同区域的烧蚀影响。

图 7-42 为碳/酚醛复合材料原始层及热解层Ⅰ区的高分辨电子显微图像,由图可知,原始层的酚醛树脂为非晶态结构。与原始层相比较,热解层Ⅰ区内存

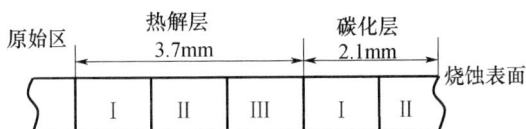

图 7-41　碳/酚醛材料烧蚀试样取样部位示意图

在少量很短的网面条纹,条纹呈弯曲状,网面条纹区长约 2nm,宽约 1nm,且两个条纹之间的间隔不均匀,条纹间隔在 0.440~0.460 nm 间。总体上该层仍为非晶态结构。

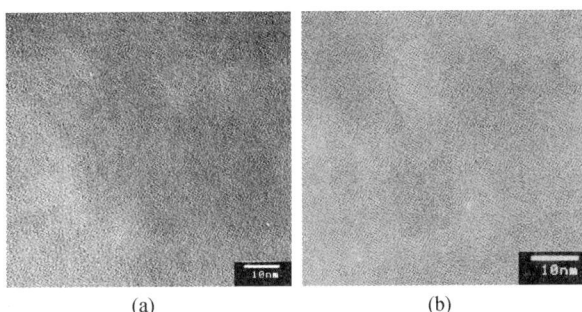

图 7-42　原始层和热解层高分辨电子显微图像
(a)原始层;(b)热解层 I 区。

　　碳/酚醛复合材料热解层 II 区及热解层 III 区高分辨电子显微图像如图 7-43 所示,由图可知,热解层 II 区中,出现小面积的网面条纹区,条纹区域的尺寸约为宽 2nm、长 3nm,条纹间隔在 0.420~0.450nm 之间,条纹区域较集中。该区有相当大的面积为非晶态区。热解层 III 区中网面条纹区面积比 II 区的大,单片面积大于 5nm×5nm,较多区域可达到 7nm×7nm,也有更大面积的条纹区域。也发现在一定区域里条纹的排列有择优取向的情况,条纹区的面积占总面积的近 50%。条纹间隔在 0.340~0.375 nm 之间,属于非稳定态碳结构。在热

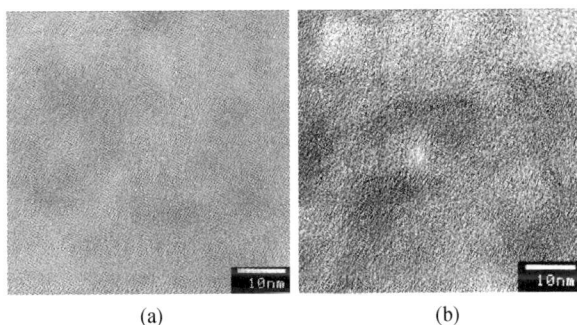

图 7-43　热解层 II 区及热解层 III 区高分辨电子显微图像
(a)热解层 II 区;(b)热解层 III 区。

解层Ⅲ区出现相当多的微孔,微孔尺寸不等,从直径 0.5 nm 到 20nm 都存在。对比图 7-42 和图 7-43 可知,热解层从Ⅰ区到Ⅲ区条纹的长度逐步长大,条纹区的面积也逐渐变大,条纹间距逐渐变小,Ⅲ区已大部分演化为非稳定态碳。

图 7-44 为碳/酚醛复合材料在碳化层Ⅰ区的高分辨电镜图像。由图可知,烧蚀试样碳化层Ⅰ区微结构的主特征为呈片状分布的短程有序晶格条纹区,晶格条纹线不直,d_{002} 面间距的不均性也相当大,该区 d_{002} 值在 0.340~0.370nm 范围内。碳化层Ⅰ区可观察到局部石墨化形成的石墨微晶(即高度有序的碳微晶),石墨微晶长度 L_a 可达 15nm 以上,微晶厚度 L_c 约 10nm 左右,层片间距 d_{002} 在 0.34~0.35nm 之间,这些石墨微晶条带呈互穿网络分布,类似于"Jenkins - nightmare"模型[29,30],属于典型的局部石墨化玻璃碳结构。局部石墨化区的周围为非晶态微结构。另外,还存在相当数量的微孔。微孔分两种形状:一种为长形孔,长约 80nm,宽约 10~20nm;另一种为圆形孔,直径多数为 100nm 左右。

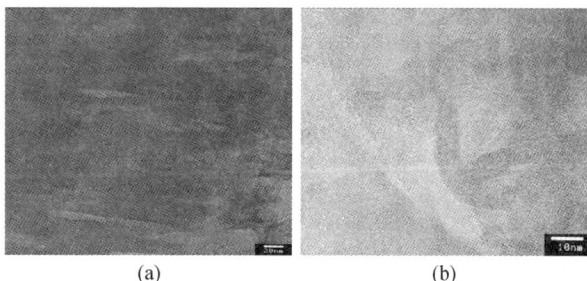

(a)　　　　　　　　(b)

图 7-44　碳化层Ⅰ区晶格条纹及微孔区高分辨显微图像
(a)局部石墨化区;(b)微孔区。

图 7-45 为碳/酚醛复合材料在碳化层Ⅱ区的高分辨电镜图像。可以看出,在接近烧蚀表层区,由于石墨化程度进一步提高,碳层的微结构也发生显著变化,主要表现如下:①石墨微晶长大:石墨微晶条带数量增加,微晶的长度和厚度都增加,L_a 从几个纳米生长到几十纳米,有些已超过 100nm,L_c 也为 20nm 左右,形成完整的互穿网络结构;②石墨微晶取向性分布:在该区域内石墨微晶基本上沿着同一方向排列,相互之间成一定角度,取向角大部分小于 30°,具有明显的择优取向性;③存在较多的微孔:在该区的基体碳中存在相当数量的尺寸不同的封闭状态的微孔,微孔直径多数约 30 nm。微孔孔壁的微结构为沿孔壁面取向分布的弯曲石墨微晶。

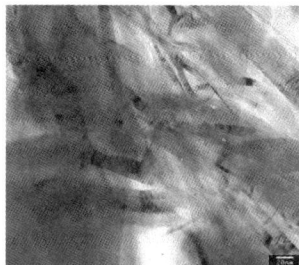

图 7-45　碳化层Ⅱ区微晶高度石墨化区高分辨显微图像

图 7-46 和图 7-47 为碳/酚醛复合材料烧蚀表层区域的碳纤维及碳纤维/树脂碳

界面区的高分辨电镜图。由图可以看出,处于表层的碳纤维中微晶显著长大,L_c 和 L_a 分别大于 5nm 和 3nm,微晶之间形成交联结构,微晶取向度较好,在微晶间存在非晶态碳和微孔。碳纤维与基体碳的界面结合良好,基体碳也形成了石墨微晶,且尺寸较大,但与碳化层 II 区相比却较小。另外,在碳纤维与基体碳的界面区存在一个过渡区,该区域内是封闭微孔碳形成的多孔区,宽度约 300nm,区域内微孔直径约 70nm,而过渡区外基体碳的微孔尺寸仅 20nm。

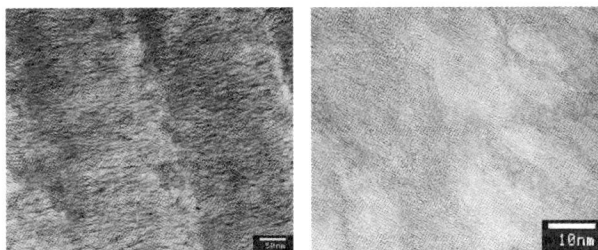

图 7-46　烧蚀表层碳纤维晶格条纹高分辨显微图像

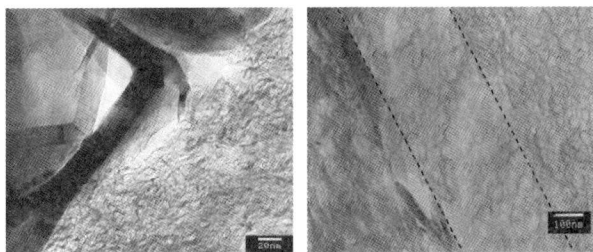

图 7-47　烧蚀表层碳纤维与基体碳界面区高分辨显微图像

由上述烧蚀后碳/酚醛复合材料不同区域的结构分析可知,高温状态的气动加热造成了碳/酚醛复合材料由烧蚀表层至内部的不同程度的热解、碳化,甚至石墨化。由于从表面到内部碳/酚醛复合材料经受的温度依次降低,总体而言,材料从烧蚀表面到内部区域的酚醛树脂碳化程度依次降低,形成石墨微晶的尺寸也依次减小。但需要指出的是,烧蚀表面上的碳化酚醛中的碳微晶尺寸略小于与之接触的碳化区碳微晶尺寸,这可能与该区域经受氧化烧蚀造成的微晶尺寸减小有关。热解区以非晶态为主,夹杂微小的树脂碳过渡体。在碳化区,树脂基本成碳,只是随着深度的加大,成碳的程度减少,非晶区增多。表层的碳纤维在超高温(远超过碳纤维的制备温度)作用下,碳纤维的结晶程度也大幅提高。受到树脂裂解收缩的影响,烧蚀影响区(包括热解区、碳化区和表层)均产生大量孔隙。在热解区孔隙基本以近圆形孔隙为主,这是由树脂热解产生的气体形成的气孔。在碳化区,除了存在近圆形的孔隙外,还存在由碳微晶间缝隙等形成的长条形孔隙。在烧蚀表面上的孔隙以圆孔形孔隙为主。在强烈氧化烧蚀作用下,碳微晶取向发生明显变化,大都形成了圆形微孔的孔壁。总体而言,碳/酚醛复合材料的氧化烧蚀作用促进了酚醛树脂向树脂碳的转变,同时在基体中产生大量孔隙。这种特征决定了碳/酚醛复合材料在继续的气动加热过程中将以表面近乎多孔碳/碳复合材料而内部不断热解、碳化的方式继续氧化烧蚀。由于表层材料的多孔性,表层氧化烧蚀行为将以氧化烧蚀和剥蚀共同作用为主。

对烧蚀形貌系统分析后发现,碳/酚醛复合材料中存在三种典型特征的微剥蚀行为,即基体微剥蚀、纤维微剥蚀和丝束/结构单元剥蚀,其具体形态如图 7 – 48 ~ 图 7 – 51 所示。其中,基体的微剥蚀是由于树脂热解产生内压,对含有裂纹、孔隙等缺陷的热解区、碳化区产生微破坏,进而造成烧蚀表层呈微块体脱落的现象。这种行为将产生表面大量的烧蚀坑洞,如图 7 – 48 所示。其中 P_i 为热解气体产生的内压,P_e 为气动外压,Q 为来流气动热流密度,τ 为气动剪切力。碳纤维的微剥蚀主要发生于烧蚀表面,是氧化碳纤维在气动力作用下造成的局部微块状损失行为。对于碳纤维端部,这种行为是氧化造成纤维尖化,然后在气动力作用下折断而质量损失的行为;对于横向纤维,这种微剥蚀是沿孔隙氧化造成纤维内部微区的优先氧化,然后在气动剪切作用下造成的纤维质量损失行为,如图 7 – 49 和图 7 – 50 所示。丝束/结构单元剥蚀主要发生在与热解层临近的碳化层中,是由于热解产生的气体内压对存在孔隙、裂纹等大量缺陷的碳化层产生连带碳纤维的微区破坏行为,如图 7 – 51 所示。另外,对于特殊烧蚀状态下,还存在整体剥蚀的情况。这种剥蚀发生在热解层和原始层间,是一种严重的烧蚀破坏情况。往往存在于气动剪切非常严重和碳/酚醛复合材料层间易于分层的情况。图 7 – 52 给出了碳/酚醛复合材料的整体剥蚀示意图。

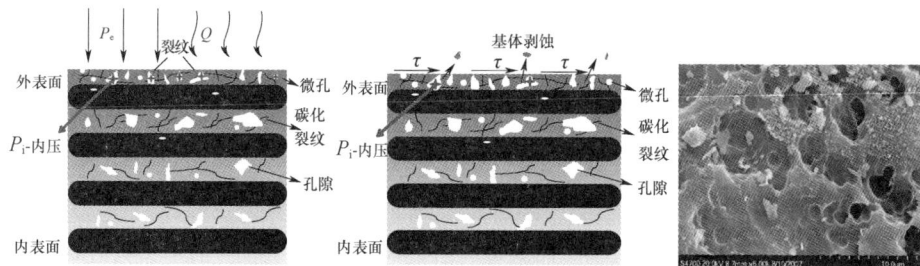

图 7 – 48　基体微剥蚀机制

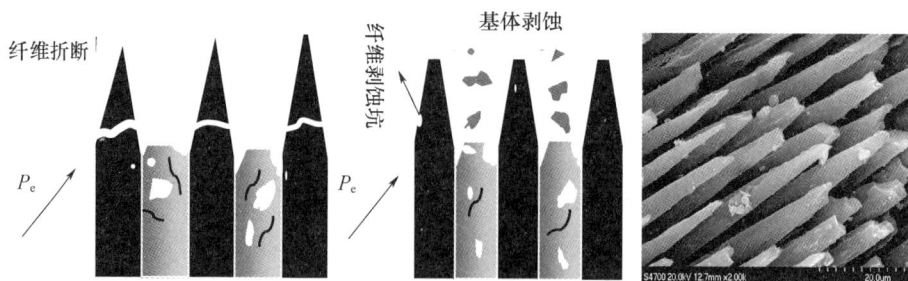

图 7 – 49　碳纤维端部剥蚀机制

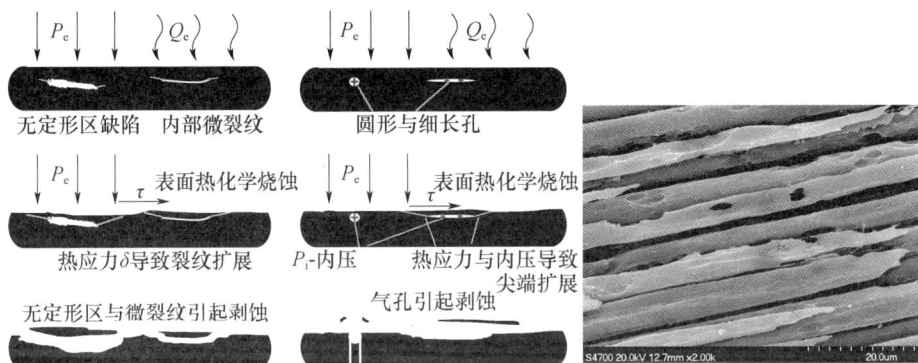

图 7-50 碳纤维表面微剥蚀机制

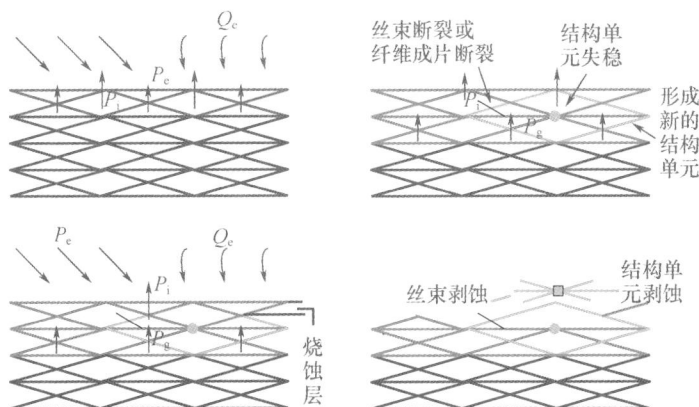

图 7-51 丝束/结构单元剥蚀机制

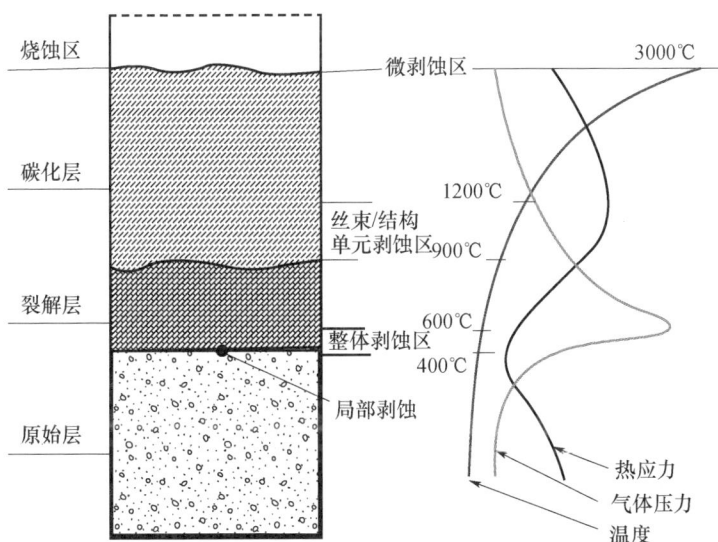

图 7-52 碳/酚醛复合材料的剥蚀行为示意图

7.4.3 碳/碳复合材料的烧蚀行为

烧蚀防热碳/碳复合材料的制备过程中经过多次高温热处理,不论是碳纤维还是基体碳都已经转化为近乎完全的碳材料。因此,在烧蚀过程中碳/碳复合材料不存在碳/酚醛复合材料的热解过程,也不存在由于树脂的热解、碳化等行为造成的基体产生孔隙、裂纹等缺陷和由于热解气体造成的内压破坏。从这个角度来看,碳/碳复合材料的氧化烧蚀行为比碳/酚醛复合材料简单。但由于烧蚀防热碳/碳复合材料经常用在更高的热防护部位(如端头部位),服役时其表面最高温度可达上万摄氏度,在这种环境下碳材料的升华已经很明显。因此,在碳/碳复合材材料的氧化烧蚀行为中材料的升华造成的质量损失不可忽略[31-38]。本节将对碳/碳复合材料的高温性能、烧蚀行为及烧蚀机理等给予阐述。

7.4.3.1 碳/碳复合材料的高温性能

碳材料通常具有较高的高温力学性能,而且随着温度升高,在一定温度范围内力学性能还会上升。碳/碳复合材料的高温力学性能表现出了碳材料的特性,如图7-53给出的正交三向碳/碳复合材料的高温拉伸性能数据所示。由图可以看出,碳/碳复合材料的拉伸强度(σ_t)随温度的变化总体呈"M"形分布。在较低的温度范围内,碳/碳复合材料的拉伸强度随着温度升高而持续上升,直到1500℃左右出现微小下降,但拉伸强度仍然高于常温时的强度。在温度升到2000℃后,碳/碳复合材料的拉伸强度又有所提高,超过2300℃后随着温度继续升高,表现为拉伸强度持续降低。当温度超过2800℃后碳/碳复合材料的拉伸强度不及常温的50%。碳/碳复合材料的拉伸模量(E)随着温度的升高而持续降低,从2000℃左右开始下降速度变快,说明高温下碳/碳复合材料的刚度有所下降。碳/碳复合材料的拉伸断裂延伸率(ε)随着温度升高而增加,在2000℃以上加速提高,直到2800℃时达到峰值。3000℃时碳/碳复合材料的断裂延伸率快速下降。这些数据表明,碳/碳复合材料的力学性能会在超高温下降低,这在一定程度上会影响其高温状态的服役,此时碳/碳复合材料表面温度会远超过3000℃。

图7-54给出了不同温度下试样拉断后的断口形貌SEM显微照片。可以看出,常温(25℃)、1500℃和2500℃的拉伸试样断口上碳纤维呈现较粗糙的截面形貌,而且呈现出类似"向日葵"特征的皮芯结构,即芯部粗糙度较小,无明显取向特征,而表层的粗糙度较大,且呈现近似辐射状分布。2000℃的拉伸试样断口上碳纤维截面形貌虽然也具有类似"向日葵"特征的皮芯结构,但却表现出了不同于常温、1500℃和2500℃的粗糙断口特点,碳纤维断口平滑,颗粒特征不明显,这可能是该温度下碳/碳复合材料拉伸强度比两侧温度下都低的原因。3000℃下碳/碳复合材料的断口表现出了明显的蠕变特征,碳纤维变细,而且呈

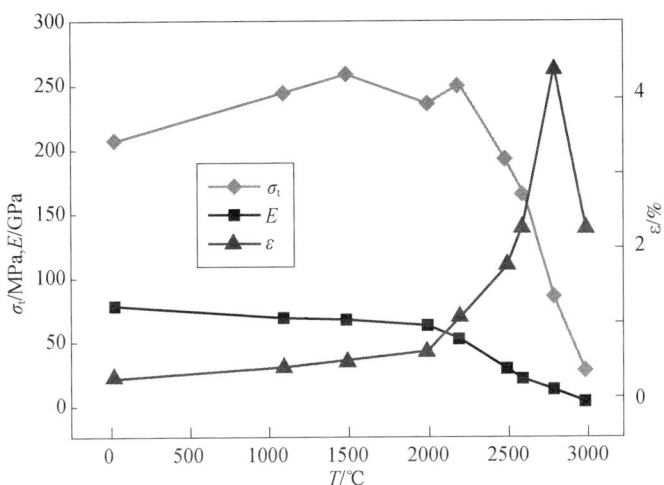

图 7 - 53　碳/碳复合材料的高温拉伸性能

现明显的塑性变形特征,这也是该温度下碳/碳复合材料的拉伸强度急剧下降的原因。实际上,由高温拉伸过程中的应力 - 应变曲线可知,碳/碳复合材料的蠕变行为在 2500℃ 已经出现,这也是该温度下碳/碳复合材料的拉伸强度开始出现明显下降的原因。

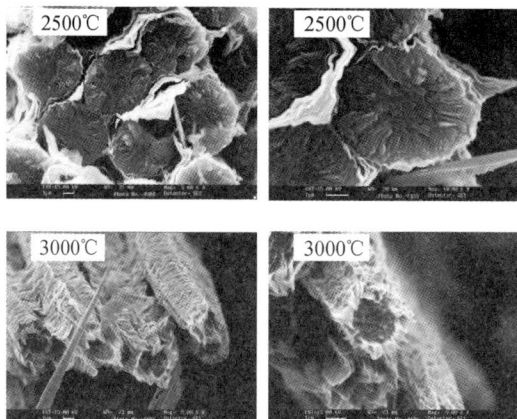

图 7-54　碳/碳复合材料不同温度下的拉伸断口形貌

碳/碳复合材料的高温热导率(λ)和高温热膨胀系数(α)都符合碳质材料（或石墨材料）的规律，即热导率随温度的升高而持续降低（图 7-55），而热膨胀系数则随温度的升高而呈线性增加（图 7-56）。碳/碳复合材料的这些热物理性能也在一定程度上会影响碳/碳复合材料的烧蚀行为，主要表现为热量向内扩散造成的内层材料存在温度分布，由此会引起不同深度材料力学性能的变化，并产生热应力，进而对烧蚀行为产生影响。

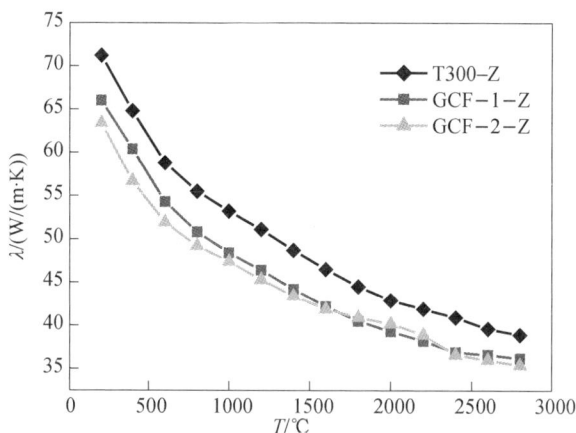

图 7-55　碳/碳复合材料材料的热导率

7.4.3.2　碳/碳复合材料的烧蚀形态

采用圆柱形试验件进行典型高温状态风洞氧化烧蚀，分析碳/碳复合材料的烧蚀形态。图 7-57 给出了圆柱试样烧蚀前后的三维形貌扫描图，图 7-58 给出了烧蚀前后试样中心线上的表面轮廓线和粗糙度数据。可以看出，在高温状态的气动加热条件氧化烧蚀后，圆柱形试样的表面从原来的平整表面变得粗糙

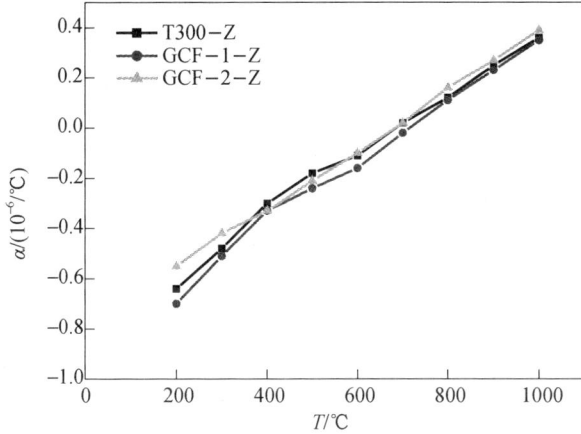

图 7 - 56　碳/碳复合材料的热膨胀系数

不平,粗糙度 Sa 由 0.054mm 增加到了 0.489mm。烧蚀后试样的中间部位略高,而周围略低。

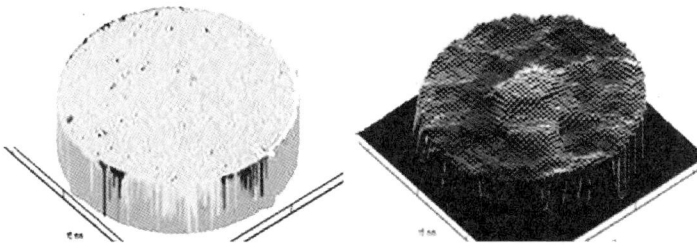

图 7 -57　碳/碳复合材料烧蚀表面三维立体形貌

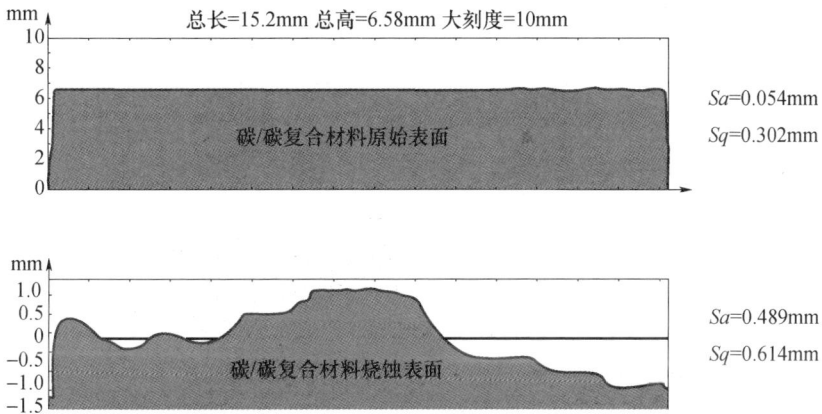

图 7 -58　碳/碳复合材料烧蚀表面及其粗糙度值

图 7-59 给出了烧蚀表面和试样纵切面的烧蚀形貌微观 SEM 照片。可以看出，Z 向纤维束周围出现了由于内部基体碳被烧蚀掉而形成的环形缝隙，而且这种缝隙具有一定的深度。说明 Z 向纤维束与 XY 向纤维束缝隙之间存在的基体碳更易于被优先氧化烧蚀。纤维束内也有基体碳被优先氧化烧蚀，形成了纤维间微缝隙。由于碳纤维束内的基体和碳纤维基本上仍处于同一高度，那么纤维束间基体碳的优先耗损应当是气动热造成的热氧化和缝隙剥蚀作用的结果。

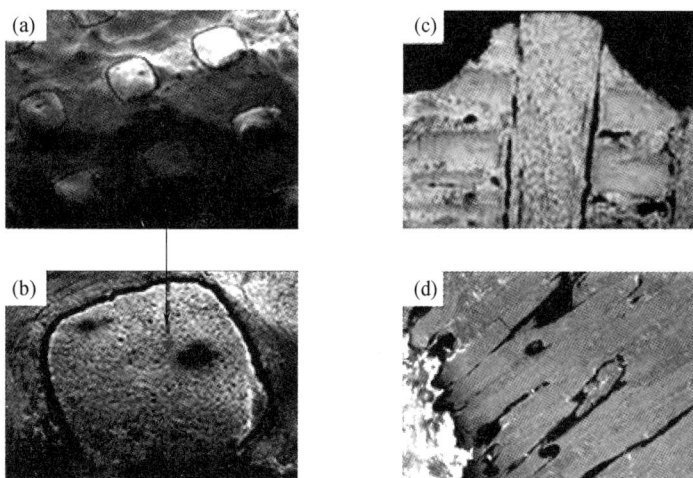

图 7-59　碳/碳复合材料烧蚀表面形貌(左)和纵切面形貌(右)

从图 7-60 和图 7-61 给出的烧蚀表面不同方向(Z 向和 XY 向)的碳纤维形貌可知，高温状态风洞氧化烧蚀后，Z 向纤维未呈现出较低温状态下烧蚀后的"笋尖"特征，说明在高温状态下的强力气流剪切作用下，碳纤维的"笋尖"更易于发生折断。而在较低的状态下烧蚀后，碳/碳复合材料烧蚀表面的 Z 向碳纤维存在大量"笋尖"，如图 7-62 所示。XY 向碳纤维表现出了类似于较低状态烧蚀的碳/酚醛复合材料表面的碳纤维形貌，即碳纤维发生了较严重的微剥蚀，造成了纤维出现大量坑洞，纤维烧蚀后粗细不均。

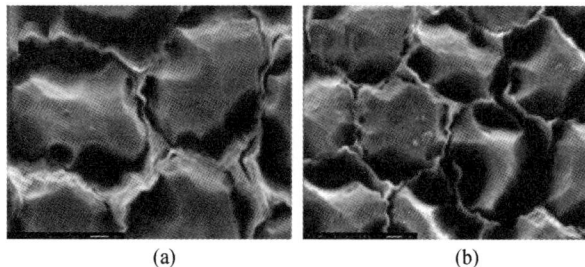

(a)　　　　　　　　　　(b)

图 7-60　高温状态下材料中 Z 向纤维烧蚀形貌

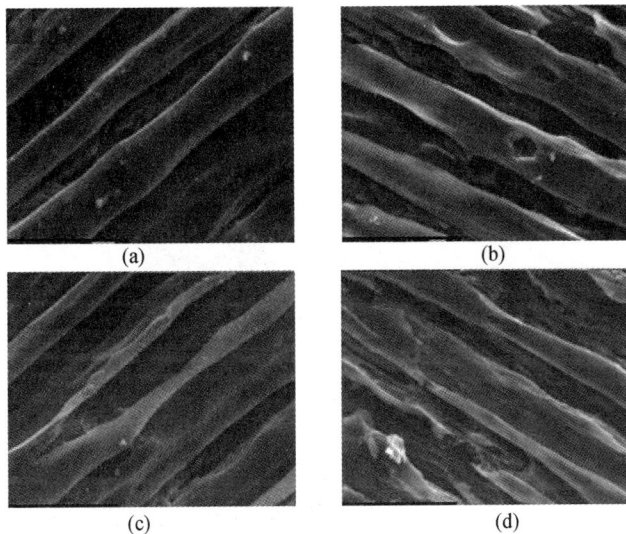

图 7-61　高温状态下碳/碳材料中 XY 向纤维的烧蚀形貌

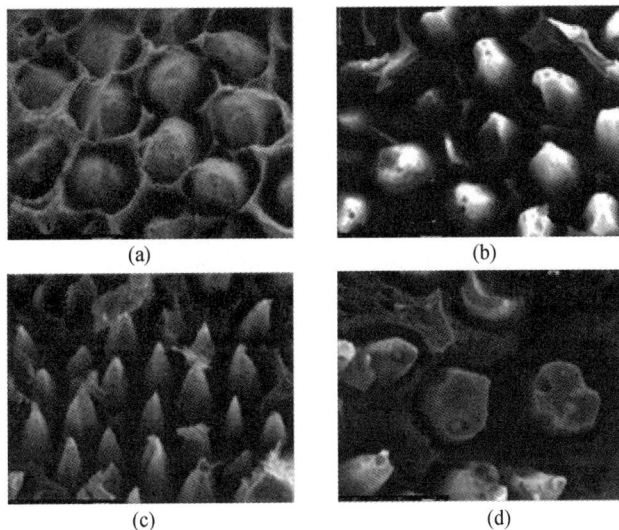

图 7-62　低温状态下烧蚀后碳/碳复合材料中 Z 向纤维的烧蚀形貌

对碳/碳复合材料烧蚀表层的碳纤维进行高分辨透射电镜分析可知,在烧蚀过程的超高温作用下,碳纤维内部的碳层尺寸有了明显增加,并且取向一致性也得到了大大优化,如图 7-63 和图 7-64 所示。但由照片也可以看出,受到氧化烧蚀的影响,Z 向碳纤维顶端氧化烧蚀部分中碳层间的有序堆积受到了干扰,碳纤维中的微晶状态变得不明显起来。而 XY 向碳纤维中仍可以看到大量长大了的碳微晶结构。

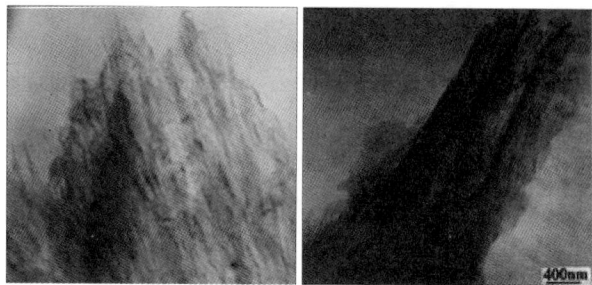

图 7 – 63　烧蚀表面 Z 向碳纤维 TEM 图像

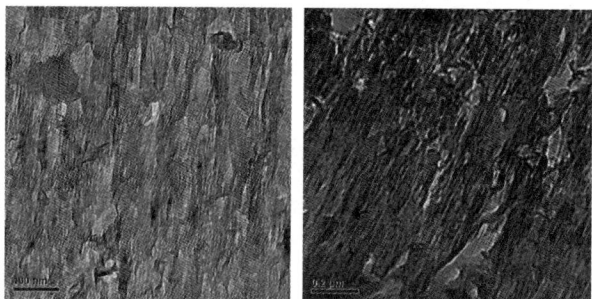

图 7 – 64　烧蚀表面 XY 向碳纤维 TEM 图像

　　碳/碳复合材料烧蚀表面上残留的基体碳表现出了变疏松的趋势,主要为大块团簇基体碳间形成大量孔隙和碳层片间出现大量开裂,如图 7 – 65 所示。这与基体碳烧蚀过程中,石墨化度较差的部分优先氧化烧蚀,而结晶度较好的高石墨化度部分(以大碳层片堆积形成)氧化烧蚀较慢有关:氧化烧蚀后低石墨化度部分基体碳优先被烧蚀后,剩余的高石墨化部分缺少了必要保护,在热应力作用下易于发生层间开裂。在高分辨透射电镜下(图 7 – 66),烧蚀表面的基体碳中可以发现大量的自由分散的形成了卷曲结构的碳晶带,这个特征与碳/酚醛复合材料烧蚀后基体碳的卷曲成孔壁特征类似。说明在超高温的氧化烧蚀作用下,被烧蚀减薄了的碳晶带易于发生卷曲形成类似碳黑的球状结构,与碳层被氧化产生缺陷后更容易通过卷曲降低表面自由能有关。碳/碳复合材料与碳/酚醛复合材料烧蚀表面上卷曲碳晶带形成的固相碳结构的不同主要来源于烧蚀表面上基体中碳富集程度的差异,即碳/酚醛复合材料烧蚀表面上由酚醛树脂热解、碳化形成的基体碳富集程度低,碳晶带间距离较远,在氧化烧蚀后无法形成比较致密的碳球,只能形成空心碳球,亦即多孔的碳质结构。而碳/碳复合材料表面基体碳富集程度很高,即使氧化烧蚀后变疏松,其也能够在较小范围内形成类似碳球结构。但这种结构的致密化程度明显比碳黑的致密度差很多。

　　图 7 – 67 给出了碳/碳复合材料烧蚀内层中碳纤维/基体碳界面区域的透射

电镜照片。可以看出,烧蚀内层中碳纤维微晶尺寸也有明显增加,碳纤维与基体碳之间存在一些孔隙。说明氧化烧蚀行为对烧蚀内层有一定的影响。

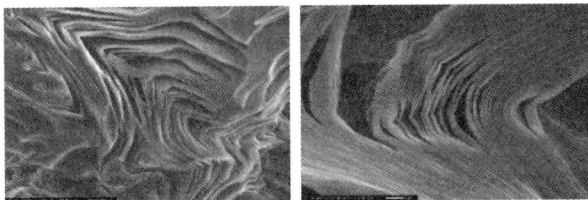

图 7-65　烧蚀表面基体碳的结构特征

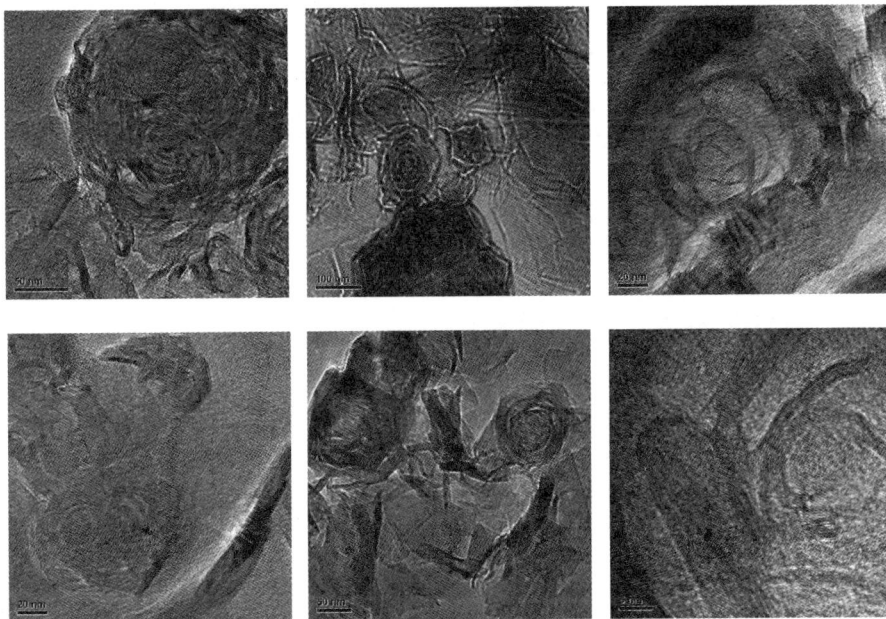

图 7-66　基体碳烧蚀表面新生成球状结构 TEM 图像

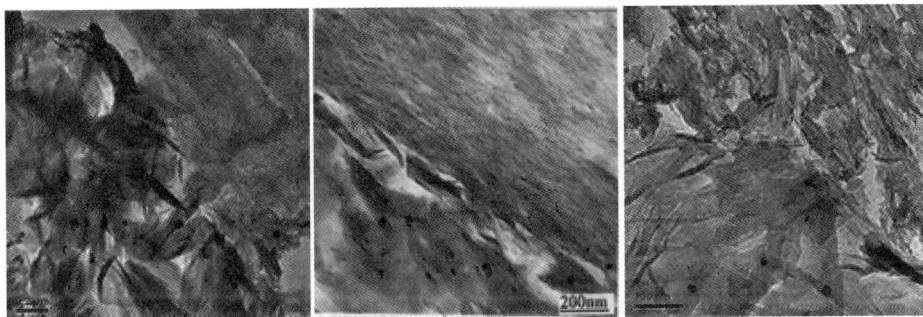

图 7-67　碳/碳复合材料烧蚀内层界面区域 TEM 显微图片

对于存在大量孔隙缺陷的碳纤维形成的碳/碳复合材料,在进行气动加热氧化烧蚀后,其质量损失率明显增加。在烧蚀表面上可以观察到大量由于孔隙造成的烧蚀坑洞,如图7-68所示。氧化烧蚀造成了碳纤维孔洞的增大,致使碳纤维更容易在气动剪切力下折断。因此,用于烧蚀防热复合材料的碳纤维应当控制其内部孔隙的尺寸和数量,对于较大尺寸的孔隙(如超过几十纳米的孔隙)更应当严格控制。

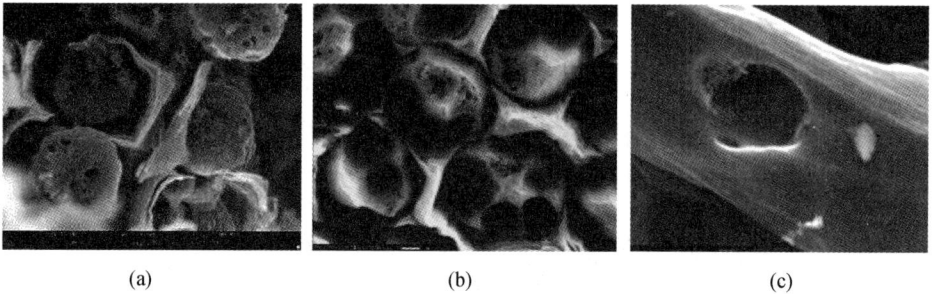

(a)   (b)   (c)

图7-68   存在孔洞缺陷碳纤维形成的碳/碳复合材料烧蚀前后的描电镜照片
(a)原始碳/碳复合材料;(b)烧蚀后 Z 向碳纤维;(c)烧蚀后 XY 向碳纤维。

由上述碳/碳复合材料的烧蚀形貌及分析可知,碳/碳复合材料的烧蚀行为与碳纤维和基体碳的氧化行为、气动剥蚀行为、内部碳纤维的特征等密切相关。由于烧蚀形貌中无法直接观察到超高温下碳纤维和基体碳的升华行为,因此无法直观地判断升华对烧蚀行为的影响。但碳材料的升华行为与其温度和环境压力有关,可以推测,在超高温下服役时,碳/碳复合材料表面的升华很严重。碳纤维和基体碳的氧化行为造成了纤维变细、变尖,而基体碳烧蚀则变得疏松、多孔。气动剥蚀行为造成了碳纤维"笋尖"的折断和横向纤维表面坑洞和烧断现象的出现,同时造成了基体碳(尤其是纤维束间的基体碳)的快速优先损失和束内纤维间基体碳的剥落。碳/碳复合材料中碳纤维的特征(如含有的孔隙情况、本身的力学性能等)也对碳/碳复合材料的烧蚀行为产生影响:高力学性能的碳纤维更利于防止碳纤维的"笋尖"被气动力折断,而碳纤维中存在的孔隙却为其快速氧化烧蚀和纤维折断剥蚀提供了条件。因此,碳/碳复合材料的烧蚀行为是气动加热环境特点和碳/碳复合材料中碳纤维及基体碳的特点所决定的。

7.4.3.3   碳/碳复合材料的烧蚀机理

根据前述的碳/碳复合材料烧蚀行为分析,可以建立如图7-69所示的碳/碳复合材料氧化烧蚀模型。其中 J_m、J_f、J_i 分别表示材料中基体、纤维及界面的摩尔烧蚀率;J 表示参与反应气体扩散通量,C 表示边界层外缘浓度,δ 表示速度边界层厚度。模型中体现了纤维束内 Z 向纤维和 XY 向纤维的烧蚀情况。

为进一步说明 Z 向碳纤维的氧化烧蚀情况,通过模拟计算获得了图7-70

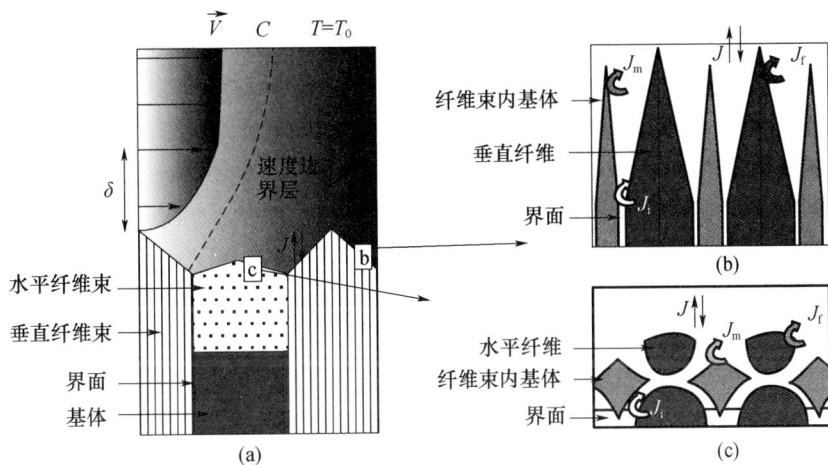

图 7-69　碳/碳复合材料的物理模型简图

所示的烧蚀形貌图。由图可知,在反应动力学控制区,碳纤维以化学氧化为主,烧蚀后碳纤维呈现明显的"笋尖"形态,而且化学氧化越纯粹,则烧蚀后碳纤维的"笋尖"越尖锐。在低状态的气动加热下,易于产生此类形貌(图 7-62)。在扩散控制区,热氧化性气流的流速很快,碳纤维烧蚀后呈现平整表面,尖锐的"笋尖"结构无法存在。在高温状态的气动加热条件下,易于产生此类形貌(图 7-60)。当气动加热环境介于上述两者之间时,将产生混合控制的氧化烧蚀行为,形成的碳纤维烧蚀呈现为介于"笋尖"和平面之间的圆弧锥形貌。

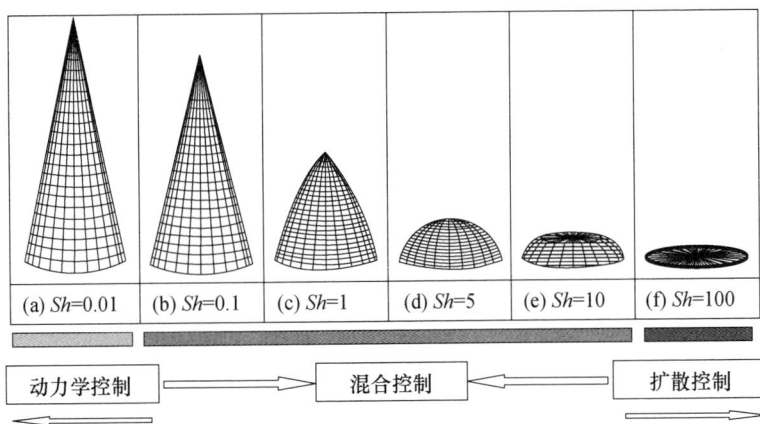

图 7-70　不同类型控制条件下单根垂直纤维稳态烧蚀形貌

经计算可知,在纯反应动力学控制条件下,碳/碳复合材料中正对表面的碳纤维将在不到 0.2s 的时间内即可形成"笋尖"(图 7-71)。这些"笋尖"将会在气动剪切的作用下被折断,而被折断的部位则取决于气动剪切力大小和碳纤维的力学性能。而平行于烧蚀表面的 XY 向碳纤维,将会发生如图 7 - 72 所示的烧蚀过程,即碳纤维和基体碳同时烧蚀,但由于基体碳更容易烧蚀,在表面残留部分碳纤维。随着烧蚀时间的延长,碳/碳复合材料 XY 向碳纤维表面将呈现类似图 7 - 73 所示的锯齿形表面形态变化,其中整束碳纤维烧蚀完成后,将对 XY 向碳纤维束层间的基体碳进行烧蚀,然后开始下一个纤维束烧蚀循环。

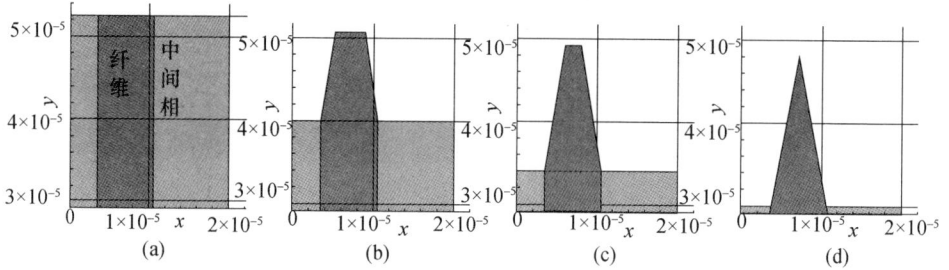

图 7 - 71 Z 向碳纤维细观烧蚀形貌演变过程
(a) 0s;(b) 0.1s;(c) 0.15s;(d) 0.191s。

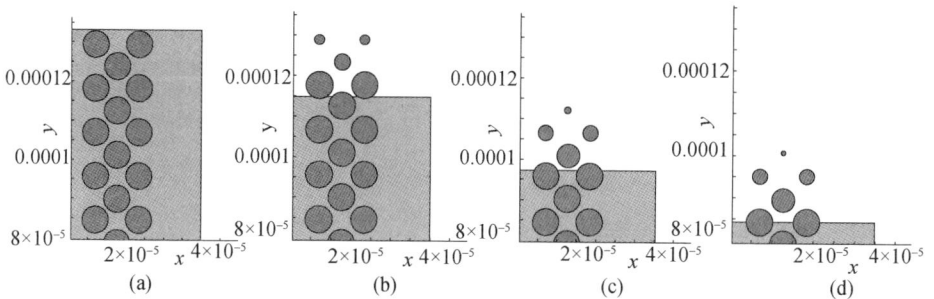

图 7 - 72 平行于烧蚀表面的 XY 向纤维束烧蚀过程
(a)0.0s;(b)0.15s;(c)0.30s;(d)0.40s。

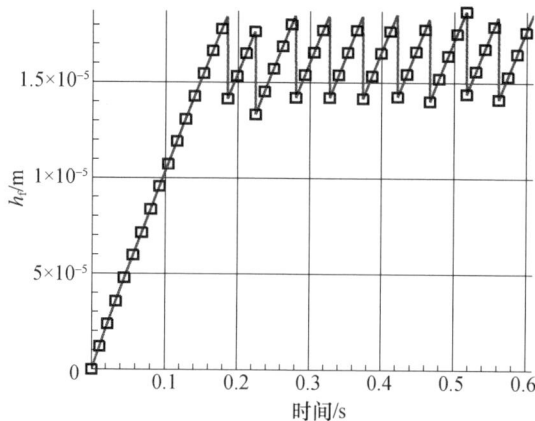

图 7 - 73 平行于烧蚀表面的 XY 向碳纤维区域表面随时间变化曲线

　　碳/碳复合材料的线烧蚀速率与气动热来流压力的关系符合图 7 - 74 所示的曲线,其中纯化学烧蚀与来流压力大小无关,而剥蚀部分却随来流压力的增加而迅速增加。这主要是高来流压力更容易使烧蚀碳纤维的"笋尖"折断和产生氧化凹坑缺陷的碳纤维折断而发生质量损失,也会以更大的剪切力使氧化后与碳纤维结合弱化的基体碳剥蚀加剧。

　　碳/碳复合材料的线烧蚀速率与来流的热流密度符合图 7 - 75 所示的关系,即随着热流密度的增加,不论是化学氧化烧蚀部分还是剥蚀部分都持续增加。其中对于化学烧蚀部分与热流密度呈线性关系,主要是由于热流密度增加后,烧蚀表面温度近乎线性增加,造成碳/碳复合材料烧蚀速率的线性增加。而对于剥蚀部分的影响主要是氧化烧蚀造成的缺陷增加、高温造成的热应力增加、超高温下碳纤维力学性能降低等综合因素的结果。

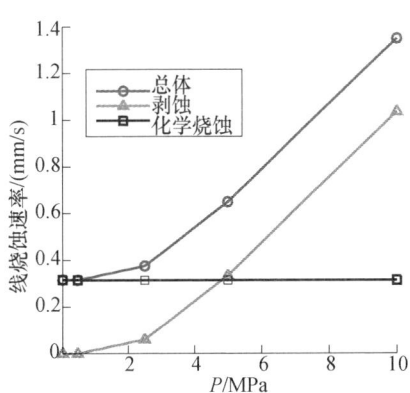

图 7 - 74　碳/碳复合材料线烧蚀
速率随来流压力变化曲线

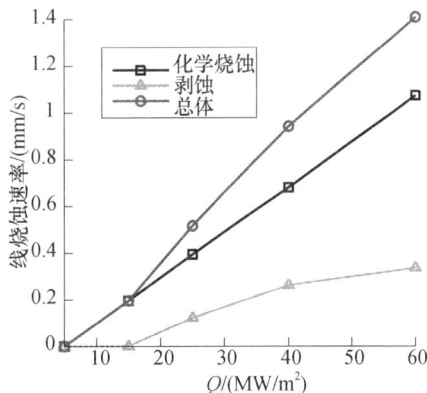

图 7 - 75　碳/碳复合材料烧蚀速率
随热流密度变化曲线

　　正如前面分析的那样,碳/碳复合材料中碳纤维的高力学性能对于抵制气动冲刷造成的剥蚀有利,如图 7 - 76 所示。可以看出,随着碳纤维强度增加,其烧蚀速率快速下降,当碳纤维的强度足够强时,可以完全抵抗气动加热来流的剪切破坏。化学氧化烧蚀部分与碳纤维的强度无关,但正如前述分析的那样,化学氧化烧蚀与碳/碳复合材料中的孔隙特征有关,当存在较多孔隙时,会加大碳纤维和基体碳与氧的接触面积,从而加大氧化速率。

　　另外,碳/碳复合材料的导热性能和比热容对其烧蚀性能也产生影响:材料的导热系数和比热容通常是温度的函数,且导热系数的增加可以加大材料向低温区传热的速度,而比热容的增加可以减少同样热流情况下材料的温升速度,即导热性能和比热容的增加都可以降低材料的烧蚀表面温度。因此,在材料力学性能允许的条件下,设法提高材料的导热系数和热容对材料的高温耐烧蚀性能是有益的。

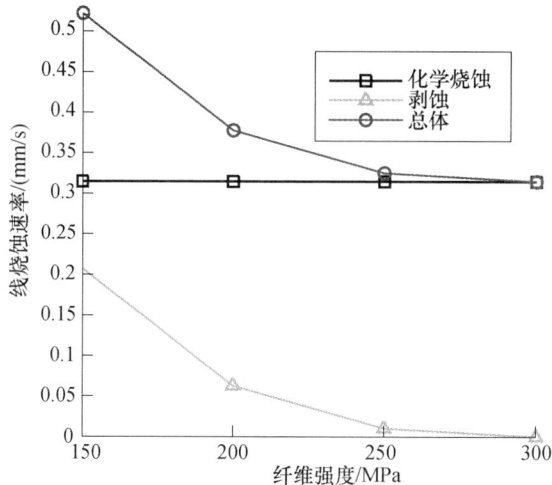

图 7-76 碳/碳复合材料烧蚀速率随纤维强度的变化曲线

　　总之,碳/碳复合材料的烧蚀行为和烧蚀性能与烧蚀气动环境、碳纤维的强度、碳/碳复合材料的致密度、导热性能和比热容等密切相关,是材料和氧化烧蚀条件耦合作用的结果。为获得烧蚀防热性能良好的碳/碳复合材料,应当选择高强度碳纤维,并在碳/碳复合材料制备过程中尽量保持其强度不降低。而且,需要将碳纤维的网络空间尽量填充完整,降低氧化烧蚀的表面。同时,在碳/碳复合材料力学性能允许的条件下,设法提高材料的导热性能和比热容。

参 考 文 献

[1] 卢天豪,陆文晴,童元建. 聚丙烯腈基碳纤维高温石墨化综述[J]. 高科技纤维与应用,2013,03:46-74.

[2] 石晓斌,许正辉,沈曾民. 不同处理温度对聚丙烯腈基碳纤维力学性能影响规律的研究[J]. 宇航材料工艺,2001,03:29-32.

[3] Trinquecoste M,Carlier J L,Derre A,et al. High temperature thermal and mechanical properties of high tensile carbon single filaments[J]. Carbon 1996,34(7):923-929.

[4] Song Wang,Chen Zhao-hui,Ma Wu-jun,et al. Influence of heat treatment on physical-chemical properties of PAN-based Carbon fiber[J]. Ceramics International,2006,32(3):291-295.

[5] Kowbel W,Hippo E,Murdie N. Influence of graphitization environment of Pan based Carbon fibers on microstructure[J]. Carbon,1989,27(2):219-226.

[6] 刘福杰,范立东,王浩静,等. 用RAMAN光谱研究碳纤维皮芯结构随热处理温度的演变规律[J]. 光谱学与光谱分析,2008,28(8):1819-1822.

[7] 韩赞,张学军,田艳红,等. 石墨化温度对PAN基高模量碳纤维微观结构的影响[J]. 化工进展,2011,30(8):1805-1808.

[8] 刘钟铃,靳玉伟,徐樑华,等. 热处理温度对PAN基碳纤维微观结构的影响[J]. 合成纤维工业,

2010,33(3):1-4.

[9] Fu H, Ma C, Kuang N, et al. Interfacial properties modification of carbon fiber/ polyarylacetylene composites [J]. Chin J Aeronaut,2007,20(2):12.

[10] 杨景锋,王齐华,杨丽君,等. 纤维增强聚合物基复合材料的界面性能[J]. 高分子材料科学与工程,2005,21(3):6-10.

[11] 彭公秋,杨进军,曹正华,等. 碳纤维增强树脂基复合材料的界面[J]. 材料导报,2011,07:1-4.

[12] 闫联生,陈增解. 表面氧化处理对提高碳/酚醛材料性能的影响[J]. 固体火箭技术,1999,22(3):50-54.

[13] 薛宁娟,李飞,郝志彪,等. 表面处理对碳/酚醛材料层间性能影响的研究[J]. 纤维复合材料,2003,3:12-14.

[14] 石峰晖,代志双,张宝艳. 碳纤维表面性质分析及其对复合材料界面性能的影响[J]. 航空材料学报,2010,30(3):43-47.

[15] Dhakate S R, Bahl O P. Effect of carbon fiber surface functional groups on the mechanical properties of carbon-carbon composites with HTT[J]. Carbon,2003,41(6):1193-1203.

[16] 孟松鹤,阚晋,许承海,等. 微结构对碳/碳复合材料界面性能的影响[J]. 复合材料学报,2010,27(1):129-132.

[17] 白侠,唐辉,肖春,等. 碳纤维特性对C/C复合材料界面性能的影响[J]. 宇航材料工艺,2014,03:48-50.

[18] Gerhard Emig, Nadja Popovska, Dan D Edie,et al. Surface free energy of carbon fibers with circula and non-circular cross cections coated with silicon carbide[J]. Carbon, 1995, 33(6):779-782.

[19] 冯志海,樊桢,孔清,等. 高导热碳/碳复合材料的制备[J]. 上海大学学报(自然科学版),2014,20(1):51-58.

[20] Lee K J, Chen Z Y. Microstructure study of PAN-pitch-based carbon-carbon composite[J]. Materials Chemistry and Physics, 2003, 82:428-434.

[21] 匡松连,蔡建强,尚龙,等.碳纤维表面特性对防热材料烧蚀性能影响的研究[J].宇航材料工艺,2004(3):18-21.

[22] 蔡巧言,陆海波,陈伟芳. 碳酚醛材料烧蚀特性分析与工程计算[J]. 导弹与航天运载技术,2008,297(5):46-48.

[23] Cho D, Ha HS, Lim YS, et al. Microstructural evidence for the thermal oxidation protection of carbon/phenolic towpregs and composites[J]. Carbon,1996,34(7):861-868.

[24] Trick K A, Saliba T E, Sandhu S S. A kinetic model of the pyrolysis of phenolic resin in a carbon/phenolic composite[J]. Carbon,1997,35(3):393-401.

[25] Trick K A, Saliba T E. Mechanisms of the pyrolysis of phenolic resin in a carbon/phenolic composite[J]. Carbon,1995,33(11):1509-1515.

[26] 薛宁娟,李飞,郝志彪,等. 表面处理对碳/酚醛材料层间性能影响的研究[J]. 纤维复合材料,2003,3:12-14.

[27] 姚承照,胡宝刚,冯志海,等. 三维整体编织碳/酚醛复合材料烧蚀表面状态测试与分析[J]. 宇航材料工艺,2001,6:72-76.

[28] Sutton Kenneth. An Experimental Study of a Carbon-Phenolic Ablation Material[R]. ADA309608, 1970. 9.

[29] Jenkins G M, Kawamura K. Polymeric Carbons. Cambridge[M]. Cambridge University Press,1976.

[30] Christopher L Burket, Ramakrishnan Rajagopalan, Henry C Foley. Synthesis of nanoporous carbon with Pre-graphitic domains[J]. Carbon, 2007, 45(11)2307-2310.

[31] 刘建军,李铁虎,郝志彪. 喉衬热环境与碳/碳复合材料的烧蚀[J]. 宇航材料工艺,2005,1:42 - 48.

[32] 孙银洁,李秀涛,胡胜泊,等. 多向编织碳/碳复合材料喉衬烧蚀细/微观结构的表征与分析[J]. 复合材料学报,2013,S1:283 - 288.

[33] Vignoles G L,Lachaud J,Aspa Y,et al. Ablation of carbon – based materials:multiscale roughness modelling[J]. Composites science and technology,2009,69(9):1470 - 1477.

[34] 黄海明,杜善义,吴林志,等. C/C复合材料烧蚀性能分析[J]. 复合材料学报,2001,18(3):76 - 80.

[35] Farhan S,Li Kezhi,Gou Lingjun,et al. Effect of density and fibre orientation on the ablation behaviour of carbon – carbon on composites[J]. New Carbon Materials,2010,25(3):161 - 167.

[36] 韩杰才,张杰,杜善义. 细编穿刺碳/碳复合材料超高温氧化机理研究[J]. 航空学报,1996,17(5):577 - 581.

[37] Shameel Farhan,Rumin Wang,Kezhi Li,et al. Sublimationand oxidation zone ablation behavior of carbon/carbon composites[J]. Ceramics International,2015,41(10):13751 - 13758.

[38] Yin Tiantian,Zhang Zhongwei,Li Xiaofeng,et al. Modeling ablative behavior and thermal response of carbon/ carbon composites[J]. Computational Materials Science,2014,95:35 - 40.

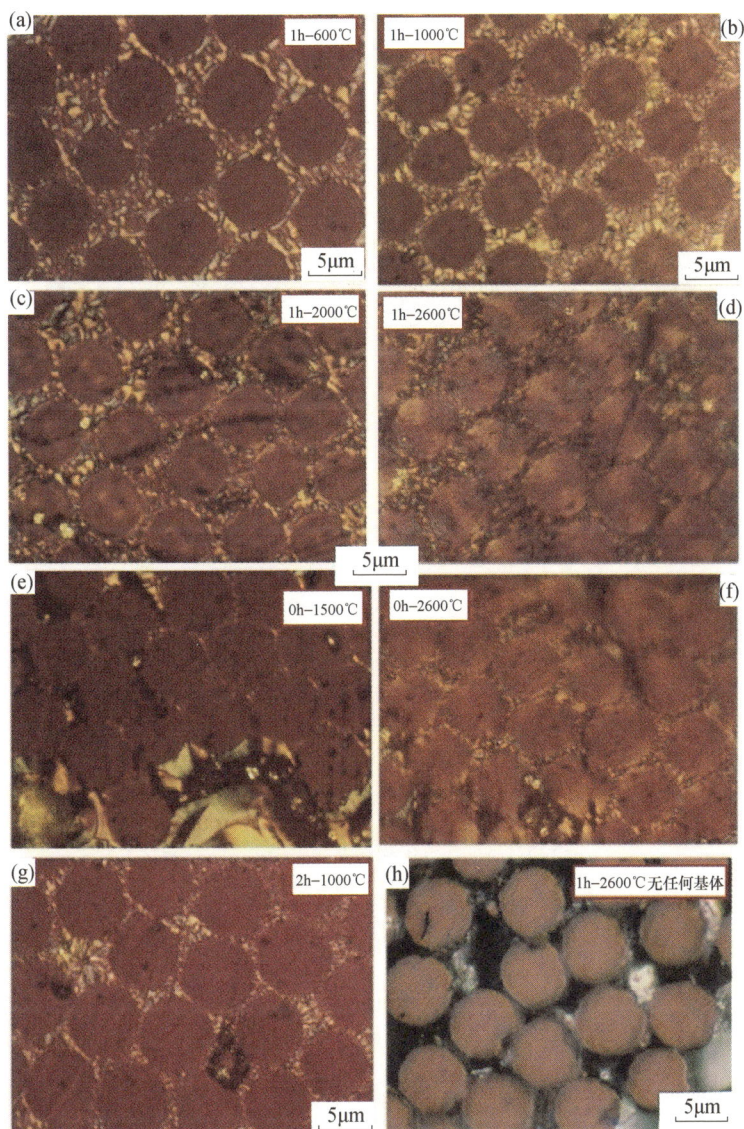

图 1-3　碳/酚醛复合材料中不同表面特征碳纤维的高温演变

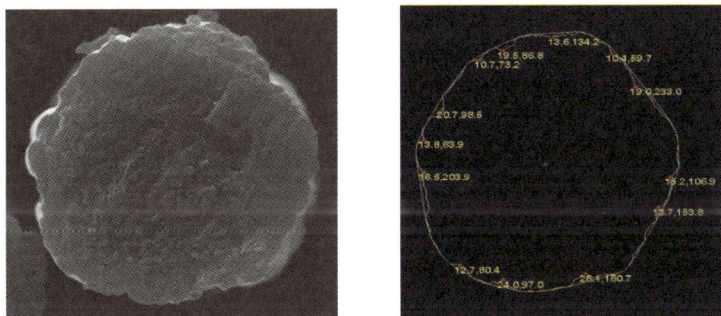

图 2-4　典型 T300 碳纤维边缘沟槽处理结果图

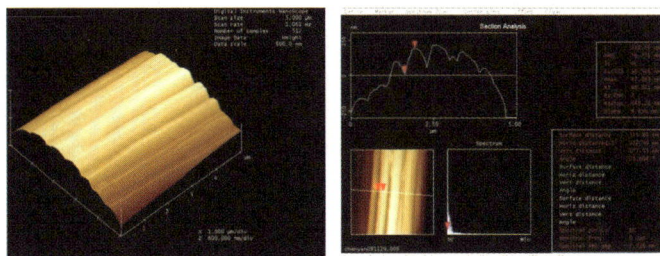

图 2-7　碳纤维表面沟槽在 AFM 下显示的三维图像和沟槽特征

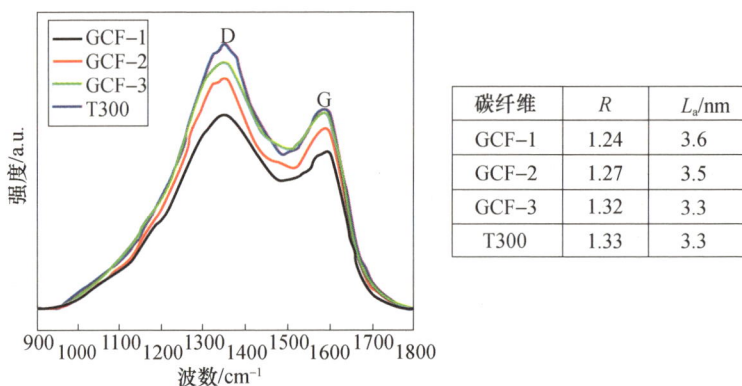

碳纤维	R	L_a/nm
GCF-1	1.24	3.6
GCF-2	1.27	3.5
GCF-3	1.32	3.3
T300	1.33	3.3

图 2-9　碳纤维的拉曼光谱图和表面微结构参数

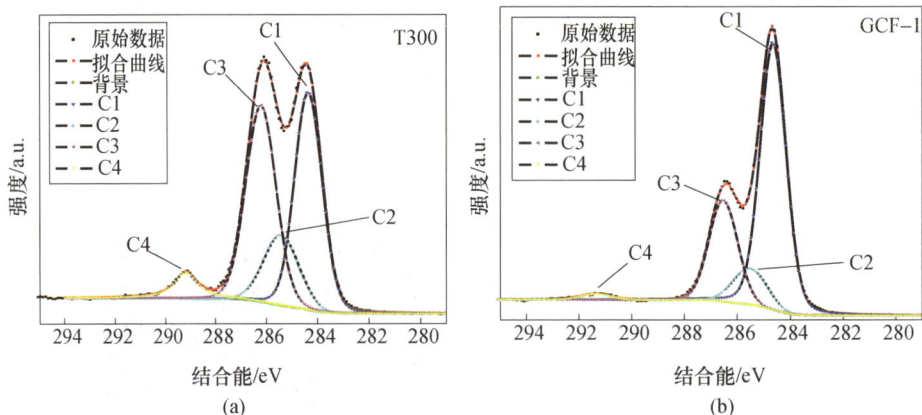

(a)　　　　　　　　　　　　　　　(b)

图 2-11　不同碳纤维样品 XPS 谱图的 C1s 峰分峰结果

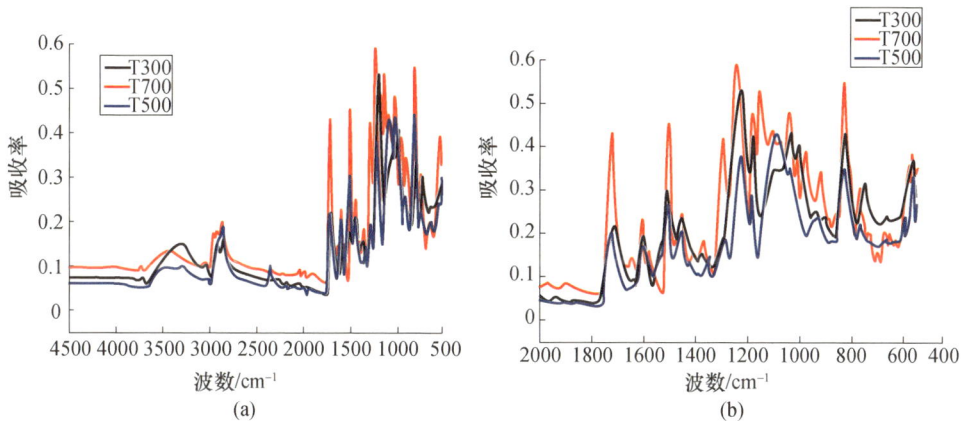

图 2 - 13　碳纤维上浆剂的红外光谱图

（a）红外光谱图；（b）红外光谱指纹区放大图。

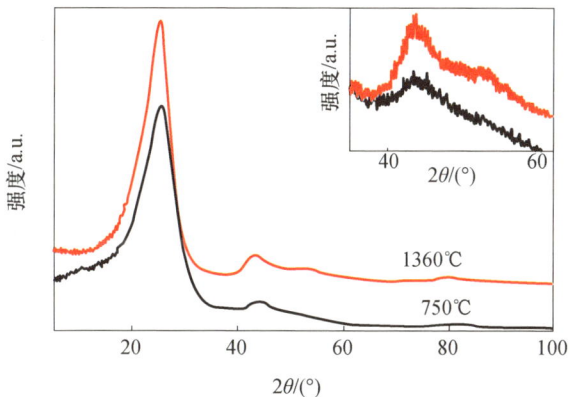

图 2 - 15　低温碳化和高温碳化纤维的 XRD 谱图

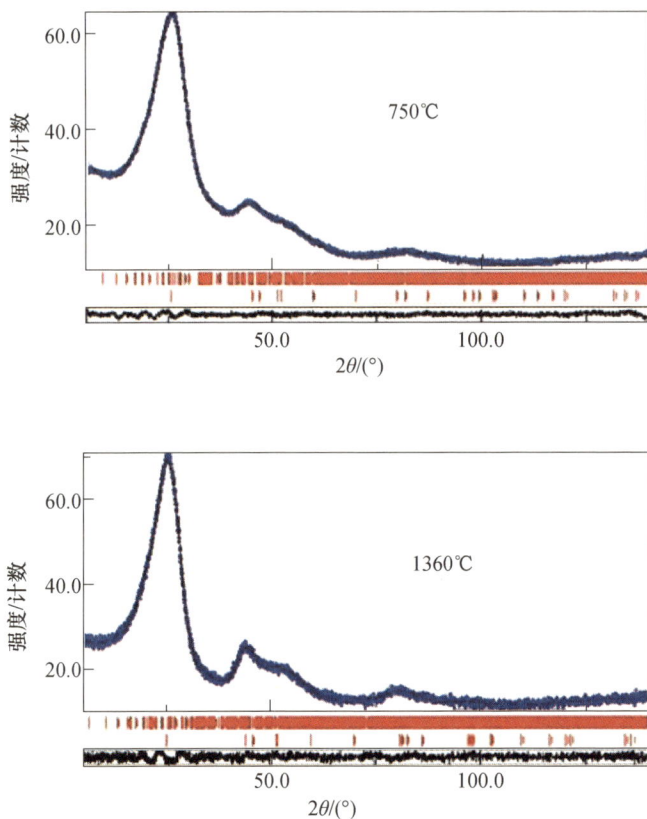

图 2-16　全谱拟合碳纤维的 X 射线衍射谱图

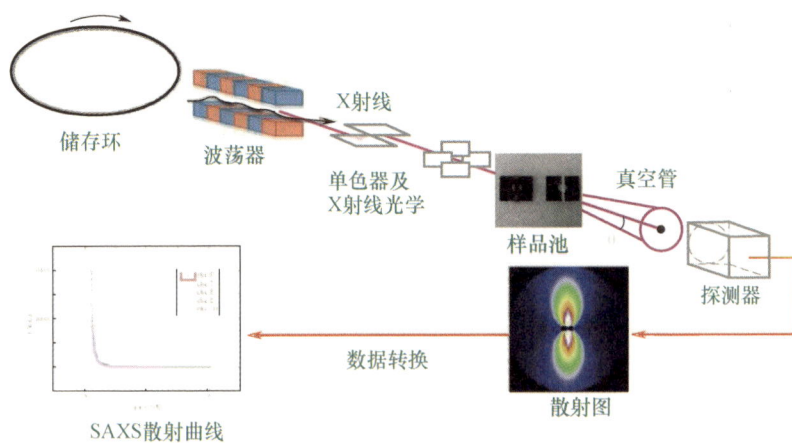

图 2-17　同步辐射小角 X 射线散射装置简图

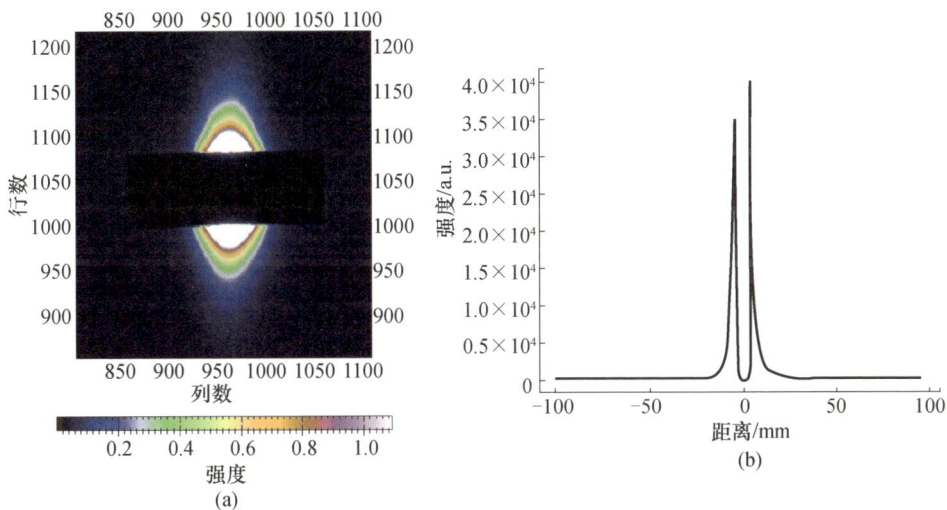

图 2-18 碳纤维的小角 X 射线散射结果

(a)散射图样;(b)由 Fit2d 得到的一维小角散射数据。

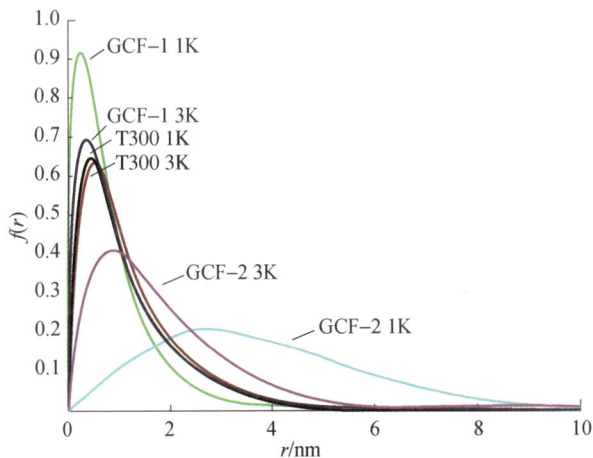

图 2-23 由麦克斯韦函数法得到的几种
碳纤维的孔隙断面尺寸分布图

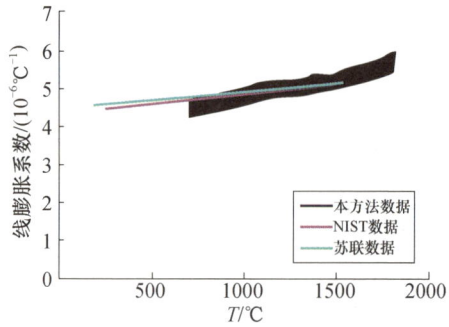

图 2 - 45　钨丝 650~1800℃ 线膨胀
系数验证性测试结果

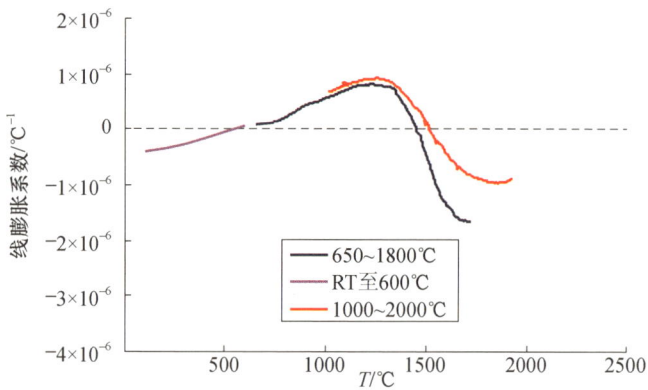

图 2 - 46　碳纤维不同温度线膨胀系数测试结果

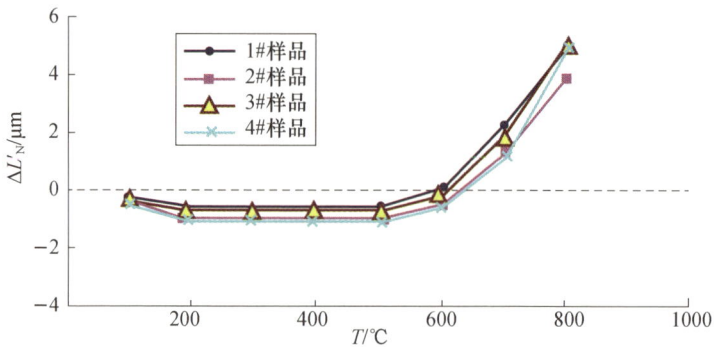

图 2 - 52　空白试验测试结果

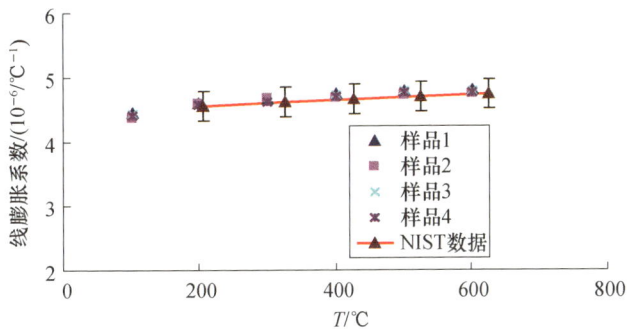

图 2 - 53   钨丝室温至 600℃ 线膨胀系数对比测试结果

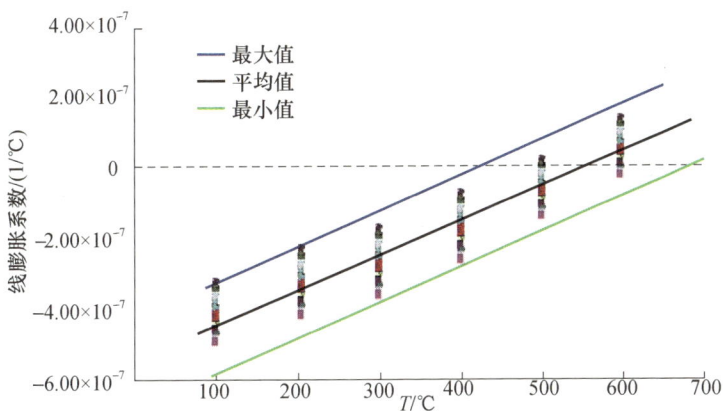

图 2 - 54   不同批次 GCF - 1 - 3K 碳纤维测试结果

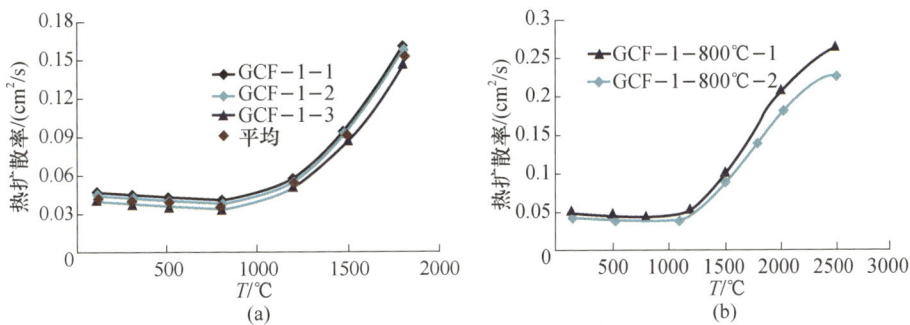

图 2 - 64   GCF - 1 原始碳纤维和经过 800℃ 热
处理的碳纤维热扩散率测试结果

(a) 原始碳纤维；(b) 800℃ 热处理碳纤维。

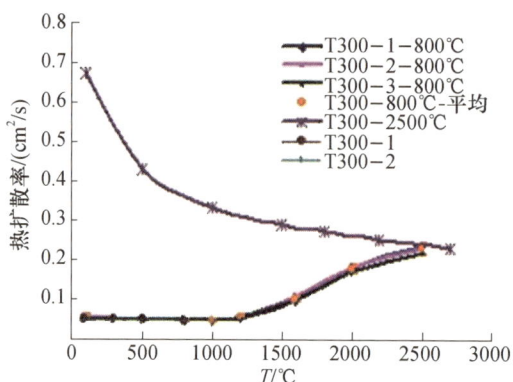

图 2-65 T300 碳纤维及其 800℃、2500℃
热处理碳纤维的热扩散率测试结果

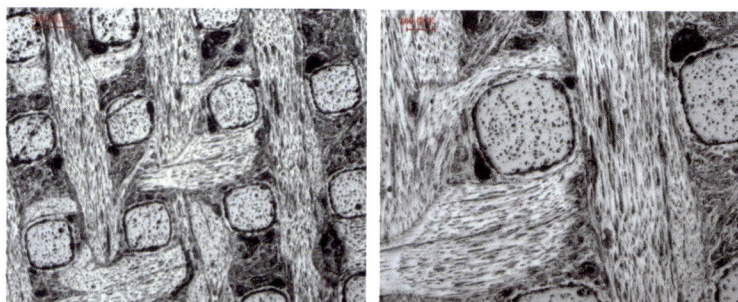

图 2-75 光学显微镜下三向碳/碳复合材料样品的显微照片

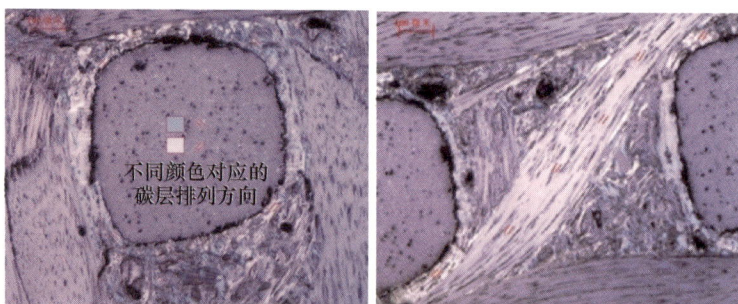

图 2-76 偏振光显微镜(加补偿片)下纤维束周围基体碳的取向特征

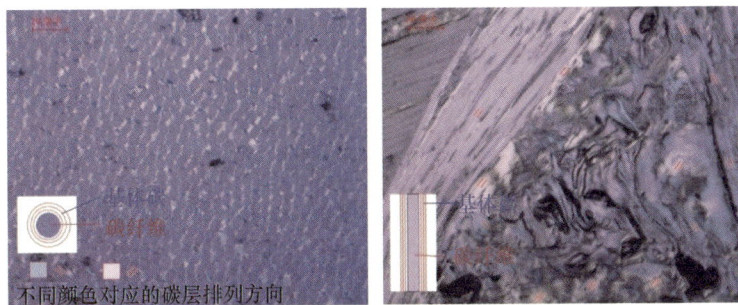

图 2-77　偏振光显微镜(加补偿片)下束内纤维
对基体碳的诱导取向作用

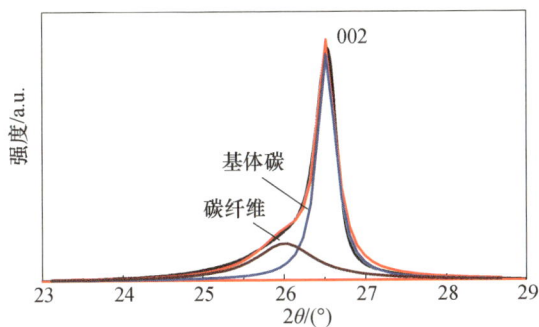

图 2-80　经分峰处理获得的碳纤维
和基体碳的 002 衍射峰

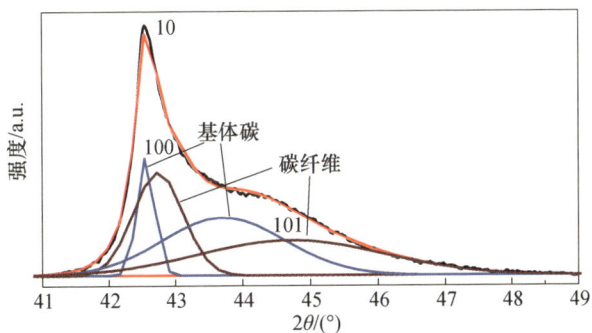

图 2-81　经分峰处理获得的碳纤维和
基体碳的 100 和 101 衍射峰

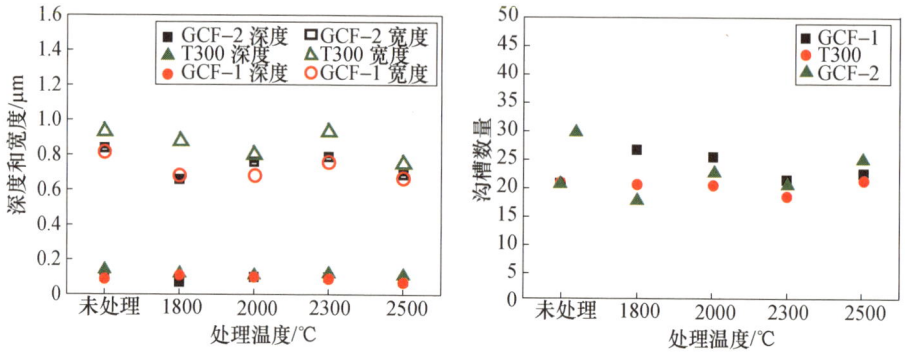

图 4-2　T300、GCF-1 与 GCF-2 碳纤维表面
沟槽深度、宽度及沟槽数量对比

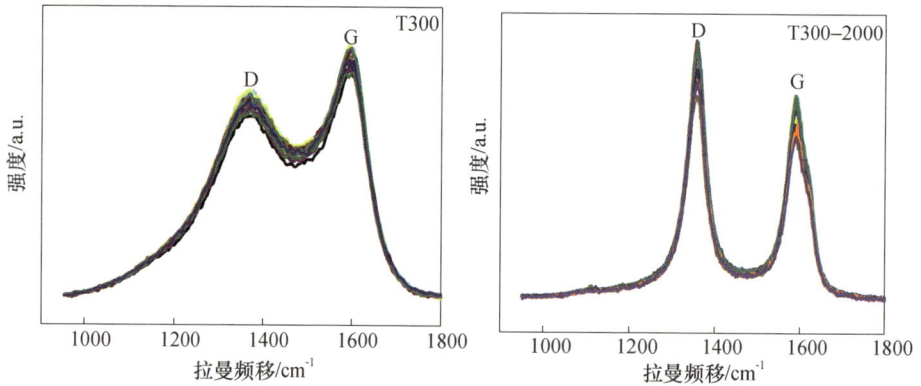

图 4-3　T300 碳纤维拉曼光谱图

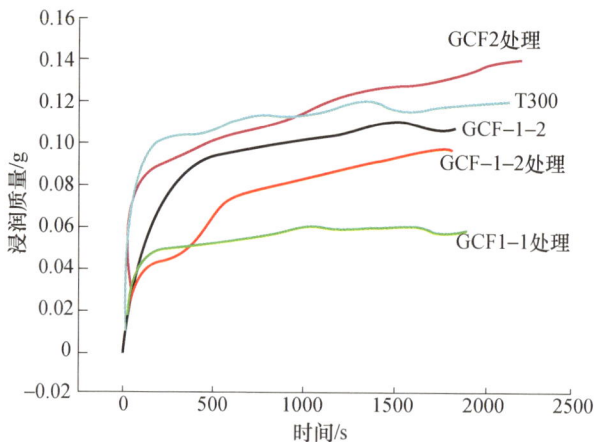

图 4-5　不同碳纤维对酚醛树脂的浸润

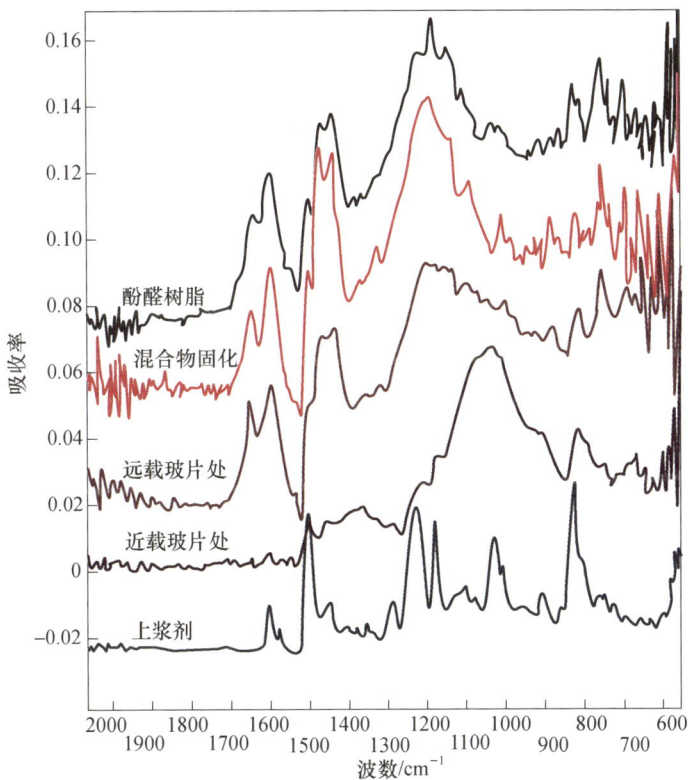

图 4-6　不同样品及其不同部位的红外光谱图

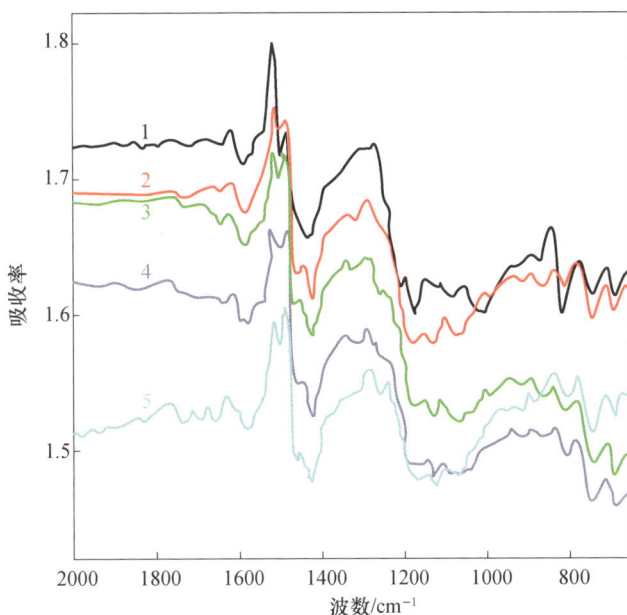

图 4-7　显微红外光谱分析结果

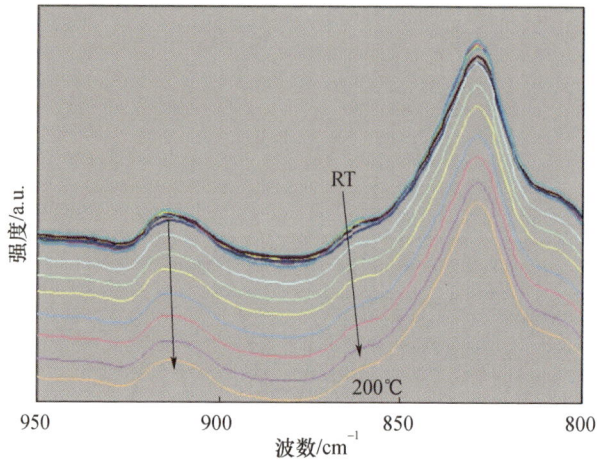

图 4-8 纯上浆剂的变温红外谱图

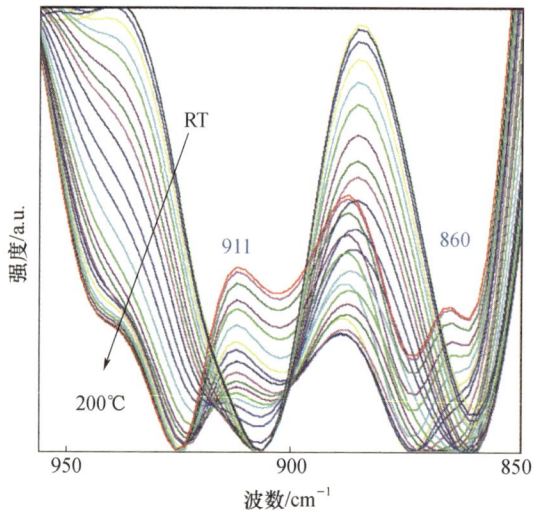

图 4-9 上浆剂与酚醛树脂混合物的变温红外图谱

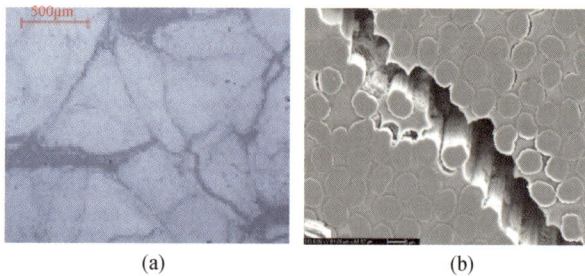

图 4-11 碳/酚醛复合材料的界面特征

(a)光学显微镜照片;(b)SEM 显微照片。

表4-8 不同表面碳纤维模型复合材料中纤维界面特征和基体碳结构特征

碳纤维	宏观形貌	微观形貌	基体碳结构
OC - T300 - C/C			环状同心圆
CC - T300 - C/C			环状同心圆
RC - T300 - C/C			环状同心圆
OC - GCF - 1 - C/C			非环状同心圆
CC - GCF - 1 - C/C			环状同心圆
RC - GCF - 1 - C/C			非环状同心圆

表 4 – 12　1800℃热处理后不同表面特征碳纤维形成的碳/碳界面结构特征

	T300 – C/C – 1800℃	GCF – 1 – C/C – 1800℃
OC	同心圆结构	同心圆结构
CC	同心圆结构	同心圆结构
RC	同心圆结构	非同心圆结构区　同心圆结构区

表 4 – 13　碳/碳复合材料成型过程中的界面特征演变

工序	偏振光显微图片	
第一次致密化（高温热处理后）	200μm　Z向纤维束　纤维束界面尚未形成　X向纤维束　Y向纤维束	200μm　束内纤维界面大部分形成，但存在较多孔隙
第二次致密化（高温热处理后）	200μm　高温处理后界面产生较大裂纹和孔隙	50μm　束界面裂纹

工序	偏振光显微图片	
第四次致密化 （碳化后）	 多次低压浸渍/碳化后在孔隙较小的纤维束边缘形成了纤维束/基体碳界面特征	 碳化后沥青成碳收缩仍造成了微裂纹和孔隙的产生
第五次致密化 （碳化后）	 多次反复的低压浸渍/碳化后，大孔隙内仍不能填充基体碳	 小孔隙处的纤维束界面基本形成；纤维束内仍存在较多孔隙
第五次致密化 （高温处理后）	 高温处理造成了界面裂纹种孔隙的增大	
第一次高压致密化 （未高温处理）	 高压致密化在束间实现有效填充	 纤维束界面孔隙得到了有效填充

工序	偏振光显微图片	
第三次高压致密化（高温处理后）	高温处理造成了界面裂纹和孔隙形成	束间基体碳更易于和XY向碳纤维结合紧密，而与Z向纤维形成裂纹
第四次高压致密化（高温处理后）	多次高压浸渍／碳化、高温处理完善了界面特征的形成	最终碳／碳材料界面仍存在大量裂纹和较多孔隙

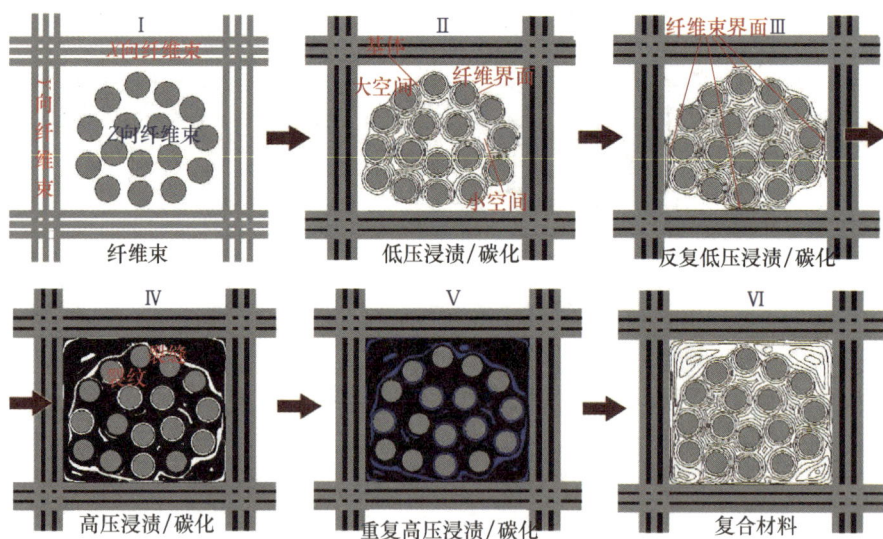

图 4-26　碳／碳复合材料中纤维束界面形成模型的示意图

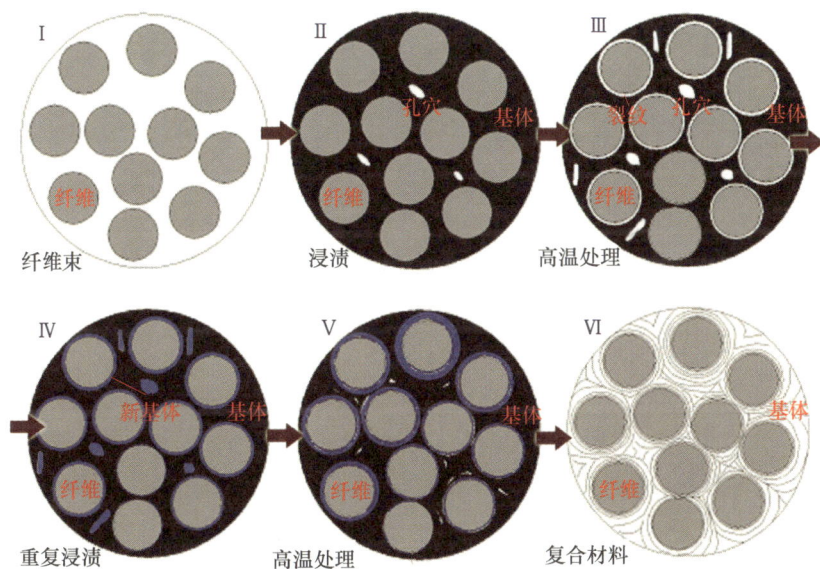

图 4-27　碳/碳复合材料中束内纤维界面形成模型的示意图

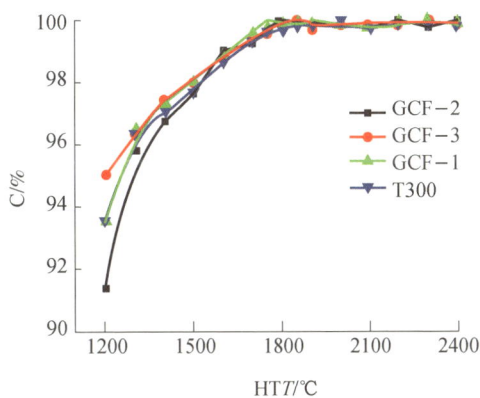

图 5-1　碳纤维中碳元素含量与
热处理温度关系图

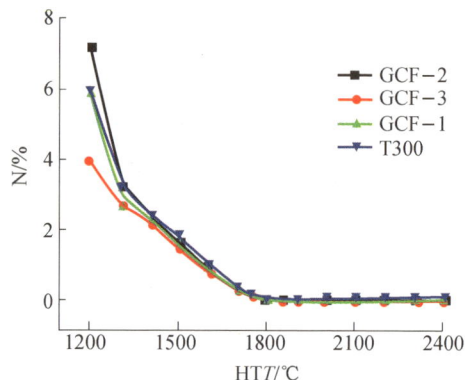

图 5 - 3　碳纤维氮元素含量与热处理温度关系图

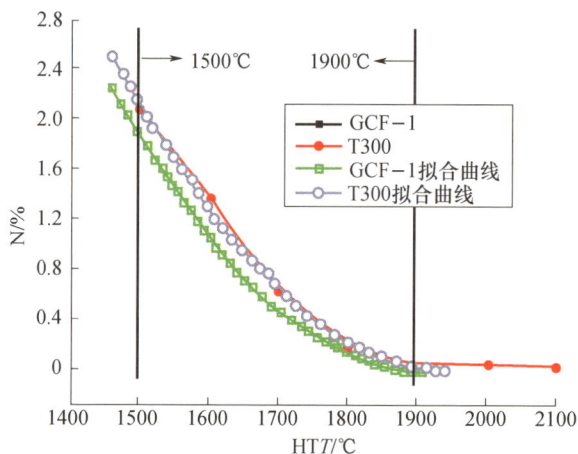

图 5 - 4　氮含量与热处理温度关系拟合曲线

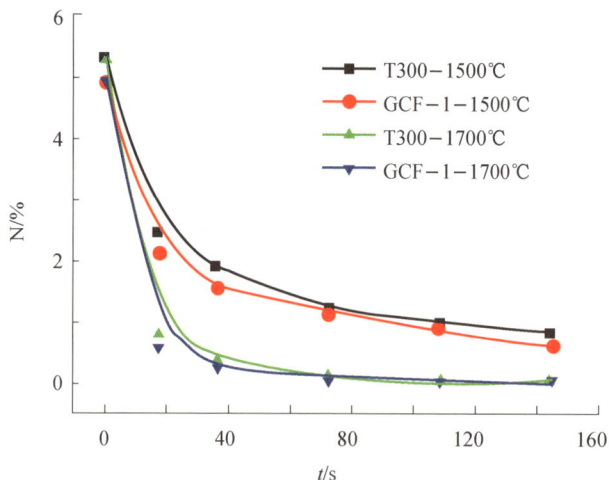

图 5 - 6　GCF - 1 碳纤维和 T300 碳纤维的
氮元素含量与热处理时间 t 关系

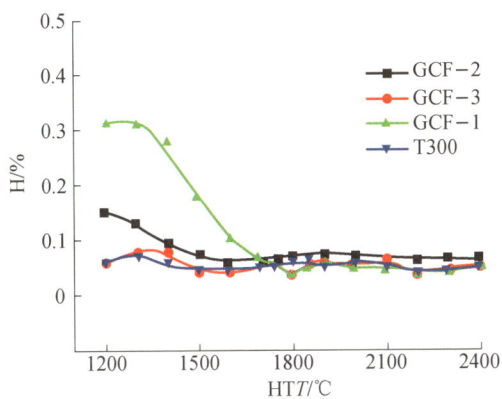

图 5-8 碳纤维氢元素含量与热处理温度关系图

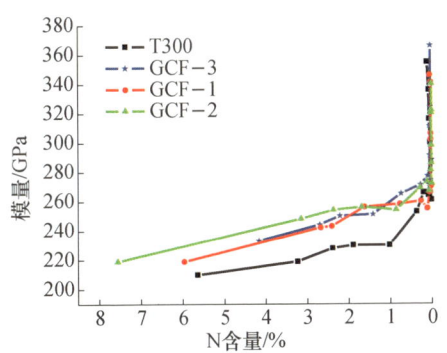

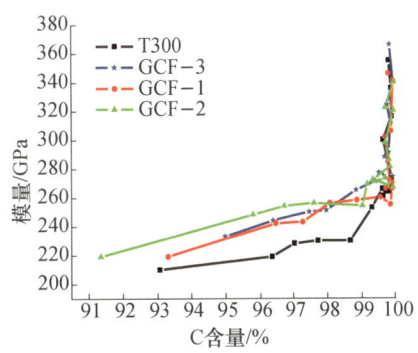

图 5-11 碳纤维 N、C 含量与纤维模量的关系

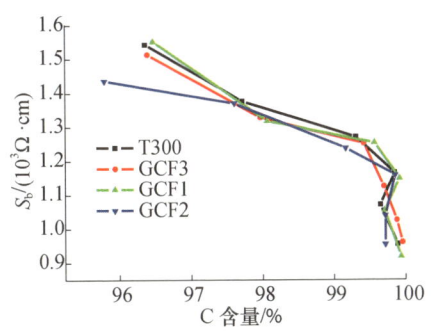

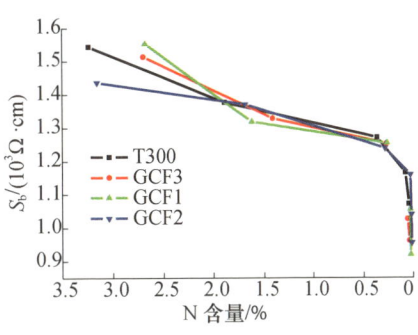

图 5-12 碳纤维 C、N 含量与纤维电阻率 S_b 的关系

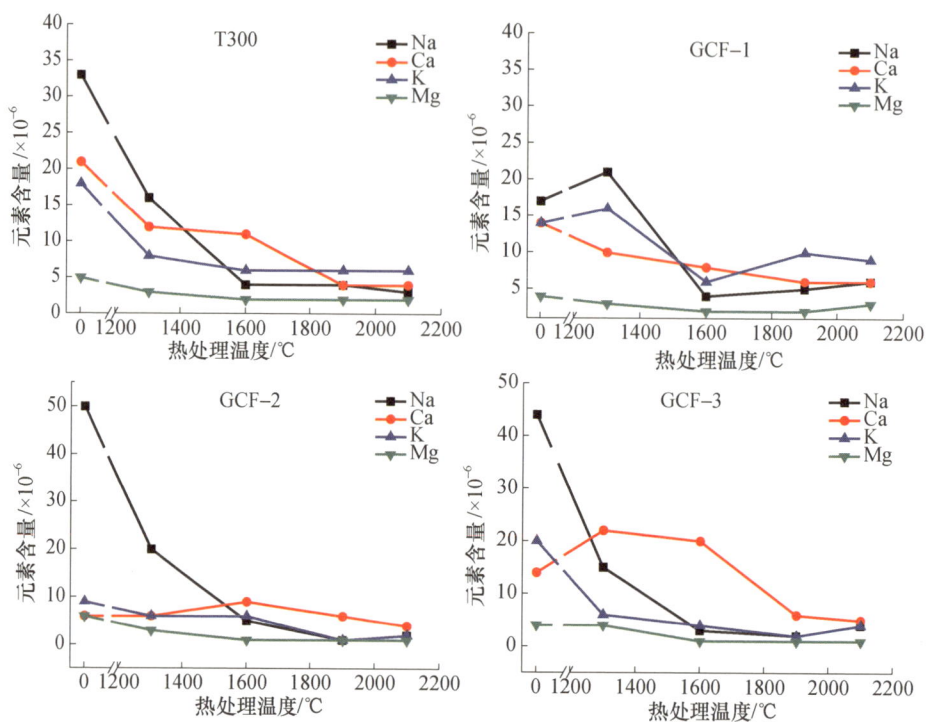

图 5-13　碳纤维中金属杂质随热处理温度的变化情况

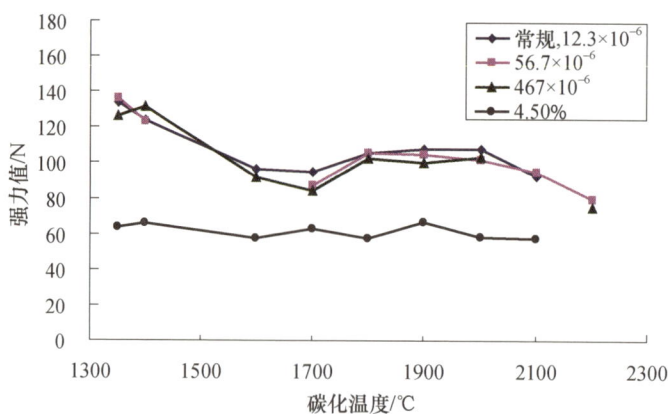

图 5-18　金属离子 Fe 对碳纤维力学性能的影响

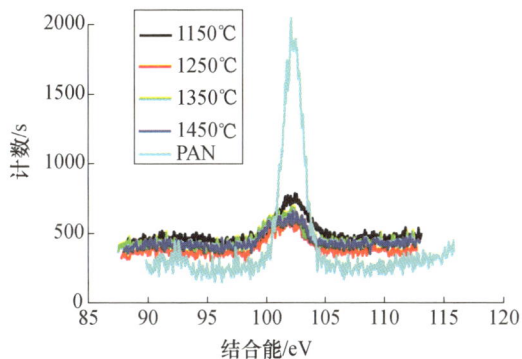

图 5 - 22　不同处理温度下的硅元素 XPS 谱图

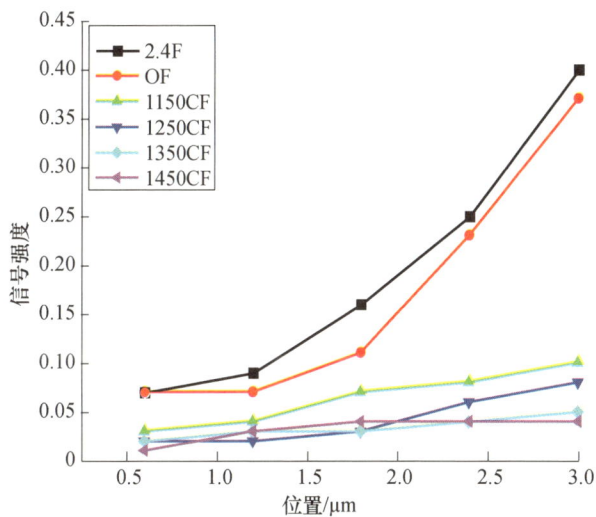

图 5 - 24　纤维截面硅元素微区分布

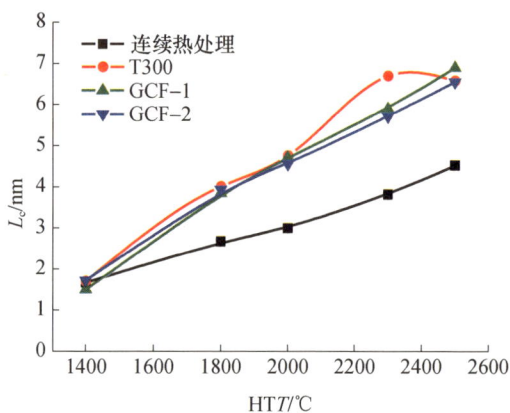

图 6 - 4　各种碳纤维经高温热处理后微晶厚度的变化

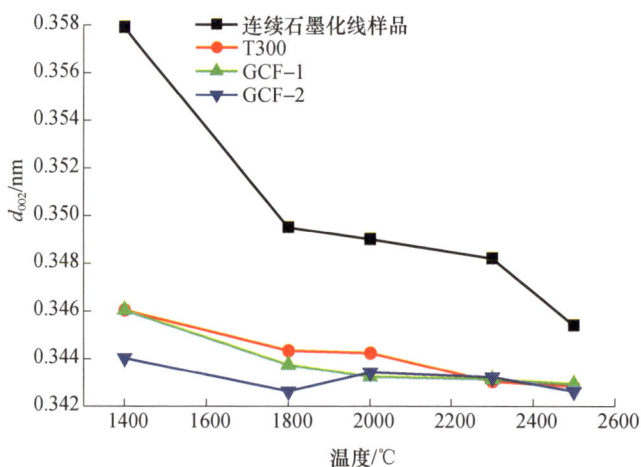

图 6 - 5　碳纤维经不同方式高温热处理后碳层间距 d_{002} 的变化

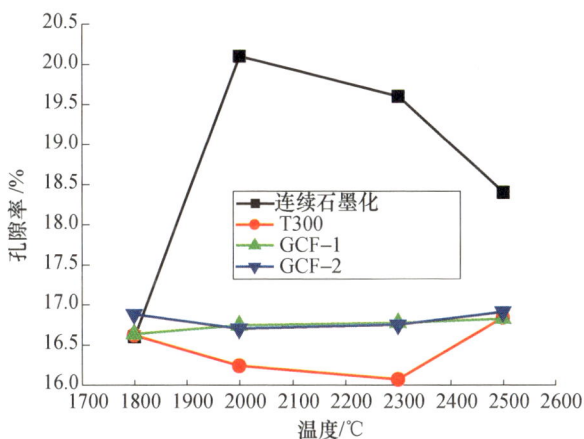

图 6 - 6　碳纤维在高温热处理过程中孔隙率的变化

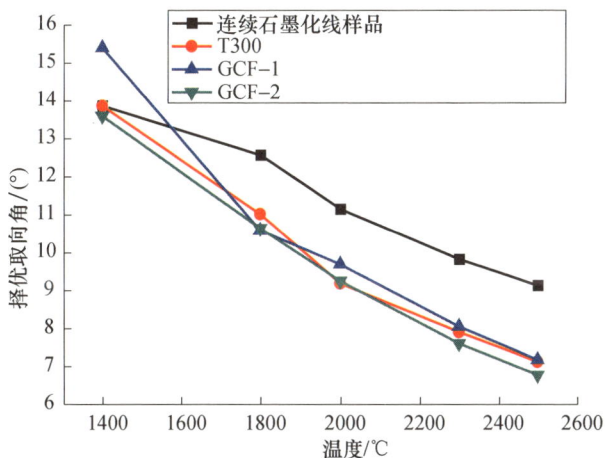

图 6 - 8　碳纤维在高温热处理过程中择优取向角的变化

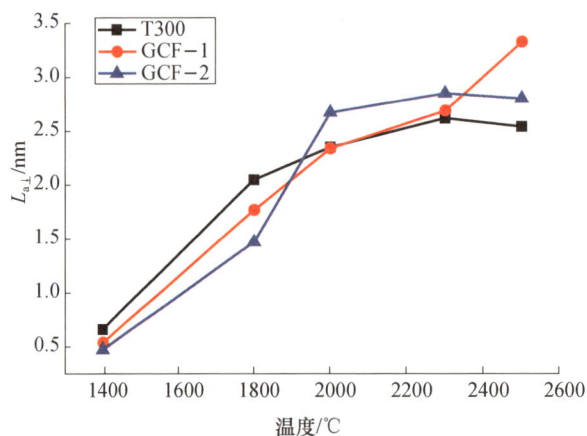

图 6-9 垂直于纤维轴方向的碳微晶尺寸($L_{a\perp}$)随热处理温度的变化

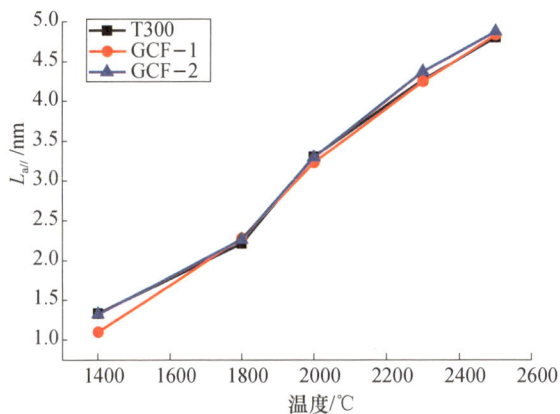

图 6-10 平行于纤维轴方向的碳微晶尺寸($L_{a//}$)随热处理温度的变化取向

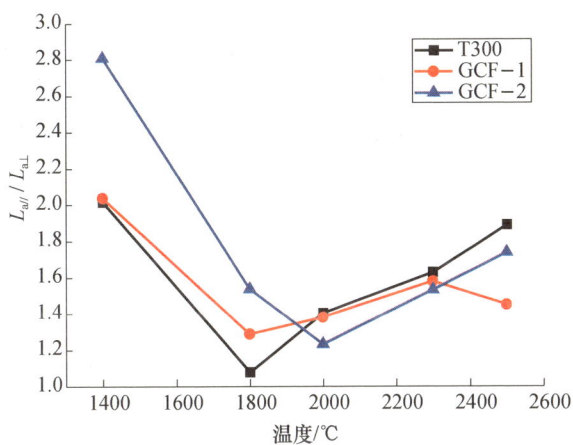

图 6-11　碳纤维微晶形状参数 $L_{a//}/L_{a\perp}$ 随热处理温度的变化

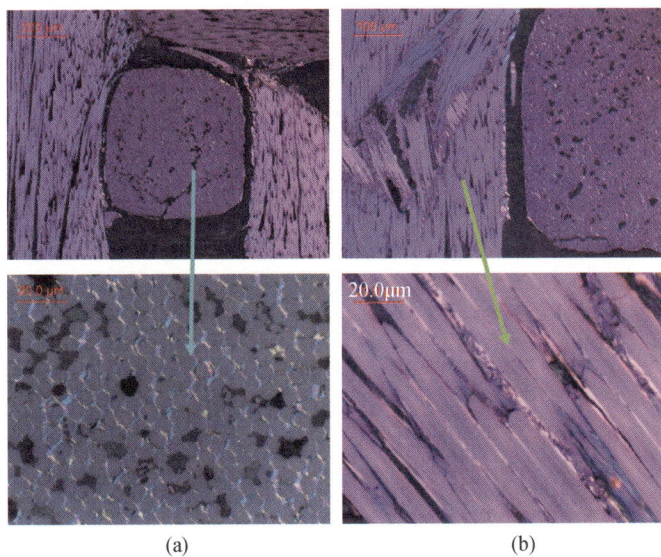

(a)　　　　　　　　　　　(b)

图 6-18　沥青基碳/碳材料 1800℃ 热处理后纤维和基体碳结合情况

(a)Z 向;(b)XY 向。

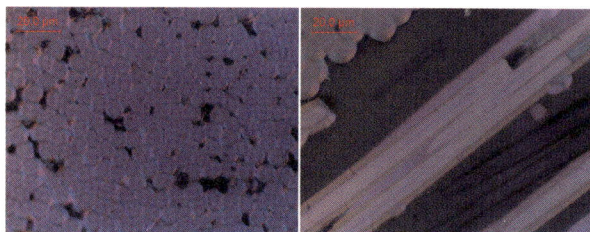

图 6 – 21　CVI(最高温度 1100℃)
后碳纤维和基体碳的结合情况

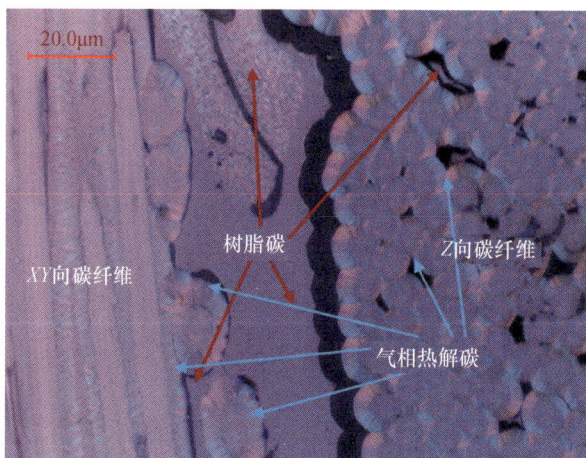

图 6 – 22　CVI + R 基体碳复合材料 1H(热处理温度 2000℃)
后碳纤维和基体碳的结合情况

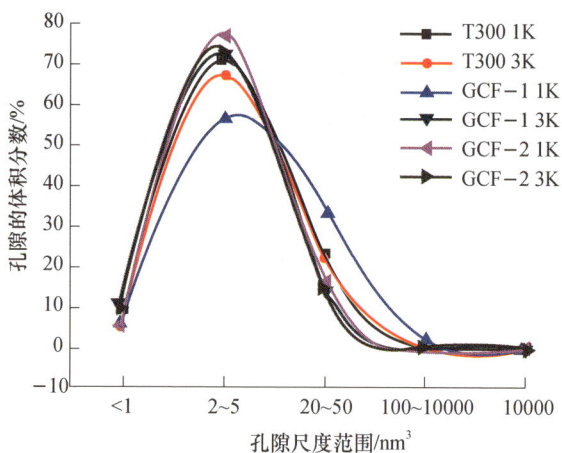

图 6 – 27　碳纤维中孔隙的尺寸分布状态

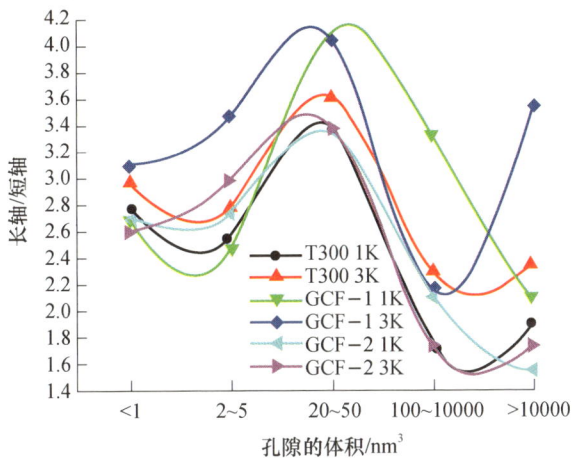

图 6 - 28   碳纤维中不同尺度孔隙的长轴/短轴比

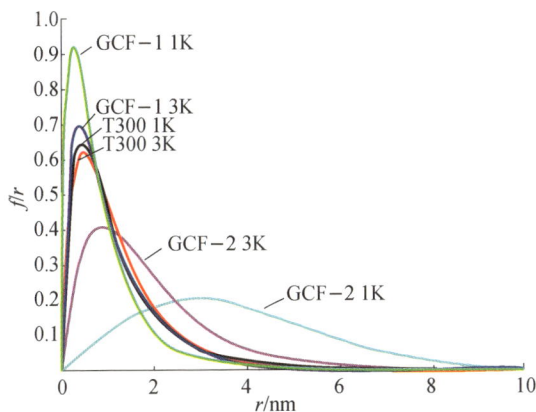

图 6 - 30   几种碳纤维中孔隙的截面尺寸分布

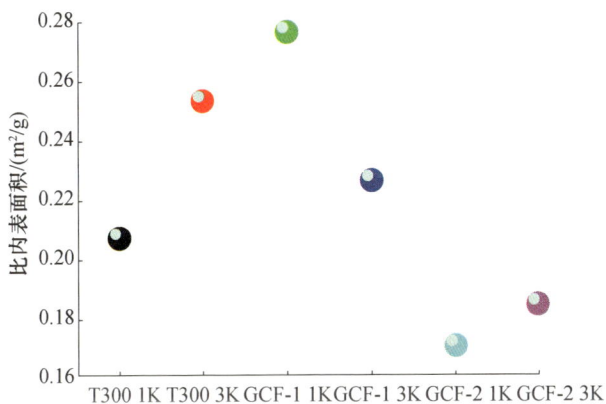

图 6 - 34   几种碳纤维中孔隙的比内表面积(单位 m²/g)

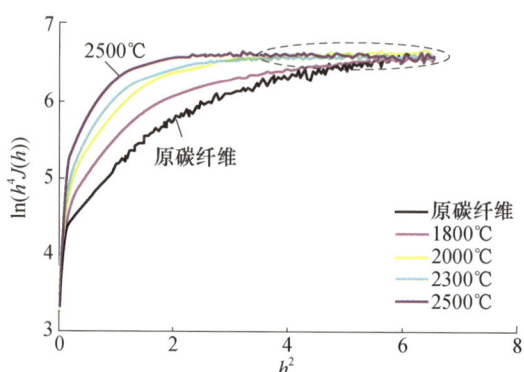

图 6-35　T300 碳纤维随热处理温度的 Porod 正偏离

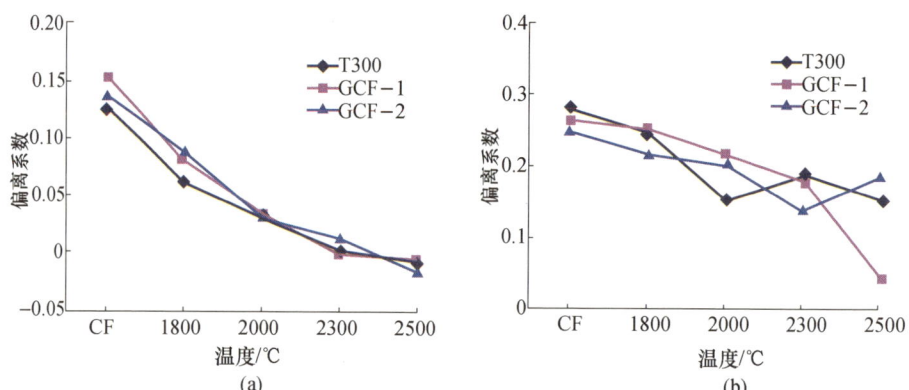

图 6-36　不同碳纤维样品对 Porod 定理的偏离系数

(a) 径向;(b) 轴向。

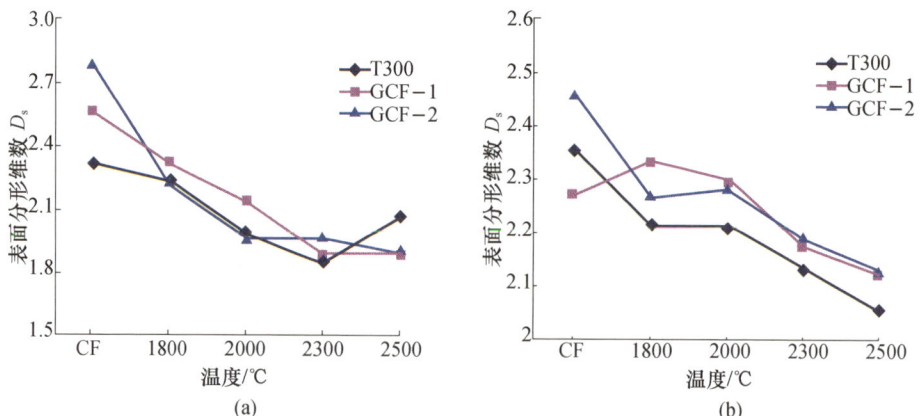

图 6-37　不同碳纤维在高温热处理过程中分形维数的变化

(a) 径向;(b) 轴向。

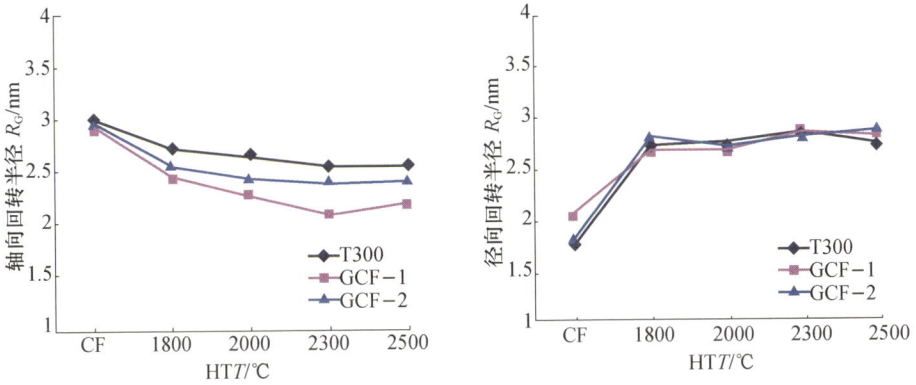

图6-38 不同碳纤维中微孔截面的回转半径随热处理温度的变化

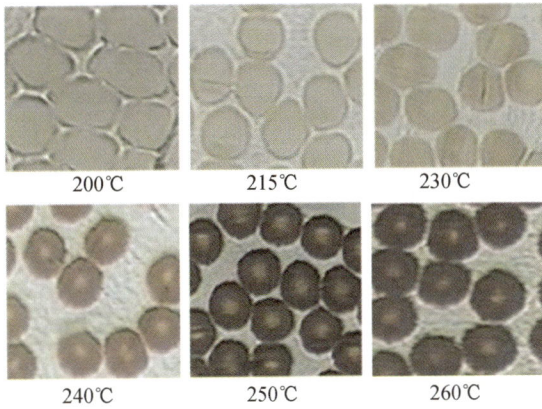

图6-39 聚丙烯腈有机纤维不同温度氧化
稳定化后的皮芯结构光学照片

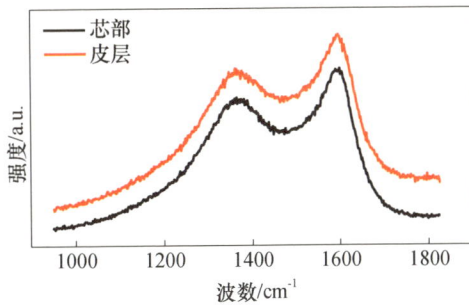

图6-41 碳纤维的表层和
芯部的显微拉曼光谱图

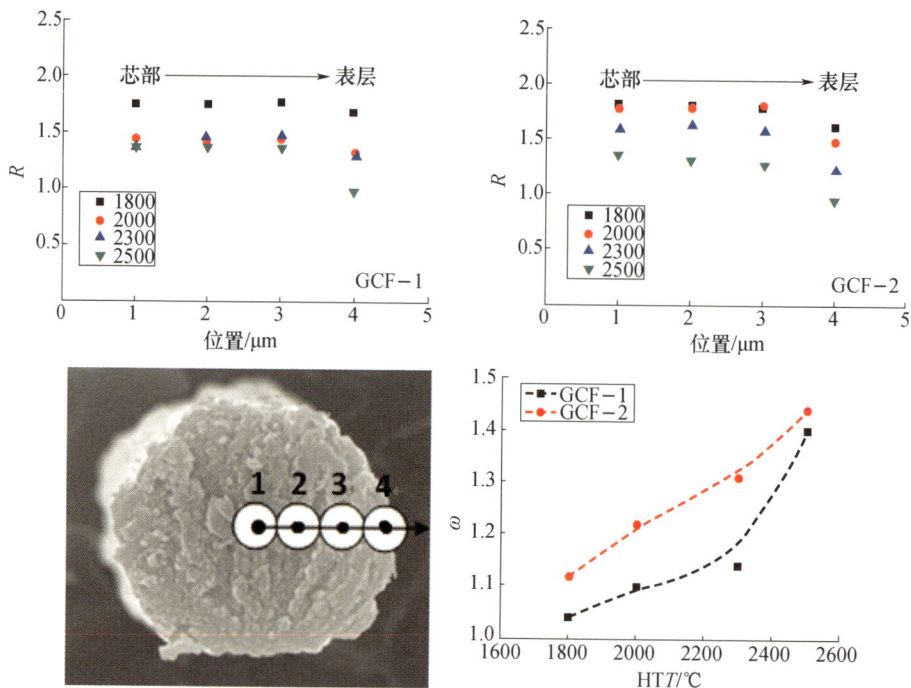

图 6-44　高温热处理碳纤维断面不同位置的结构不均匀性

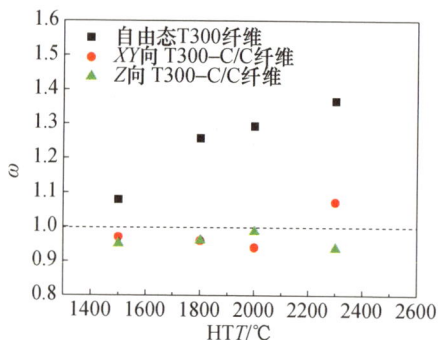

图 6-45　自由态和复合态碳纤维的皮芯结构随热处理温度的变化趋势

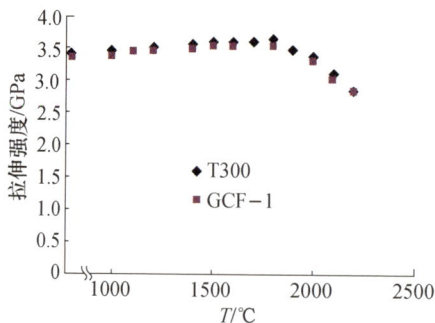

图 7-3　两种纤维的高温
拉伸强度

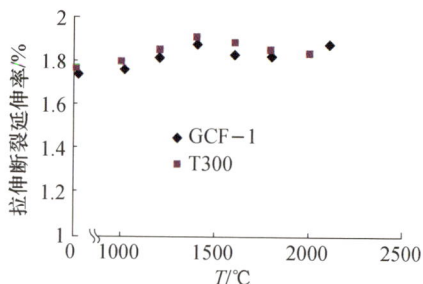

图 7-4　两种纤维的高温
拉伸断裂延伸率

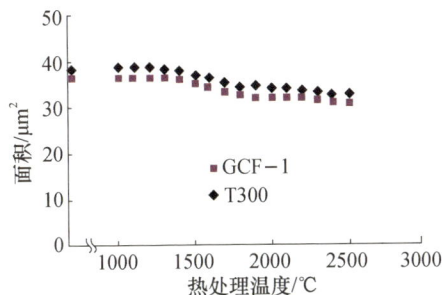

图 7-5 两种纤维单丝
面积随温度的变化

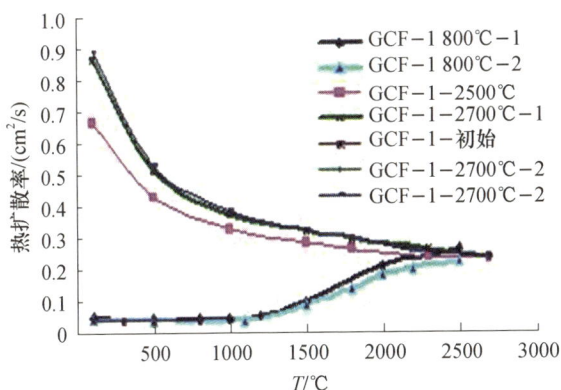

图 7-7 碳纤维及其高温热处理后样品的热扩散率

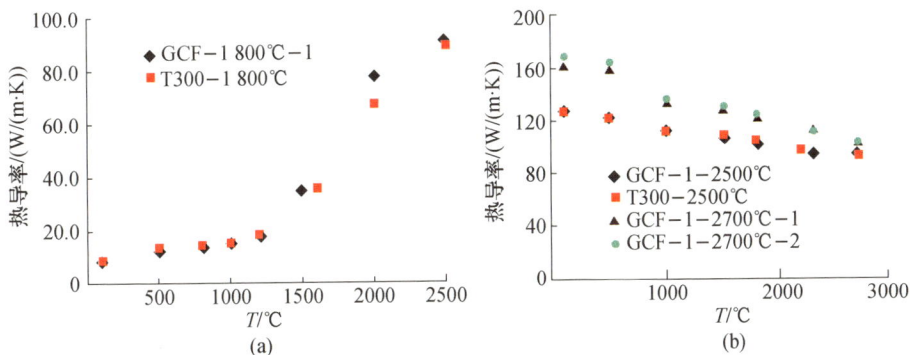

(a)

(b)

图 7-8 碳纤维热导率随温度的变化情况

(a) 原始碳纤维样品;(b) 热处理后样品。

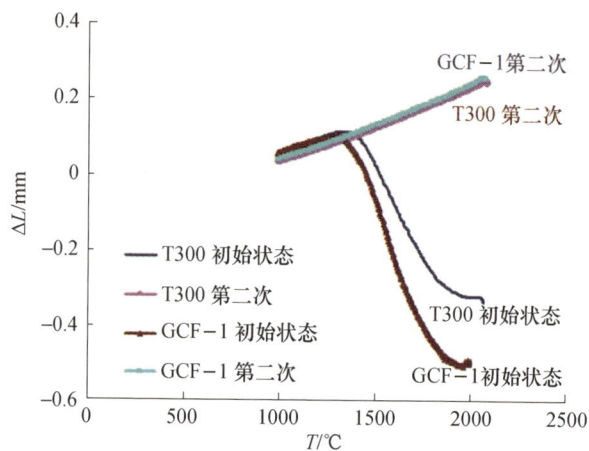

图 7 - 9　碳纤维高温热膨胀曲线

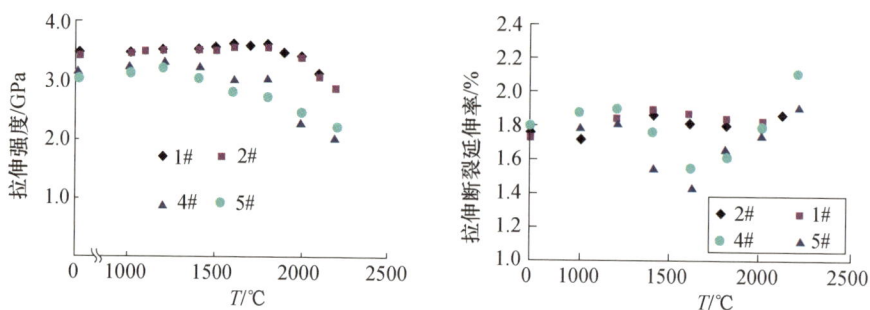

图 7 - 10　不同灰分含量碳纤维的高温拉伸强度和断裂延伸率

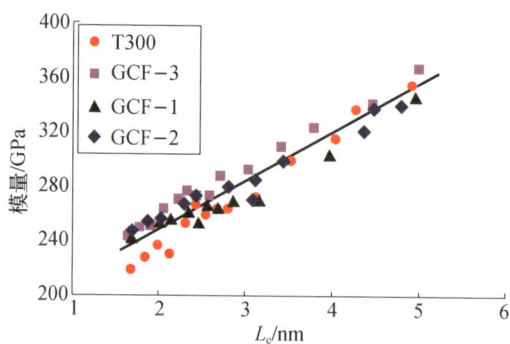

图 7 - 11　碳纤维模量与石墨微晶
尺寸 L_c 的关联性

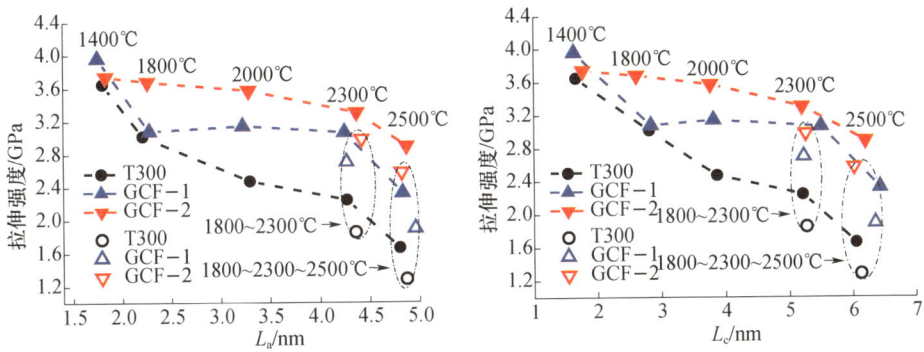

图 7 - 12 碳纤维拉伸强度与微晶尺寸(L_a 和 L_c)的关系图

(实心符号代表单次热处理,而空心符号代表多次热处理)

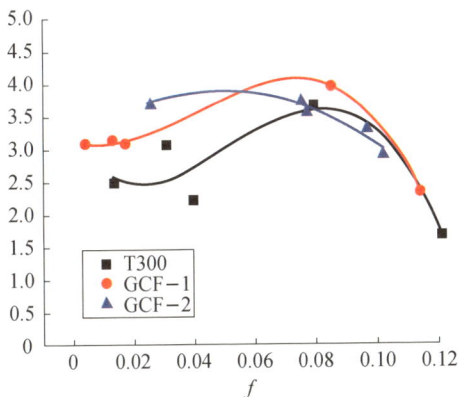

图 7 - 13 碳纤维拉伸强度与
结构差异系数的关系

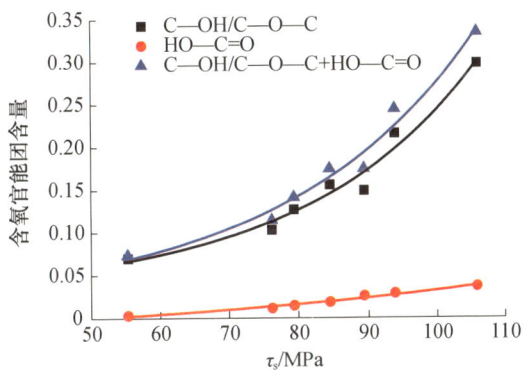

图 7 - 18 碳纤维含氧官能团含量与碳/
酚醛复合材料修正层间剪切强度的关系

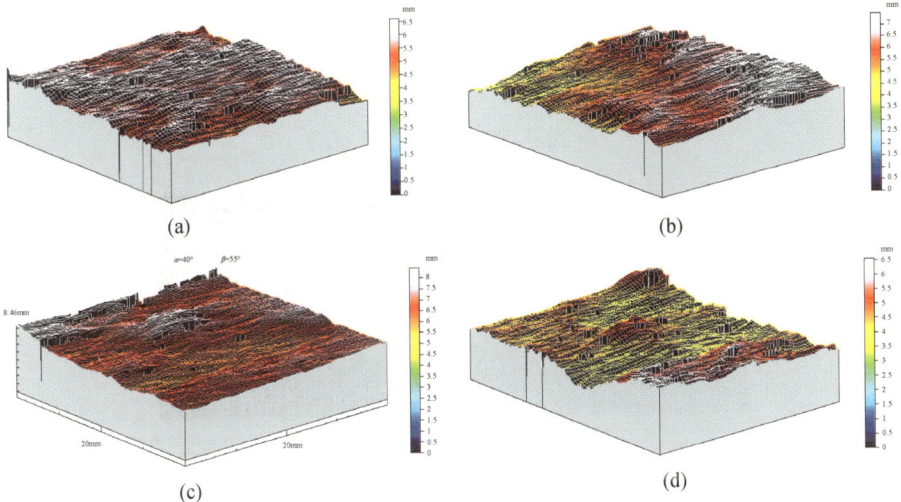

(a)

(b)

(c)

(d)

图 7 - 21 不同表面特性碳纤维形成的碳/酚醛
复合材料烧蚀后表面三维示意图

(a)O/C = 0.154,ILSS = 76.2MPa;(b)O/C = 0.212,ILSS = 79.4MPa;
(c)O/C = 0.323,ILSS = 89.4MPa;(d)O/C = 0.393,ILSS = 105.9MPa。

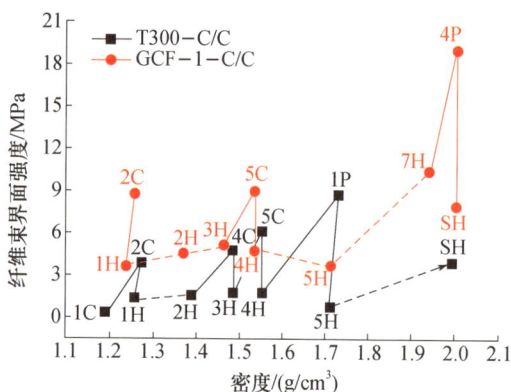

图 7-23 碳/碳复合材料成型过程
中纤维束界面强度的演变规律

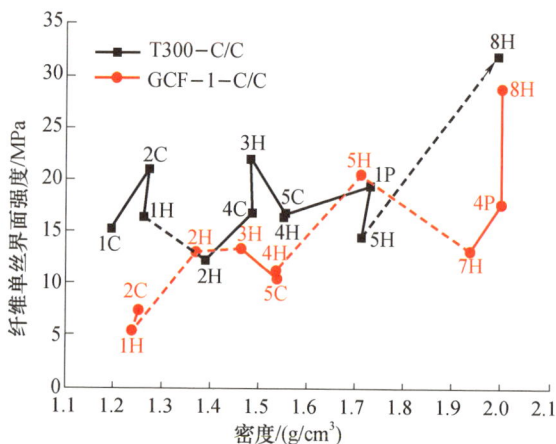

图 7-28 碳/碳复合材料成型过程中碳纤维
单丝界面强度的演变规律

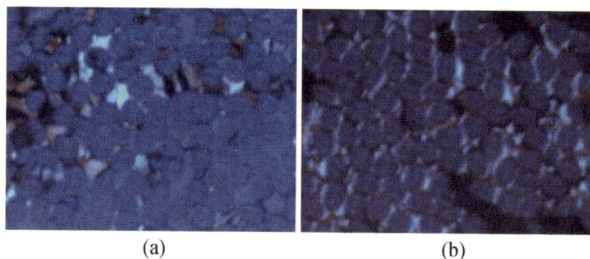

图 7-30 不同表面状态碳纤维增强碳/
碳复合材料的断面偏振光显微照片

(a)O - GCF - 1 碳/碳复合材料;(b)C - GCF - 1 碳/碳复合材料。

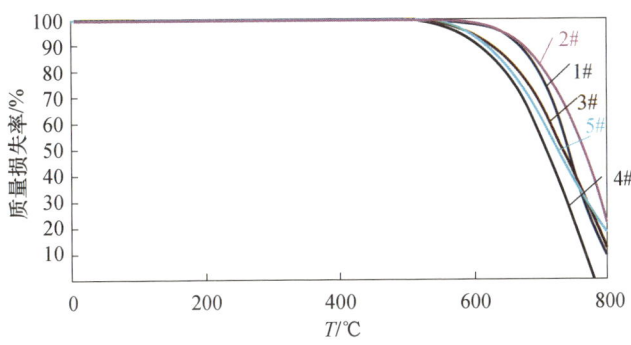

图 7-39　不同灰分碳纤维的氧化质量损失曲线

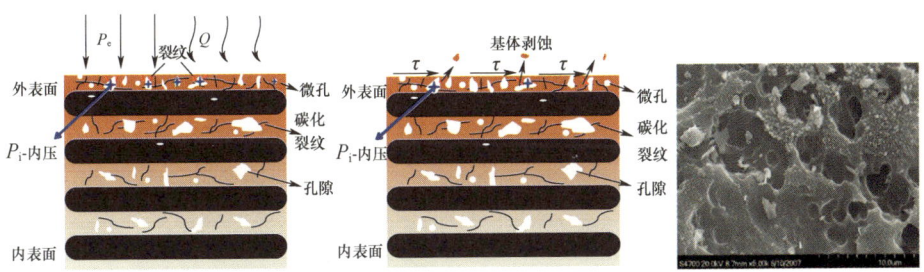

图 7-48　基体微剥蚀机制

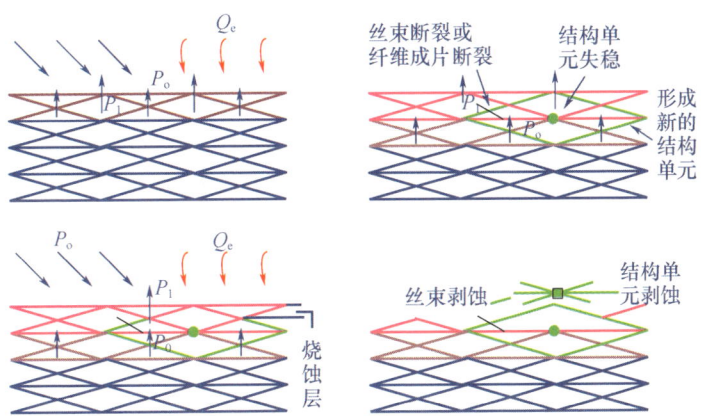

图 7-51　丝束/结构单元剥蚀机制

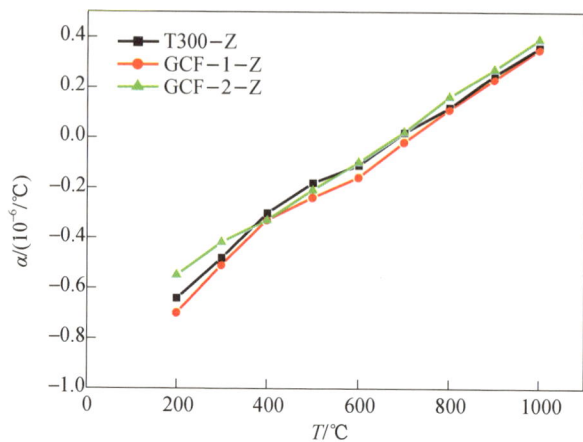

图7-56 碳/碳复合材料的热膨胀系数

图7-57 碳/碳复合材料烧蚀表面三维立体形貌